フローリンの土質力学
第Ⅰ巻

ベー・アー・フローリン原著

京都大学教授 工学博士
赤井浩一 監修

東海大学助教授 理学博士
大草重康 訳編

森北出版株式会社

В. А. ФЛОРИН

ОСНОВЫ
МЕХАНИКИ ГРУНТОВ

Том I

ОБЩИЕ ЗАВИСИМОСТИ
И НАПРЯЖЕННОЕ СОСТОЯНИЕ
ОСНОВАНИЙ СООРУЖЕНИЙ

ГОСУДАРСТВЕННОЕ ИЗДАТЕЛЬСТВО ЛИТЕРАТУРЫ
ПО СТРОИТЕЛЬСТВУ, АРХИТЕКТУРЕ
И СТРОИТЕЛЬНЫМ МАТЕРИАЛАМ
Ленинград 1959 Москва

監 修 者 序 文

　周知のように，近代土質力学の体系化は第二次世界大戦後 Terzaghi を
はじめとする米国および西欧諸国の研究者によって試みられてきたが，東欧
ことにソビエト連邦における状況ついては長い間知られることが少なく，い
わば神秘のヴェールに包まれていた．わずかに国際土質基礎工学会議に提出
される論文などにより，ソ連の土質力学の水準が推測される程度であった
が，最近になってハンガリーの Széchy の著書（Der Grundbau, 1963）や
Sokolovski の有名な粒状体の力学に関する書物の邦訳（星埜・佐藤，1964）
が出版されるようになり，徐々にソ連風なアプローチの全貌が明らかにされ
てきたのである．

　このたび大草重康博士が Florin の土質力学（全2巻）の翻訳をされ，そ
の原稿を拝見したのであるが，その内容の豊富さと理論面での精緻さは想像
以上のものであるという感を深くした．全体の印象は西欧でもむしろドイツ
流に近い傾向が強いが，これは国際社会的な影響によるものと考えられる．

　従来この種の訳本がややもすると読みづらく，身近かな親しみを持てない
理由の一つは，専門用語や記号が吾人慣用のものといちじるしく異なってい
たことにある場合が少なくないと思われる．この「フローリンの土質力学」
の原書にも，当然のことながらソ連流の用語と記号が使われていたが，この
訳書ではできるだけわが国の土質工学会制定のものに変えて，読者の利用の
便が計られている．

　ともあれ，今回新進の訳者によってこの著名な成書の完訳が行なわれ，こ
こに出版の運びとなったことは，この分野の好学の士の便に資するところが
少なくなく，ひいてはわが国の土質工学の進展に大きい役割を果たすものと
期待される所以である．まことに学問に国境なしの言葉どおり，本書が十分
その真価を発揮することを信じて拙文の筆を措く次第である．

　昭和44年9月

赤 井 浩 一

訳 者 の 言 葉

　本書は ソ連の ベー・アー・フローリン (B. A. Флорин) の 「Основы Механики Грунтов, 1959」の第Ⅰ巻を訳出したものである.　原著名を英訳 すれば Fundamentals of Soil Mechanics であり，Harr の著書 (Foundations of Theoretical Soil Mechanics, 1967), Scott の著書　(Principle of Soil Mechanics, 1962) にもこのような英訳文献名で紹介されている.

　著者のフローリンは原著の第Ⅱ巻が出版される前の 1960 年に亡くなった が，それまでソ連国内の土質力学の分野で指導的立場にあったようで，この ことは本訳書の表紙カバーに付した彼に対するソ連学会の追悼文からもうか がわれる.　追悼文に彼の業績について述べられているので，詳しいことははぶくが，フローリンは多方面で活躍しており，追悼文中の圧密の論文は R. E. Gibson の論文 (Geotechnique, 1958) に引用されているほか，上記 Scott の著書に彼のいくつかの論文が引用されている.　また，第5回土質基礎工学 国際会議（パリ，1961）に飽和砂の流動化現象の論文を提出しており，河上 教授の著書の最新版に引用されている.

　原著は全2巻からなり，上述のように第Ⅱ巻は著者の死後，1961年に出版 されている.　第Ⅰ巻では土質力学の導入部に引き続き，基礎地盤の応力状態 について詳しく論じられている.　第Ⅱ巻は地盤の変形（圧密を含めて）を主 とする前半と，地盤の安定性（破壊論）やレオロジーの章からなる後半に分 けられ，Ⅱ巻だけで 550 ページに達する.　第Ⅰ巻の 350 ページと合わせると 約 900 ページの大作である.　訳では第Ⅱ巻を2つに分け，前半を訳の第Ⅱ巻 とし，後半を第Ⅲ巻として出版する予定である.

　訳出に当たっては，読者ができるだけ読みやすいように心がけ，原著の内 容がよく理解されるように意訳を行ない，若干の表現をつけ加えたりした個 所がある.　原著にはミスプリントと思われる個所や著者の思い違いと考えら れる個所がかなりあり，これらについてはソ連のツィトービッチを含め5人 くらいの人達にチェックを求めたが，第Ⅰ巻の出版段階では，ツィトービッ チから忙がしすぎてチェックできないという返事をもらっただけである.　重

大な誤りと思われる個所には訳注を入れたが，明瞭なミスプリントは適宜直しておいた．その他読者の便を考えていくつかの訳注を入れた．原注もいくつかあったのでそのまま入れた．各章の中の小区分は，原著では必ずしも統一されていない感があったので，これに忠実には従わずできるだけ統一のとれたものにするようつとめた．原著に出てくる複雑な式や数値計算例はできるだけチェックし，原典に当たれるものについては原典に当たって確認したが，訳者の力の及ばないものがかなりあった．

　引用文献のうちロシア語のものについては原文の訳をつけ，それらのうちロシア語以外の国語にほん訳されているものについては，読者の便を考え調べられる範囲でその訳と出版社をロシア語と並記した．たとえば Barkan の著書 (Dynamics of Bases and Foundations, McGraw Hill) などである．また，外国語からロシア語にほん訳されている文献（たとえば故林桂一博士の著書，Terzaghi の著書など）についても，原典をできるだけ示すようにつとめた．これは読者の便を考えると同時に，どのような外国文献がソ連で興味をもたれているかを知る手がかりになると思ったからである．

　索引も原著には無かったものであり，新たに作成したものである．

　訳文全体については，赤井浩一先生に丁寧に目を通していただき，また内容の不明確な点や文献についても先生から多くの御教示を得た．訳の意味そのものについては，もちろん訳者が全責任を負うものであるが，本書が，これまでのロシア語からの訳書と違って少しでも読みやすい点があるとしたら，それは赤井先生に負うところが大きい．厚く感謝するしだいである．

　また出版に当たって，森北出版の柳沢茂八，阿部清の両氏に大変お世話になった．あわせて厚く感謝するしだいである．

　本書が日本の土質力学の発展にいくらかでもお役に立つならば，訳者として非常に幸いである．

　昭和44年9月

大　草　重　康

原 著 者 序 文

　最近の土質力学を水理施設や構造物の応力状態，沈下，安定などの計算，アースダムや堤防の斜面安定の計算，いろいろな剛性またはたわみ性擁壁に対する土圧の算定などの問題に応用したり，あるいは土質力学のいくつかの特殊な問題の研究に適用したりする基本的な方法を系統的に述べ，これを公表することは時宜にかなっており，有益のように思われる．これらの諸問題は工事の安全を確保し，工費を節減し，工事の速度をあげる という 観点から，設計を行なう場合実際に大きな意義を有している．

　本書で取り扱われていることがらに初めて接するような人々や，設計・建設部門で働く人々の平均的な数学上の予備知識を考慮して，このような人々でも容易に理解できるように，記述はできるだけ詳しく行なった．

　このことに関連して，第 I 巻では土質力学の一般概念，基礎地盤の応力のいろいろな決定法，および剛性またはたわみ性構造物底面の接地圧のいろいろな計算法についてだけ取り扱う．

　構造物基礎地盤の最終沈下や安定の諸問題，極限つり合いの理論と基礎地盤の計算に対する応用，飽和土の圧密理論と非定常状態を算定する種々の問題に対するこの理論の応用，蒸発や気体分離の諸問題，あるいは土のレオロジーやクリープの問題についての概念は，第 II 巻で取り扱うことにする．

　以上の大部分の問題は水理構造物の建設に対しても，あるいは 巨大 な 工業・運輸・都市・その他の構造物の建設に 対して も 大きな 意義を有している．

　本書を出版するにあたって有益な助言と援助を与えられた シピジン（В. П. Сипидин)，クルビン（П. И. Клубин），ルドネフ（И. Е. Руднев)，コロトキン（В. Г. Короткин），レリトフ（Б. Ф. Рельтов）の諸氏に心からの感謝をささげる．

ベー・アー・フローリン

第Ⅰ巻　目　次

監修者序文 ……………………………………………………………… 1

訳者の言葉 ……………………………………………………………… 2

原著者序文 ……………………………………………………………… 4

第Ⅰ章　土質力学の目的と発展 …………………………………… 1

1. 土質力学の目的および関連科学との関係 ……………………… 1
2. 土質力学の発展 ………………………………………………… 5

第Ⅱ章　土に関する基本的概念 …………………………………… 10

1. 「土」の定義 …………………………………………………… 10
2. 土中の液体およびガス成分に関する基本的概念 …………… 11
   - 2・1　土の液体成分 ……………………………………………… 11
   - 2・2　土の気体成分 ……………………………………………… 18
3. 土の固体成分に関する基本的概念 …………………………… 19
   - 3・1　土の粒度組成 ……………………………………………… 19
   - 3・2　土の構造と骨格 …………………………………………… 23
   - 3・3　土の粘着力 ………………………………………………… 25
4. 土の基本的な物理的特性 ……………………………………… 27
   - 4・1　間げき ……………………………………………………… 27
   - 4・2　基本的な単位体積重量 …………………………………… 29
   - 4・3　土の含水比および含水比と他の特性との関係 ………… 30
   - 4・4　土のコンシステンシーと塑性指数 ……………………… 32
   - 4・5　土の密実度とコンシステンシー ………………………… 33
5. 土の圧縮性 ……………………………………………………… 34
   - 5・1　土の圧縮性の定量的特性 ………………………………… 34
   - 5・2　砂質土および粘性土の圧縮性 …………………………… 38
6. 土のせん断抵抗 ………………………………………………… 41
   - 6・1　砂質土のせん断特性 ……………………………………… 42
   - 6・2　粘性土のせん断特性 ……………………………………… 44

2　目　　次

　　6・3　せん断抵抗の定量的特性 ……………………………………… 48
　7.　土の透水性 …………………………………………………………… 53
　　7・1　土の骨格の剛性の影響 …………………………………………… 57
　　7・2　ダルシーの法則の適用限界と下限水頭こう配 ………………… 58
　　7・3　電気浸透 …………………………………………………………… 62

第Ⅲ章　基本的な計算式とモデル ……………………………………… 64

　1.　応力状態と土の圧縮性の関係 ……………………………………… 64
　　1・1　側圧係数 …………………………………………………………… 64
　　1・2　間げき比と主応力の和との関係 ………………………………… 67
　　1・3　間げき比の変化と体積ひずみの関係 …………………………… 70
　　1・4　弾性係数，ひずみ，ポアソン比 ………………………………… 72
　2.　土の極限応力状態 …………………………………………………… 78
　　2・1　極限つり合いの条件の基本的な形 ……………………………… 78
　　2・2　主応力間の極限関係 ……………………………………………… 82
　　2・3　内部摩擦，粘着力および土の圧縮あるいは引張り抵抗の関係 … 85
　3.　計算モデル（理論モデル）に関する基本概念 …………………… 88
　　3・1　2成分および3成分系の計算モデル …………………………… 88
　　3・2　線形弾性体の計算モデルと極限つり合い理論 ………………… 89
　　3・3　線形弾性体の計算モデルと極限つり合い理論の一般化 ……… 95
　4.　モデル化の条件 ……………………………………………………… 97

第Ⅳ章　構造物基礎地盤の応力状態 …………………………………… 109

　1.　土の自重による応力状態 …………………………………………… 109
　2.　外部荷重による基礎地盤の応力状態 ……………………………… 116
　　2・1　平面問題 …………………………………………………………… 116
　　　i）　鉛直集中荷重 …………………………………………………… 118
　　　ii）　等分布帯状荷重 ………………………………………………… 120
　　　iii）　三角形状荷重 …………………………………………………… 125
　　　iv）　台形状荷重 ……………………………………………………… 127
　　　v）　放物線状荷重 …………………………………………………… 128
　　　vi）　任意の鉛直荷重 ………………………………………………… 129
　　　vii）　水平集中荷重 …………………………………………………… 131

viii)	等分布水平荷重	132
ix)	台形状せん断荷重	134
x)	組合わせ荷重	134
xi)	影響線法	135
2・2	3次元問題	140
i)	鉛直集中荷重	140
ii)	長方形載荷面の等分布荷重	144
iii)	長方形載荷面の三角形状荷重	149
iv)	円形載荷面の等分布荷重	153
v)	任意の鉛直荷重（電気・流体力学相似法の応用）	154
vi)	任意の形の載荷面の任意の荷重および隣接構造物の影響	157
vii)	水平荷重	160
viii)	基礎地盤内部に作用する集中荷重	161
2・3	基礎地盤の不均質性	168
2・4	基礎地盤の異方性	176
2・5	弾性論の解が適用できない場合	177

3. 土中の浸透力と浸透応力 ································183

3・1	浸透力の強さ	184
3・2	浸透応力	186

4. 極限応力状態領域の発生条件とその形 ·············193

4・1	極限応力状態の発生条件	194
4・2	極限応力状態領域の形	202

第 V 章　有限剛性構造物底面における反力 ············207

1. 地盤係数法 ···209

1・1	概　説	209
1・2	一般解	211
1・3	無限長さのはり	214
1・4	一方の側に無限に伸びるはり	220
1・5	有限長さのはり	223
1・6	剛性の変化する帯	237
1・7	地盤係数法の適用範囲	249

2. 線形弾性地盤 ··254

2・1	基本概念	254
i)	対称荷重	267

4 目 次

ii) 逆対称荷重 ……………………………………………… 274

2・2 帯の剛性の変化の影響 ……………………………… 278

3. 線形弾性地盤に対するチェビシェフの多項式の応用 ……… 287

3・1 等分布荷重 …………………………………………… 296

3・2 集中荷重および不連続対称荷重 …………………… 300

3・3 逆対称荷重 …………………………………………… 304

3・4 剛性端部をもつ帯 …………………………………… 307

4. 計算パラメーターの決定法 ………………………………… 312

第Ⅵ章 剛性構造物底面における応力 ………………………… 316

1. 剛性構造物の底面における応力のもっとも簡単な決定法 …… 316

1・1 偏心圧縮公式 ………………………………………… 316

1・2 地盤係数の値が一定で，地盤表面が平面の場合の地盤係数法 … 317

1・3 地盤係数の値が変化し，地盤表面が平面の場合の地盤係数法 … 320

2. 弾性論の解の適用 ………………………………………… 324

2・1 平面問題 ……………………………………………… 324

2・2 3次元問題 …………………………………………… 334

2・3 剛性構造物の底面におけるせん断応力が底面の垂直応力分布に
与える影響 ……………………………………………… 338

2・4 シテエルマンの計算モデル ………………………… 343

3. 極限応力領域が基礎の底面における圧力分布に与える影響 … 344

4. 構造物の浮力の影響 ……………………………………… 353

5. 剛性構造物の底面が平面でない場合の地盤反力 …………… 364

6. 水理構造物のアンカーエプロンにおける地盤反力および内力 378

6・1 エプロンの全長にわたって極限応力状態が存在しない場合 … 383

6・2 エプロンの一部に極限応力状態が存在する場合 ……… 392

文　献 ……………………………………………………………… 398

付録（表Ⅰ〜表XXⅦ）…………………………………………… 415

索　引 ……………………………………………………………… 438

目　次　5

第II，第III巻の内容

第 II 巻

第 I 章　構造物の最終変位

1. 基本概念
2. 層別和法
3. 沈下量を決定するその他の方法
4. 水平(せん断)荷重による基礎地盤表面の水平変位

第 II 章　土中の気体分離と蒸発現象

1. 基本概念
2. 気体分離および蒸発の条件
3. 気体分離および蒸発のさいの体積変形

第 III 章　粘性土の圧密現象の基本概念

1. 短期間荷重による粘性土の人工的締固め
2. 長期の圧縮荷重による粘性土の圧密
3. 簡単な1次元圧密問題
4. 土の特性が時間とともに変化しない場合の土層の1次元圧密問題の一般解
5. 水および固体粒子の圧縮性の影響
6. 間げき比および応力状態の変化による透水性の変化を考慮した1次元圧密問題
7. 土の骨格のクリープを考慮した1次元圧密問題
8. エントラップド・エアの影響を考慮した1次元圧密問題
9. 下限水頭こう配を考慮した1次元圧密問題
10. 土の構造強さの影響
11. 時効および非線形クリープの影響
12. 時間とともに層厚が増大する場合
13. 1次元圧密問題に対するいくつかの補足と透水係数が変化する媒体中の定常浸透の問題

第 IV 章　土の 2 次元および 3 次元圧密問題

1. 圧密の基礎方程式
2. 初期条件および境界条件
3. 2次元および3次元圧密問題のもっとも簡単な解

第 V 章 階差法による圧密問題の数値解

1. 階差法
2. 1 次元圧密問題の数値解
3. 2 次元圧密問題の数値解
4. 段階施工の影響を考慮した斜面をもつ土構造物の 2 次元圧密問題 の数値解
5. 軸対称問題の数値解
6. 透水係数の変化を考慮した圧密問題の数値解
7. エントラップド・ガスの影響を考慮した圧密問題の数値解
8. 鉛直ドレーンおよび表面排水層による排水

第 III 巻

第 I 章 土の極限つり合いの 2 次元問題の一般理論

1. 基礎地盤の安定性に対する基本的な研究方向
2. 極限つり合い理論の基本的な関係と基礎方程式
3. 極限つり合いの式の種々の形
4. 特性方程式
5. 特異点
6. 境界条件
7. 簡単な解
8. 極限つり合い方程式の一般的方法
9. 相似条件および無次元座標
10. 非粘着性地盤の極限つり合い
11. 内部摩擦がない地盤の極限つり合い
12. ソコロフスキーの近似解法
13. 図解法

第 II 章 基礎地盤および構造物の安定性

1. 基礎地盤および構造物の安定性を検討する簡単な方法
2. 極限応力状態理論の解
3. 極限つり合い理論にもとづく簡略化した方法
4. 実験，各種の計算法の比較，安全率の問題

第 III 章 土のレオロジーモデルおよびクリープに関する基本概念

1. レオロジーモデルの基本概念
2. 土のような媒体のクリープ理論の基礎

第 I 章
土質力学の目的と発展

1. 土質力学の目的および関連科学との関係

　水理構造物を含めて，どのような土木構造物の設計および施工にも，よく知られているように次の基本的な条件が満たされていなければならない.
　　1)　構造物はあらかじめ計画された役割と要求に合致していなければならない.
　　2)　あらゆる点からみて，構造物は堅牢で安定でなければならない.
　　3)　工期は短かく，工費は安く，その上維持費は最少でなければならない.
　第1の条件に関していえば，築造された構造物の沈下，水平変位，あるいは傾きが大き過ぎたり，構造物の個々の部分が不等沈下を起こすと，これらの変位は構造物の正常な機能をこわしてしまう. したがって，構造物に起こりうる変位の大きさや不均等さは，その構造物が正常な機能を果すという観点から許容されるある範囲をこえてはならない. この種の条件が満たされているかどうかは，変形（変位といったほうがよいが）に関する極限状態といわれる状態について，適当な計算を行なって検討される. 構造物の変位は，それが築造される基礎地盤の性質に著しく依存しているので，構造物の基礎地盤の全面的な研究は，当然最も重要な意義を有している.
　第2の条件，すなわち築造される構造物がその荷重の影響のもとで堅牢かつ安全であるという条件に関しては，多くの場合特に水理構造物では，構造物に加えられる土圧（基礎地盤の反力を含めて）の荷重が，構造物に発生する最も本質的な力となることに注意しなければならない.
　構造物が，加えられた荷重に対して強度的に安全かどうかは，よく知られているように，強さの極限状態に対応する計算により知ることができる.
　しかし，構造物の個々の部分の強さのほかに，構造物の基礎地盤に種々の

2   第Ⅰ章   土質力学の目的と発展

欠陥があると，多くの場合破壊的事故につながるので，その強さと安定性の研究は大きな役割を演ずる．構造物の基礎地盤の強さと安定性が失なわれる原因は，きわめて多様である．ある場合には，基礎地盤のある部分が構造物と一緒に他の部分に対して変位すること，つまり基礎地盤の安定性の破壊が原因のことがある．このような場合，基礎地盤の強さと安全性は，安定性の極限状態といわれる計算により検討される．

第3の条件に関しては，第1と第2の条件を満たすような構造物の型と施工方法に対する工学的解決法（基礎地盤の特性およびその他の施工場所の条件に関するもの）を採用することは，ただちに工期と工費に反映することに注意しなければならない．このように第3の条件の観点からみても，基礎地盤の問題がきわめて重要であることがわかる．

上に述べたことから明らかなように，基礎地盤の全面的研究，構造物の強さと安全性の検討，築造される構造物の変位の大きさの算定，あるいは構造物とそれに接する地盤との相互作用によって構造物の中に発生する力の算定などの諸問題は，きわめて大きな意味をもっている．

築造される構造物に要求される基本的な条件を満たすためのこれらの問題は，いろいろな観点から，次のような学問分野で研究される．

　　　土木地質学および水理地質学
　　　土質学*
　　　浸透理論
　　　土質力学

土木地質学，水理地質学および土質学は地質学の分野に属し，これに対して土質力学と浸透理論は，力学の一部門である．土木地質学は，その創始者の1人であるサバレンスキー（Ф. П. Савэренский）の定義によれば[1]，「地質学を土木工学に応用する問題を取り扱う地質学の分科」である．このようなことから土木地質学の分野では，構造物予定地の地質状況を明らかにし，構造物の建設中および完成後の利用期間における地質状況と構造物の相互作用の問題を取り扱う[2]．

---

*（訳注）英訳すれば Soil science であるが，意味からいえば Soil physics に近い．もちろん土壌学とは異なる．

土木水理地質学は，サバレンスキーの定義によれば[3]，「地下水 と その 発生，成層状態，地下水の運動およびその利用と調節の可能性に関する条件を研究する学問」である．サバレンスキーは次のように 述べて いる．「地下水は岩層の中に一定の形態と成層条件をもって存在しているので，水理地質学は地質学と密接に結びついており，地質学の基礎の上に発展し，その知識なしには水理地質学の研究は不可能である．一方，地下水は運動状態にあり，また揚水やその他の利用などの実際上の目的のために，水理学および水文学に依存しなければならないので，地下水に関する学問の発展はまた技術的な道のり——地下水の水理に関する基本的な状態の研究——にも沿っている」．水理地質学の研究についてサバレンスキーは，その研究が「地下水の存在，成層状態，供給条件および水質を明らかにすることを目的としている」ということを強調している．

応用土質学は，ポポフ（И. В. Попов）がいっている ように[4]，「土木構造物との相互作用のもとで，岩石（あるいは土壌）の挙動を決定する組成，構造および性質を研究する」．応用土質学のもっとも重要な課題は，近代的な物理・化学および地質学の知識を基礎に，土中に現われる現象や過程の特性を研究し，これらの特性にもっともよく適合した構造物の特徴を検討し，さらにこれらの土の性質を土木の目的にあうように改良するための可能な方法を研究することである．応用土質学は，土木工学においてきわめて重要な意義を有している．この学問の意義は，各種の土を研究した結果を，その条件における土木工事に直接利用することにとどまるものではない．土中で生じている現象や過程を研究し，新しい概念を確立し集積することは，構造物設計のさい利用される計算図表や計算法を改善していくために必要不可欠のことである．

浸透理論は流体力学および水理学の分野に属し，土中の水の運動を取り扱う．おもに地質学的観点から地下水の形成，成層状態，移動，水質などを研究する水理地質学と異なり，浸透理論は力学の一分科として，力学的観点から土という媒体中の流体運動の問題として地下水の運動条件を扱う．

両者において，対象が地下水であるということから，浸透理論と水理地質学は緊密に協力しながら発展していくべきものである．しかし一方は地質科

4　第 I 章　土質力学の目的と発展

学の一分科であり，他方は力学の一分科なので，一方が他方の一構成要素であるというふうに混同したり，考えてはならない.

　土質力学の基本的な目的は，構造物の変位，基礎地盤内または土構造物斜面内の応力状態，安定性，強さ，擁壁や地下構造物に加わる土圧，あるいは地表または地下構造物の底部や側壁に加わる地盤反力などの定量的な値を決定し検討することである.

　これに必要な計算法は，土質力学あるいは土の力学とよばれている近代力学の一分科をなしている. いろいろな土の性質は，室内や野外における特殊な実験的研究によって測定される定量的特性にもとづいて，土質力学の計算にのせられ考察される.

　土質力学で利用される定量的特性とは，基本的な計算関係の中にパラメーターとして入ってくる値のことである. このパラメーターは，対象としている現象や過程に対して，現実の土をある近似で表わしている. 多くの場合，この定量的特性あるいはパラメーターは，土質学で決定される物理特性と一致するが，ある場合にはまた特別な実験によって決めなければならない.

　土質力学の計算方法やそれに用いられる定量的特性は，土に現われる現実の現象や過程と近似的に十分一致していなければならない. そのためには，種々の計算法で用いられる基本仮定や理論が，近代的地質学や土質学の概念とできるだけよく合致していることが必要である.

　こうすることによって，力学の一分野である土質力学は地質科学と調和することができるし，土中の現象や過程を正しく表現することもできる. この点では土質力学と土木地質学（土質学を含めて）の関係は，浸透理論と水理地質学の関係に類似している. 両者の場合とも，研究の物理的対象は共通（土，水）しているが，異なる科学の部門が本質的に違った研究方法によってそれぞれ独自の観点からこの研究に加わり，このことは当然，研究問題の性格にも反映される. したがって，地質学と力学の分野がきわめて密接に結びつく必然性があるからといって，両者を混同してはならない. まさにこのような観点から，ゲルセバノフ（Н. М. Герсеванов）は，「土質工学」を 1 つの科学とは考えず，宇宙学のように多くの科学部門の問題を包含する「研究対象」とみなした[5]. 文献の中ではしばしば混同されているが，力学の一部門であ

る土質力学や浸透理論を地質科学，たとえば土木地質学，土質学，水理地質学などの一部門であるとみなすことはできないし，このことの逆についても同様である．

ここで特に注意しなければならないのは，土質力学の直接の目的からはずれて，自然の地質現象の解明のために土質力学を利用するような場合，細心の注意を必要とする．なぜならば自然現象を解明する場合，力学だけの概念や方法だけでは，多くの場合まったく不十分だからである．このようなことを無理に行なうと，いろいろな機械的な誤りをおかしたり，力学の問題の範囲内では取り扱えないような問題をかかえ込むことになる．

土質力学はあらゆる種類の土木構造物の工事に対してきわめて大きな役割を有している．これらの構造物には，あらゆる河川水力利用施設，商業港・軍港，内陸水路運搬施設，重・軽工業の工場，地下構造物，農業，都市，住宅などの建設にともなう構造物や建築物などが含まれている．

上述したような構造物の工事は，多種多様な，しばしばきわめて悪い土質条件のところで行なわれ，土質によっては構造物の安定性，工費，工期は著しく制約され，ある場合には与えられた条件下での工事の可能性も左右される．

2.　土質力学の発展

ある特定の土木構造物の設計や施工に関連した例をあげるまでもなく，ソ連において行なわれた大規模な建設の中で，実際問題を解決しながら，土質力学が過去10年間に理論の面でも，実験の面でもきわめて力強く発展したことは明らかである．

土質力学の発展は現場試験や完成した構造物に対する観察，あるいはまた特殊な室内実験研究用の装置の開発などと密接に結びついている．実際の構造物の観察は，研究対象とする現象や過程の全体像を得るのに役立ち，その理論を組み立てたり，また理論的考察で得た結果を総合的に検討したりするのに必要不可欠である．室内実験は上記のような目的のためにも利用されるし，また現象や過程に影響を与える個々の要素の意義や役割を研究するため

6 第I章 土質力学の目的と発展

にも用いられる．この場合これらの要素は，自然条件における観測を行なってもなんらかの事情によって総体的な性格がわからないようなものである．後者の例としては，自然条件の観察では入ってこないようなオーダーの現象の詳細な研究や，あるいは問題に対する理論を構成するために必要な土の定量的特性間の関係を得ることなどがある．室内実験は一般に構造物の現場で行なわれる原位置試験より著しく安価なので，全体としては室内実験のほうが広く発達していることに注意しなければならない．

上述の現地および室内の観察や実験，あるいはこれらによって得た結果は基本的実験データとなり，これにもとづいて土質力学のいろいろな問題の理論が組み立てられたり修正されたりする．したがって与えられた実験研究の準備と実施と整理とを正しく行なうことは，これらの研究とそれにもとづいて組み立てられる理論の価値を決める基本的要素となる．

正しく準備，実施，整理された実験や観察は，土質力学のあらゆる問題の理論を組み立てるさいに信頼のおける基礎となり，理論の有効性や現実との一致の程度を最終的に判断する基準にもなる．これに反して，ある問題に対して間違った方法で実験を行ない整理すると，研究している現象の本質を反映していないので，当然誤まった結論が生まれる．このようなことでは問題を解明するどころか，問題を混乱させ，将来の研究の方向をも誤まらせる．実験を行なったり，その結果を検討する場合，このような事情を忘れてはならない．

例として，小規模な模型による基礎地盤の応力状態に関する実験を考えてみる．多くの場合，このような実験から得られた結論は，地盤のモデル化が正しく行なわれていないので不正確であり，事態を混乱させることがある．これについての詳細は後に述べる．

しかしながら土質力学の発展の水準から考えて，十分正確な準備のもとに行なった実験においてさえ，土中で生じている現象についての近似的な概念が得られるに過ぎない．したがって実験結果の諸事項の記載や，それらにもとづく理論的研究は，現実に対するある種の近似に過ぎないのである．

このことはつまり，土中で生ずる自然現象や過程が非常に複雑なので，種々の理論を研究したり構成したりする場合に，対象としている問題の二義的

な要素を無視し，現象や過程のもっとも基本的なものだけを取り上げざるを得ないということである．異なる問題を研究する場合，当然基本的なものとしては異なる要素が取り上げられる．ある問題を研究する場合，ある要素を基本的なものとして取りあげなければならないが，他の研究の場合にはさきの要素を無視し，ほかの要素を基本的なものとして取り上げなければならない．基本的な要素，すなわち本質的にはそれにもとづいて構成された理論の信頼性と価値を決める前提条件の選択が正しかったかどうかを見きわめるのは，最終的には入念で正確に準備された実験と現場観測である．

　最初の仮定およびそれから組み立てられた理論や計算法が，土質力学の発展段階に応じて観察されるデータと十分信頼できるぐらいよく一致し，土質力学が発展するに従って現実とますますよく一致するようになってこそ，素材の抽象や模式化の仕方が正しいといえる．この場合正確で現実によりよく適合する理論があらわれると，以前の計算方式は意義を失なうか，あるいは適用範囲が限定されて，その範囲内ではさしたる誤りもなしに運用される．このような考えにもとづいて，土質力学の発展の問題を検討しなければならないし[6]，さらに土質力学の中で使われているいろいろな理論や計算法を評価しなければならない．

　土質力学の発展の歴史をふりかえるまでもなく，土質力学の発展に従ってわれわれの研究対象としている問題の分野に関する概念は常に正確になってきており，土中の真の現象や過程をよりよく反映するようになっているものと確言することができる．

　土中に生ずる種々の現象や過程の研究が進むにつれて，土質力学の計算の前提として以前に用いられていたいろいろな単純化した仮定は捨て去られ，その結果基本的な計算法はいっそう確実性のあるものとなり，かつては計算にのせられなかった土の真の性質や，その中で起こる過程や現象を計算できるようになる．

　土質力学がソ連において科学として形成されるに当たって，ツィトービチ（Н. А. Цытович）の土質力学の教科書[7]が果した大きな役割を見逃がすことはできない．またプズイレフスキー（Н. П. Пузыревский）やゲルセバノフなどの研究は，まさにソ連における土質力学研究の先駆をなしたも

8 第Ⅰ章 土質力学の目的と発展

のとして大きな意義を有している．さらに基礎および地下構造物研究所，全ソ給水・排水・水理構造物および土木地質研究所，全ソ土木水理研究所，ソ連建設省水理構造物設計調査局，同水力資源設計局，ソ連科学アカデミーの種々の機関，あるいは高等専門学校，科学研究所，設計・建設機関の研究者・技術者達の大きな功績を忘れてはならない．

しかし土質力学の進歩にもかかわらず，きわめて多くの実際上の重要な問題に対して，理論的あるいは実験的に根拠のある解や計算法がいまだなされていないということを認めなければならない．これに関しては将来の研究を考える場合，なによりもまず種々の構造物の型や工事の安全性，工費の安さ，工期の早さなどにもっとも大きな影響を与え，あるいは構造物に接している土中に起こる自然現象や過程を改良する方法にとって重要な影響を有する計算法や実験法の不備な点の研究から着手しなければならない．

この場合本質的な進歩は，自然に対する認識をさらに進めた新しい方法や解によってもたらされるし，または現実により近い基本モデルや計算の前提を採用した方法や解の研究によってなされる．古い前提にもとづく方法は，計算技術の進歩か改良に過ぎない．この種の研究はたとえ古い前提にもとづいていても，ある条件下では対応する現実に対して十分に信頼性のある前提であり，その研究によって計算の実行が簡単に単純化され，労力が軽減されるときにだけ有用である．結局新しい方法にせよ，古い方法にせよ，ある計算法を利用する場合，はじめに自然条件と一致する適用範囲について注意を払わなければならない．

新しい計算法を研究する場合，実際の設計にもっと広く利用されるように，その数学的表現をできるだけ単純にしようとするのは当然のことである．しかし以前には考慮していなかった土の性質を計算にのせ，現実に対応しない単純化した仮定を捨て去ることによって，土質力学の計算法は逐次複雑になる．したがってこのような矛盾を避けるために，近代的な計算機を使わなければならないような，現実とよく一致する複雑な計算法とともに，反面では広い範囲の設計者が容易に利用できるような，簡単ではあるが十分信頼のおける計算法を研究することも必要である．この場合，（対応する現実に対して）正しく設定した問題を根本的にゆがめてしまうような前提条件や

基本方程式を根拠もないのに簡略化することをできるだけ避け，対応する方程式の解を近似的な方法や数値計算法によって得るようにしなければならない．このような観点からすれば，よくみうけられることであるが，現実に対応する前提条件の精度を考慮せずに，種々の計算法を正確なものと近似的なものに分けたり，あるいは前提条件がさして正確でもないのに，それにもとづく方程式の解が数学的形式として正確だからといって，これを正確な方法とよんだりするのはまったく正しくない．このようなことは結局のところ，種々の方法の応用的価値の判断を誤まらせる．形式的な解の精度を上げるためにいくら労力を費やしても，それでもって計算の前提条件の不正確さを相殺することはできない．

国外の研究の有用な結果を広く利用する必要はあるが，この場合必要な批判的態度をもって外国の成果をふるいにかけるよう注意しなければならない．

室内実験法や野外調査法の改善や開発について例示するまでもなく，これらの分野において大きな進歩があったことがわかる．それにもかかわらず，室内実験で得た土の定量的特性が構造物の基礎地盤中に起こる現実の現象や過程とよく一致しなかったり，あるいは計算にのらなかったりすることがしばしば起こる．このようなことがなくなるように，特に注意を払わなければならない．

土質力学の発展によって，構造物の型式や施工法を選定する問題を正しく解決したり，工事の規模を決定したり，あるいは工事に不つごうな自然条件を除去して好つごうな条件を助長するよう地盤を改良するなどのことが容易に行なわれるようになる．これらの問題の重要性については，説明を加える必要もないであろう．

第 II 章

土に関する基本的概念

1. 「土」の定義

「土」という言葉が何を意味するかを深く考えさえしなければ，この言葉の意味はまったく明瞭のようである．しかし「土」という用語の定義を正確に下そうとすれば，現在この用語に対して一般に認められている定義はないということがわかる．ある人々，たとえば サバレンスキー などは[1]，土を「自然や人間の影響の及ぶ範囲内に存在している未固結（粘土，砂など）および固結（堆積岩，火成岩など）したすべての岩石」と考えている．オホーチン (B.B. Охотин) は[8]，「土壌の下に分布している風化した未固結の表層岩石の全体に対して土という言葉を使うべきである」といっている．ツィトービッチは[9]，「岩圏の風化殻のすべての未固結岩石（自然の鉱物質分散体）」を土とよぶべきであるとしている．このように，サバレンスキーの定義に比べると，ツィトービッチのものは，「土」の概念 から 「固結岩石（硬岩）」を除いているし，オホーチンは，さらに「土壌」も除いている．

ある著者は「土」の概念を，土木構造物の基礎地盤あるいは材料としての「土」の利用と結びつけている．しかしこのような定義は，ツィトービッチも指摘しているように[9]，1つの岩石がその上に構造物が築造されるとか，その他の事情によって「土」とよばれたり，よばれなかったりするので適当なものではない．

サバレンスキー，ツィトービッチ，オホーチンの定義のいずれをとるかは自由である．しかし固結岩石（硬岩）に対する研究，計算，設計の方法が土の場合と本質的に異なっていることを考えると，土木的な観点からは固結岩石を分け，ツィトービッチやオホーチンが行なったような定義を採用するほうが合理的のようである．そこでこのような定義を採用し，硬い岩盤上の構造物の力学の問題は「土質力学」では扱わず，「岩盤力学」という 特殊な部

門で取り扱うと考えることにする．ツィトービッチの定義をとるかオホーチンの定義をとるかは，土木的にみれば「土壌」の上に構造物が築造されることは普通ないので本質的な問題ではない．しかしドクチャーエフ（В. В. Докучаев）によれば，土壌とは「生きている生物や死んだ生物，母岩，気候，地形の定常的相互作用の結果形成された多少とも腐植物を含む表面の鉱物・有機物層」なので，土壌学や土質学の立場からみて，オホーチンのように土壌を土から分離したほうが正しいであろう．

　以上のことを基礎に，本書ではオホーチンによって提案された「土」の用語の定義を採用し，土壌が欠けている場合，この定義がツィトービッチによるものと一致するとする．

　序において述べたように，読者はすでに土木地質学，水理地質学，土質学の基礎を習得しているものと仮定し，これらの分野の知識や近代的概念については本書は触れないことにする．したがって，本章では我々の記憶を補充しておいたほうがよいような土の組成や性質に関する若干の問題を述べるにとどめる．どのような土も固体鉱物粒子（固体成分）と，これらの間を満たしている液体（液体成分）およびガス（ガス成分）の各成分からなっていることを考え，最初にこの点に関するいくつかの基本的概念から考察を始めよう．

2.　土中の液体およびガス成分に関する基本的概念

　土の固体粒子間の空間，いわゆる土の間げきは，通常，液体（水，石油など）やガス（空気，水蒸気など）で種々の程度に満たされている．土木工事においては，たいていの場合このような液体は水であり，ガスは空気と水蒸気である．

2・1　土の液体成分

　ソ連において，土中の水の種々の状態に関する問題を取り扱った最初の重要な著作の1つは，レベジェフ（А. Ф. Лебедев）によるものである[10]．その中で土中の水は次のようなカテゴリーに分けられている．

　1.　水蒸気の状態にある水で，当然土のガス成分に入るべきものであ

12 第Ⅱ章 土に関する基本的概念

る.

　　2.　水蒸気が固体粒子表面に凝結してできた吸湿水.　レベジェフの意見によればこの水は液体の状態で移動しない.

　　3.　土の固体粒子との間の分子作用力が重力より大きい薄膜水.　この水は飽和していない土壌や土において,　土の含水量の多い部分から少ない部分へ液体の状態で移動するが,　重力は薄膜水の動きに影響を与えない.　水で完全に飽和していない土において,　静水圧は薄膜水に伝達されない.

　　4.　重力の作用や水頭差によって運動する重力水あるいは自由水.

　　5.　固体状の水（氷）や,　種々の鉱物の結晶格子の中に入り土の固体成分の一部とみなしうる結晶水や化学結合水.

　現在では,　このレベジェフの分類と概念の一部は古くなっている.　そこで,　土質学で知られている土中の各種の水に関するより新しい知識のうち,　必要なものの要点だけをここで簡単に述べることにする.

　結合層水および分散層水　　よく知られているように,　電気的に中性の原子（正に帯電された核と負の電子でつり合っている）が1つないし数個の電子を失ったり得たりすると,　正の電荷が過剰になったり,　負の電荷が過剰になったりする.　このような場合,　原子はイオン化したといわれ,　前者を陽イオン,　後者を陰イオンという.

　土の固体粒子の結晶格子は,　その中にイオン,　つまり正や負の電荷をもった化学元素が入り込んで格子をなしている.　結晶格子の内部で異なる符号の電荷はつり合っているが,　固体粒子の表面では電荷は内側の一部としかつり合わない.　したがって,　このような粒子は全体として中性の状態にはなく,　帯電された物体として挙動する.　水の中にさしこんだ2本の電極棒による電場の中で,　土の粘土粒子は負から正の電極の方向に移動する.　このことから,　粒子は全体として負の電荷をもっているか,　その表面が負に帯電されていることがわかる.

　全体として中性の水は,　よく知られているように双極性分子をなしており,　一方の極に正,　他方の極に負電荷が対応している.　このため固体粒子の表面に十分近い位置にある水分子は乱され,　水分子は固体表面に対して電気的に対応するように,　つまり水分子の正の極を粒子表面に向けて並ぶ.　この

ような方向をもった分子の全体は，ジェリャーギン（Б. В. Дерягин）により方向づけられた境界層（結合層）と名づけられている．この層はジェリャーギンによれば，水の他の部分とは明瞭な境界を有しており，固体粒子の化学組成，水の化学組成などにより，数〜数十の分子層，層厚にして 10^{-6}〜10^{-5} cm の厚さからなっている．

図1において点線で境した境界層の外側には，分散層といわれる水の層がある．

粘土粒子表面の負の電荷は，電気力によって分散層の範囲内に分布して正に帯電し

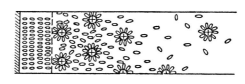

図　1

たイオン，すなわち陽イオン，たとえば水素，カリウム，ナトリウムなどのイオンを引きよせてとどめておく．固体粒子の表面に近ければ近いほど陽イオンの数は多くなり，イオンと固体表面との間の作用力も増大する．逆に遠ざかると，その数も作用力も減少する．負に帯電した陰イオンは，固体粒子表面の負電荷との反撥作用により表面に近いほど薄くなり，表面から遠ざかるほど集中し，実質的にはある距離のところで表面近くに集中した陽イオンとつり合う．分散層中の陽イオンは，負に帯電した固体粒子表面とともに，二重電気層ともいうべきものを作っている．分散層中の陽イオンは，自分の周囲にいくらか方位づけられた水分子をもっている．分散層中のその他の部分の水は普通の状態（すなわち自由水）にあり，なんらの特別な性質も有していない．

粘性土を乾燥させると最初自由水が蒸発し，その後蒸発は結合膜層の表面，さらに固体粒子といっそう固く結合している内側の層へ移っていく．この点に関して，各種の文献で2つのカテゴリーがときどき異なった意味に使われている．このカテゴリーは強粘着水と弱粘着水である．セルゲーフ（Е. С. Сергеев）などは[11]，「強粘着水」と「吸湿水」を同義語，また「弱粘着水」と「薄膜水」を同義語として扱っている．他の著者は[9] レベジェフに従って，薄膜水を強粘着水に対応させている．きわめて広くゆきわたっている「粘着水」という用語を含めて，水の異なったカテゴリーに対する各種の名

称は残念ながらまったくまちまちで，その物理的意味を一般に認められるような形で定式化したものはないし，いまのところ近代的物理学の概念とうまく合致している名称もない．

最近ジェリャーギンの研究にもとづいて，レリトフ（Б. Ф. Рельтов）のような学者は，「粘着水」および「吸湿水」という名称がジェリャーギンの方向づけられた境界層（結合層）の概念に対応し，レベジェフの「薄膜水」とジェリャーギンの分散層が対応し，「強粘着水」あるいは「弱粘着水」の名称は近代的概念からみて一般に不必要であると考えている．

水のカテゴリーのいろいろな名称の意味の対応の問題や，それらの用語の物理的な根拠などにはあまりこだわらず，以下の記述ではこれらに関して上にきわめて簡単に述べた近代的概念を適宜使うことにする．

水で飽和した土では，分散層の自由水は重力の作用や水頭差によって移動することができる．結合層の水分子もまた，これに接している自由水分子の運動，つまり浸透流に引き込まれる．このような分子の量は浸透流の速度，すなわち水頭こう配の値によって決まる．

結合層や分散層の水は，飽和土あるいは不飽和土の固体粒子と粒子の間から水を吸い上げることによっても動かされる．もし土の鉱物粒子が互いに膠着してさえいなかったら，隣接する2つの固体粒子は常にある厚さの水の層で分離されている．

いま，2つの固体粒子が可能な最大の分散層の厚さ δ の2倍の距離をおいて隣り合っており（図2a），そこである力 P_1 でおされたとする（図2b）と，同一符号に帯電している両粒子の分散層の陽イオンが近づくため電気的反撥力が発生し，これが P_1 とつり合う．このさい分散層のある量の水は接触領域から追い出され，それに応じてこの領域の陽イオン密度は高まる．

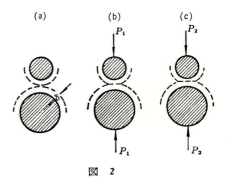

図 2

さらに圧縮力を P_2 まで増大させると（図2c），固体粒子の分散層の陽イオンはいっそう接近し，反撥力が P_2 につり合うまでになって接触領域の陽イオン密度はさらに増大する．

その後圧縮力を P_1 まで減少させると，優勢な電気反撥力と接触領域およびその周囲の水中の陽イオンの濃度を平均化させようとする電気浸透現象によって，固体粒子は押し広げられ接触領域に周囲から水が流入する．このようにして接触領域の厚さは増し，反撥力は P_1 に対応するまで減少する．結局，固体粒子は互いに遠ざかったことになる．ここで水はくさびのような役割を果す．すなわち，土の固体粒子の間に「くさびを打ち込んだ」ように水が入っている．この現象をジェリャーギンは「くさび効果」と称した．

もし2つの固体粒子を P_2 の力でおし，その粒子の反対側に2枚の不動壁 S を入れてから P_2 を取り去ると，水のくさび作用と最初の接触領域の厚さにもどろうとする性質のために，固体粒子は妨害する不動壁 S に対して P_2 に等しい圧力を与える（図3）．このとき妨害壁をほんのすこし移動させて遠ざけると，これにかかっていた圧力も減少する．固体粒子の接触面における水の薄層が最初の厚さにもどろうとする性質のために，押し広げられる固体粒子が受ける圧力はさきに述べた現象との類似から「くさび力」とよばれる．ジェリ

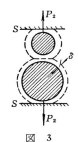

図 3

ャーギンによって最初に注目された以上の現象は，多くの問題を考えていく上で本質的な重要性をもっている．

上述の現象や過程は，多かれ少なかれ土の単位体積，あるいは単位重量あたりの固体粒子の全表面積や接触数に関連している．計算の結果によれば[12] 約 1mm の大きさの粒子からなる 1cm³ の土中の固体粒子の全表面積は大略 60cm² に達する．粒子の大きさが約 0.001mm になると，全表面積は約 6m² になる．これから明らかなように，「固体粒子—水」の境界面で起こるすべての現象は大きな粒子（たとえば 0.1〜1.0mm の範囲）からなる砂におけるより，0.001mm のオーダーのきわめて小さな粒子からなる粘土において非常に大きな意味を有している．これに対応して，結合層および分散層の範囲に存在する水の量は，砂におけるより粘土において著しく多い．その結果粘土

ではこの種の水が本質的に重要であるが，砂では実質的になんらの役割も果さない．

最後に土の間げき中の水の化学組成の変化が，上述のようにこれらの層の厚さを変化させるということを注意しておく．これにもとづいて土の工学的性質を変える方法が考案され実際の工事に応用されている．

自由水　　土中の自由水は，基本的に重力水と毛管水に分けられる．自由水はよく知られているように，重力の影響や水頭差によって土の間げき中を移動する．これ以上特につけ加える性質を有しない．

毛管水の基本的な性質は，土の間げき中の位置や移動あるいは水中の圧力の大きさが，一般に重力または飽和している場合には水頭の分布に依存しているだけでなく，表面張力に関係しているということである．毛管水が土の間げきを部分的に満たしている場合，つまり土が3成分系である場合，毛管水は重力と表面張力の影響によって移動する．毛管水が土の間げきを完全に満たしている場合，つまり土が2成分系である場合，毛管水は水頭の影響によって移動するが，水頭差は水中の圧力分布に依存し，この圧力分布自体は土媒体の境界面の条件，重力および表面張力に関係している．

液体，特に水の毛管上昇は，固体が濡れる現象によって毛管壁や土の固体粒子の表面付近に分布する液体が上昇することである．このため毛管壁や土粒子表面に近い部分の液体の上昇は大きく，これから遠ざかると急激に上昇は小さくなり，液体の表面は通常下方に弯曲した曲面になる．この曲面をメニスカスという．液体の表面が平面の場合，表面圧のようなものを考慮に入れなければ，表面のすぐ内側の圧力は大気圧に等しい．これに反して上記の毛管上昇がある場合は，表面は平面でなく液体のほうへ凸になっているので，物理学の初歩でよく知られているように，表面のすぐ下の圧力はメニスカスの曲率に比例して大気圧より小さくなる．

大気圧のもとで，ある水位（たとえば地下水位）にある水槽の中に立てた毛管や土柱には水が上昇してくる（図4）．このときの液体のつり合いは，水槽の水位における毛管内ある

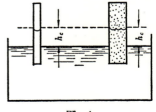

図　4

2. 土中の液体およびガス成分に関する基本的概念

いは土中の水圧が大気圧に等しい場合にのみ得られる．よってこの位置の水圧が大気圧に等しくなる高さh_cまで，毛管内あるいは土中の水が上昇してくる．そしてh_cなる範囲内の水の圧力は大気圧より小さい．この高さのことを毛管上昇高という．

要するにメニスカスの「揚力」とは，この曲面が毛管壁や土の固体粒子の表面にもたれかかるようになり，水の表面薄膜の張力が水をメニスカスのほうへ引きよせる結果，毛管上昇高に等しい高さまで上昇させる力のことであり，結局は表面張力の作用の結果である．当然この高さの範囲内で水の圧力は負（大気圧より小）である．

以上のことから，毛管上昇高だけの水柱をひきつけているメニスカスは，水柱の重量に等しい荷重を毛管壁や土の固体粒子に伝えていることがわかる．このような荷重は毛管圧といわれ，これに対応して土の中には圧縮応力が発生する．

類似の現象は，土の間げきを満たしている水が不連続で，部分的に独立した形で間げきや固体粒子の接触の最もせまい部分に集中しているときにも起こる．このような部分の水の表面は，いずれも土の固体粒子を濡らしてメニスカスを形成し，水の中には引張り応力（負の圧力）が発生する．これに対応してメニスカスの面で境されている部分の固相には圧縮応力が伝わり，その大きさは前に述べたようにメニスカスの曲率に関係している．この場合を内毛管圧力といい，これに対してメニスカスの面が土の表面と一致するときに発生する圧力を外毛管圧力という．

同じ現象はアースダムやコンクリートダムなどの中や，構造物の基礎地盤中の地下水面においても起こる（図5）．この場合もメニスカスが形成される結果，毛管上昇高の範囲内の水中に負の圧力が発生し，土の固相中には圧縮応力が発生する（外毛管圧力）．この大きさは，前と同様にメニスカスの曲率に関係している．曲率自身は水の化学組成，固体の性質（濡れやすさ），周囲の空

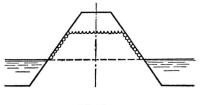

図　5

18　　第II章　土に関する基本的概念

気の湿度に規制される地下水面からの水の蒸発に影響される.

2・2　土の気体成分

　土中に存在するいろいろなガス, たとえば空気, メタンなど, あるいは水蒸気は土の気体成分である. 土中の気体成分は, 工学的立場からみて重要な土の性質や, 土中で起こる過程の特性に強く反映される. したがって, 土の気体成分に関連した現象を研究することはきわめて重要である.

　土中に存在する気体が大気と直接つながっているならば, その気体特に空気は自由気体といわれる. 土の中にいろいろな量で含まれている気体が大気と直接つながっていないならば, これは土の間げきを満たしている液体 (水) によって大気から分離されているので, エントラップド・ガスといわれる.

　地下水は常にその中にガス (たとえば空気) を溶解していたり, 少ないとはいえある量の気泡を有しているので, 飽和土といわれる土でさえ厳密な意味で「固体―水」の2成分系ではない. これらの気泡を取り巻いている水の圧力が, 井戸の掘削, 地盤の深部から地表への試料の採取などの原因, あるいは温度の上昇などによって低下すると, これらの気泡は大きくなる. これは1つには水中の気体が膨張するためであり, 1つには水に溶解していた気体が分離するためである. 気泡を取り巻いている水の温度が著しく上昇したり, 圧力が著しく減少したりすると, 気泡の表面, すなわち土の液体成分と気体成分の境界面からの蒸発が非常に活発になる. これによってさらに気泡は大きくなる. この現象は土媒体における気化現象といわれる. 特別な手段を講じた特殊な場合にだけ, 飽和土がその中の間げきを満たす水にまったく気泡も溶解ガスも含まないようにすることができる. したがって完全に飽和した土という場合は, 与えられた温度と圧力のもとで水に溶解した気体と, 無視できる程度ではあるが少量の気泡を含んでいる土のことを意味している. 土の間げきを満たしている水の温度や圧力が変化した場合, 以前実質的に飽和していた土は, 気体や水蒸気を分離する現象によって飽和の状態でなくなる. この現象は土の体積, 変形性, その他工学に関係のある性質を変化させる.

3. 土の固体成分に関する基本的概念

土の固体成分は異なる大きさと形を有する種々の鉱物粒子からなる．これらの粒子は相互にまったく結合がなかったり，起源，性状，強さなどがいろいろ異なった粘着力によって結合していたりする．土の固体粒子の鉱物組成，大きさ，形や，上述の粘着力の詳細な研究は土質学の分野に属する．したがって前節と同じように，読者は近代土質学の基礎に通じているものと仮定し，ここではこの分野の若干の基本的概念を述べるにとどめる．

3・1 土の粒度組成

土を構成している固体粒子の大きさは，異なった大きさの粒子の全体に対する重量パーセントで表わされる粒度組成によって決められる．セルゲーフ[11]による粒子の大きさの分類を表1に示す．

この分類は，似た粒径の粒子を粒度組成分といわれる一定のグループにま

表 1

粒 子 の 名 称	粒 径	備 考
巨れき（かどのとれた）および巨角れき（角ばった）	20cm 以上	
大れき，中れき（かどのとれた）および砂利（角ばった）	20～4cm	
円れきおよび角れき	40～2mm	
砂： a） 粗砂 b） 中砂 c） 細砂 d） 微細砂	 2～0.5mm 0.5～0.25mm 0.25～0.10mm 0.10～0.05mm	
シルト： a） 粗シルト b） 細シルト c） 粘土質シルト	 0.05～0.01mm 0.01～0.005mm 0.005～0.001mm	
粘土： 粘土 コロイド質粘土	 1～0.25μ 0.25μ 以下	$1\mu=0.001$mm （ミクロン）

20　第Ⅱ章　土に関する基本的概念

表　2

>20mm	20～2	2～0.5	0.5～0.25	0.25～0.05	0.05～0.01	0.01～0.005	0.005～0.001	<0.001	備　　考
									パーセントで表わす

とめて分けるもので，それぞれのグループには名称が与えられている．粘土粒子は扁平な形をしており，厚さは残りの2稜の長さに比べて著しく小さいことに注意しなければならない．表1の粘土粒子の粒径は，土の粘土分が水の中に分散させられたとき，ストークスの式に従って沈澱すると仮定して決めたものである．

　種々の土は異なる組成分から構成されており，その重量含有率は実験室での分析によって決められ，その結果は表2のような形で土の粒度組成として表わされる．

　粒度組成をもっとわかりやすく表示する方法は，スビル河水力発電所建設のさい採用された異なる組成分の含有率をグラフで表わす方法である．図6の上図に示すように，横軸に粒子の直径の対数をとり，縦軸に土の各種の組成分の含有率をとる．グラフの狭いピーク（図6下）は土の粒度組成が均等であることを示している．グラフの最高点の半分の高さに対応する粒子の直径の比 $m=D_b/D_a$ は，土の均質さの度合を表わし，不均

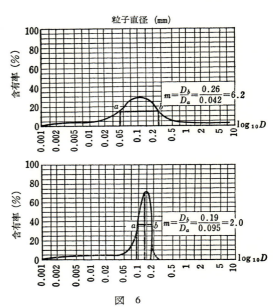

図　6

等度* といわれる.

　土の粒度組成を表わすのにもっとも広く用いられている方法は，粒径加積曲線といわれているものである．これは上の方法と違って，縦軸に各粒子の大きさ(直径)の含有率をとるのではなく，それ以下の直径の粒子の加積含有率をとるのである(図7)．粒径加積曲線上

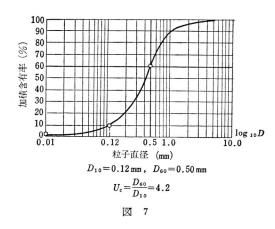

$D_{10} = 0.12$ mm, $D_{60} = 0.50$ mm

$$U_c = \frac{D_{60}}{D_{10}} = 4.2$$

図　7

の2点の縦座標の差は，この点に対応する横軸の粒径の範囲にある土粒子の含有率を示す．粒径加積曲線が急傾斜になればなるほど土は均質になる．

　土中のある粒径より小さい粒子の含有率が全体の10%に相当する粒径を有効径といい，D_{10} であらわす．またある粒径より小さい粒子の含有率が全体の60%に相当する粒径を D_{60} としたとき，比 $U_c = D_{60}/D_{10}$ は均等係数とよばれる．この値が大きければ大きいほど，土の粒径の不均質性は大きくなる．普通砂の均等係数は粘土のそれより著しく小さい．シルト質土の値は粘土と砂との中間にある．

　粒度組成にもとづいて，土はいろいろ提案されている分類法によって分類される．これらの分類法のうちオホーチン[8]によるものを表3に示す．

　粒度組成は，土の種々の性質にきわめて重要な影響をおよぼす．

　細粒の土，たとえば粘土において，その単位体積中の土粒子の全表面積は，前にも述べたように粗粒の土より著しく大きい．その結果，細粒の土において「固体粒子―液体あるいは気体」の境界面で生ずる表面現象は，砂のような粗粒の土におけるよりも著しく大きな影響をもっている．土の固体粒子の全表面積の値は，全表面積とその粒子が占めている体積との比で表わされ，土の「比表面積」といわれる．

---

* (訳注)　英訳すれば Modulus of non-uniformity である．

22　第Ⅱ章　土に関する基本的概念

表　3

名　称	細分名称	粒 子 含 有 率 ％				れき分 2〜40 mm
		粘土分 <0.002 mm	シルト分 0.002 〜0.05mm	砂　　分		
				0.05 〜0.25mm	0.25 〜2.0mm	
粘　土	重　粘　土	60	不　　定	不　　　定		<10
	粘　　　土	60〜30				
ロ ー ム	重 ロ ー ム	30〜20	砂分およびれ き分の合計よ り少ない	不　　　定		<10
	中 ロ ー ム	20〜15				
	軽 ロ ー ム	15〜10				
シルト質 ロ ー ム	重シルト質ローム	30〜20	砂分およびれ き分の合計よ り多い	不　　　定		<10
	中シルト質ローム	20〜15				
	軽シルト質ローム	15〜10				
砂　質 ロ ー ム	重粗砂質ローム	10〜5	<30		>50	<10
	軽粗砂質ローム	5〜2				
	重細砂質ローム	10〜5			<50	
	軽細砂質ローム	5〜2				
砂　質 シルトローム	重砂質シルト ロ ー ム	10〜5	>30	不　　　定		<10
	軽砂質シルト ロ ー ム	<5				
砂	粗　　　砂	<2	<10	0.5mm以上の粒子50％以上		<10
	中　　　砂			0.25mm以上の粒子50％以上		
	細　　　砂			0.25mm以上の粒子50％以下		
シルト質砂	シルト質砂	<2	10〜30	不　　　定		<10
れ　き	粗　れ　き	不　　定		2mm以上の粒子50％以上 4mm以上の粒子35％以上		
	細　れ　き			2mm以上の粒子50％以上 4mm以上の粒子35％以下		

注　1.　れき分が10〜50％含まれる土には「れき質」をつける.
　　2.　細粒の組成分はストークスの式に従って決定できるとしてこの表が作成されている.

　表4に資料[12]により，1cm³ の体積の中に含まれる種々の大きさの立方体要素の比表面積を示してある.

3. 土の固体成分に関する基本的概念　23

表 4

立方体要素の稜の長さ	1cm³中の立方体の数	全　表　面　積	比表面積 1/cm
粗分散粒子			
1mm	10^3	60cm²	6×10
10^{-1}mm	10^6	600cm²	6×10^2
10^{-2}mm	10^9	0.6m²	6×10^3
細分散粒子			
10^{-3}mm	10^{12}	6m²	6×10^4
コロイド分散粒子			
10^{-4}mm	10^{15}	60m²	6×10^5
10^{-5}mm	10^{18}	600m²	6×10^6
10^{-6}mm	10^{21}	6000m²	6×10^7

3・2　土の構造と骨格

土を構成する粘土，シルト，砂分の空間における規則的な組合わせを土質学では「微細構造」といい，これに対して固体粒子の集合や土塊の組合わせを「構造」といっている．このような定義によれば，たとえばゆるい砂は塊状になっていないので構造のない土であり，そのかわり砂粒子の相互配列の様子を決める「微細構造」を有している．土質力学では普通，「構造」と「微細構造」の概念を区別せず，これらを共通の「構造」という言葉で表わす．土の構造はその性質，特に工学上関係の深い性質に大きな影響を与える．構造は次のよ

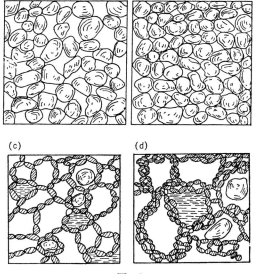

図　8

24   第Ⅱ章　土に関する基本的概念

うなものに分けられる——ゆるい粒状構造（図 8a），密な粒状構造（図 8b）
蜂の巣状あるいは海綿状構造（図 8c），綿毛状構造（図 8d）など．構造の
強さ，すなわち土の固体粒子やそれらの集合の相互配列を変えようとするこ
とに対する抵抗は，これらの間の結合の強さに関係しており，きわめて広い
範囲を変化する．このような結合の様式は多様であり，強い分子間作用によ
る結合，各種の膠着結合などがある．

　土質力学では説明の都合上，「土の骨格」といわれる補助的な概念が広く
用いられている．「土の骨格」という名称には，土の固体粒子，粘着水（前
に述べたような意味での），あるいは土粒子間の剛な結合があるとすればその
ような結合などのすべてが含まれる．「土の骨格」をこのような意味に使う
と，その間げきには自由水，あるいは毛管水，およびいろいろな気体や水蒸
気だけが入り込むことになる．

　「土の骨格」の概念を用いると，その間げきを満たす水，気体，水蒸気
は，せん断力に抵抗できないので，土の骨格のみがせん断力を受けもつこと
は明らかである．間げきを満たす自由水は，土中の各点でその点の圧力に対
応する等方圧縮，あるいは等方引張り（毛管帯の中で）の状態にある．

　土になんらかの荷重を加えた場合土はある程度変形し，そのさいの変形速
度と土の骨格に現われる応力状態は，次の要因によって決まる．

　　　a）　土の固体粒子を相互に転位させるには，ある時間を要するので，
この相互転位に対する内部抵抗を規制する土の骨格の粘性．

　　　b）　土が飽和している場合は，間げき体積の変化に関連した変形のさ
いの土の骨格を満たしている水の流出（あるいは流入）速度．

　　　c）　膠着結合の存在と性質．

　土の骨格の粘性は，土の骨格に対する一定荷重のもとで，ある種の土の変
形が漸増するクリープ現象や，与えられた一定変形のもとで，ある種の土の
応力状態がしだいに変化する緩和現象に対して本質的な意義を有している．

　土の骨格を満たしている水の流出（流入）速度は，その透水性と水頭こう
配に関係している．

3・3 土の粘着力

粘着性のある土は，小さい値ではあるが引張り応力に抵抗できるし，ある高さまで鉛直面のまま破壊せずに自立できるので，非粘着性の粒状土と異なっている．粘着性のある土の典型的なものは粘土であり，非粘着性粒状土の典型的なものはゆるい砂である．

土の粘着力は次のような原因による．

　a） 土の固体粒子間の分子相互作用力．

　b） 土の固体粒子を結びつけている膠着結合，あるいは結晶結合．

　c） 土中の毛管力．

分子相互作用力による土の粘着力の性質は，レビンジェル (П. А. Ребиндер)[13] やデニソフ (Н. Я. Денисов)[14] の概念によれば，模式的に次のように考えることができる．ごく小さい2つの固体粒子が近づき，その距離が分散層の厚さの2倍になると，これらの粒子の分散層の同符号の電荷の反撥力が発生し，それ以上粒子が接近することに抵抗する．しかし，この抵抗にうちかってさらに固体粒子を近づけ，そのすきまが十分に小さくなると（水分子の10〜20層程度），反撥力に比較してはるかに優勢な固体粒子間の直接の分子相互作用力（引力）が発生する．固体粒子間のこのような相互引力は，粘着水の厚さが小さいほど，つまり固体粒子の表面がより接近し合ったほうが当然強くなる．非常に小さい（コロイド質）粒子相互や，このような粒子とより大きい直径 0.001〜0.05mm の粒子（てん材としてのみ存在している砂粒は含まれない）とのこのような相互作用の結果，コロイド質粒子は薄膜のような形で他の粒子を覆い，デニソフの表現によれば「より大きい粒子を結合させる独特の橋渡し」の役割を果す．上述のことは，土の粘着力がある人々のいうように水の薄い層の付着作用によるものではなく，これとは逆に分子相互作用力の結果起こる土のコロイド質粒子の付着作用によるものであることを示している[14]．このような力の影響は，固体粒子が近づけば近づくほど，また接触数と接触面が大きくなればなるほど当然大きくなる．このため土の密度が増せば粘着力も増す．分子力による土の粘着力の本性として，土粒子が相互に転位して互いに近づけば粘着力は増し，互いに遠ざかれば減少するが，依然として粘着力は保たれる．

26   第Ⅱ章　土に関する基本的概念

　多くの場合，土の粘着力は，より大きい粒子同士を付着させるコロイド質粒子の分子相互作用力によるだけでなく，地層の地質条件や粘土質岩石の存在によって永い年月の間に生まれた種々の結晶質結合に起因する土の膠着力にもよっている．固体粒子の相互転位や土の構造の破壊は対応する膠着結合の破壊後に発生しうるので，剛な膠着結合の存在による土の粘着力は，粒子の転位や構造の破壊によって失われる．固体粒子の相互転位や土の構造の破壊の後に失われた膠着結合は，永い時間かかってやっとある程度まで回復するだけなので，このような結合による土の粘着力は破壊後一時には回復されない．デニソフ[14]は土の付着力（粘着力）を「1次粘着力」（土の密度の増大にともなって増大する分子相互作用力による粘着力）と，「硬化粘着力」（膠着結合などの原因による密度の変化に関係のない粘着力）に分けている．イワノフ（H. H. Иванов)[15]は，付着力を「構造的付着力」，すなわち構造および膠着結合の破壊（せん断試験による）の後では回復されないものと，「回復しうる付着力」に分けている．プリクロンスキー（B. A. Приклонский)[16]は，「結晶化」結合と「水ーコロイド」結合を分けている．膠着結合による粘着力を有している土は，大きな硬さをもっているので他と異なっている．

　ある場合には土の粘着力は，いろいろな程度の毛管現象が原因で起こる[17]．たとえばゆるい砂を湿らせると，ある高さの範囲まで鉛直面で立っておれるようになる．すなわち粘着性を帯びる．

　疑いもなく，多くの場合土の粘着力はある程度まで毛管現象によっている．しかし，土の粘着力を決定する基本的原因としてこの現象を考えることは結局正しくない．粘土の粘着力がこのような原因によるものであるとしたら，ある場合には粘土中の毛管圧力と毛管水中の引張り応力は，水柱300m以上の毛管上昇高に対応するようなものを考えなければならなくなる．よく知られているように水柱の高さが10mをこえるような水中の引張り応力の場合，土の間げき中の水の連続性は普通強い蒸発作用のため破壊される．したがって，300mに達するような毛管上昇高は現実に起こり得ない．実質的に毛管上昇高は10mを越えないのである．

4. 土の基本的な物理的特性

土中でみられる現象や，発生する過程などの性質を記載し定量的に表現する場合，土の特性といわれるものが利用される．これらの土の特性は実験によって決められたり，土の別の特性を利用した計算から求められる．

土の物理的特性とは，土を利用する方法とは無関係に，対象としている土の現象や性質をできるだけ完全かつ正確に記載したものを含むように選定した特性のことである．

土の物理的特性と違って設計特性は，前述したように土質力学のいろいろな計算法の中に入ってくるパラメーターのことをいう．設計特性は多くの場合土の物理的特性と一致している．これがもっとも望ましいことであるが，ある場合にはいろいろな理論に応じて土の対象としている性質を近似的に記載するだけなので，設計特性は物理的特性と異なっていることもある．

土の物理的特性は土質学において主として研究され，土質力学で利用される．設計特性は主として土質力学の研究分野に属するが，土質学においても研究される．

読者は土質学の基礎に通じているものと仮定し，土のいくつかの基本的な物理的特性とそれらの間の関係を検討するにとどめる．

4・1 間 げ き

土の任意の体積 V を，この中に占める間げきの体積 V_v と土の固体粒子の体積 V_s に分ける．このとき明らかに，

$$V = V_s + V_v \tag{2.1}$$

である．

比

$$n = \frac{V_v}{V} \tag{2.2}$$

は間げき率といわれ，土の単位体積中の間げきの体積を表わしている．

比

$$m = \frac{V_s}{V} \tag{2.3}$$

28   第Ⅱ章 土に関する基本的概念

は，土の単位体積中の固体粒子の体積を表わしている．

下式は明らかである．

$$n+m=\frac{V_v}{V}+\frac{V_s}{V}=1 \qquad (2.4)$$

比

$$e=\frac{V_v}{V_s} \qquad (2.5)$$

を間げき比という．容易に次式が確かめられる．

$$\frac{V_v}{V_v+V_s}=\frac{e}{1+e}$$

これから，(2.1) の関係を考えて

$$V_v=\frac{e}{1+e}\,V \qquad (2.6)$$

$$V_s=V-V_v=V-\frac{e}{1+e}\,V=\frac{1}{1+e}\,V \qquad (2.7)$$

$$n=\frac{V_v}{V}=\frac{e}{1+e} \qquad (2.8)$$

$$m=\frac{V_s}{V}=\frac{1}{1+e} \qquad (2.9)$$

が成立する．

完全に飽和している土の場合，土の単位体積 V 中の水の体積 V_w は，間げきの体積 V_v に等しい．すなわち $V_w=V_v$ である．

部分的に飽和した土の 場合，土の体積 V の中の気体の体積を V_a とすれば，

$$V_v=V_w+V_a$$

である．両辺を V で割れば次式が得られる．

$$n=n_w+n_a \qquad (2.10)$$

ここに

$$n_w=\frac{V_w}{V} \qquad (2.11)$$

$$n_a=\frac{V_a}{V} \qquad (2.12)$$

は土中における水と気体の相対的含有量を表わしている.

しばしば m と n を小数で表わさずにパーセントで表わし，0.5のかわりに 50%のように書く. 表5に数種の土の自然条件における間げき率と間げき比 の数値例を示した.

表 5

土 の 名 称	n	e
砂	0.35〜0.45	0.54〜0.82
レ ス	0.40〜0.55	0.67〜1.20
シ ル ト	0.50〜0.75	1.00〜3.00
ローム および 粘土	0.40〜0.50	0.67〜1.00

4・2 基本的な単位体積重量

土質力学で水の単位重量 γ_w という場合は，土の骨格の間げきを満たして いる自由水の単位重量のことである. また土粒子の単位重量 γ_s という場合 は，個々の鉱物粒子の単位重量のことをいうのではなく，土の鉱物組成は不 均質なので，個々の鉱物粒子の大きさに比べて十分大きなある容積の中に含 まれるすべての鉱物粒子の単位重量の平均を表わす.

基本的な土粒子の単位重量を非常に数多く測定して整理した結果，ポリシ ン (Д. Е. Польщин)[18] は，個々の種類の土の土粒子の単位重量がほとんど 一定の範囲内にあることを明らかにした. 特に砂，砂質ローム，ローム，粘 土について，土粒子の単位重量は 2.66〜2.74g/cm³ の範囲にある. 泥炭の粒 子の単位重量は 0.5〜0.8g/cm³ である.

自然状態における土の単位体積重量 γ は，単位体積中に含まれる土粒子の 重量と，その間げきの中に含まれる水の重量との和に等しい. 土の単位体積 重量は土の密実度と土水中に依存しているので，大きな範囲にわたって変化 する.

ある種の土の γ の値を表6に示す.

土の乾燥密度 γ_d は，任意の密実度の単位体積中に含まれる鉱物粒子の重 量のことである. ときにはこれは土の骨格の単位体積重量ともいわれる. 次 式の関係はまったく明らかである.

30 第Ⅱ章 土に関する基本的概念

表 6

土 の 名 称	γ (g/cm³ or ton/m³)
砂	1.45〜1.70
レ ス	1.20〜1.60
ローム および 粘土	1.35〜1.80

$$\gamma_d = m\gamma_s = (1-n)\gamma_s = \frac{\gamma_s}{1+e} \qquad (2.13)$$

この関係を利用すると，実験室で n と e を決めるための似たような関係が得られる．

$$e = \frac{\gamma_s}{\gamma_d} - 1, \quad n = 1 - \frac{\gamma_d}{\gamma_s} \qquad (2.14)$$

完全に飽和した土の単位体積重量 γ_{sat} は次式に等しい．

$$\gamma_{\text{sat}} = \gamma_d + n\gamma_w \qquad (2.15)$$

水中で完全に浮力を受けている土の単位体積重量 γ' は，一定の 密度で単位体積の中に懸濁している土の固体の重量を意味し，

$$\gamma' = \gamma_d - m\gamma_w = \gamma_d - \frac{\gamma_w}{1+e} = \frac{\gamma_s - \gamma_w}{1+e} = \gamma_{\text{sat}} - \gamma_w \qquad (2.16)$$

で表わされる．

4・3 土の含水比および含水比と他の特性との関係

土の含水比とは，ある土の体積中に おける 水の 重量 W_w と固体粒子の重量 W_s の比である．

$$w = \frac{W_w}{W_s} = \frac{V_w \gamma_w}{V_s \gamma_s} = \frac{V_w}{V_v} \cdot \frac{V_v}{V_s} \cdot \frac{\gamma_w}{\gamma_s} = S_r e \frac{\gamma_w}{\gamma_s}$$

これから

$$e = \frac{w\gamma_s}{S_r \gamma_w} \qquad (2.17)$$

が成立する．ここに

$$S_r = \frac{V_w}{V_v} \qquad (2.18)$$

は飽和度といわれている値である．水で完全に飽和した土に対して $S_r = 1$ であり，これからこのような土の含水比，すなわち 飽和含水量は 次式に 等し

い.

$$w_{sat} = \frac{e\gamma_w}{\gamma_s} \qquad (2.19)$$

あるいは，（2.14）の最初の式を考慮して

$$w_{sat} = \frac{\gamma_w}{\gamma_s}\left(\frac{\gamma_s}{\gamma_d} - 1\right) = \gamma_w\left(\frac{1}{\gamma_d} - \frac{1}{\gamma_s}\right) \qquad (2.20)$$

である.

ときには含水比を小数で表わさずに，上で得た値を 100 倍してパーセントで表わすこともある.

少ししか圧縮されていない飽和シルトの含水比は200〜300％にも達しうるし，乾いたレス質土の含水比は 3 〜 7 ％程度の値である.

飽和度は他の式によって表わせることが容易にわかる. すなわち，

$$S_r = \frac{V_w}{V_v} = \frac{\gamma_w V_w / \gamma_s V_s}{\gamma_w V_v / \gamma_s V_s} = \frac{w}{w_{sat}}$$

である. この式から，飽和度は含水量係数とか相対湿度とかいわれることもある.

飽和度の値によって，土は次のように分けられている.

$S_r < 0.5$ の場合，含水量の少ない土.

$0.5 < S_r < 0.8$ の場合，含水量の多い土.

$0.8 < S_r < 1.0$ の場合，ほとんど飽和している土.

自然含水比の不飽和土の単位体積重量 γ は，当然

$$\gamma = \gamma_d + n S_r \gamma_w \qquad (2.21)$$

である. これと次式の関係

$$w = S_r e\frac{\gamma_w}{\gamma_s}, \quad n = \frac{e}{1+e}, \quad \gamma_d = \frac{\gamma_s}{1+e}$$

から下式を得る.

$$\gamma = \gamma_d + \frac{e}{1+e}\frac{w\gamma_s}{e} = \gamma_d + w\gamma_d = \gamma_d(1+w) = \gamma_s\frac{1+w}{1+e}$$

これから最終的に

$$\gamma_d = \frac{\gamma}{1+w} \quad \text{あるいは} \quad w = \frac{\gamma}{\gamma_d} - 1,$$

および

が導かれる。

$$e = \frac{\gamma_s}{\gamma}(1+w) - 1 \tag{2.22}$$

(2.14) の2番目の関係と (2.21) の関係を使うと，飽和度は

$$S_r = \frac{\gamma - \gamma_d}{n\gamma_w} = \frac{\gamma - \gamma_d}{\gamma_s - \gamma_d} \cdot \frac{\gamma_s}{\gamma_w} \tag{2.23}$$

で表わされる．ここで (2.17) と (2.23) の関係から，e を次の形で表わすことができる．

$$e = \frac{w\gamma_s}{S_r\gamma_w} = \frac{\gamma_s - \gamma_d}{\gamma - \gamma_d}w \tag{2.24}$$

上に導いたすべての関係によって，ある既知の値から他の任意の値を得ることができる．

4・4 土のコンシステンシーと塑性指数

土には独自の塑性というものがあるが，塑性とは割れ目ができたりちぎれたりせずに，与えられた任意の形に整形され，その形を保っている性質をいう．土がこのような性質を有するのは，その含水量が塑性の限界といわれる含水比，すなわち塑性の上限と下限の含水量の間にあるときである．

塑性の上限を液性限界 (L.L) というが，これは塑性状態から流動状態に土が移行するさいの土の含水比 (w_L) のことをいう．

塑性の下限は塑性限界 (P.L) といい，土が半固体状態から塑性状態に移行するさいの土の含水比 (w_P) を指す．

実験で塑性の両限界を決める方法は，土質学の教科書にでている．$I_P = w_L - w_P$ で表わされる塑性指数が大きければ大きいほど，土が塑性状態にある水分の範囲が大きくなる．粘土で塑性指数は17より大きく，ロームでは 7～17 の範囲にあり，砂質ロームでは 1～7 の範囲，砂では 1 以下である．塑性指数と土中の粘土

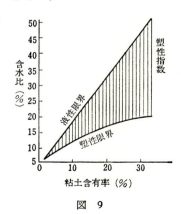

図　9

4. 土の基本的な物理的特性　　33

分との関係を図9に示す.

4・5　土の密実度とコンシステンシー

砂質土の密実度は，乾燥状態での単位体積重量によって特徴づけられる．
しかし砂の密実度を表現するために，次式で定義される相対密度なる値がし
ばしば用いられる.

$$D_r = \frac{e_{\max} - e}{e_{\max} - e_{\min}}$$

ここに，$e_{\max}$, $e_{\min}$ および e はそれぞれ もっとも ゆるい状態，もっとも密
な状態，および考えている密実度，たとえば自然状態に対応する間げき比で
ある.

$D_r < {}^1/_3$ の場合砂はゆるい，${}^1/_3 < D_r < {}^2/_3$ の場合砂は中位，${}^2/_3 < D_r < 1$ の場
合砂は密であるといわれる．これらの分類はあくまで便宜的なものであり，
さらにまた $e_{\max}$, $e_{\min}$ を決める標準化された方法を決める必要があること
に注意しなければならない.

砂の締固め性は間げき比だけでなく，砂粒子の形や円磨度* などの要因に
左右されるので，実験室での測定法に若干の不十分な点があるにしても，相
対密度は砂の締固め性をよく表わしている．このほかに，砂の締固め性は応
力状態にも関係している．砂中の静的応力が大きければ大きいほど，同一の
動的作用を加えた場合の締固め性は小さくなる.

粘土の緊密度を表わすために，プリクロンスキー[16]は緊硬度指数といわれ
るものを提案した．すなわち $K = (e_L - e)/(e_L - e_P)$ である．ここに，e_L, e_P,
e はそれぞれ液性限界，塑性限界，および自然状態の含水量に対応する間げ
き比である．K の値が大きければ大きいほど，粘土は緊硬になっている.

粘土のコンシステンシーは，下式の液性指数といわれる値で決められる.

$$I_L = \frac{w - w_P}{w_L - w_P}$$

$I_L < 0$ のとき粘土は固い状態，$0 < I_L < 1$ のときプラスチックな状態，$I_L >$
1 のとき液体の状態にあるという.

* （訳注）　英訳すれば roundness である.

液性指数は，ある程度まで粘土に対する許容荷重を特徴づける．たとえば $I_L<0$ のような土は，2.5～5.0 kg/cm² のオーダー以上の荷重に十分耐えられる[7]．しかし許容荷重というのは土の性質だけでなく，著しく構造物の特徴や大きさに関係しているので，このような概念から得られる「許容荷重」の値を使うことは，根本的に望ましいことでないということを強調しておく．

5. 土 の 圧 縮 性

土の圧縮現象は，前にも述べたように，圧縮しやすい地盤上に土木構造物を設計するさい，大きな意義を有している．このため土の圧縮性の定量的特性を述べ，土の圧縮のいくつかの特徴を規制する現象や，ゆるい粒状土および粘着性土の圧縮現象の特徴を検討することが必要である．

5・1 土の圧縮性の定量的特性

土の圧縮変形は主として土の固体粒子間の接近によって起こり，これに比べて粒子自身の変形は無視できるほど小さい．このため土の圧縮変形は間げき率の変化にもとづいて決定され，したがって土の骨格における圧縮応力が変化するさいの間げき比 e の変化で表わすことができる．間げき比と土の骨格に作用する圧縮応力との間の関係の測定は，現在ではもっぱら拘束一軸圧縮試験機によって行なっている．

実験室で実際に使われている拘束圧縮試験機，あるいは圧密試験機といわれているものを図 10 に示す．土の試料は円筒状にして，2つの多孔板の間，つまり飽和土の場合，土の間げきからしぼり出される水が上下へ逃げれるような特殊な孔をもった板の間に入れる．圧縮応力 σ を段階的に増し，各荷重段階で変形が減衰するまで待って，鉛直変位（沈下）を特別の指示器（ダイヤル

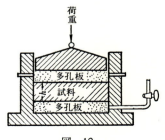

図 10

ゲージ）で測定すると，圧縮荷重
の強さ σ と試料の相対的圧縮量 ε
または間げき比 e との関係 $e=$
$e(\sigma)$ を実験的に決めることがで
きる．

このような実験による結果は
「圧縮曲線」といわれるグラフの
形で表わされるが，この曲線に対
応する式を導くことはあまりしな
い．

構造物の基礎地盤から採取した

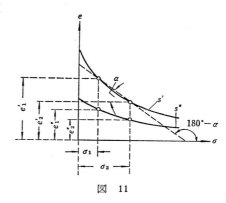

図 11

ような構造の乱されていない割れ目のない粘性土や，十分に密な砂質土の圧
縮曲線 (s'') は，図 11 に示すように同じ粘性土の構造を乱したもの（たとえ
ば，盛土材料やアースダム材料として利用する場合）や，ゆるい砂に対する曲線
(s') より著しく緩傾斜である．このため，自然土層の上に築造される構造
物の基礎地盤の変形を研究するために行なうこの種の室内実験にさいして，
土の構造を乱してしまうと基礎地盤の圧縮性は著しく誇張されるので，必ず
乱さない試料について実験しなければならない．

圧縮曲線の式が必要な場合は，十分近似的に対数曲線として表わすことが
できる (K. Terzaghi)[17]．

$$e = -C_c \log(\sigma + \sigma_0) + C \qquad (2.25)$$

ここに，C_c, σ_0, C は 3 点 (e_1, σ_1), (e_2, σ_2), (e_3, σ_3) の実験結果から
3 つの未知数に関する 3 個の連立方程式を解いて得られる係数である．

考えている応力の範囲 $\sigma_1 \leq \sigma \leq \sigma_2$ でその値の変化が比較的小さい場合，
圧縮曲線を直線でおきかえることができる．この場合次の関係が得られる．

$$e = -a_v \sigma + A \qquad (2.26)$$

ここに a_v と A は 1 次式の係数である．係数 a_v は，(σ_1, σ_2) の領域で圧
縮曲線を直線化したときの σ 軸との傾斜角から決まる．$\tan(180° - \alpha) = -a_v$
より $\tan \alpha = a_v$ である．これから圧縮係数 a_v は，次の形で表わされる．

$$a_v = \frac{e_1 - e_2}{\sigma_2 - \sigma_1} \qquad (2.27)$$

この式からわかるように，a_v が大きければ大きいほど同一の応力 σ の範囲，すなわち同一の $(\sigma_2 - \sigma_1)$ に対する間げき比の変化 $(e_1 - e_2)$ は大きくなる．別の言葉でいえば，a_v が大きければ大きいほど土の圧縮性は大きくなる．図 11 から明らかなように，$\sigma_2 - \sigma_1$ を一定にしたまま応力 σ_1, σ_2 を同時に大きくすると，$e_1 - e_2$ の値と圧縮係数 a_v の値，すなわち土の圧縮性はしだいに小さくなる．

ある場合には図12に示すように，圧縮試験を行なうと，ある圧縮応力 σ_{str} までは荷重を増加しても間げき比がまったく変化しないか，ほとんど変化しないことがある．応力 σ が σ_{str} の値に達する

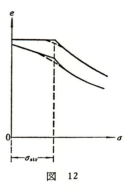

図 12

と，その後の荷重の増加に応じて間げき比は急激に減少する．0 から σ_{str} の領域で水平か，ほとんど水平な圧縮曲線は，硬い膠着結合を有する土に特徴的なもので，このような結合が破壊されるまでは圧縮性は小さい．σ_{str} を構造強さというが，この値に作用応力が達したとき結合は破壊され，土はより著しい圧縮性を有するようになり，これが圧縮曲線にも表われる．多くの場合，圧縮曲線の形は急な折れ曲りを示さず，図 12 の破線で示すような特徴を有している．

膠着結合や構造強さの影響のほかに，圧縮曲線の最初の緩傾斜部分の存在は，ある場合には過去（たとえば氷河時代）において，土が十分大きな荷重を自然の成層状態において受けたことで説明される．過去のこの荷重はいったん取り去られ，圧縮試験機で受ける荷重は2度目のものということになる．この場合，試験機で受ける荷重が2次的なものであることは，次のようなことから説明できる．

圧縮試験を行なうさい常に圧縮荷重を増していくと，図 13 の DE で示される処女圧縮曲線が得られる．もし圧縮曲線のある点 b' から，荷重を各段階ごとに変形が減衰するまで待ってしだいに減少させると，DE 曲線よりは

はるかにゆるい，いわゆる回復曲線 $b'c'$ が得られる．応力を σ_2 まで減少させると間げき比は $e'c'$ だけ増大するが，これは弾性変形の部分に当たり，一方 c_0c' の値は残留変形の部分である．

応力の値を σ_2 まで減少させた後，再び荷重を増加させ始めると $c'd'$ のような曲線が得ら

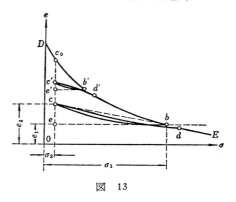

図 13

れる．このこう配は $b'c'$ のそれにきわめて近く，処女圧縮曲線 DE のこう配より著しく小さい．このような事実によっても，圧縮試験にかける前に著しく圧縮を受けた土については，圧縮曲線の初期にしばしば現われる緩傾斜の部分を説明できる．

さらに荷重を増加させると，処女圧縮曲線 $d'b$ が得られる．応力が σ_1 に達した後，再びこれを σ_2 の値まで減少させると，2番目の回復曲線が得られる．ここで ec は弾性変形の部分に当たり，c_0c は残留変形の部分に当たる．その後圧縮応力を増加させると，3番目の荷重に対する圧縮曲線が得られる．応力が σ_1 の値をいくらかでも越えると，曲線はまた処女圧縮曲線にもどり，このような過程をくりかえす．このように同一の応力 σ を加えても，載荷と除荷のサイクル数の相違によって，それに対応する土の間げきは異なる．

数多くの載荷と除荷のサイクルをくりかえすと，新しいサイクルの載荷による変形は徐々に減少し，それに応じて図14に示すように対応する回復曲線と再圧縮曲線は直線に近くなり，互いに一致するようになる．このことから，載荷と除荷のサイクルを数多くくりかえすと，土は実質的に弾性的になることがわかる．回復曲線や再圧縮曲線

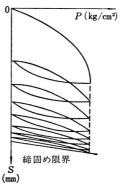

図 14

38   第Ⅱ章   土に関する基本的概念

の式は，必要な場合処女圧縮曲線の式と同様に対数（あるいはべき）関数として表わすことができる．しかし，普通このような表示にたよることは少ない．

応力の範囲を十分小さくとれば，回復曲線は直線でおきかえることができる．この場合，回復曲線の式は次のような形に書ける．

$$e = -a_{\mathrm{dil}}\sigma + A' \qquad (2.28)$$

これから $(\sigma_1,\ e_1)$，$(\sigma_2,\ e_2)$ の値に対して，

$$e_1 = -a_{\mathrm{dil}}\sigma_1 + A'$$
$$e_2 = -a_{\mathrm{dil}}\sigma_2 + A'$$

である．これから膨張係数といわれる a_{dil} は，

$$a_{\mathrm{dil}} = \frac{e_2 - e_1}{\sigma_1 - \sigma_2} \qquad (2.29)$$

で表わされる．

膨張係数の値は，σ_1 と σ_2 の値が増大しても $\sigma_1 - \sigma_2$ の値が等しいと，ほぼ同一の値になる．

圧縮係数の例をあげると，わずかに圧縮された粘土では $a_v = 0.10 \sim 0.01$ cm²/kg の値であり，もっと圧縮された粘土では，$a_v = 0.005 \sim 0.001$cm²/kg に減少する．

5・2   砂質土および粘性土の圧縮性

上に述べたように，土の骨格に加えられる圧縮応力が構造強さ限界以下のとき，土の変形は普通比較的小さい．硬い結合が破壊されて（もしそのような結合があるとして），それにともなって土の変形が急に増大するようなときでも，さらに圧縮応力を増加させていくと圧縮性はしだいに減少する．

このような圧縮性の減少は，次のような理由による．

第1に，土の圧縮のさい固体粒子がいっそう密につまり，構造の破壊が進行するので，固体粒子の接触の数が増す．この接触数の増大の結果，粒子に伝わる力の増加の割合は土の骨格における圧縮力の増加の割合より小さくなる．つまり，単位面積あたりの力の増加の割合が減少する．

第2に，粘性土の粒子が互いに接近するにつれて，固体粒子の分散層中の

5. 土の圧縮性　39

陽イオンの反撥力は前にも述べたように増大する.

荷重を取り去ると, 荷重を加えたさいにできた接触のすべてがなくなるわけではなく, 膠着結合と構造の破壊の現象は非可逆的なので (すなわち結合や構造は回復できないので), 土の圧縮変形は完全に弾性的な現象ではありえず, 特に載荷と除荷の最初のサイクルの頃は残留変形が卓越している. 弾性変形の部分は, 接触におけるくさび効果による現象, および基本的に土の構造を形成している弾性によるものである.

各載荷と除荷のサイクルが終るごとに, 土の中の全接触数は以前より常に増大してゆき, 接触の数が多いと同一の荷重でも当然変形は小さくなるので, 新しい載荷—除荷サイクルごとに土の変形は小さくなる. 特にこれは残留変形に関係し, この現象によって変形はますます弾性に近くなる. 新しい接触面を発生させる載荷と除荷のサイクルを数多く行なった後では, それ以上密につまることも, 構造が破壊することもまったくできなくなる. つまり変形は実質上完全に弾性的になる. このような弾性は, 土の接触における水の流出や流入, 構造の弾性的圧縮現象, および与える影響は少ないが, 土の鉱物粒子材料の弾性によってのみ説明できる.

砂質土と粘性土の圧縮は本質的に異なっている. 静的荷重のもとで砂質土は少ししか圧縮しない. 密な砂の場合にはきわめて軽微であり, ゆるい砂の場合には比較的多い. 動的荷重 (打撃, 振動など) によって砂質土は著しく圧縮するが, ゆるい砂ではきわめて著しく, 密な砂ではさほど大きくない.

砂の間げきが完全に飽和しており, その粒度組成が細砂から中砂の分類に入るとき, ゆるい状態にあると動的作用 (発破による震動, 動的浸透作用など) によって, 液状化といわれている現象が起こる. 砂の液状化現象は砂の密度が小さければ小さいほど, 圧縮応力に対する抵抗が小さければ小さいほど, そして動的作用が強ければ強いほど起こりやすい. 砂の液状化現象とは, 粒子が互いにおしあい, 間げきが水で満たされていたゆるい砂が, 突然ある瞬間に液体の中に砂粒子が浮いているような状態に変化することである. このような状態になると, 当然砂質土はその表面にある物体の荷重に耐えることができず, そのため物体は粘性液体の中に沈むように沈下してゆく. また液状化した砂質土の斜面は, 傾斜が 1 : 12, 1 : 15あるいはそれ以下というほ

とんど水平に近いような傾斜でも，安定を保つことができない．砂が液状化の状態にある時間は，液状化した砂の部分の大きさ，砂の表面の荷重の存在とその大きさ，砂の透水性，排水設備の有無などに関係している．この時間の長さは上記の諸条件によって，数秒から数十分の範囲である．ゆるい飽和した砂地盤上に築造される構造物や，砂の水締め構造物，特に静水中での水締め構造物の築造の場合，液状化現象は重要な意味をもっている．

粘性土は短時間の動的荷重ではほとんど圧縮しない．水で飽和している場合は，実質的に全然圧縮は起こらない．含水量が十分大きく密度が小さい場合，長期の静的荷重のもとで粘性土は著しく圧縮する．

飽和粘性土の圧縮現象は間げき体積の減少，つまり間げき内の水が間げきから流出することに関連している．粘性土の圧縮の速さが土の骨格の粘・塑性変形速度でなく，高含水比の場合に起こるような土の間げきからの水の流出速度によって決定される場合，この圧縮過程によって土の間げきを満たしている水の圧力は著しく上昇し，また構造物の基礎や土の斜面の安定に関してきわめて好ましくない応力状態が土の骨格中に発生する．圧縮過程が終了すると水の中の圧力は低下し，それに応じて安定条件は再びよくなる．圧密時間ともいわれる圧縮過程の長さは，土の種類や性質（図15），圧縮域の広さによって，無視できる程度の短い時間から数十年あるいは数百年の程度に

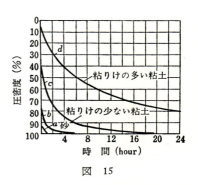

図 15

まで変化する．圧縮期間中の土の骨格や水の応力状態は，非定常応力状態といわれる．圧縮現象終了後の応力状態は，しばしば終局状態あるいは定常状態といわれる．

圧縮の速さが土の粘・塑性変形速度によって決まり，水の流出速度によらない場合，圧縮過程において水中の圧力は上昇せず，それに対応する安定条件の悪化も起こらない．このような性格の圧縮は，十分密で間げき中の自由水も少ない粘性土において生ずる．

6. 土のせん断抵抗

土の一部分が他の部分に対して変位するせん断による土の強さの乱れは，構造物の基礎地盤や土の斜面で起こる基本的でもっとも一般的な破壊の形態である．せん断応力による土の極限せん断抵抗の研究は，ほとんどすべての現場実験室や研究機関の実験室で，普通一面せん断箱とよばれている試験機で行なわれている（図16）．研究機関の実験室では，三軸圧縮試験機のような別の試験機も用いられている．しかし三軸圧縮試験機の長所にもかかわらず，ソ連の現場実験室，設計・建設機関では，まだ広く利用されるに至っていない．そこでこの節では，土の極限せん断抵抗が一面せん断試験機で測定されるとして話を進める．そして，最後に簡単に三軸圧縮試験機を極限せん断抵抗の測定に応用する概要を述べる．

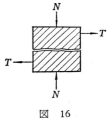

図 16

もっとも簡単な場合，土の極限せん断抵抗の測定は次のようにして行なう．試料を上，下に分かれている箱に入れ，ある垂直荷重Nをかけ，この荷重による沈下が完全に終ってから水平せん断力Tを，前の段階のせん断力による水平変位が完全に終るのを待って段階的に増加させて試料をせん断させる．この場合変位の速さがある決まった値，たとえば垂直変位で0.01〜0.02 mm/day，水平変位で 0.003〜0.005 mm/min というような値より小さくなると，変位は停止したものとみなす．このときそれ以上せん断力を加えなくとも，水平変位が停止することなく増大していく最小のせん断応力のことを極限せん断応力という．対応するすべり（せん断）面，あるいはすべり領域の例を図 16 に示す．

各垂直荷重Nに対応する極限せん断力Tを測定し，これらの値をせん断面積Fで除して垂直応力σとせん断応力τを計算すると，種々の垂直応力σに対する土の極限せん断抵抗τの関係

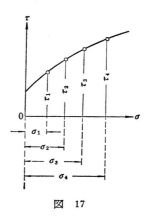

図 17

が得られる（図 17）．

　ある垂直応力のもとでせん断させてしまった土の試料を再びせん断試験に供し，水平応力を極限値まで増大させてゆくと，このときの極限抵抗値は最初のせん断のときと同じ場合もあるし，それより小さい場合もある．前者の場合，極限せん断抵抗は完全に回復されるとみてよい．これに反して後者の場合，土の極限せん断抵抗は部分的に回復され，一部は回復されない．

6・1　砂質土のせん断特性

　実験結果から膠着結合のない砂質土の極限せん断抵抗と垂直応力との関係をグラフにすると，座標原点を通る直線となり，その式は次式で表わされる．

$$\tau = \sigma \tan\phi = \sigma f \qquad (2.30)$$

　ここで固体同士の表面摩擦係数との類似から，f を土の内部摩擦係数といい，ϕ を内部摩擦角という．

　角 ϕ の値は，図 18a に示すように砂の密度に関係しており，乾燥砂と完全に飽和した砂でほぼ同一の値を示し，その密度により 25° から 45° の範囲を変化し，平均値は大体 30°～35° 程度である．

　実験のさいゆるい砂は，水平変位の増大につれて，そのせん断抵抗を増す（図 18b）．密な砂では，図 18b に示すように最初せん断抵抗が増大し，その後せん断領域で砂の構造破壊が起こってから減少する．実験によれば，

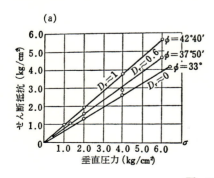
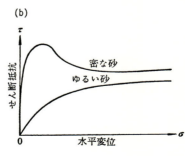

図　18

せん断時に砂の粒子は部分的に破壊され，粒子表面が摩耗されたり，かどが円磨されたりする.

ある土粒子が他の土粒子に対して転位するさいの砂質土のせん断抵抗は，砂粒子のすべり摩擦や回転摩擦によって決まる. しかし密な砂の場合, その上さらに噛み合わせの効果が加わる. この効果は全せん断抵抗 (すべり応力)の中でも，密な砂粒子をすべりと垂直な方向にある量だけ浮き上らせ，押しわけるのに必要な部分である. なぜならば，粒子と粒子の間に他の粒子を噛んでいるので，このように粒子のうき上りや押しわけがないと，ある粒子が他の粒子に対して転位することはできないのである[19]. 固体摩擦の特殊な場合であるすべり摩擦や回転摩擦は，ジェリャーギンによれば[19]，「材料の原子・分子構造の不連続性に起因する分子的現象」であり，表面の分子・原子的あらさによって決定される. 砂粒子は著しく大きく，接触の数が少なく，粘土で起こるようなきわめて小さいコロイド粒子による大きい粒子の「橋渡し」（ジェリャーギン）に似た 結合作用が ない などのために, 飽和していない湿った砂が前述した若干の毛管結合を有するほかは，砂質土は粘着力を有していない. 完全に飽和した状態では，乾燥した状態と同様に膠着結合のない砂は完全に粒状で粘着力を有しない. そのためこのような砂のせん断抵抗は，摩擦現象と噛み合わせ作用のみによって決まる. 膠着結合のない砂で固体粒子間の接触面にある水の薄層の役割は，砂粒子が大きく，粘土分やコロイド分がなく，固体粒子の比表面積が小さいため，まったくとるにたりない. したがってこのような土の場合，固体粒子は実質的に互いに 支持し合い，その上静的荷重条件のもとで接触の数はほとんど変化しない. このような事実によって，静的荷重のさい砂の圧縮性が比較的小さく，それに対応して間げき比の変化も小さいことが説明される.

いま，せん断抵抗 τ が単位面積中の接触の数 n と，接触における力そのものではなく，せん断面に平行な力の成分の平均値 T との積で表わされるとすると, $\tau = nT$ である. 接触におけるせん断面に平行な力の成分 T が平均的に接触における垂直力成分 N に比例すると仮定すれば，f を 比例係数 として $T = fN$ が得られる. これから

$$\tau = nT = n(fN) = (nN)f = \sigma f$$

44 第Ⅱ章 土に関する基本的概念

が成立する．なぜならば nN は，単位面積中の接触数とせん断面における垂直力成分の平均値との積であり，本質において土粒子骨格における単位面積あたりの力，すなわち応力だからである．この結果は十分に実験結果と一致し，そのためこれまでの推論は，十分に正しく現実を反映していると考えてよい．

6・2 粘性土のせん断特性

粘性土では，実験による極限せん断抵抗と垂直応力との関係をグラフで表示すると，曲線になるのが普通である．この場合せん断抵抗は，土の粘着力の説明のところで述べたように，次の要因によって決定される．

土の骨格構造の極限強さを越える応力によって破壊される膠着結合．

分子引力の作用で大きい粒子を覆い，前述したようにこれらの大きな粒子を結合させる橋渡しの役をするコロイド粒子の付着作用．

固体粒子が接近するに従って，接触の数と面積は増大する．すなわち粘土の圧縮が進むに従って，そのせん断抵抗は当然増大する．もし土に対する荷重が増加しても，土の密度が増加するような粒子間の距離の接近が起こらなければ，デニソフの概念によってせん断抵抗は増加しない．

このように，土の粘着力およびせん断抵抗の性質に関する近代的概念にもとづいて述べた事実によれば，粘性土のせん断抵抗は，基本的に粒子の接触数と粒子が受けもつ外力の大きさ（この大きさは，水の薄層の厚さと接触面積に依存しているが）に関係する土の密度と，膠着結合のようなものがあるとすれば，この結合とによって決定される．

したがって，第1近似として土の極限せん断抵抗の式を次のような形に書くことができる．

$$\tau = \tau_e + T(N)n(e) \tag{2.31}$$

ここに，τ_e は固体粒子間の膠着結合によるせん断抵抗を表わす．$T(N)$ の値は，1つの接触のせん断方向に平行なせん断抵抗成分の平均値を表わす．この $T(N)$ の値は，接触の近くにある任意の粒子を接近させようとする力 N の変化によってある程度変化する．N 自身は土の応力状態，特に土の骨格の応力 σ，すなわちせん断面の単位面積に働く垂直力に関係している．この

ため N は $N(\sigma)$ のように書ける．せん断面の単位面積あたり粒子の接触数を表わす $n(e)$ は，与えられた土については，なによりも土の密度あるいは間げき量，したがって間げき比 e に関係している．

土に対する荷重が増加する場合，すなわち土の骨格における応力が増加する場合，この応力が土の構造の極限強さ（デニソフの命名によれば「粘着力の貯え」）を越えないならば，土の圧縮は起こらない．土の構造の極限強さ σ_{str} の値は，せん断抵抗曲線の接線の傾斜が急に変化する位置によって決められる．この場合 $\sigma<\sigma_{str}$ の範囲でせん断抵抗の値は，土の骨格における応力が増大しても変化しない．この領域でせん断抵抗のグラフは，σ 軸に平行な直線になる（図 19）．この図において，$\sigma>\sigma_{str}$ になるとせん断抵抗が低下するのは次のような理由による．構造が破壊された後の土のせん断現象は圧縮の

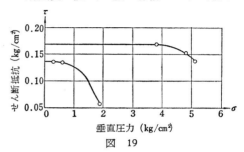

図 19

終了まで続くが，このとき土は構造が破壊されている結果，不安定な状態になっているのである．逆に，圧縮の過程において応力が構造を破壊させうる値より小さく，圧縮終了後はじめて構造破壊が起こるようなものであれば，せん断抵抗の値は増大する．

土の骨格中の応力が土の構造の極限強さを越えると，すなわち $\sigma>\sigma_{str}$ ならば，応力 σ の値の増加に従って膠着結合の破壊および土の圧縮は増大する．この場合，土に対する荷重の増加のさい，つまり土の骨格における応力の増加のさいに $T(N)$ と $n(e)$ の値が変化することを考慮して，(2.31) を σ に関して微分し次式を得る．

$$d\tau = d\tau_c + n(e)dT(N) + T(N)dn(e) \qquad (2.32)$$

右辺の最初の項は，膠着結合の破壊によるせん断抵抗の減少分に対応し，したがって本質において負である．

右辺の第2項は，1つの接触のせん断抵抗成分の平均値の増分によるせん断抵抗の増加に対応する．この増加は土の骨格にかかる垂直応力 σ が変化す

る結果，垂直力Nが変化するために起こるものである．第3項は，接触数の増大によるせん断抵抗の増加に対応する．

(2.26) の関係を考慮して，

$$dn(e) = \frac{dn}{de}\frac{de}{d\sigma}d\sigma = -a_v\frac{dn}{de}d\sigma$$

$$dT(N) = \frac{dT}{dN}\frac{dN}{d\sigma}d\sigma$$

である．ここに a_v は圧縮係数である．すると (2.32) は次のような形に書ける．

$$\frac{d\tau}{d\sigma} = \frac{d\tau_c}{d\sigma} + n(e)\frac{dT}{dN}\frac{dN}{d\sigma} - a_v T(N)\frac{dn}{de}$$

これから明らかなように，σ が増大するさいのせん断抵抗の増加は圧縮係数に依存している．

プラスチックな飽和粘土については，多くの研究者が指摘しているように（デニソフ，マスロウ (H. H. Маслов)，その他），一定の含水量―密度 ($e=$const)，したがってまた一定の接触数 ($n(e)=$const) のもとで，せん断抵抗 τ は垂直応力 σ が変化しても変化しない，つまり $\tau=$const である（図 20）．このとき (2.31) の関係から $T(N)=$const が得

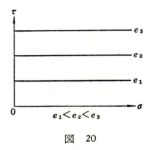

図 20

られる．以上のことから膠着結合のない ($\tau_c=0$) このような土では，せん断抵抗は密度と粒子の接触数の増加にのみ関係し，固体粒子の接近による接触そのものの抵抗の増加には無関係である．したがってこのような土に対しては，$\tau = A \cdot n(e) = \varPhi(e)$ と書くことができる．ここに $A=$const である．したがってこのような土のせん断抵抗は，土の骨格中の応力 σ が土の密度を変化させるときに限って σ に関係する．

間げきの多い鋭敏な粘土質土では，接触数の本質的な変化は土の骨格中に付加される応力が構造の強さより大きくなった場合に起こり，それまで接触数は基本的に変化しない．したがって，その間は $n(e)=$const と考えることができ，(2.31) は次の形になる．

$$\tau = \tau_c + F(\sigma)$$

ある場合には，この式は線形の関係で十分近似できる．

$$\tau = a + b\sigma$$

その上，試料の採取深度はこの関係に本質的な影響を与えない．

一般の場合マスロウ[21]によると，砂質ロームやロームのせん断抵抗は，粘土と砂の中間的な特徴を有している．したがって，以上のことからせん断抵抗の第1近似として，次のような形を書くことができる．

$$\tau = \tau_c + \Phi(e) + \phi(\sigma)$$

ここに $\Phi(e)$ は基本的に粘土の密度，あるいは接触数に関係するせん断抵抗の部分（プラスチックな粘土に特有の部分）であり，$\phi(\sigma)$ は基本的に接触に働く力，したがってこのような力を規定する応力 σ の値に関係するせん断抵抗の部分（砂に特有の部分）である．

しかし，任意の土を処女圧縮曲線に沿って圧縮させると，すなわち荷重を単調に増加させると，地盤あるいは土の試料の密度，つまり間げき比は垂直応力 σ によって一意的に決まってくる．すなわち $e = e(\sigma)$ であり，これから

$$\Phi(e) = \Phi[e(\sigma)]$$

が成立する．

したがって，地盤あるいは土の試料に単調増加の荷重を加える場合，その極限せん断抵抗は応力状態，特にせん断時に加えられる応力 σ によって決定されると考えることができる．これから

$$\tau = \tau(\sigma) \tag{2.33}$$

が導かれる．

このように粘性土のせん断抵抗は，デニソフによれば土の密度によってのみ決まり，砂質ロームやロームのせん断抵抗は，同じくマスロウによれば土の密度と垂直応力 σ によって決まるのであるが，ゲルセバノフがすでに指摘しているように，処女圧縮曲線に沿う単調増加荷重の場合，土のせん断抵抗は垂直応力が土の密度をも決定してしまうので，垂直応力の値にのみ関係することになる．(2.33) の関係は，実験を行なって得られる普通のせん断抵抗曲線の式を表わしている．

上述の応力 σ はこれまで述べたことから明らかなように，粒子の接触によ

って伝えられる力NとTの値を決める．この場合このσは土の骨格中の応力を意味しており，土が定常状態にあるか非定常状態にあるかに無関係に，各時刻ごとの接触における力を決定する値である．したがって，もし土が非定常な状態にあるならば，σは非定常状態になった瞬間に対応する土の骨格中の応力を意味することになる．これを明示するために，このときの値を$\sigma(t)$で表わすことにする．すると，考えている土の非定常状態に対するせん断抵抗は，土の骨格中の応力が処女圧縮曲線に沿って単調に増加する場合，次の形で表わせる．

$$\tau = \tau[\sigma(t)] \qquad (2.34)$$

6・3 せん断抵抗の定量的特性

粘性土のせん断抵抗τと垂直応力σとの関係は，グラフに示すとおり（図21），計算に利用するのに便利なように，十分な近似である直線か曲線でおきかえることができる．現在利用されている計算法に応じて，実際の曲線はそれに近いある直線でおきかえるのが普通である（図 21）．この場合，(2.33)，(2.34) の関係は次の形になる．

$$\left.\begin{array}{l}\tau = a\sigma + c \\ \tau = a\sigma(t) + c\end{array}\right\} \qquad (2.35)$$

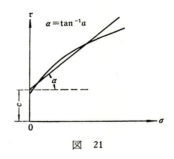

図　21

ある場合には，実際のせん断抵抗曲線を図 22 に示すように 2 つに折れた直線でおきかえると都合がよい．これらすべての場合 a，a_1，a_2，c，c_1，c_2 などは，対応する直線を表わす方程式のパラメーターである．実際のせん断抵抗曲線が，たとえば 2 次放物線でおきかえられるならば，この曲線を決定する 2 次関数のパラメーターは 3 個になる．

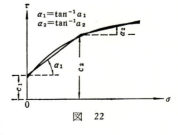

図　22

これらのパラメーターに摩擦係数や粘着力のような種類の直接的な物理的

意味をもたせようとするのは，誤った傾向であり，注意しなければならない．このようなことが誤りであることは，実際のせん断抵抗曲線を図 22 のように 2 つの折線で近似したり，あるいは任意の曲線で近似する場合に明らかである．直接に物理的意味をもっているのは全せん断抵抗値 τ であり，せん断抵抗曲線の中に現われるパラメーターではない．

近似的な線形関係 $\tau = a\sigma + c$ の $a\sigma$ と c の項に摩擦抵抗や粘着抵抗のような種類の物理的意味をもたすことは，実験結果にまったく無用の混乱をもたらす．これは，先行荷重を受けた土の試料のせん断試験結果が増加荷重の場合にのみ適用できるのに，除荷の場合のせん断にも適用するようなものである．「摩擦」と「粘着力」を分けようとすることは，明確には分離できない量を決定しようとすることになる．

実際，各固体粒子が水の薄膜層を通して接しているような場合，どのようにして摩擦と粘着力の概念を識別したらよいのであろうか？　このような条件において，両者の概念を定式化しようとしたすべての試みは，せん断抵抗の性質に関する概念を正確にしようとする観点からみれば不満足なものであるし，また多くの場合実際面への利用という観点からみても役に立つものでもない．たとえば先行圧縮を行なうと土の性質は変化し，このような操作を行なった土の試料は，最初の土の実際の状態と性質を表わしてはいない．

せん断抵抗の室内測定法が，可能なかぎり基礎地盤や構造物との関係において土がおかれている条件に一致しているときにのみ，その実験方法は正しいとみなすべきである．したがって，実験方法は基礎地盤の特性や構造物の種類，あるいは構造物の建設条件の相違によって異なってくるべきものである．

たとえば，構造物の基礎地盤の安定性を検討するためせん断抵抗を決定する場合を考える．ある深さから試料を採取するさい，自然の成層状態においておかれていた応力状態から解放され，その上試料採取時に土の構造的結合のいくらかの部分は破壊され，膨張するため土の密度は小さくなる．このような場合，近似的ではあるにしても試料を採取した深さのせん断抵抗の特性が得られるように，図 23 に示すように自然における荷重 σ_n より大きい 3 〜4 点の荷重下において室内せん断試験を行なう．しかし，自然における荷

重に等しい荷重 σ_n を加えたとしても，いったん破壊された構造的結合は回復されないので，試料採取前の土塊の状態における初期条件は，疑いもなく満たされていない．このようにして得た結果の誤差は，普通基礎地盤の強さに関して安全側になる．

もし土の試料で掘削されたトレンチの底部や斜面の土の性質を代表させなければならないと

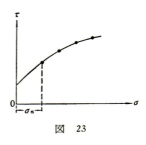

図 23

きは，当然室内のせん断抵抗試験法も異なってくるはずである．特にこの場合，試料に自然状態における荷重を加えて先行圧縮し（ある場合にはこれを省略してもよい），それからトレンチ掘削後の土塊の任意点で発生すると予想される荷重に等しい荷重を加えて，せん断を行なわなければならない．このように異なった方法で実験を行なうのは目的にかなったことであり，すでに多くの実験室で実行されている．

「試料履歴」といわれている室内実験に先だって受けた各種の作用は，地盤あるいは実験に供する土試料のせん断抵抗やその他の諸特性に大きな影響を与える．このため試料の採取，運送，実験の実施過程で，実験しようとする土の状態や性質に変化が起きないように十分注意しなければならない．特に次の事項に注意すべきである．

(1) 試料の乾燥の影響．含水量が減少して固体粒子の接触における水の薄膜層の厚さが減少したり，あるいは毛管力が増大するので，粘性土の粘着力は乾燥の影響によって著しく増大する．この影響を避けるためには，試料表面をパラフィンで覆ったり，その他の処置が必要である．

(2) 土の性質や状態における非可逆的な変化をひき起こす応力状態の種々の変化．これには，たとえば膠着結合を破壊してしまうような試料採取のさいの急激な除荷，局部的に膠着結合を破壊するような試料に対する極度の事前荷重（先行圧縮），さらに基本的には，せん断抵抗を内部摩擦と粘着力に分離するために行なう実験のさいに起こる「粘着力」の増加と「内部摩擦」の減少による試料の非可逆的密度増大などである．

先行圧縮の影響を明らかにするために，次の例をみてみよう．いま，ある

試料が垂直応力 $\sigma=1\mathrm{kg/cm^2}$ のもとでせん断されたとする．第2の試料には最初 $\sigma=5\mathrm{kg/cm^2}$ の荷重を加え，それを完全に取り去ってから $\sigma=1\mathrm{kg/cm^2}$ を加えてせん断する．載荷と除荷の段階では，完全に変形が終了してから次の操作を行なうものとする．このようにして実験を行なうと，第2の試料の実験結果が最初のものと著しく異なっていることが確かめられる．第2の試料の全せん断抵抗は第1のものより大きく，粘着力は増大し，「内部摩擦角」は減少している．

　粘性土の先行圧縮のさい，土粒子の接触数が最初の土の状態より著しく多くなることで，このような結果を説明することができる．接触数の増加は，土全体のせん断抵抗と「粘着力」を増大させる．しかしいったん先行圧縮を受けた土では，応力値を $\varDelta\sigma$ だけ増大させても，先行圧縮を受けない土の場合より接触数の増加は少なく，したがってせん断抵抗の増加も少ない．この事実から上に述べたような先行圧縮を受けた土の場合，摩擦抵抗（内部摩擦角）が減少するという実験事実が説明される．

　同じ原因によって，垂直応力の増分が等しく $\varDelta\sigma$ であっても，再圧縮曲線に沿う土の圧縮量は，図24に示すように処女圧縮曲線に沿う圧縮量より少ない．圧縮量が少ないということは，接触数の増加量が少なく，上述のような意味でせん断抵抗の増加量が少ないという意味である．自然条件において先行圧縮を受けた土が，試料採取のさいなんらかの理由によってそれほど膨張しないと，その内部摩擦角が0に近いこともこのような理由で説明できる．

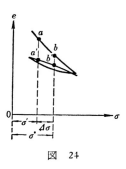

図　24

　実験速度がせん断抵抗の定量的特性に与える影響の問題に触れておこう．砂については特にこのようなことは問題にならないので，実用上の重用性は粘性土に限られる．

　この点では，粘性土のせん断抵抗値は，せん断力（応力）を増加させてゆく速さと垂直圧縮荷重を作用させておく継続時間とに関係している．

　せん断速度を増加させると，土のせん断抵抗はわずかばかり増加し，特に

52   第Ⅱ章　土に関する基本的概念

ニチポロビッチ（А. А. Ничипорович）[22]が指摘しているように，垂直圧力が小さい場合この傾向は大きい．これは粘性土の骨格の変形における粘着特性によって説明できる．

　粘性土に対する垂直荷重による圧縮の継続時間を短くして，土の試料を非定常な状態でせん断すると，極限せん断抵抗値は著しく低下する．圧縮荷重を加えた後土の試料を急速に直接せん断（急速せん断）すると，このような条件で内部摩擦角はほとんど0に近い．

　急速な圧縮荷重とせん断のさい粘土の内部摩擦角が0に近いのは，次のように説明される．粘性土が加えられる荷重による圧縮にまったく追随していけないほど急速に荷重を加えてせん断を行なうと，上述のように（そして膠着結合が破壊されなければますます）せん断抵抗は当然荷重を加えないときと同じ値になるであろう．この場合，土が圧縮されえないような速さの荷重速度は，結局は意味がないのである．したがって，荷重が異なっても土の密度が最初の状態に等しく永久に同一ならば，せん断抵抗は荷重を加える前と等しいままである．図25のグラフにもとづいてのみこのような結論が出せるし，粘土の急速せん断の場合内部摩擦角は非常に小さいか，0に近いという結論を不安なしに導くことができる．

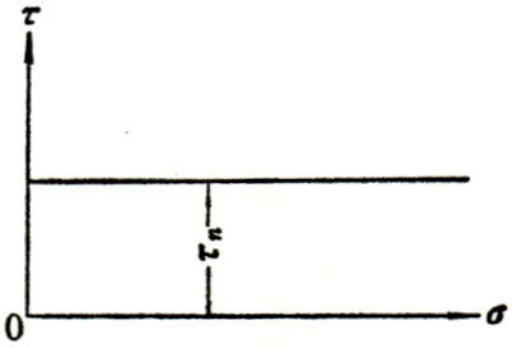

図　25

　急速せん断の場合内部摩擦角が0に近づいたり，先行圧縮の場合内部摩擦角が低下するなどというあまり正しくない考え方や，現実の地盤の作業条件に対応しない実験法，あるいは「摩擦力」と「粘着力」を分けるために現実の土の性質を変えてしまうような好ましくない種々の実験法は，土の全せん断抵抗を現実には存在しない「粘着力」と「摩擦力」に分けようとすることをやめると必要でなくなる．このような分離をやめようという提案は，多くの人々によって種々の形で述べられている（ツィトービッチ，ローザ（С. А. Роза）など）．実際の設計計算のさい利用されている「せん断係数」という一般的概念は，マスロウによって以前に提案されたものである．デニソフは全せん断抵抗を粘着力とよび，これを1次粘着力と硬化粘着力に分けることを提案した．この考えは本質的にわれわれも

使っているが，「せん断抵抗」という言葉を「粘着力」という言葉でおきか
えてしまうのは，粘土から砂までを含めて考えるとなると望ましいことでは
ないので，このおきかえの必要はないであろう．ジェリャーギンが彼の論文
の中の1つ[20]で述べている意見は注目に値する．「しかしながら，1つの物
体が他の物体の表面に沿って移動しようとするような力が働くとき，摩擦力
あるいは付着力をどのように分けるかは問題である．明らかにある場合運動
に対する抵抗を静摩擦，他の場合にははっきりとは境界をひくことができな
いにもかかわらず付着力とよぶのはまったく便宜的なことがらであり，術語
の上からだけでなく概念の上からも混乱を招くだけである」．このような見
解は，上に述べてきたことからも明らかなように，土の内部摩擦角と粘着力
という概念にも完全にあてはまる．このような理由から，粘性土のせん断抵
抗に関する問題を前進させるさまたげになる概念を放棄することが必要であ
る．土のせん断抵抗を決定する直線関係，あるいはその他の関係に従って，
その関係を表わすパラメーターに任意の名称，特に直線関係の場合普通使用
されている「内部摩擦角」と「粘着力」という名称を使うことは自由であ
る．しかし，これらのパラメーターに実際には存在しない物理的意味をもた
せることは，対象としている現象の性質に関して誤まった概念を生み，室内
実験で好ましくない方法を適用することになりやすいので，物理的意味をも
たせるようなことをすべきではない．

7. 土 の 透 水 性

　土の骨格の間げきが完全に水で満たされているか，あるいは土の骨格中に
エントラップド・ガスが比較的少ないような条件で，土の間げき中の自由水
が運動することを浸透という．したがって，不飽和土の間げきにおいて薄膜
水が土の水分の多い場所から少ない場所に移動する現象は浸透とはいわれ
ず，水分の移動といわれる．また異なった意味で，不飽和土において互いに
連絡の切れている水の毛管運動も浸透とはいわない．

　浸透理論からよく知られているように，浸透速度とは土の幾何学的単位断
面積の流量をいう．

$$v = \frac{Q}{A}$$

あるいは，土中の異なる点で浸透速度が異なる場合，浸透速度は

$$v = \frac{dQ}{dA}$$

で表わされる．ここにAは，流量Qが通過する幾何学的断面積である．

ダルシー (H. Darcy)[23] は砂質土について実験を行ない，浸透速度が水頭差に比例し，対応する浸透経路の長さに反比例することを明らかにした．これから図26に示すようなL方向の浸透速度は次式で表わされる[24]．

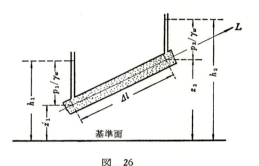

図 26

$$v = -k \frac{h_2 - h_1}{\Delta l}$$

あるいは微分形式で書くと，

$$v = -k \frac{\partial h}{\partial l} \qquad (2.36)$$

である．ここにhは水頭，kは比例係数で，その前の負号は水の運動が水頭の減少する方向に向いていることを示す．

浸透理論において，水頭の値は普通次のような形で表わされる．

$$h = \frac{p}{\gamma_w} + z \qquad (2.37)$$

ここにpは考えている点における水圧であり，zは基準面からの高さである（図26）．

浸透速度が小さいため，速度水頭の値は無視できる．

その後ダルシーの関係は，粘性土にまで拡張された．浸透速度は〔長さ／時間〕のディメンションを有しており，たとえば

$$A\,\mathrm{cm/sec} = 864\,A\,\mathrm{m/day} = 308,790\,A\,\mathrm{m/year}$$
$$= 30,879,000\,A\,\mathrm{cm/year}$$

である.

比例係数 k は透水係数といわれる. $\partial h/\partial l = 1$ とすると $v = -k$ である. これより透水係数は,数値的に動水こう配が 1 の場合の浸透速度に等しい. その単位は,浸透速度と同じく cm/sec, m/day などで表わされる. 透水係数の値は,土中を水が浸透するさいの水の通りやすさを表わす. たとえば砂の透水係数は約 $10^{-2} \sim 10^{-3}$ cm/sec の範囲にあり,粘土では約 $10^{-6} \sim 10^{-8}$ cm/sec の範囲にある. 砂質ロームやロームの透水係数は,これらの値の中間にある.

透水係数は,浸透する液体の性質に関係している. ときには透水係数は次のような形で表わされる.

$$k = k_0 \frac{g}{\nu}$$

ここに,k_0 は土の幾何学的断面の性状にのみ関係し,浸透する液体の性質に無関係な係数で土の透水度* といわれるもの,ν は液体の動粘性係数,g は重力の加速度である.

土木工学においては,浸透する液体が通常 1 種類―水―なので,透水係数のこのような表示は普通行なわない.

粘性土(砂質ローム,ローム,粘土)では,ある荷重の影響による圧縮のため土の間げき率が変化し,当然透水係数も変化する. 実験結果によれば,多くの場合応力状態と土の骨格の密実度が変化するさい,間げき比と透水係数の間には近似的な線形関係が認められる. 土の骨格中の応力が σ_1 と σ_2 の中間のある適当な範囲で変化するとして,透水係数を次のような形で表わすことができる.

$$k = k_1 - \frac{k_1 - k_2}{e_1 - e_2}(e_1 - e) \tag{2.38}$$

ここに k_1, k_2, e_1, e_2 はそれぞれ σ_1 および σ_2 の応力状態における透水係数と間げき比を表わし,k と e はその中間の任意の応力状態におけるそれぞれの値を表わしている.

---

* (訳注) 英語では Permeability である.

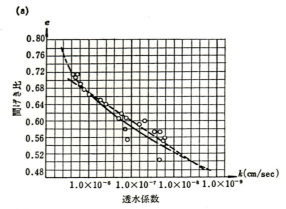

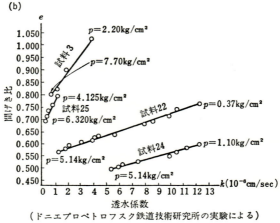

(ドニエプロペトロフスク鉄道技術研究所の実験による)

図 27

図 27 a と図 27 b にゴールドシュタイン（M. H. Гольдштейн）およびベセロフスキー（B. M. Веселовский）[25]による室内実験の結果を示してある．

水中の圧力が減少して気体分離が起こるとき，気泡は著しく土の固体粒子の間で閉じ込められ，多くの場合土の透水性は急激に減少する．水中の圧力

が増大すると，気体の溶解現象のため土の透水性はよくなる．

7・1 土の骨格の剛性の影響

浸透理論では，もし土のパイピング現象，すなわち細かい固体粒子の洗い流しを考えなければ，上述のように土の骨格を時間とともに間げきが変化しない，土の種類によって透水係数も一定な剛な多孔質媒体とみなしている．

土を満たした長さ L のパイプの一方の端に水圧 p_2 を加え，他端の圧力を $p_1=0$ とし，パイプに沿って水圧を測定するためにいくつかのマノメーターを立てると（図 28a），土の骨格が剛な多孔質媒体の場合パブロフスキー（H.H. Повловский)[26]が指摘したように，浸透流は実質上瞬間的に（数分の1秒の間に）定常になり，水圧図あるいはポテンシャル図は図 28b に示すように直線になる．圧力図が直線になることは，p_2 の端面から任意の距離 l におけるすべての断面で透水係数および流量 v が等しく一定，すなわち $k=$const, $v=$const という条件から出てくる．このときダルシーの関係から $\partial h/\partial l=$const である．これより $h_{l=0}=p_2/\gamma_w$, $h_{l=L}=0$ を考慮して次式を得る．

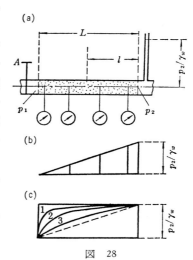

図 28

$$h = -\frac{p_2}{\gamma_w}\frac{l}{L} + \frac{p_2}{\gamma_w}$$

砂質土のように十分剛な骨格をもった土の場合，この関係は，ダルシーが最初に明らかにしたように実験と良く一致する．

同じパイプに著しく圧縮性のある粘性土をつめて実験を行なうと，このような土では間げき，したがって透水度または透水係数は，土の骨格における圧縮応力の影響で本質的に変化するので，砂質土の場合とはまったく異なる

58　第Ⅱ章　土に関する基本的概念

結果が得られる．この場合コック A を閉じ，パイプの右端の圧力を p_2 まで
上昇させると，最初すべてのマノメーターは，砂質土の場合と同様に等しい
圧力の読み p_2 を示し，圧力図は直線になる．その後急にコック A を開きパ
イプ左端の圧力を $p_1=0$ まで下げると，粘性土の場合圧力図は瞬間的に図
28bあるいは図 28c の点線のような三角形状にはならない．圧力図が長方
形から直線状の三角形になるには，透水性の低い土ではきわめて時間がかか
り，たとえば1か月あるいはそれ以上の期間を要する．この中間の圧力図の
形は，図 28c の曲線1，2に示すようにしだいに変化し，過程の最後には
3のような最終圧力図が得られるが，この図は剛な土の骨格の場合に得られ
るような直線にはならない．

　これは浸透流の影響によって左端の土が著しく圧縮され，一方右端の土が
ほとんど圧縮されないためである．したがって，座標 l の増大する方向に透
水係数は減少する．この場合，座標 l の任意の断面における流量が一定であ
るという連続の条件から，座標 l の値が増大するに従って，それに対応する
圧力図の接線の L 軸に対するこう配は，しだいに増大しなければならない．
このことから圧力図の最終の形が曲線になることがわかる．

　非圧縮性の剛な多孔性媒質のタイプの骨格を有する土の場合と，圧縮性の
骨格を有する土の場合とで，得られる結果が著しく異なっているが，だから
といって剛な土の骨格に完全に適用される方式を他の多くの場合に適用でき
ないということにはならない．まず第1に浸透流や構造物の重量の作用によ
る土の透水性の変化が多くの場合無視できるほど小さいので，剛な骨格に対
する浸透の様式は，定常浸透流のほとんどすべての場合に適用できるという
ことである．また，自由面を有する非定常浸透流（水頭差のない運動）にも，
この考えは完全に適用できる．しかし，垂直荷重が加わるさいに土の間げき
から水がしぼり出される現象によって起こる浸透や，著しい圧縮性の土にお
ける浸透の様子を測定するさいのように，土の間げきの変化が基本的な要素
となるような場合，間げきの変化をどうしても考慮に入れなければならない．

7・2　ダルシーの法則の適用限界と下限水頭こう配

　ダルシーの法則の適用上限は，流速が十分大きくなって損失水頭と流量と

の間に線形の関係がなくなってしまうときの流速によって決定される. 均質な土（砂，れき）に対してパブロフスキーが提案したダルシーの式のこの適用限界は，レイノルズ数がある限界値より小さい値になるという条件によって規定される. この限界レイノルズ数 R_e は，彼によって次のような形で与えられている.

$$R_e = \frac{1}{0.75n + 0.23} \cdot \frac{vD_{10}}{\nu}$$

ここに，v は浸透流速，D_{10} は有効径，n は間げき率，ν は液体（水）の動粘性係数である.

限界レイノルズ数の値は，実験的に決定されており，ほぼ $7 \sim 9$ の値であることが知られている. いま，水に対して $\nu = 0.018 \mathrm{cm^2/sec}$ をとり，砂の間げき率を $n = 0.40$ とすれば，

$$vD_{10} \leqq 0.07 \sim 0.09 \ \mathrm{cm^2/sec}$$

である. ここに，v は cm/sec で表わされ，D_{10} は cm で表わされるとする.

例として $D_{10} = 0.1\mathrm{cm}$ の均質な砂をとると

$$v \leqq 0.7 \sim 0.9 \ \mathrm{cm/sec}$$

となる. これからわかるように，砂やさらには粘性土に対するダルシーの法則の適用条件は，その上限に関して通常満たされている.

ダルシーの法則が適用できる下限が存在することは，すでに1922年にパブロフスキー[26]が指摘している. 堅い粘土におけるダルシーの法則からのずれは本質的なものである. 多くの実験的研究によれば[27]，このような土では下限水頭こう配といわれるある値 i_0 を越えるまでは，土の間げき中の水の運動（浸透）はきわめて小さく，ほとんどないとみなしてよい. すなわち，実質的には不透水の土とみなされる.

ダルシーの法則が適用できる場合，浸透速度と水頭こう配の関係は，図29 a の直線(1)に示すように原点を通る直線になる.

下限水頭こう配が著しく大きく，ダルシーの法則が適用できない場合，これに対するグラフの関係は図 29 a の(2)ような曲線になり，これは(3)のような直線で近似できる. この直線が横座標を切る点は，下限水頭こう配 i_0 を

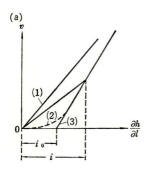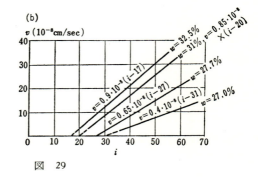

図 29

表わす.この場合,十分な近似で次の関係が成立する.
もし
$$\frac{\partial h}{\partial l} < i_0$$
ならば
$$v = 0$$
であり,もし
$$\frac{\partial h}{\partial l} \geqq i_0$$
ならば
$$v = -k_1\left(\frac{\partial h}{\partial l} - i_0\right) \tag{2.39}$$

である.ここに k_1 は透水係数とは異なる係数である.図 29 a からわかるように,透水係数とこの係数の関係は次の条件から導かれる.
$$-ki = -k_1(i - i_0)$$
これより
$$k = k_1\left(1 - \frac{i_0}{i}\right)$$
である.

このように下限水頭こう配が存在する場合,透水係数の値は上式のような関係で変化する変数となる.

7. 土 の 透 水 性　61

　下限水頭こう配はローザ[27]の実験によればときにはきわめて大きな値になり，たとえばカムブリア紀*の粘土では10〜20の値に達する（図29b）．このような土中の水は，下限水頭こう配に等しいか，それ以下の不均等な水頭圧の状態にあっても動かないので，この下限水頭こう配は構造物の沈下計算，土の圧縮の研究，あるいはその他の問題に対して重要な意味をもっている．

　下限水頭こう配が存在する条件において，浸透のさい起こる現象は，次のような形で説明される．水頭こう配の小さい場合，土の固体粒子表面にひきとめられている粘着水はこの間げきの狭い通路を満たし，これによって自由水をより大きい間げきの中に閉じ込めて浸透そのものを阻止する[28]．さらに水頭こう配が増大して下限水頭こう配の値にまで達すると，粘着水の閉そくに対する水頭差の作用によりこれは破壊され，浸透現象が起こる．さらに定常状態に達した後は，土の間げき中の自由水の通過によって浸透現象は維持される．

　下限水頭こう配より小さい水頭こう配では浸透がまったく起こらず，浸透速度が0であるという仮定は，おそらく完全に現実と一致しているわけではない．多分下限水頭こう配より小さい場合，浸透現象は図29の曲線(2)に対応するような形で起こっており，ただこのときの浸透速度のオーダーが下限水頭こう配を越えたときの速度のオーダーより低く，著しく小さいのであろう．このような現象は，おそらく長期にわたる不均等な水頭圧分布のもとで粘着水層，特にその中でも「閉そく」の役割を果している部分の粘着水層の独特なゆっくりしたクリープ現象によって説明される．ローザは，動的作用を加えると下限水頭こう配の値が急激に減少し，ある場合には0になることを示した．多分これは，動的作用の影響によって方位を有する粘着水の分子が一時的にその方向性を破壊されるためであろう．しかしながら，下限水頭こう配の存在とその値に対する動的作用の影響の問題にしても，水頭が小さい場合に浸透が起こらない物理的原因についても，いろいろの研究者が異なる見解をもっているので，これらの問題については今後綿密な実験的研究を行なわなければならない．

---

　*（訳注）古生代の中の一番古い地質時代．日本にこの時代の地層は存在しない．

7・3 電気浸透

浸透現象の検討を終るにあたって，定常電流のもとで土の間げき中を水が動く現象，すなわち電気浸透といわれている現象をみてみよう．

このような現象は次のように説明される．いま水で飽和した粘性土に定常電流が流れると（図 30），土の間げきを満たしている水は正の極から負の極へ移動する．

水頭による浸透の速度との類似によって，定常電流の作用により土の幾何学的単位断面積を通過する流量を電気浸透速度という．実験的および理論的研究によれば[29]，電気浸透速度 v_e は，次の形で表わされる．

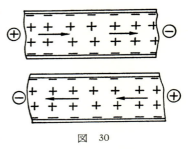

図 30

$$v_e = -k_e \frac{E_2 - E_1}{l}$$

あるいは，微分形で書くと

$$v_e = -k_e \frac{\partial E}{\partial l} \qquad (2.40)$$

の形になる．ここに，E は土媒体の任意点における定常電流の電圧，l は浸透経路の長さ，k_e は電気浸透係数といわれる比例係数で，電圧こう配 $\partial E/\partial l$ の値が1に等しいときの電気浸透速度を表わす．

多くの粘性土で，電位差 E を volt，l を cm，v_e を cm/sec で表わすと，電気浸透係数 k_e はほぼ次のようなオーダーの値である．

$$k_e = 5 \times 10^{-5} \frac{cm^2}{volt \times sec}$$

定常電流の影響によって水が移動する原因は，正に帯電した陽イオンがこれに対して一定の方位を有する水分子といっしょに正の極から負の極へ移動し，このとき分散層およびその近辺の自由水をともに引張ってゆくのである．このため当然電気浸透の現象は，土の中に粘土粒子が多く含まれれば含まれるほど，また土の含水量が多ければ多いほど著しく現われる．砂質土では，分散層の体積は間げきの体積に比して無視できるほど小さいので，電気

浸透現象は実質的に起こり得ない。粘性土でもその含水量が塑性限界に近い場合，電気浸透の現象はほとんど現われない。

この現象は，粘性土の排水の目的で掘削底面などで利用されている（たとえば，レーニン名称ボルガ・ドン運河の建設の場合など）。この現象は，粘性土の中から水の薄層を潤滑油のような形で分離してすべりをよくすることによって，掘削機械に対する土の付着を軽減するのに利用されたり[30]，粘性土の中に矢板を振動で打ちこむ場合，打ちこみを容易にするために利用されたり[31]，その他の工法にも利用される。

電気浸透の現象は，水の運動を起こさせるきわめて強力な手段である。実験的研究によれば，単位の電位差がある場合の電気浸透運動を止めるためには，反対の水頭による浸透圧としてきわめて大きな水頭こう配が必要であり，ある場合には約50（整数）にも達する。このことから電気浸透を適用した場合，その影響は水頭差による浸透現象下の影響半径より大きいことがわかる。

粘性土の工学的性質（強さ，変形性，透水性など）を土中に定常電流を通す（2つの電極の間で）ことによって改良する問題に取り組んだ諸研究[32]にも注目しなければならない。

近年，電気浸透排水の問題，あるいはその他定常電流を土の工学的性質や構造物の基礎地盤の改良に利用する問題の理論的および実験的研究が著しく発展し[29)30)]，種々の構造物の建設のさいにこれらの新しい方法が利用されるようになってきた。

第 III 章
基本的な計算式とモデル

1. 応力状態と土の圧縮性の関係

1・1 側圧係数

間げき比と応力状態との関係を測定するための実験的研究は，前にも述べたように土の試料の側方を拘束した条件における圧縮試験機で行なう（図 31）．このような実験で横方向のひずみは，圧縮試験機の剛な側壁があるため起こらない．すなわち，

$$\varepsilon_x = \varepsilon_y = 0$$

である．ここに ε_x, ε_y は試料の横方向ひずみである．

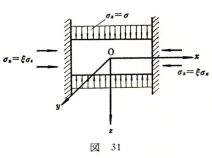

図 31

z 軸の方向に試料を圧縮するとして，土の骨格中のこの方向に平行な垂直応力を σ_z で表わし x 軸，y 軸方向の応力をそれぞれ σ_x，σ_y で表わすと，圧縮試験機の中の圧縮状態に対して次のように書くことができる．

$$\sigma_x = \sigma_y = \xi \sigma_z = \xi \sigma$$

ここに，σ は試料に加えられる圧縮荷重の強さであり，ξ は側圧係数といわれている．この係数は，側方（横方向の）ひずみがない，つまり $\varepsilon_x = \varepsilon_y = 0$ の場合で圧縮（除荷のない場合の）が発生するような条件における横方向の圧縮応力と縦方向の圧縮応力との比である．すなわち，

$$\xi = \frac{\sigma_x}{\sigma_z} = \frac{\sigma_y}{\sigma_z} \qquad (3.1)$$

で表わされる．

この係数と自然土層における水平垂直応力と鉛直垂直応力との比である

1. 応力状態と土の圧縮性の関係

ξ_0 とを混同したり，あるいは圧縮と膨張をくりかえしたり，膨張させたりする圧縮試験機における類似の比とを混同してはならない．

テルツァーギ（K. Terzaghi）[17]の実験によれば，過度に小さくない応力状態における側圧係数 ξ の値はおよそ一定であり，砂で0.40～0.42，粘土で 0.70～0.75 である．ゲルセバノフ，ブルイチェフ（В. Г. Булычев），ポクロフスキー（Г. И. Покоровский）などの実験によれば，縦応力 σ_z と横応力 σ_x の関係は，粘性土や密な砂の場合（図 32 a，直線3および2）直線にはなるが，ゆるい砂のような原点を通過する直線（直線1）にはならない．したがって側圧係数は，ある場合次のような形で表わされる．

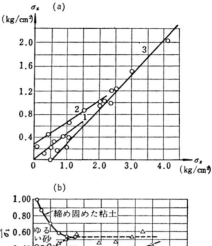
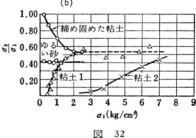

図 32

$$\xi = \frac{d\sigma_x}{d\sigma_z} = \mathrm{const}$$

これからただちに次式が得られる．

$$\sigma_x = \xi\sigma_z + C$$

ここに C は実験によって決まるある定数である．これらの研究者の実験データによると，側圧係数の値は荷重が小さい場合変化し，荷重が増大してくると実質的に一定になる（図 32 b）．

水平面を有する大きな土塊による荷重の場合，水平垂直応力と鉛直垂直応力の比は，横方向の変位や変形がなく，すなわち土の鉛直断面の位置が変化せず，またこの断面に沿うせん断応力がないと実質性に不変で，密度とコンシステンシーにかかわりなく多くの土に対して約0.50の値を与えることが，

最近外国の研究者の研究によって明らかになった．砂質土でこの係数の値は
0.49〜0.64の範囲にある．これは応力が増大すると砂の構造が破壊してしま
うことによって説明される．土粒子の横方向の変位によって表面の不等沈下
が起こったり，鉛直面に沿って摩擦力が起こったりするような変形が発生す
る場合，主応力比 σ_x/σ_z の値はただちに変化し，密な土で 0.25（小さい応力
の場合）から 1.0（破壊に近い応力に対して）の値をとる．軟弱な粘土でこの値
は 1 に近く，密な砂の破壊付近では 1 より大きくなる．土の試料の膨張の過
程でこの垂直応力比は，しばしば 1 を越える．

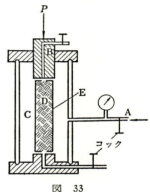

側圧係数を室内試験で求めるには三軸圧縮
試験機を用いる．これは スタビロメーター*
ともいわれ，最初に ダビジェンコフ（H. H.
Давиденков）と，これとは独立にポクロフ
スキーが試作したものである．この機械の概
要を図 33 に示す．

うすいゴムスリーブEに包んだ試料Dを立
て，ピストンBによって力Pを加え，試料に
任意の圧縮応力 σ_1 を発生させる．孔Aを通

図 33

して三軸セルCに空気か液体を圧入し，試料
に任意の側圧 σ_2 を発生させることが できる．同時に σ_1 と σ_2 を増大させ，
側方のひずみ ε_x と ε_y が 0 になるような値をとる．このときの比 $\xi=\sigma_2/\sigma_1$ が
側圧係数である．

側圧係数を測定するために，テルツァーギは一軸圧縮試験機（圧密試験
機）に似た試験機を使った．この方法を用いる場合には，最初鉛直力Pを加
えておき，この状態であらかじめ鉛直面内に入れておいたテープAを摩擦に
抗して引き抜くに要する力
T_v を求める（図 34）．次
に，同様の状態で水平面内
に入れておいたテープAを
引き抜くに要する力 T_h を

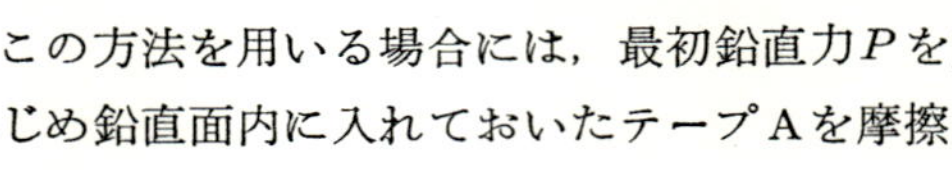

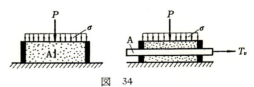

図 34

---

*（訳注）ソ連独特の名称であるが，何に由来する言葉かよくわからない．

1. 応力状態と土の圧縮性の関係　　67

求める．このときテープの表面積をF，テープと砂の摩擦係数をfとすれば，側圧係数を次式から求めることができる．

$$\xi = \frac{\sigma_x}{\sigma_z} = \frac{2fF\sigma_x}{2fF\sigma_z} = \frac{T_v{}^*}{T_h}$$

1・2　間げき比と主応力の和との関係

前述したように，圧縮荷重（あるいは土の骨格中の圧縮応力）と間げき比eとの関係は，土の側方変形を拘束した圧縮試験機によって決定され，次のような形で書かれる．

$$e = e(\sigma) = e(\sigma_z) \tag{3.2}$$

ここに，$e = e(\sigma)$ の表現はeがσの関数であることを示す．

圧縮曲線のある範囲を直線と考えると，この関係は次の形で表わされる．

$$e = -a_v\sigma + A = -a_v\sigma_z + A \tag{3.3}$$

（3.2）や（3.3）の関係は，すべての応力とひずみが1つの座標zのみに依存し，x，y座標には無関係である1次元的応力状態の場合にだけ適用できる．拘束圧縮試験機の条件では，応力とひずみは試料のすべての点において等しく座標に無関係なので，応力状態は均質である．

2次元あるいは3次元的問題に対して上述の関係は当然適用できない．これらの場合の関係を確立するさい，まず最初に側方（横方向）ひずみのない圧縮を1次元応力状態のように考えてみる．すると主応力の和Θは次のようになる．

$$\Theta = \sigma_z = \sigma$$

側方ひずみの可能性のない圧縮を2次元応力状態のように考えると，主応力の和は次式に等しい．

$$\Theta = \sigma_x + \sigma_z = \xi\sigma_z + \sigma_z = (1+\xi)\sigma_z = (1+\xi)\sigma$$

3次元応力状態のように考えると，

$$\Theta = \sigma_x + \sigma_y + \sigma_z = \xi\sigma_z + \xi\sigma_z + \sigma_z = (1+2\xi)\sigma_z = (1+2\xi)\sigma$$

である．

---

* （訳注）原文ではT_h/T_vとなっているが，T_v/T_hの誤りか文章のほうが間違っているのであろう．

68   第III章　基本的な計算式とモデル

これから，側方に広がる可能性のない圧縮条件において加えられる荷重の強さは，次のような形にまとめることができる．

この応力状態を1次元のようにみなすならば，

$$\sigma = \Theta \qquad (3.4)$$

2次元のようにみなすならば，

$$\sigma = \frac{\Theta}{1+\xi} \qquad (3.5)$$

3次元のようにみなすならば，

$$\sigma = \frac{\Theta}{1+2\xi} \qquad (3.6)$$

である．

これから，横方向に広がらない圧縮条件において，応力状態と間げき比の関係 (3.2) は次のような形で表わすことができる．

応力状態を1次元のようにみなすならば，

$$e = e(\Theta)$$

応力状態を2次元のようにみなすならば，

$$e = e\left(\frac{\Theta}{1+\xi}\right) \qquad (3.7)$$

応力状態を3次元のようにみなすならば

$$e = e\left(\frac{\Theta}{1+2\xi}\right) \qquad (3.8)$$

である．

これらの関係は (3.2) の関係とまったく等価であり，$\sigma_x = \sigma_y = \xi\sigma_z$ の場合に対応している．

$\sigma_x \neq \xi\sigma_z$，$\sigma_y \neq \xi\sigma_z$ のときの2次元あるいは3次元の一般的な場合の関係を確立するためには，ゲルセバノフによって提案され，土質力学で広く使われている1つの仮定を説明しなければならない．

この仮定は次のようなものである．土の間げき率，したがって間げき比は，土の骨格に作用する主応力の和Θのみに依存し，主応力間の相互関係に依存しないというものである．

ゲルセバノフはこの仮定を仮説として採用したのではなく，彼が導いた結

1. 応力状態と土の圧縮性の関係

論の結果とみなしていた[33]．しかしながら，この結論を導く過程でこの仮定と等価の他の仮定を採用しているので，この結論がゲルセバノフの仮定の理論的根拠になっていると考えることはできない[34]．実験によっても[35)36]，この仮定は確かめられていない．図 35 において曲線は実験結果に対応し，斜直線はこの仮定に対応している．なぜならば，各斜線上の点のすべての点で

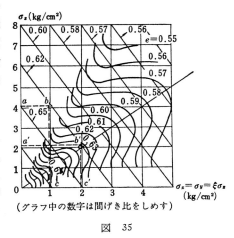

（グラフ中の数字は間げき比をしめす）

図 35

$$\Theta = bc + 2ab = b'c' + 2a'b' = \text{const}$$

が成立している．

この仮定と実験結果との間には，疑いもなく差異が存在する．しかし，斜直線上の間げき比は一定ではなく変化するが，それは ±0.018 の範囲で十分に小さい．したがって実験結果からのずれは，上述のゲルセバノフの仮定を採用して使用するさいの障害にはならない．

間げき比は主応力の和のみに依存し，それら相互関係に依存しないという仮定＊ に立つと，(3.7)と(3.8)の関係は，側方に広がる可能性のない圧縮の場合だけでなく，任意の応力状態のときに成立することが容易にわかる．

圧縮曲線のある部分を直線と考えた場合については，一般的関係 (3.7) と (3.8) はそれぞれ次のように書くことができる．

$$\left. \begin{array}{l} e = -a_v \dfrac{\Theta}{1+\xi} + A \\[4pt] e = -a_v \dfrac{\Theta}{1+2\xi} + A \end{array} \right\} \qquad (3.9)$$

＊（原注）この仮定をゲルセバノフは，гидроёмкость (hydrocapacity 静水圧容量) の原理と名づけた．

70　第Ⅲ章　基本的な計算式とモデル

現実の圧縮曲線を対数曲線でおきかえる場合は次のようになる.

$$\left.\begin{array}{l} e = -C_c \log\left(\sigma_0 + \dfrac{\Theta}{1+\xi}\right) + C \\[3mm] e = -C_c \log\left(\sigma_0 + \dfrac{\Theta}{1+2\xi}\right) + C \end{array}\right\} \qquad (3.10)$$

1・3　間げき比の変化と体積ひずみの関係

　任意の応力状態あるいは密実度に対応するある土の体積とその間げき比にインデックスmを付すと,（2.9）の関係から次式が得られる.

$$V_m = V_s(1+e_m)$$

　土の応力状態が変化すると, それに応じて体積, 密実度および間げき比も変化し, この新しい土の状態に対してインデックスnを付して表わすと, 次のように書ける.

$$V_n = V_s(1+e_n)$$

　土の次の状態に対してインデックスkを付すと,

$$V_k = V_s(1+e_k)$$

となる.

　mの状態からnの状態に変化するさいの土の体積変化（減少）は次の形になる.

$$V_m - V_n = V_s(e_m - e_n) = -V_s(e_n - e_m)$$

　インデックスkに対応する任意の土の状態を初期状態とみなすならば, 体積ひずみは次式で与えられる.

$$\theta = \frac{V_m - V_n}{V_k} = \frac{e_m - e_n}{1+e_k} = -\frac{e_n - e_m}{1+e_k} \qquad (3.11)$$

現実の圧縮曲線を直線でおきかえると次の関係を得る.

　1次元の問題に対して,

$$\theta = -a_v \frac{\sigma_m - \sigma_n}{1+e_k} \qquad (3.12)$$

平面（2次元）問題に対して,

$$\theta = -\frac{a_v}{1+\xi} \frac{\Theta_m - \Theta_n}{1+e_k} \qquad (3.13)$$

空間（3次元）問題に対して，

$$\theta = -\frac{a_v}{1+2\xi}\frac{\Theta_m-\Theta_n}{1+e_k} \qquad (3.14)$$

現実の圧縮曲線を対数曲線でおきかえると，3次元問題の場合次のようになる．

$$\theta = -\frac{C_c}{1+e_k}\log\frac{\sigma_0+\dfrac{\Theta_m}{1+2\xi}}{\sigma_0+\dfrac{\Theta_n}{1+2\xi}} \approx -\frac{C_c}{1+2\xi}\log\frac{\Theta_m}{\Theta_n}$$

初期の応力状態としては，考えている問題に応じて任意の状態をとることができる．この場合，土体の異なる点に対して初期状態として異なる状態をとるほうがつごうのよい場合があり，また多くの場合そうすることが必要でさえある．たとえば，荷重 q が加えられる以前の構造物の基礎地盤の異なる深さにおいて，土の間げき比が異なっているとする．われわれにとって問題なのは，荷重が加えられることによって起こる体積ひずみである．このときには，いろいろな深さにある任意の点に対して，荷重が加えられる以前の間げき比を初期状態としてとるともっともつごうがよい．この間げき比を e_0 で表わし，いまの場合 $e_m=e_k=e_0$，$e_n=e$ とすると，（3.11）はきわめてしばしば利用される式になる．

$$\theta = \frac{e_0-e}{1+e_0} \qquad (3.15)$$

（3.11）において応力状態 k に対応する状態を初期のものと考えるならば，体積ひずみ θ は初期状態 k に対する体積ひずみといわれ，ときには θ_k で表わされる．このような考えにもとづいて，初期状態としてある荷重が加えられる以前の土の自然応力状態に対応するものをとると，これに対応する体積ひずみを荷重が加えられたことによって起こった自然応力状態に対するひずみとよぶことができる．

側方変形の可能性のない圧縮の場合，$\varepsilon_x=\varepsilon_y=0$ であるから，これから

$$\theta = \varepsilon_z = \frac{e_m-e_n}{1+e_k}$$

が導かれる．

このひずみ ε_z は，体積ひずみの場合と同様に初期状態 k に対するものといわれる．土の自然応力状態に対するひずみの場合，しばしば次の関係が利用される．

$$\varepsilon_z = \frac{e_0 - e}{1 + e_0} \qquad (3.16)$$

ある任意の間げき比 $e_m = e$ から $e_n = e + de$ まで変化するさい，(3.11) によって体積ひずみの増分は次の形で表わすことができる．

$$d\theta = -\frac{de}{1+e} \qquad (3.17)$$

ここに，初期状態としては間げき比 $e_k = e$ に対応する状態を考えている．

1・4 弾性係数，ひずみ，ポアソン比

前に述べたように，土の変形は一部が弾性的で，大部分は残留的性格のものである．したがって，特に変形の弾性部分を特徴づけるためには，ある場合には除荷（膨張）係数のかわりに普通の弾性係数に関する概念が適用される．弾性変形も残留変形も含めた全（総和）変形を特徴づける必要のある場合には，しばしば変形係数の概念が用いられる．これは全変形に対応する係数であるという点でのみ弾性係数と異なっている．

弾性ひずみが応力と線形の関係にあるような物体に対して，一軸応力状態のさいの弾性係数は，よく知られているようにフックの法則 $\sigma = E\varepsilon$ における比例係数になる．ここに σ は応力を示し，ε はひずみ，E は弾性係数である．

応力と全ひずみの関係が線形とみなされるならば，ε を全ひずみとして変形係数を $E = \sigma/\varepsilon$ の形，あるいは同じことであるが $E = d\sigma/d\varepsilon$ の形で表わすことができる．係数の計算値は，図36に従って $E = \tan\alpha$ に等しい．

土の応力と全ひずみの関係が線形でない場合も，変形係数は $E(e) =$

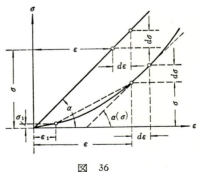

図　36

$d\sigma/d\varepsilon=\tan\alpha(\sigma)$ の関係で表わされる．しかしこの場合は係数の値は変数となり，係数値を求めようとする応力 σ に対応する点における接線の ε 軸に対するこう配に等しい．

複雑な応力状態の場合，弾性ひずみあるいは全ひずみを ε_x として，応力とひずみとの間に線形の関係があると，よく知られているように次の形で表わされる．

$$\varepsilon_x=\frac{1}{E}(\sigma_x-\mu\sigma_y-\mu\sigma_z)$$

ここに μ は土のポアソン比である．

応力とひずみの関係が非線形である場合，土が等方でかつ土の異なる点において変形係数が異なり，その点での密実度あるいは間げき比によって決定されると仮定すると，この関係は上と類似の次の形で表わされる．

$$d\varepsilon_x=\frac{1}{E(e)}(d\sigma_x-\mu d\sigma_y-\mu d\sigma_z) \tag{3.18}$$

ここに，係数 $E(e)$ は，応力状態やそれに対応する土の密実度の変化に従って変化する変数値である．ポアソン比 μ の値は，通常一定と考えられている．

まず，側圧係数とポアソン比の関係を調べよう．側圧係数は側方ひずみがない条件における主応力の比によって決定されるので，$d\varepsilon_x=d\varepsilon_y=0$ でかつ $d\sigma_x=d\sigma_y=\xi d\sigma_z$ が成立する．このとき（3.18）から次の関係が得られる．

$$0=\xi-\mu\xi-\mu$$

これからゲルセバノフが得た次の関係が求められる[33]．

$$\mu=\frac{\xi}{1+\xi} \tag{3.19}$$

あるいは

$$\xi=\frac{\mu}{1-\mu}$$

である．

この関係は側圧係数でポアソン比を表現したり，あるいはその逆の場合に利用される．$\xi=0.5$ とすると，ポアソン比は $\mu\simeq0.3$ であり，同様にして他の ξ の値に対応する μ の値も求めることができる．

74 第Ⅲ章 基本的な計算式とモデル

$d\varepsilon_y$ および $d\varepsilon_z$ に対して（3.18）と同様の関係を用い，これらを組み合わせると，体積ひずみ $d\theta$ の関係として次の形が得られる．

$$d\theta = d\varepsilon_x + d\varepsilon_y + d\varepsilon_z = \frac{1-2\mu}{E} d\Theta \tag{3.20}$$

ここに

$$\Theta = \sigma_x + \sigma_y + \sigma_z$$

である．

これから

$$E = \frac{1-2\mu}{d\theta/d\Theta}$$

が導かれる．（3.17）の関係

$$d\theta = -\frac{de}{1+e}$$

および

$$1-2\mu = \frac{1-\xi}{1+\xi}$$

を考慮すれば，次式が得られる．

$$E = -\frac{1-\xi}{1+\xi} \frac{1+e}{de/d\Theta} \tag{3.21}$$

圧縮関係として次のような形を仮定する．

$$e = -C_c \log\left(\sigma_0 + \frac{\Theta}{1+2\xi}\right) + C \tag{3.22}$$

すると，これから

$$\frac{de}{d\Theta} = -\frac{C_c}{1+2\xi} \frac{1}{\sigma_0 + \dfrac{\Theta}{1+2\xi}} = -\frac{C_c}{1+2\xi} \exp\left(\frac{e-C}{C_c}\right)$$

が導かれる．ここで

$$\beta = \frac{(1-\xi)(1+2\xi)}{1+\xi} \tag{3.23}$$

の記号を使うと，（3.21）の変形係数の表現として次の式を得る．

$$E = \frac{\beta(1+e)}{C_c}\left(\sigma_0 + \frac{\Theta}{1+2\xi}\right) \tag{3.24}$$

あるいは，間げき比だけに関係させると，

$$E = \frac{\beta(1+e)}{C_c} \exp\left(\frac{C-e}{C_c}\right)$$

が得られる．

圧縮関係として

$$e = -\frac{a_v}{1+2\xi}\Theta + A \qquad (3.25)$$

を仮定すると，

$$E = \frac{\beta(1+e)}{a_v} \qquad (3.26)$$

が得られる．

ついで，側方に広がる可能性のない土の圧縮の特別な場合（拘束圧縮試験機における圧縮）を考える．この場合 $\sigma_z = \sigma$, $\sigma_x = \sigma_y = \xi\sigma_z$ および $\Theta = (1+2\xi)\sigma$ である．

これらの値を (3.21) に代入し，(3.23) の記号を使えば，次式が得られる．

$$E = -\frac{1-\xi}{1+\xi}\frac{1+e}{\frac{de}{d\sigma}\frac{d\sigma}{d\Theta}} = -\frac{\beta(1+e)}{\frac{de}{d\sigma}} \qquad (3.27)$$

これから (3.22) の関係を仮定した場合，次の式を得る．

$$E = \frac{\beta(1+e)}{C_c}(\sigma_0 + \sigma) \qquad (3.28)$$

線形関係 (3.25) およびそれに対応する変形係数の式 (3.26) の仮定は，応力の変化範囲が小さい場合，あるいは膠着結合が破壊されない場合にのみ許容されることに注意しなければならない．応力の変化範囲が十分大きく，応力が構造強さを越える場合，(3.25) は土の変形性の減少を表わしていない．つまり圧縮応力の増加のさい密実度の増大にともなう変形係数の増大を反映していない．(3.24) および (3.28) は，圧縮応力の増加のさい密実度の増大にともなう土の変形性の減少を考慮している．

ときには，側方に広がる可能性のない圧縮を考えるさい，フックの法則として (3.18) の関係の形ではなく，単純－軸圧縮に対応する次のような形を

76   第Ⅲ章 基本的な計算式とモデル

採用することがある.

$$E^* = \frac{d\sigma}{d\varepsilon}$$

ここに, E^* は土に側方ひずみのない場合の縦圧縮に対応する変形係数である.

このような圧縮の場合に $\varepsilon_x = \varepsilon_y = 0, \ \varepsilon_z = \varepsilon$ として,

$$d\varepsilon = d\theta = -\frac{de}{1+e}$$

であるから次式を得る.

$$E^* = -\frac{1+e}{\dfrac{de}{d\sigma}} \tag{3.29}$$

(3.29) と (3.27) を比較すると, よく知られた次の関係が得られる.

$$E = \beta E^* \tag{3.30}$$

変形係数に対するこれらの表示によって, 応力とひずみの関係が非線形の場合の任意の応力状態に対する係数を決定することができる. しかし多くの場合, 平均変形係数とよばれる係数を用いたほうがつごうがよい.

平均変形係数とは, 応力の全増分(最初の応力値から最終の応力値まで)とこの応力の増分に対応する相対圧縮量との比である. すなわち, 比

$$E_{mn} = \frac{\sigma - \sigma_1}{\dfrac{l - l_1}{l_1}}$$

である. ここに初期状態に対応する値にインデックス1を付し, 最終状態に対応する値にはインデックスを付していない(図36). 簡単のために, この定義のように平均変形係数として常に初期応力状態に対するものを考えることにする.

初期応力を最終応力に近づけてゆくと, 極限において平均変形係数は, 明らかに以前に考察した最終応力状態 σ に対する変形係数に等しくなる. すなわち

$$\lim(E_{mn})_{\sigma_1 \to \sigma} = E \tag{3.31}$$

が成立する.

1. 応力状態と土の圧縮性の関係 *77*

　平均変形係数に関する概念は，最初にゲルセバノフ[33]によって導入されたが，彼はこれを「相対」係数とよんだ．われわれの考えでは，この係数を応力の全増分で割った場合，考えている点における対応するひずみの値を与え，ある領域 (σ_1, σ) における係数の平均値を示すかなり便宜的な計算値なので，このことをよりよく表わす「平均」変形係数という名称を採用する．

　平均変形係数に対する式（割線に関する係数）は，当然以前に考察した (3.21) で表わされる変形係数（接線に関する）と異なっているはずである．この式を得るためには，変形係数を導いたときと同様の議論をくりかえす必要があるが，この場合無限小の極限をとらなくともよい．

　初期状態にインデックス1を付し，最終状態には何も付さないと，(3.17) に対応する式は次のとおりである．

$$\theta - \theta_1 = -\frac{e - e_1}{1 + e_1} \qquad (3.32)$$

(3.30) との類似より，

$$\theta - \theta_1 = \frac{1 - 2\mu}{E_{mn}} (\Theta - \Theta_1)$$

が得られる．

　この式に (3.32) の関係を代入して次式を得る．

$$E_{mn} = \frac{1 - \xi}{1 + \xi} (1 + e_1) \frac{\Theta - \Theta_1}{e_1 - e}$$

(3.22) を考慮して，次の関係が得られる．

$$E_{mn} = \frac{1}{C_c} \frac{1 - \xi}{1 + \xi} (1 + e_1) \frac{\Theta - \Theta_1}{\log \dfrac{\sigma_0 + \dfrac{\Theta}{1 + 2\xi}}{\sigma_0 + \dfrac{\Theta_1}{1 + 2\xi}}} \qquad (3.33)$$

簡単に次の関係が確かめられる．

$$\lim[E_{mn}]_{\sigma_1 \to \sigma} = \lim \left(\frac{1}{C_c} \frac{1 - \xi}{1 + \xi} (1 + e_1) \frac{\Delta\Theta}{\log \dfrac{\sigma_0 + \dfrac{\Theta}{1 + 2\xi}}{\sigma_0 + \dfrac{\Theta - \Delta\Theta}{1 + 2\xi}}} \right)_{\Delta\Theta \to 0}$$

78　第Ⅲ章　基本的な計算式とモデル

$$= \frac{\beta}{C_c}(1+e)\left(\sigma_0 + \frac{\Theta}{1+2\xi}\right) = E$$

(3.22) のかわりに圧縮曲線の形として与えられた区間における直線関係 (3.25), すなわち

$$e_1 - e = \frac{a_v}{1+2\xi}(\Theta - \Theta_1)$$

の仮定を使えば, 平均変形係数の値は次式に等しい.

$$E_{mn} = \frac{(1-\xi)(1+2\xi)}{a_v(1+\xi)}(1+e_1) = \frac{\beta}{a_v}(1+e_1)$$

ゲルセバノフが導入した「相対係数」

$$E = \frac{\beta}{a_v}(1+A)$$

の値は, 明らかに初期状態に対する平均変形係数である.

2.　土の極限応力状態

2・1　極限つり合いの条件の基本的な形

土中のある面に働く垂直応力とせん断応力を σ と τ で表わすと, これらの応力の間の可能な関係は, 通常次の条件で決定される.

$$\tau \leqq \sigma \tan\phi + c \tag{3.34}$$

ここで, パラメーター ϕ, c を普通に使われている 名称に 従って 内部摩擦角, 粘着力とよんでおくが, このようなよび方は便宜的なものである.

応力 σ と τ が (3.34) の不等号を満足している場合, この応力が作用している面に関して極限応力状態, すなわち極限つり合いは存在しない. この式の等号の場合が起こると, 土の強さの破壊にともなってこの面に沿って土の一方の側が他方の側に対して変位する. この場合 (3.34) は, 極限応力状態の条件, あるいは極限つり合いの条件といわれる. (3.34) の等号が成立すると, すぐに土の強さは破壊されるので, (3.34) の不等号が逆になるような応力状態は起こりえない. (3.34) の極限つり合いの条件は, 18世紀にクーロンによって提案された極限つり合いの形として基本的なものであり, 非常にしばしば用いられている.

非粘着性の土，すなわち粘着力 c が 0 の土では，(3.34) の条件は次の形になる．

$$\tau \leqq \sigma \tan \phi \qquad (3.35)$$

ある場合には粘着性の土に対する極限つり合いの条件として，非粘着性の土に対する (3.35) の形に似せて次のような式を用いたほうが好つごうである．

$$\tau \leqq (\sigma + \sigma_c) \tan \phi \qquad (3.36)$$

ここに

$$\sigma_c = c \cot \phi$$

である．

この値に摩擦係数 $\tan \phi$ をかけると粘着力が得られるので，σ_c のことを粘着性に等価な圧縮応力という．土が等方ならば，粘着力 c と内部摩擦角 ϕ は土の各点を通るすべての面について等しいので，σ_c の値も与えられた点を通る任意の方向の面について等しいはずである．したがって σ_c は，粘着性に等価な等方圧縮応力とみなすことができる．等方であると同時に土が均質であれば，σ_c の値は土のすべての点において等しい．

極限つり合いの条件 (3.36) は，また次のような形にも書ける．

$$\frac{\tau}{\sigma + \sigma_c} = \tan \phi \qquad (3.37)$$

応力 σ と τ が作用する平面に沿ってせん断応力 τ の大きさを描き，面の垂線方向に σ と σ_c の和の大きさを描く．この 2 つを合成した応力は，換算合応力というべきものである．これを換算合応力と名づけるのは，垂直応力成分の中に仮想的な応力 σ_c が含まれるからである．図 37 から明らかなように (3.37) の左辺の比は面に対する垂線と換算合応力との角の正接 $\tan \theta$ である．したがって (3.37) の条件は次のような形にも書ける．

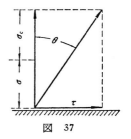

図 37

$$\tan \theta = \tan \phi$$

あるいは

90　第Ⅲ章　基本的な計算式とモデル

これらの式を平面問題のつり合い方程式に代入すると，これらは恒等的につり合い方程式を満足していることがわかる．また，適合方程式(3.52)に代入すると次式を得る．

$$\frac{\partial^4 F}{\partial x^4} + 2\frac{\partial^4 F}{\partial x^2 \partial z^2} + \frac{\partial^4 F}{\partial z^4} = -\frac{1-2\mu}{1-\mu}\left(\frac{\partial^2 U}{\partial x^2} + \frac{\partial^2 U}{\partial z^2}\right)^* \qquad (3.52')$$

半径方向の物体力を考慮した極座標における平面問題のつり合い方程式は，よく知られているように次の形になる[38]．

$$\left.\begin{aligned}
\frac{\partial \sigma_r}{\partial r} + \frac{1}{r}\frac{\partial \tau_{r\theta}}{\partial \theta} + \frac{\sigma_r - \sigma_\theta}{r} + R = 0 \\
\frac{1}{r}\frac{\partial \sigma_\theta}{\partial \theta} + \frac{\partial \tau_{r\theta}}{\partial r} + 2\frac{\tau_{r\theta}}{r} = 0
\end{aligned}\right\} \qquad (3.51')$$

物体力がない場合，すなわち $R=0$ の場合，応力 σ_r, σ_θ, $\tau_{r\theta}$ は応力関数 F によって表わすことができる．

$$\left.\begin{aligned}
\sigma_r &= \frac{1}{r}\frac{\partial F}{\partial r} + \frac{1}{r^2}\frac{\partial^2 F}{\partial \theta^2} \\
\sigma_\theta &= \frac{\partial^2 F}{\partial r^2} \\
\tau_{r\theta} &= -\frac{\partial}{\partial r}\left(\frac{1}{r}\frac{\partial F}{\partial \theta}\right)
\end{aligned}\right\} \qquad (3.53)$$

応力に対するこれらの式がつり合い方程式を恒等的に満足することは，容易に確かめられる．また $X=Z=0$，すなわち $U=\text{const}$ として(3.52)にこれらの関係を代入し，変数 x, z のかわりに r, θ を使えば，次の方程式が導かれる．

$$\left(\frac{\partial}{\partial r^2} + \frac{1}{r}\frac{\partial}{\partial r} + \frac{1}{r^2}\frac{\partial^2}{\partial \theta^2}\right)\left(\frac{\partial^2 F}{\partial r^2} + \frac{1}{r}\frac{\partial F}{\partial r} + \frac{1}{r^2}\frac{\partial^2 F}{\partial \theta^2}\right) = 0 \quad (3.52'')$$

3次元問題の場合，応力で表わした弾性論の類似の式は，直角座標で次のような形を有する[38]．

$$\left.\frac{\partial \sigma_x}{\partial x} + \frac{\partial \tau_{xy}}{\partial y} + \frac{\partial \tau_{xz}}{\partial z} + X = 0 \right.$$

---

* （訳注）原文で右辺は $-\frac{1}{1-\mu}\left(\frac{\partial^2 U}{\partial x^2} + \frac{\partial^2 U}{\partial z^2}\right)$ になっている．間違いであろう．

通りx軸と内部摩擦係数に等しい傾斜をなす直線に接する円（たとえばa円，c円）によって特徴づけられるすべての応力状態のときに始まることがわかる．この直線のことを限界線という．もしある円が限界線で境界される領域の内部にあり，この線と接しないならば（d円），この円上のすべての点に対応する応力状態は極限状態に達していない．また円が限界線を切ると（たとえば，円bのように），この場合この円に対する最大傾斜角は内部摩擦角より大きくなるので，このようなことは不可能である．さらに図 38 から明らかなように，粘着性に等価な等方圧縮応力 σ_c の値は，絶対値として土の等方引張り破壊強さに等しい．

図 38 によれば，最大傾斜角の正弦は

$$\sin \theta_{\max} = \frac{mC}{O'C}$$

で表わされる．

$$mC = \frac{\sigma_1 - \sigma_2}{2}$$

および

$$O'C = O'O + OC = \sigma_c + \frac{\sigma_1 + \sigma_2}{2}$$

であるから，最大傾斜角の正弦の値は次式に等しくなる．

$$\sin \theta_{\max} = \frac{\sigma_1 - \sigma_2}{\sigma_1 + \sigma_2 + 2\sigma_c} \tag{3.39}$$

極限つり合いの状態は，最大傾斜角が内部摩擦に等しくなったとき始まるという条件から，

$$\sin \theta_{\max} = \sin \phi$$

あるいは

$$\sigma_1 - \sigma_2 = (\sigma_1 + \sigma_2 + 2\sigma_c)\sin \phi \tag{3.40}$$

が成立する．

主応力を座標軸xおよびzに平行な面に作用する応力成分で表わすと，

$$\sigma_1 = \frac{1}{2}(\sigma_x + \sigma_z) + \frac{1}{2}\sqrt{(\sigma_x - \sigma_z)^2 + 4\tau_{xz}^2}$$

$$\sigma_2 = \frac{1}{2}(\sigma_x + \sigma_z) - \frac{1}{2}\sqrt{(\sigma_x - \sigma_z)^2 + 4\tau_{xz}^2}$$

であるから，最大傾斜角は次の形で表わされる．

$$\sin\theta_{\max}=\frac{\sqrt{(\sigma_x-\sigma_z)^2+4\tau_{xz}^2}}{\sigma_x+\sigma_z+2\sigma_c} \qquad (3.39')$$

また極限つり合いの条件は

$$(\sigma_x-\sigma_z)^2+4\tau_{xz}^2=(\sigma_x+\sigma_z+2\sigma_c)^2\sin^2\phi$$

である．

　これまで導いてきたすべての極限つり合いの条件は，クーロンの条件と本質的にまったく同一のものであり，ただ形式が異なっているだけであるということを再度強調しておく．したがって，ある問題を検討するさいこれらの式のどれを利用するかは，結果に対して何の関係ももたない．

　3次元問題を考える場合，媒体の任意の点における応力状態は，よく知られているように3つの応力円によって決定することができる．明らかにこの場合でも極限つり合いの条件は，最大および最小主応力で作られる円に接する最大傾斜角によって表わすことができる（図40）．したがって極限つり合いの条件は，この場合次の形をとる．

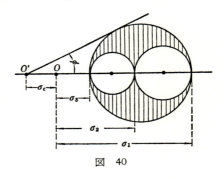

図　40

$$\sigma_1-\sigma_3=(\sigma_1+\sigma_3+2\sigma_c)\sin\phi$$

　中間主応力の値は極限つり合いの条件に入ってこない．これは実験結果を十分正確に反映しているものではないが，応用上の計算では許容されうるものである．

2・2　主応力間の極限関係

　平面問題の条件において，主応力 σ_1 および σ_2 が作用する主面にかこまれたある要素を取り出してみる（図41）．主応力の1つ，たとえば σ_2 は与えられているものとする．このとき極限つり合いの状態に達する

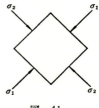

図　41

ことなしに，つまり土の強さを破壊することなしに主応力 σ_1 がどのような範囲を変化しうるかという問題が起こる．

この問題を解くために $\sigma_1 > \sigma_2$ を仮定する．このとき σ_1 と σ_2 の可能な相互関係は，以前に導いた条件から次のように決定される．

$$\frac{\sigma_1 - \sigma_2}{\sigma_1 + \sigma_2 + 2\sigma_c} \leqq \sin\phi \qquad (3.41)$$

この式は次のような形に表わすことができる．

$$\frac{(\sigma_1 + \sigma_c)}{\sigma_2 + \sigma_c} \leqq \frac{1 + \sin\phi}{1 - \sin\phi} = \tan^2\left(\frac{\pi}{4} + \frac{\phi}{2}\right) \qquad (3.42)$$

いま $\sigma_1 < \sigma_2$ と仮定する．すると最大傾斜角の絶対値（符号は無関係）が内部摩擦角より小さいか等しい条件は次の形である．

$$\frac{\sigma_2 - \sigma_1}{\sigma_1 + \sigma_2 + 2\sigma_c} \leqq \sin\phi \qquad (3.43)$$

これから (3.42) と類似の表示が得られる．

$$\frac{\sigma_2 + \sigma_c}{\sigma_1 + \sigma_c} \leqq \frac{1 + \sin\phi}{1 - \sin\phi}$$

あるいは

$$\frac{\sigma_1 + \sigma_c}{\sigma_2 + \sigma_c} \geqq \frac{1 - \sin\phi}{1 + \sin\phi} = \tan^2\left(\frac{\pi}{4} - \frac{\phi}{2}\right) \qquad (3.44)$$

(3.42) と (3.44) を組み合わせると，次式が得られる．

$$(\sigma_1 < \sigma_2), \qquad\qquad (\sigma_1 > \sigma_2),$$
$$\tan^2\left(\frac{\pi}{4} - \frac{\phi}{2}\right) \leqq \frac{\sigma_1 + \sigma_c}{\sigma_2 + \sigma_c} \leqq \tan^2\left(\frac{\pi}{4} + \frac{\phi}{2}\right)$$

これから

$$(\sigma_2 + \sigma_c)\tan^2\left(\frac{\pi}{4} - \frac{\phi}{2}\right) - \sigma_c \leqq \sigma_1 \leqq (\sigma_2 + \sigma_c)\tan^2\left(\frac{\pi}{4} + \frac{\phi}{2}\right) - \sigma_c$$

$$(3.45)$$

が得られる．

次の関係

$$\sigma_c\left[\tan^2\left(\frac{\pi}{4} - \frac{\phi}{2}\right) - 1\right] = \sigma_c\left(\frac{1 - \sin\phi}{1 + \sin\phi} - 1\right)$$

$$= -\frac{2\sin\phi}{1+\sin\phi}\sigma_c = -\frac{2\sin\phi}{1+\sin\phi}c\cot\phi = -\frac{2\cos\phi}{1+\sin\phi}c$$

$$= -2c\tan\left(\frac{\pi}{2}-\frac{\phi}{2}\right)$$

および類似の

$$\sigma_c\left[\tan^2\left(\frac{\pi}{4}+\frac{\phi}{2}\right)-1\right] = \frac{2\sin\phi}{1-\sin\phi}\sigma_c = 2c\tan\left(\frac{\pi}{4}+\frac{\phi}{2}\right)$$

を考慮すると，(3.45) は次の形になる．

$$\sigma_2\tan^2\left(\frac{\pi}{4}-\frac{\phi}{2}\right)-2c\tan\left(\frac{\pi}{4}-\frac{\phi}{2}\right) \leq \sigma_1 \leq \sigma_2\tan^2\left(\frac{\pi}{4}+\frac{\phi}{2}\right)$$
$$+2c\tan\left(\frac{\pi}{4}+\frac{\phi}{2}\right) \tag{3.46}$$

ここに，左辺は $\sigma_1\leq\sigma_2$，右辺は $\sigma_1\geq\sigma_2$ の条件に対応している．

　もし (3.46) の左，右両辺の不等式が成立していれば，極限状態にはなっていない．もし (3.46) の左辺か右辺のどちらかで等号が成立すれば，応力円を作成した土中の考察点で，極限応力状態に達したことになる．このように，(3.46) は応力 σ_2 を与えたさいの σ_1 が変化しうる範囲を示している．

　左辺の等号が成立することによって極限状態が始まる場合，この極限状態を主働状態という．右辺の等号が成立することによって極限状態が始まる場合，この極限状態を受働状態という．

　例として完全になめらかな鉛直擁壁にかかる圧力の問題を考える．圧力は裏込めの自重 γ と，この裏込め表面の等分布荷重 q によって発生するものとする．この場合，壁面に一致する面の任意の点の応力状態を考えると，その点を通る主面の1つはなめらかな壁面に一致し，もう1つはこれに垂直な面である．図42に示すような要素を取り出し，主応力をそれぞれ σ_1, σ_2 とする．

　壁に摩擦がないという条件では，主応力は $\sigma_2 = \gamma z + q$ である．最小圧力にあたる擁壁に作用する主働土圧を決定するために，$\sigma_1 < \sigma_2$ として (3.46) の左辺の等号をとる．すると

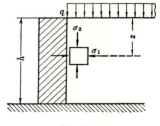

図 42

次式が得られる.

$$\sigma_1 = (\gamma z + q)\tan^2\left(\frac{\pi}{4} - \frac{\phi}{2}\right) - 2c\tan\left(\frac{\pi}{4} - \frac{\phi}{2}\right)$$

裏込めの壁に対する全主働土圧は, $\sigma_1 \geqq 0$ として

$$P_A = \int_0^h \sigma_1 dz = \frac{\gamma h^2}{2}\tan^2\left(\frac{\pi}{4} - \frac{\phi}{2}\right) + qh\tan^2\left(\frac{\pi}{4} - \frac{\phi}{2}\right)$$

$$- 2ch\tan\left(\frac{\pi}{2} - \frac{\phi}{2}\right)$$

同様にして, 裏込めの側面の方向に加わるなんらかの強制水平外力がある ときの裏込めの極限抵抗, すなわち受働土圧の式も得られる. この場合 $\sigma_1 > \sigma_2$ であるから, 同様にして,

$$\sigma_1 = (\gamma z + q)\tan^2\left(\frac{\pi}{4} + \frac{\phi}{2}\right) + 2c\tan\left(\frac{\pi}{4} + \frac{\phi}{2}\right)$$

である.

これから全抵抗力は

$$P_P = \int_0^h \sigma_1 dz = \frac{\gamma h^2}{2}\tan^2\left(\frac{\pi}{4} + \frac{\phi}{2}\right) + qh\tan^2\left(\frac{\pi}{4} + \frac{\phi}{2}\right)$$

$$+ 2ch\tan\left(\frac{\pi}{4} + \frac{\phi}{2}\right)$$

である.

擁壁にかかる主働土圧および受働土圧に対するこれらの式は, 実際上の計算に広く使われている.

2・3 内部摩擦, 粘着力および土の圧縮あるいは引張り抵抗の関係

粘着性のある土は圧縮抵抗を有しているだけでなく, 引張り抵抗も有している. いまかりに, このような土の極限応力状態の条件としてクーロンの強度条件をとると, 一軸圧縮の極限抵抗 R_c と引張りの極限抵抗 R_t は便宜的に内部摩擦角, 粘着力とよばれているパラメーター ϕ, c によって一意的に表わされることを示すことができる.

実際, 主面でかこまれた要素をとり (図 43 a), この面に主応力 σ_1 と σ_2

が作用しているものとし，一軸圧縮の場合を考える．すなわち $\sigma_2=0$ とする．この場合圧縮応力を正とすれば，当然 $\sigma_1>\sigma_2$ である．要素が破壊するときに対応する σ_1 は R_c である．この場合 (3.46) の右辺の等号をとり，次式を得る．

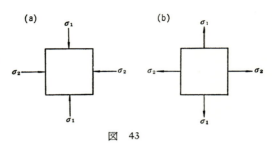

図 43

$$R_c = 2c \tan\left(\frac{\pi}{4}+\frac{\phi}{2}\right) \tag{3.47}$$

一軸引張りの場合を考えると（図 43 b），$\sigma_2=0$ で引張り応力は負であるから，$\sigma_1<\sigma_2$ である．試料の引張り極限抵抗を R_t で表わし，(3.46) の左辺の等号をとり次式を得る．

$$R_t = -2c \tan\left(\frac{\pi}{4}-\frac{\phi}{2}\right) \tag{3.48}$$

$c=0$ であると $R_c=R_t=0$ となることはまったく明らかである．すなわち非粘着性の土の一軸圧縮，あるいは一軸引張りの条件における抵抗は０に等しい．

粘着性の土の一軸圧縮と一軸引張りの極限抵抗の比は，次式で表わせる．

$$\frac{R_c}{R_t} = -\frac{\tan\left(\dfrac{\pi}{4}+\dfrac{\phi}{2}\right)}{\tan\left(\dfrac{\pi}{4}-\dfrac{\phi}{2}\right)} = -\tan^2\left(\frac{\pi}{4}+\frac{\phi}{2}\right) \tag{3.49}$$

この式からわかるように，この比の値は粘着力に無関係で，内部摩擦角にのみ関係している．

内部摩擦角を土の一軸極限圧縮抵抗と引張り抵抗で表わすためには，(3.49) の関係から

$$\frac{R_c}{R_t} = -\tan^2\left(\frac{\pi}{4}+\frac{\phi}{2}\right) = -\frac{1+\sin\phi}{1-\sin\phi}$$

を得，これから

$$R_c(1-\sin\phi)+R_t(1+\sin\phi)=0$$

および

$$\sin\phi=\frac{R_c+R_t}{R_c-R_t}$$

が得られる．たとえば $R_c=4.0\mathrm{kg/cm^2}$, $R_t=-1.0\mathrm{kg/cm^2}$ とすれば

$$\sin\phi=\frac{4-1}{4+1}=\frac{3}{5}=0.6$$

であり，これから

$$\phi=\sin^{-1}0.6=36°50'$$

である．

粘着力の値も R_c と R_t で表わすことができる．(3.47) と (3.48) から次の関係を得る．

$$c=\frac{1}{2}R_c\tan\left(\frac{\pi}{4}-\frac{\phi}{2}\right)$$

および

$$c=-\frac{1}{2}R_t\tan\left(\frac{\pi}{4}+\frac{\phi}{2}\right)$$

これから

$$c=\frac{1}{2}\sqrt{-R_cR_t}$$

が導かれる．

たとえば $R_c=4.0\mathrm{kg/cm^2}$, $R_t=-1.0\mathrm{kg/cm^2}$ とすれば

$$c=\frac{1}{2}\sqrt{4\times1}=1.0\mathrm{kg/cm^2}$$

である．

いま

$$\left.\begin{aligned}R_c&=2c\tan\left(\frac{\pi}{4}+\frac{\phi}{2}\right)=2c\frac{\cos\phi}{1-\sin\phi}\\R_t&=-2c\tan\left(\frac{\pi}{4}-\frac{\phi}{2}\right)=-2c\frac{\cos\phi}{1+\sin\phi}\end{aligned}\right\}\qquad(3.50)$$

の分母において摩擦角 ϕ が比較的小さいと，1に比較して $\sin\phi$ を無視することができるので，近似的に次式を得る．

88　第Ⅲ章　基本的な計算式とモデル

$$R_c \simeq -R_t \simeq 2c \cos \phi$$

　これから明らかなように，粘着性の土では内部摩擦角が小さければ小さいほど，一軸圧縮極限抵抗と引張り極限抵抗の値は近くなる．極限においてせん断極限抵抗の2倍に等しくなり，強さに関する最大せん断応力説と一致する．

　以上導いたすべての関係は，対象としている土がクーロンの極限条件にあてはまるときに成立する．これらの関係は，ある種の室内実験を行なう場合に有用である．

3.　計算モデル（理論モデル）に関する基本概念

　第Ⅰ章で示したように，自然現象は複雑で多様なため，種々の理論を組立てるさい，研究する土の対象としている現象や性質を模式化することにたよらなければならない．土の対象としている現象や性質を反映している基本的要素を研究問題に応じて取り出し，模式化した概念に対応する基本仮定を設定する．この仮定はしばしば理論モデル，あるいは計算モデルといわれる．

　異なる問題を考察するごとに，当然，その土に対する計算モデルも異なってくる．例として以下にもっともひんばんに利用される計算モデルを示す．

3・1　2成分および3成分系の計算モデル

　土の間げきが水に満たされている程度を理論モデルにおいて特徴づけるために，土の2成分系や3成分系に関する概念を利用する．第Ⅱ章で述べたように，あらゆる土はきわめて少量とはいえガス状の状態でいくらかの気体を有しているのであるが，多くの場合土の気体成分の存在を無視することが許される．このような場合計算モデルとしては，固体粒子とその間げきを満たしている水からなる2成分の媒体が採用される．このような計算モデルにもとづく計算において，気体成分の影響は当然無視される．

　もしある問題を検討するさいに，気体成分の影響を算定することが必要であったり，気体（空気や水蒸気）の量が多くてそれを無視できないような場合，対象としている土は固体粒子およびその間げきを満たしている水とガスからなるという考えにもとづく3成分系の理論モデルがとられる．この場

3. 計算モデル（理論モデル）に関する基本概念　89

合，気体成分が大気と直接つながりをもっているかどうかによって，気体は
土中の自由気体あるいはエントラップド・ガスとみなされる.

3・2　線形弾性体* の計算モデルと極限つり合い理論

土中のある面に関して極限つり合いの状態にあるような領域が存在するか
どうかによって，応力状態を決定するために，もっとも普通に線形変形理論
といわれる計算モデルか極限つり合いの理論が用いられる.

線形弾性体の計算モデル　このモデルは安定している状態において応力
状態を決定するために，弾性論の解が使用できるという仮定にもとづいてい
る. このような場合，土の骨格中の応力は弾性論でよく知られた弾性方程式
を満足しなければならない. この方程式は平面問題（平面変形）の場合次の
形で表わされる[38].

$$\left.\begin{array}{l} \dfrac{\partial \sigma_x}{\partial x}+\dfrac{\partial \tau_{xz}}{\partial z}+X=0 \\[2mm] \dfrac{\partial \tau_{zx}}{\partial z}+\dfrac{\partial \sigma_z}{\partial z}+Z=0 \end{array}\right\} \qquad (3.51)$$

$$\nabla^2(\sigma_x+\sigma_z)=-\frac{1}{1-\mu}\left(\frac{\partial X}{\partial x}+\frac{\partial Z}{\partial z}\right) \qquad (3.52)$$

ここに，∇^2 はラプラスの演算子，$\nabla^2=\dfrac{\partial^2}{\partial x^2}+\dfrac{\partial^2}{\partial z^2}$ を表わし，μ はポアソン
比，X，Z は x，z 軸方向の物体力成分をそれぞれ表わす.

もし物体力の成分がある関数 U のその方向に関する導関数であれば（この
場合，この関数はポテンシャル関数といわれる），

$$X=-\frac{\partial U}{\partial x}, \quad Z=-\frac{\partial U}{\partial z}$$

が成立するので，弾性論で知られているように，σ_x，σ_z，τ_{xz} は応力関数と
いわれる関数 F で次のように表わすことができる.

$$\sigma_x=\frac{\partial^2 F}{\partial z^2}+U, \quad \sigma_z=\frac{\partial^2 F}{\partial x^2}+U$$

$$\tau_{xz}=-\frac{\partial^2 F}{\partial x \partial z}$$

---

* （訳注）英訳すると linearly deformable medium（線形変形媒体）であるが，適訳がない
ので以下このように訳しておく.

90　第Ⅲ章　基本的な計算式とモデル

　これらの式を平面問題のつり合い方程式に代入すると，これらは恒等的につり合い方程式を満足していることがわかる．また，適合方程式 (3.52) に代入すると次式を得る．

$$\frac{\partial^4 F}{\partial x^4} + 2\frac{\partial^4 F}{\partial x^2 \partial z^2} + \frac{\partial^4 F}{\partial z^4} = -\frac{1-2\mu}{1-\mu}\left(\frac{\partial^2 U}{\partial x^2} + \frac{\partial^2 U}{\partial z^2}\right)^* \qquad (3.52')$$

　半径方向の物体力を考慮した極座標における平面問題のつり合い方程式は，よく知られているように次の形になる[38]．

$$\left.\begin{array}{l} \dfrac{\partial \sigma_r}{\partial r} + \dfrac{1}{r}\dfrac{\partial \tau_{r\theta}}{\partial \theta} + \dfrac{\sigma_r - \sigma_\theta}{r} + R = 0 \\[3mm] \dfrac{1}{r}\dfrac{\partial \sigma_\theta}{\partial \theta} + \dfrac{\partial \tau_{r\theta}}{\partial r} + 2\dfrac{\tau_{r\theta}}{r} = 0 \end{array}\right\} \qquad (3.51')$$

　物体力がない場合，すなわち $R=0$ の場合，応力 σ_r, σ_θ, $\tau_{r\theta}$ は応力関数 F によって表わすことができる．

$$\left.\begin{array}{l} \sigma_r = \dfrac{1}{r}\dfrac{\partial F}{\partial r} + \dfrac{1}{r^2}\dfrac{\partial^2 F}{\partial \theta^2} \\[3mm] \sigma_\theta = \dfrac{\partial^2 F}{\partial r^2} \\[3mm] \tau_{r\theta} = -\dfrac{\partial}{\partial r}\left(\dfrac{1}{r}\dfrac{\partial F}{\partial \theta}\right) \end{array}\right\} \qquad (3.53)$$

　応力に対するこれらの式がつり合い方程式を恒等的に満足することは，容易に確かめられる．また $X=Z=0$，すなわち $U=\mathrm{const}$ として (3.52) にこれらの関係を代入し，変数 x, z のかわりに r, θ を使えば，次の方程式が導かれる．

$$\left(\frac{\partial}{\partial r^2} + \frac{1}{r}\frac{\partial}{\partial r} + \frac{1}{r^2}\frac{\partial^2}{\partial \theta^2}\right)\left(\frac{\partial^2 F}{\partial r^2} + \frac{1}{r}\frac{\partial F}{\partial r} + \frac{1}{r^2}\frac{\partial^2 F}{\partial \theta^2}\right) = 0 \quad (3.52'')$$

　3次元問題の場合，応力で表わした弾性論の類似の式は，直角座標で次のような形を有する[38]．

$$\left.\frac{\partial \sigma_x}{\partial x} + \frac{\partial \tau_{xy}}{\partial y} + \frac{\partial \tau_{xz}}{\partial z} + X = 0 \right.$$

＊（訳注）原文で右辺は $-\dfrac{1}{1-\mu}\left(\dfrac{\partial^2 U}{\partial x^2} + \dfrac{\partial^2 U}{\partial z^2}\right)$ になっている．間違いであろう．

3. 計算モデル（理論モデル）に関する基本概念　　91

$$\left.\begin{array}{l} \dfrac{\partial \tau_{yx}}{\partial x}+\dfrac{\partial \sigma_y}{\partial y}+\dfrac{\partial \tau_{yz}}{\partial z}+Y=0 \\[3mm] \dfrac{\partial \tau_{zx}}{\partial x}+\dfrac{\partial \tau_{zy}}{\partial y}+\dfrac{\partial \sigma_z}{\partial z}+Z=0 \end{array}\right\} \qquad (3.54)$$

$$\left.\begin{array}{l} \nabla^2\sigma_x+\dfrac{1}{1+\mu}\dfrac{\partial^2\Theta}{\partial x^2}=-2\dfrac{\partial X}{\partial x}-\dfrac{\mu}{1-\mu}\left(\dfrac{\partial X}{\partial x}+\dfrac{\partial Y}{\partial y}+\dfrac{\partial Z}{\partial z}\right) \\[3mm] \nabla^2\sigma_y+\dfrac{1}{1+\mu}\dfrac{\partial^2\Theta}{\partial y^2}=-2\dfrac{\partial Y}{\partial y}-\dfrac{\mu}{1-\mu}\left(\dfrac{\partial X}{\partial x}+\dfrac{\partial Y}{\partial y}+\dfrac{\partial Z}{\partial z}\right) \\[3mm] \nabla^2\sigma_z+\dfrac{1}{1+\mu}\dfrac{\partial^2\Theta}{\partial z^2}=-2\dfrac{\partial Z}{\partial z}-\dfrac{\mu}{1-\mu}\left(\dfrac{\partial X}{\partial x}+\dfrac{\partial Y}{\partial y}+\dfrac{\partial Z}{\partial z}\right) \\[3mm] \nabla^2\tau_{xy}+\dfrac{1}{1+\mu}\dfrac{\partial^2\Theta}{\partial x\partial y}=-\left(\dfrac{\partial X}{\partial y}+\dfrac{\partial Y}{\partial x}\right) \\[3mm] \nabla^2\tau_{yz}+\dfrac{1}{1+\mu}\dfrac{\partial^2\Theta}{\partial y\partial z}=-\left(\dfrac{\partial Y}{\partial z}+\dfrac{\partial Z}{\partial y}\right) \\[3mm] \nabla^2\tau_{zx}+\dfrac{1}{1+\mu}\dfrac{\partial^2\Theta}{\partial z\partial x}=-\left(\dfrac{\partial Z}{\partial x}+\dfrac{\partial X}{\partial z}\right) \end{array}\right\} \qquad (3.55)$$

　平面問題に対する (3.51) と $(3.51')$，および3次元問題に対する (3.54) は，よく知られているようにつり合い方程式であり，考えている媒体内部から取り出した任意の平行六面体素のつり合いの条件（軸 x, y, z に投影される作用している力の和が0になること）を表わしている．

　平面問題に対する (3.52) および3次元問題に対する (3.55) は，よく知られているようにベルトラミ・ミッチェル（Beltrami-Michell）の適合方程式といわれ，応力が変化する前に連続であった物体が，応力状態が変化した後も連続である条件を表わしている．ほかの言葉でいえば，荷重を加える前に物体が六面体素に分割できるとして，この体積素の変形は荷重を加えた後も結合したままであるべきこと，すなわち（六面体素間に不連続な割目ができるような形で）物体の連続性が破壊されてはならないことを示している．

　つり合い方程式および適合方程式のほかに，応力あるいは変位はよく知られているように対象としている個々の問題の境界条件を満足しなければならない．すなわち応力あるいは変位は，考えている媒体の境界面において与えられた値を とらなければならない．変位で表わされる弾性方程式，あるいは，平面問題に対する極座標系以外の他の座標系における弾性方程式につい

92 第Ⅲ章 基本的な計算式とモデル

てはここでは触れないので，読者は適当な弾性論の教科書を参照されたい．

弾性論を土に適用することについては，過去においてもまた現在でも，しばしば次のような反対がある．

　1.　土は弾性体でなく，それゆえ土に弾性論の解は適用できない．

　2.　土において応力とひずみの間には線形関係がないので，土にフック (Hooke) の法則，したがって弾性論の解は適用できない．

　3.　土の自然成層状態は，普通きわめて不均質で異方性に富むので，均質等方という仮定にもとづいている解を適用することは現実に一致しない．

　しかし，これらの反対にもとづいて弾性論の解を土の応力状態の決定に全然適用できないと主張することは，次のような理由によって正しくないことが一般に認められている．

　すでに 1930年にゲルセバノフ[39] は，後に荷重を取り去らない単調載荷の条件では弾性が現われ得ないことを指摘した．このような条件において，土中の応力状態を研究するために弾性論の解を利用することが許されるかどうかという問題を検討するさい，この媒体が弾性的性質を有しているかどうかということは問題にならない．弾性論の解の適用性についての問題は，基本的にフックの法則の適用性，すなわち弾性論の解が基礎をおいている応力とひずみの間の線形関係の存在によっている．したがって，2番目の反対意見が正しいかどうかが，この問題を検討する上で本質的な意味をもってくる．

　そのために，最初に土中の応力状態がクーロンの関係，あるいは前に導いたようなクーロンの関係を変形した種々の関係によって決定される極限応力状態からほど遠い場合を考える．このとき，土中における応力とひずみの関係は，おそらくある非線形の関係になっているであろうが，それにもかかわらず両者は一意的関係にある．つまりこのことは，一定の応力状態の変化のおのおのに対して，完全にきまったあるひずみの増分が対応していることを意味している．この場合，応力状態の比較的小さな変化の範囲（応力の増分）における応力とひずみの任意の非線形の関係は，この範囲で線形の関係におきかえられる．したがって，構造物の基礎地盤や土構造物内において，応力の増分の数値が普通それほど大きくないことを考えれば，土体の応力状態を決定するために弾性論の解を適用することが，考えているような条件で許容

3. 計算モデル（理論モデル）に関する基本概念　　93

されるとみなすことができる．

　しかし，土中のある点において極限応力状態が発生すると，この点において土の一方の部分が他方に対して変位する．このさい応力とひずみは十分な近似として線形にならないばかりか，ひずみは応力の一定値においても増大していくので，一般になんらかの1価関数でもなくなる．別のいい方をすれば，同一の応力に対して，土のひずみや一方の部分の他方に対する変位は時間とともに増大する．このような降伏状態に類似した応力状態の場合，フックの法則が適用できないばかりでなく，応力とひずみの間の1価関数の関係も当然許容されない．

　これから，土中の応力状態を決定するために弾性論の解を適用することが許されるかどうかは，基本的に極限応力状態にある領域の大きさによっていることがわかる．もしこのような領域がまったく存在しないか，あるいは存在しても構造物の大きさ（あるいは載荷面の大きさ）に比較して小さく，それを無視できるならば，弾性論の解を適用することは許され，本質的な反論は起こらない．もし土の極限応力状態の大きさが十分大きく，たとえば載荷面（あるいは構造物底面）の径の1/4ないし1/5も深さの方向に越えているならば，土中の応力状態を決定するために弾性論の解を適用することによって本質的な誤差が生じ，根本的にそのようなことは許容されない．しかしこのような条件においても，弾性論の解は応力状態を決定するなんらかのよりよい適当な方法がないので，きわめてしばしば適用されている．

　上に述べたことから明らかなように，単調に荷重を加える条件で土の応力状態を決定するために，弾性論の解を利用できるかどうかという観点からは，土の弾性的性質は問題でなく，フックの法則が適用できるかどうかが問題なのである．このような理由からゲルセバノフは，術語を簡単明瞭にするために，弾性論の解が適用できるような土を「線形弾性体」*とよび，「弾性体」という術語のかわりに使うことを提唱した．このような術語のほうが合理的である．線形弾性体の計算モデルは，土中の応力状態を決定するために設計にさいして，特に構造物の沈下，不等沈下その他の変位を予測する実際上の計算のさいに広く利用されている．

＊（訳注）p.89 の訳注参照

94 第Ⅲ章 基本的な計算式とモデル

しかしながら，弾性論の解を適用できるかどうかという上述の判断の基準
は，きわめてしばしば正しく理解されていないようである．弾性論の解を土
やその他の任意の材料に「一般に」適用できるかどうかという問題を提起す
ることはできない．問題は，ある材料（特に土の場合）に対して実用上の十分
な近似で，応力とひずみの間に線形関係を適用できると考えられる概略の範
囲は，どの程度であるかということだけなのである．このように上述のこと
に従えば，土に弾性論の解を適用できる範囲をいうべきであり，考えている
問題の場合その適用が近似的に許される条件を明らかにせずに，その適用性
を問題にすべきでない．

土質力学においては，弾性論におけるように圧縮応力を負にとらずに，正
にとっていることに注意しなければならない．したがってすべての応力成分
の符号の規則は，弾性論の場合に採用されている規則と反対にしなければな
らない．

極限つり合いの理論の計算モデル　このモデルは，土中のすべての点に
おいて極限応力状態が起こるような面が存在するという仮定にもとづいてい
る．平面問題の場合の対応する方程式の系は，次のような形になる．

$$\left.\begin{array}{c} \dfrac{\partial \sigma_x}{\partial x}+\dfrac{\partial \tau_{xz}}{\partial z}+X=0 \\[2mm] \dfrac{\partial \tau_{zx}}{\partial x}+\dfrac{\partial \sigma_z}{\partial z}+Z=0 \end{array}\right\} \qquad (3.51)$$

$$\sigma_1-\sigma_2=(\sigma_1+\sigma_2+2\sigma_c)\sin\phi \qquad (3.56)$$

最初の2つの式はつり合い方程式であり，(3.56)は，極限つり合いの式
である．これらの方程式を満足させること以外に，応力は対応する境界条件
を満足しなければならないが，これについては後にさらに詳しく述べる．軸
対称問題の場合についても，類似の形で極限つり合い理論の方程式系を導入
することができる[40]．土中のあらゆる点において，土の一方の部分が相対的
に他方に対して変位するような状態に対応する極限つり合い理論の計算モデ
ルは，いろいろな地上あるいは地下構造物に対する土圧の算定に，また種々
の荷重の影響下にある土塊の強さと安定性の検討に広く使用されている．

もし土中で十分広い領域が極限つり合いの状態になっていないならば，こ
のような情況を無視して極限つり合いの理論を適用すると，きわめて本質的

な誤りをおかすことになる．例として粘着性の土の粘着力を考慮して擁壁にかかる土圧を決定する問題を考え，裏込めのすべての領域に対して極限つり合いの理論を適用してみる．すると擁壁のある高さ ab までは，土圧が負になることがわかる（図 44）．このことから，臨界高さといわれる高さ H_c

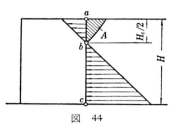

図 44

の範囲で，粘性土は鉛直面で立っていることができ，極限つり合いの状態にないことがわかる．したがって，粘性土の擁壁にかかる土圧を算定するさい，臨界高さの範囲内で極限状態にあるとして得た結果は現実と合致しないので，このような状態にないと考えなければならない．

上述のように，土中のすべての領域に対して極限つり合い理論の計算モデルを適用できるのは，極限応力状態になっていない部分が全然ないか，対象としている構造物の大きさに比較して無視できるほど小さい場合だけである．

ついでに注意しておくと，図 45 のように擁壁にかかる土圧の計算は，臨界高さに等しい深さまで壁と裏込めの間にすきまがあり，この深さまでの層は極限状態になっていないと仮定して行なわなければならない．

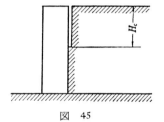

図 45

3・3 線形弾性体の計算モデルと極限つり合い理論の一般化

線形弾性体の計算モデルと極限つり合いの理論は，一方が媒体中のいかなる点においても極限状態が存在しないという仮定にもとづいているのに対し，他方は媒体内のすべての点で極限状態になっているという仮定にもとづいているので，両極端の相反する計算モデルである．

現実の土中では，普通極限応力状態になっていない部分もあるし，なっている部分もある．このような条件における土中の応力状態の決定には，弾性論と極限つり合い理論の混合問題の領域に属することがらが関係してくる．このような場合，土のある部分は，弾性論の方程式 (3.51) および (3.52)

96   第Ⅲ章　基本的な計算式とモデル

を満足しなければならないし，他の部分は極限つり合い理論の方程式（3.51）および（3.56）を満足しなければならない．これら2つの領域の境界面においては，必要な連続条件が満足されなければならない．すなわち境界面に対する垂直変位，垂直応力およびせん断応力が等しくなければならない．境界面における接線変位，および境界面に平行な方向の垂直応力は，一般的にいえば，連続性を満たさなくともよい．

　土木的な目的にとって重要な混合問題の数量的な解がきわめて少なく，さらにまた土の条件に適用できる弾・塑性論がよく研究されていないので，現在では主として，構造物の大きさに比較して土の極限応力状態の領域が大きいか小さいかにより，極限つり合いの理論か線形弾性体の計算モデルが使われている．

　ひずみと応力の間に非線形の関係を仮定して土中の応力状態の問題を検討した研究[41]があることにふれておかなければならない．このような問題は，疑いもなく理論的にきわめて興味があるが，工学上の計算という立場からみるならばまだ研究は不十分である．応力の変化範囲が小さい場合，応力とひずみとの非線形関係にもとづいて土中の応力状態を決定する方法による値は，線形関係を仮定した場合に得られる結果に近い．荷重が大きい場合このような問題は大きな意義を有し，特に極限に近いような応力状態を研究する立場からは重要である．

　自然土層の不均質性と異方性の問題に関しては，現在これらの性質を考慮に入れることのできる弾性論および極限つり合い理論の解が多く存在していることに注意しなければならない．特に弾性論では，図46に示すような1層あるいは2層媒体の応力状態を決定する解が，各層ごとに変形特性も異なると仮定して得られている．注意すべきは，均質な媒体に比べて2層媒体の応力分布が著しく異なるのは，地層ごとの変形特性の値がきわだって異なっている場合だけであるということである．したがって，土の応力状態を決定するさい不均質な自然土層を構成する異なる種類の土の変形

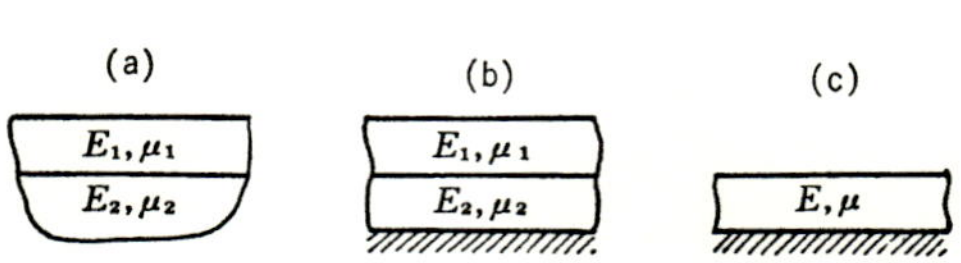

図　46

特性の値が互いに著しく異なっているときにのみ，基礎地盤の不均質性を考慮すればよい．このような判断から，対応する弾性論の解が求まっていない多層および斜層地盤，あるいはシーム状およびレンズ状不均質自然土層の応力状態を決定する多くの場合に，均質媒体の解を適用することができる．これらの場合に均質媒体に対する弾性論の解が適用できるのは，結局極限応力状態の領域があまりに大きくなく，異なる地層の変形特性が互いにあまりに違わないときだけである．極限つり合い理論の計算モデルに対して，土の不均質性，あるいは土の異方性を考慮に入れることは最終的に解が得られているわけではないが，原理的に困難なものではない．

ある土では，その極限せん断強さに比較して，著しく小さいあるせん断応力に達すると変形が止まらず，きわめて長い時間，ある場合には無限の時間内で，これが徐々にきわめてゆっくり増大していくことがある．このような場合には，弾性論のモデルも極限つり合いの理論モデルも正しく土のクリープ現象を記述できないことは明らかである．土のクリープ問題の研究は近年始まったばかりであり，現在は多くの研究組織ができている．特に，土のクリープ問題を一般のクリープ理論の概念[45]にもとづいて理論的[42][43]，あるいは実験的[44]に取り扱ったいくつかの論文が現われたのは注目に値する．

4. モデル化の条件

設計上のいろいろな問題の解決，構造物の基礎地盤の工学的性質の検討，使用した計算法の実験による確認などのために，現実の構造物に比較して十分小さいモデルや載荷板による研究が行なわれる．多くの場合これらの研究は，構造物底面や地盤内の応力分布の研究，荷重の変化による沈下量の変化特性の決定，あるいは基礎地盤の滑動，急激な沈下の増大，時間とともに停止することのない沈下現象が現われる極限荷重値の決定，などのために行なわれる．したがって，このようにして得られた研究をきわめて大きな構造物に当てはめることが許されるかどうか，また適当なモデル化の条件は何かというような問題を明らかにすることが，きわめて本質的なものとなる．

理論的に十分に根拠があり，実用的にも確認された，すなわち実験結果と

98 第Ⅲ章 基本的な計算式とモデル

実際とが一致するモデル化の条件を確立することは，小規模な実験的研究で得られた結果を利用できるかどうかという問題を明らかにする上で重要な意義をもっているだけではない．得られたデータを大きな構造物に対して利用できるようなモデル実験装置の適当な条件を明らかにすることが，モデル化の条件のいっそう大きな意義である．

前に述べたように，構造物の基礎地盤の応力状態は，土の塑性変形領域の任意の発達段階において，対応する線形弾性体の理論と極限つり合い理論の混合問題の解によって表わせると仮定する，

現在のところ基礎地盤の計算に適用できるような混合問題は解かれていないが，相似理論の普通の方法を利用すれば，さしたる困難なしに採用したモデルで自然とモデルの応力状態を完全に相似にする条件を確定することができる[34) 46)]．

このために，σ_x'，σ_z'，τ_{xz}'で表わされるモデル地盤内の応力状態が，平面問題の場合「弾性」領域においても，塑性領域においても，$X=0$，$Z=\gamma'$としてつり合い方程式（3.51）を満足するものとする．

$$\left.\begin{array}{l} \dfrac{\partial \sigma_x'}{\partial x'} + \dfrac{\partial \tau_{xy'}}{\partial z'} = 0 \\[3mm] \dfrac{\partial \sigma_z'}{\partial z'} + \dfrac{\partial \tau_{xz'}}{\partial x'} + \gamma' = 0 \end{array}\right\} \tag{3.57}$$

また弾性領域においては，適合条件（3.52）を満足するものとする．

$$\nabla^2(\sigma_x' + \sigma_z') = 0 \tag{3.58}$$

さらに塑性領域においては，極限つり合いの条件（3.56）を満足するものとする．

$$\sigma_1' - \sigma_2' = (\sigma_1' + \sigma_2' + 2\sigma_c')\sin\phi' \tag{3.59}$$

さらに境界面において，これらの応力は対応する境界条件を満足するものとする．

大きさを特徴づける数値 b' をもつモデル地盤の応力状態と，b'' の大きさで特徴づけられる現実の構造物の基礎地盤の応力状態は，次の関係にある時にだけ相似になる．すなわち構造物底面の形が相似で，モデルと構造物の基礎地盤中に おける 対応する点，すなわち $(x',\ z')$ および $(x'' = \alpha_l x',\ z'' =$

$\alpha_l z'$), $\alpha_l = \dfrac{b''}{b'}$ の点で，応力が

$$\sigma_x'' = \alpha_s \sigma_x', \quad \sigma_z'' = \alpha_s \sigma_z', \quad \tau_{xz}'' = \alpha_s \tau_{xz}' \tag{3.60}$$

の関係にあり，さらに構造物の基礎地盤とモデルの土の特性が $\gamma'' = \alpha_\gamma \gamma'$，$\sin \phi'' = \alpha_\phi \sin \phi'$，$\sigma_c'' = \alpha_c \sigma_c'$ の関係を満たすことである．これらの関係において，本質的な相似条件を表わしている α_l, α_s, α_ϕ および α_c の値は縮尺乗数といわれ，一般的にいえば互いに独立に選ぶことはできない．

もしモデル地盤における応力状態 σ_x', σ_z', τ_{xz}' が知られており，(3.57)，(3.58)，(3.59)を満足するならば，構造物の基礎地盤の応力成分 σ_x'', σ_z'', τ_{xz}'' が (3.60) の関係で表わせるとして，これらは σ_x', σ_z', τ_{xz}' と相似になる．

このような応力状態 σ_x'', σ_z'', τ_{xz}'' が可能であるためには，この状態が弾性領域および塑性領域において，それぞれに対応する方程式 (3.51)，(3.52) および (3.51)，(3.56) を満足しなければならない．したがって，応力 σ_x'', σ_z'', τ_{xz}'' のかわりに (3.60) の関係を (3.51)，(3.52)，(3.56) に用いれば，相似条件を満足する可能性を決定する式が得られる．

つり合い方程式は，

$$\left. \begin{array}{l} \dfrac{\alpha_s}{\alpha_l}\left(\dfrac{\partial \sigma_x'}{\partial x'} + \dfrac{\partial \tau_{xz}'}{\partial z'} \right) = 0 \\[3mm] \dfrac{\alpha_s}{\alpha_l}\left(\dfrac{\partial \sigma_z'}{\partial z'} + \dfrac{\partial \tau_{xz}'}{\partial x'} \right) + \alpha_\gamma \gamma' = 0 \end{array} \right\} \tag{3.61}$$

適合条件（「弾性」領域における）は，

$$\frac{\alpha_s}{\alpha_l^2} \nabla^2 (\sigma_x' + \sigma_z') = 0 \tag{3.62}$$

である．

極限つり合い状態の条件（極限つり合い領域における）は，

$$\alpha_s (\sigma_1' - \sigma_2') = [(\sigma_1' + \sigma_2')\alpha_s + 2\alpha_c \sigma_c'] \alpha_\phi \sin \phi' \tag{3.63}$$

である．

(3.57)～(3.59) を考慮すれば，(3.61)～(3.63) は任意の縮尺乗数の場合に満足されるのではなく，それらの間に次の関係があるときにのみ満足されることが容易に確かめられる．

100　第Ⅲ章　基本的な計算式とモデル

$$\frac{\alpha_s}{\alpha_l \alpha_\tau} = 1, \quad \alpha_s = \alpha_c, \quad \alpha_\phi = 1$$

あるいは書きかえて，

$$\alpha_s = \alpha_c = \alpha_l \alpha_\tau, \quad \alpha_\phi = 1 \tag{3.64}$$

で表わされる．

　(3.64) は，相似条件を満足する可能性を決定する関係を表わしている．そのためこれらの関係は，線形弾性体理論および極限つり合い理論の混合問題のモデル化条件 ということができる[35) 46)]．当然，このような条件とともに，比較されるあらゆる特殊な場合の境界条件も与えられなければならない．これらのモデル化条件が満足された場合，応力分布，したがって当然対照される 2 つの場合における塑性変形領域の形も相似である．

　$\alpha_s = \alpha_l \alpha_\tau$ という条件を満たさなければならないということは，つり合い方程式によってきまってくることであって，「弾性」領域や「塑性」領域にある媒体の性質によるものではないことを強調しておく．

　$\alpha_s = \alpha_c$ という条件は，極限つり合い状態の 条件によって 決定されるものであり，このような型の極限つり合いの方程式を採用するかぎりでは，変形性に関して任意の性質の媒体で満足されるはずである．このことから明らかなように，(3.64) は土の骨格に対応する計算モデルの媒体に非線形の性質を仮定したような場合でも満足されるはずである．しかしこのような場合，非線形の仮定を行なったことに対応して (3.52) の適合 条件も 変化するので，縮尺乗数の間に余分な関係が入ってくる．

　また平面問題の場合だけでなく，弾性論および塑性論の 3 次元混合問題においても，モデル化のために (3.64) の条件が満たされなければならないことに注意しなければならない．

　しかし 3 次元の場合，上に得られた条件は不十分なものとなる．というのは，塑性領域における応力状態を決定するために，3 次元問題の場合 3 つのつり合い方程式と 1 つの極限つり合いの方程式では不足だからである．したがってなんらかの追加の方程式を採用すると，一般には (3.64) の条件に加えてさらに余分の条件を満足する必要が生ずる．しかしこの場合でも (3.64) の条件を満足することは必要である．これについては，小さいモデルや載荷

板による試験結果を判断することについて述べるところで後に検討する．

非粘着性土の場合 いま，考えている土，たとえば砂が非粘着性媒体として十分近似できるとし，この表面に図47aに示すように，無限に伸びる等分布荷重 q_1 が加えられ，さらに幅 $2a_1$ の帯状に任意の規則で変化するある荷重 p_1 が加えられるとする．

非粘着性の土に対して，(3.64) の条件は次の形になる．

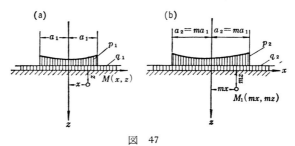

図 47

$$\alpha_s = \alpha_l \alpha_r$$

土本来の重量は普通のモデルや載荷板での実験では変化するはずがないので，$\alpha_r = 1$ ととるべきである．これから，非粘着性の土のモデル化の条件は $\alpha_s = \alpha_l$ である．

つまり載荷帯の幅 $2a_1$ が m 倍だけ大きくなり，同時に荷重強度 p_1，q_1 も m 倍だけ大きくなるならば，得られる結果は応力分布に関しても，極限応力状態領域の形に関しても，相似係数が m の相似となる．このような事情は，種々の幅で載荷される非粘着性均質地盤の応力状態を近似する必要条件であるとも考えなければならない．

実例に移って，極限応力状態領域が発達してゆく任意の段階，特に表面に加えられた荷重の作用によって土のふくれ上りが起こる瞬間に対応する段階，すなわち地盤の極限支持力に対応する段階は，載荷帯の幅を変化させた場合，その変化に比例して荷重を変化させて得られる．砂質土の極限支持力の値が載荷帯の幅に比例するという事情は，実験データからもよく知られていることである．

得られた相似条件がこのようなものであるため，実際の構造物の幅がきわめて大きい場合，砂質土の載荷板による試験結果を利用する応用上の価値は小さくなる．このことを説明するために，例として築造される構造物の幅が

102　第Ⅲ章　基本的な計算式とモデル

50m とし，これに対して幅 100cm の載荷板で試験を行なったところ荷重強さが $p=1\ \text{kg/cm}^2$ のときに，板の周囲で滑動が起こったとする．このときこの観察からでてくる唯一の結果は，構造物の周囲の土が似たようなふくれ上りを起こすのが荷重強さ $p=50\text{kg/cm}^2$ であるという結論である．しかし現実の構造物の荷重強さは，特に許容沈下量の制限から，このような値よりはるかに小さいのが普通である．したがって，このような試験結果は実質的に役に立たない．

　2番目の例として，幅あるいは直径が 1 m の剛性載荷板による試験結果をどのように幅あるいは直径が 50m もある絶対的に剛性の 構造物 底部における圧力分布を判断するために利用するかをみてみる．砂質土に対する上述の相似条件によれば，もし構造物の平均荷重強さが $5\ \text{kg/cm}^2$ とすれば，この荷重による構造物底面の圧力分布は，載荷板に対する外部荷重による平均強さが $5/50=0.10\text{kg/cm}^2$ のときにのみ載荷板底面の応力分布と相似になる．

　載荷板の荷重がこれより大きいと，相似条件は満たされなくなり，載荷板と構造物の下部における極限状態領域の発達の程度は同一でなくなり，したがって対比はつかなくなる．

　このような事情は，載荷板底面や載荷板下部の土の任意の点における応力を実験的に研究して，これを評価するさいにも考慮に入れなければならない．したがって，小さい径の円盤によってなされた応力の測定，なかでもケーグラー (F. Kögler)－シャイデッヒ (A. Scheidig) が行なった載荷板直径が 34～100cm，すなわち平均約 65cm，平均荷重強さが 0.25～1.0kg/cm²，すなわち平均約 0.65kg/cm² による測定は，きわめて大きい面積の構造物下の応力状態を反映していないということができる．実際に，たとえばケーグラー──シャイデッヒの測定結果は，構造物の直径が 20m もあれば（水理構造物の大きさに対応するものとして），土に対する平 均 圧 力が $0.65\times\dfrac{20}{0.65}=20$ kg/cm² に対応するような応力状態を表わしていることになる．シュトローシュナイダー (A. Strohschneider) は，直径が 1.5cm の載荷板に平均約28 kg/cm² の荷重強さで実験を行なったというようなことにも注意しなければならない．

　以上述べたことから明らかなように，小規模のモデルや載荷板の下の地盤

や底面における応力の測定の多くや，さらにはその沈下量の測定は，きわめて条件的なものであり，これをすぐに大きい構造物にひき移すことはできない．

これらのことから，砂質土に対してモデル化を目的に，長さの縮尺を1より著しく小さくして，載荷板を用いてあらゆる種類の試験を行なっても，その応用上の価値は小さいと結論できる．このような試験結果を利用したい場合には，たとえそのような実験装置にすると得られる結果の誤差が最終的に大きくなるにしても，できるだけ小さな平均荷重による実験を行なわなければならない．

粘着性のある土の場合　　粘着性のある土に対して，モデル化の条件は前に示したように次の形になる．

$$\alpha_c = \alpha_s = \alpha_\gamma \alpha_l$$

普通の実験では（遠心機にかける実験を除いて），土の粘着力と自重は実験を行なうときでもモデル化条件に応じて変化できないので，載荷幅が変る場合，(3.64)の条件を満たすために勝手に外部荷重の値を変えるというようなことはできない．したがってこれから，応力状態や極限つり合い領域の種々の段階を対比することは，載荷帯の幅が異なるとできないということになる．

しかし，もしつり合い方程式の系を

$$\frac{\partial}{\partial x}(\sigma_x + \sigma_c) + \frac{\partial \tau_{xz}}{\partial z} = 0, \quad \frac{\partial \tau_{xz}}{\partial x} + \frac{\partial}{\partial z}(\sigma_z + \sigma_c) + \gamma = 0$$

「弾性」領域に対する適合方程式を

$$\nabla^2[(\sigma_x + \sigma_c) + (\sigma_z + \sigma_c)] = 0$$

極限応力状態にある領域に対する極限状態方程式を

$$(\sigma_1 + \sigma_c) - (\sigma_2 + \sigma_c) = [(\sigma_1 + \sigma_c) + (\sigma_2 + \sigma_c)]\sin\phi$$

のように書き変えるならば，(3.64)の条件を導いたとまったく同様の方法で，粘着性のある土に対する相似条件を得ることができる．それは次のように書くことができる．

$$\alpha_{\sigma + \sigma_c} = \alpha_l \alpha_\gamma, \quad \alpha_\phi = 0 \tag{3.65}$$

この相似条件を利用して，粘着性のある土に対しても多くの場合（あらゆ

る載荷の場合についてではないにしても），必要なモデル化の条件を決めることができる．

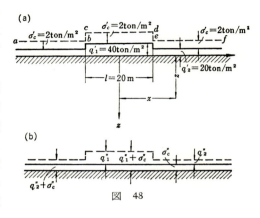

図 48

たとえば，図 48a で表わされるような幅20mの構造物の場合について，基礎地盤内の種々の点の応力と変位が知られていると仮定する．そこで，地表面から $\sigma+\sigma_c$ の値に対応する位置に点線 $abcdef$ を引く．

いま幅 2 m の構造物において，幅が20mの構造物におけると相似の応力と変位の分布を発生させる境界条件を決定する必要があるとしよう．最初の場合に関係するすべての値に1つのダッシュをつけ，第2の場合に関係するものに2つのダッシュをつけて表わす．

問題の解は，いま検討しようとしているような問題の場合 $\alpha_r = 1$ とおいて，次の形の相似条件によって決定される．

$$\alpha_{\sigma+\sigma_c} = \alpha_l \alpha_r = \alpha_l = \frac{2}{20} = 0.1$$

2つの場合で粘着力は同一であると仮定し，$\sigma_c'' = \sigma_c' = 2\,\text{ton/m}^2$ とすれば，両者において図 48b に示すように，次の関係を採用すると応力状態は相似になる．

$$q_1'' + \sigma_c'' = \alpha_{\sigma+\sigma_c}(q_1' + \sigma_c') = 0.1(40+2) = 4.2\,\text{ton/m}^2$$

および

$$q_2'' + \sigma_c'' = 0.1(20+2) = 2.2\,\text{ton/m}^2$$

これから

$$q_1'' = 4.2 - 2 = 2.2\,\text{ton/m}^2$$
$$q_2'' = 2.2 - 2 = 0.2\,\text{ton/m}^2$$

が得られる．

4. モデル化の条件　　105

ここで注意しなければならないのは，$\alpha_\tau=1$ の場合，相似条件を満たすために多くの場合実行が困難な負の荷重を加えるということを行なわずにすむのは，次の条件が満たされたときだけであるということである．

$$q_2'' = \alpha_l(q_2' + \sigma_c') - \sigma_c'' \geqq 0$$

これから，相似条件を満たすために側方に広がっている初期上載荷重は，次の条件を満足せねばならない．

$$q_2' \geqq \frac{\sigma_c''}{\alpha_l} - \sigma_c'$$

また $\sigma_c' = \sigma_c'' = \sigma_c$ の場合

$$q_2' \geqq \sigma_c \frac{1 - \alpha_l}{\alpha_l}$$

である．

いまの例に適用すれば，初期上載荷重は

$$q_2' = 2\frac{1 - 0.1}{0.1} = 18\ \text{ton/m}^2$$

より小さくない必要があり，また，$\sigma_c = 1\ \text{ton/m}^2$ の場合

$$q_2' = \frac{18}{2} = 9\ \text{ton/m}^2$$

より小さくない必要がある．

このように粘着性のある土の場合，大きい構造物から小さい構造物へ（あるいは大きい構造物からモデルへ）移行するさい相似条件を守ることは必ずしも可能ではなく，上述のような制限がある．

実際，たとえば

$$\alpha_\tau = 1, \quad \sigma_c' = \sigma_c'' = \sigma_c = 2\ \text{ton/m}^2, \quad l' = 2\ \text{m}, \quad q_1' = 0.4\ \text{ton/m}^2,$$
$$q_2' = 0.01\ \text{ton/m}^2, \quad l'' = 20\ \text{m}$$

の場合

$$\alpha_{\sigma + \sigma_c} = \alpha_l \alpha_\tau = \alpha_l = \frac{20}{2} = 10$$

であり，これから

$$q_1'' + \sigma_c'' = 10(q_1' + \sigma_c') = 10(0.4 + 2) = 24\ \text{ton/m}^2$$

および

106   第Ⅲ章　基本的な計算式とモデル

$$q_2'' + \sigma_c'' = 10(q_2' + \sigma_c') = 10(0.01 + 2) = 20.1 \text{ ton/m}^2$$

したがって

$$q_1'' = 24 - \sigma_c'' = 24 - 2 = 22 \text{ ton/m}^2$$

および

$$q_2'' = 20.1 - 2 = 18.1 \text{ ton/m}^2$$

が導かれる.

　この結果によれば，モデルにおいてきわめて小さい上載荷重 q_2' でも（あるいは上載荷重がない場合でさえ），大きい構造物においては著しく大きい上載荷重 q_2'' になることがわかる．したがって粘着性を有する土の場合，小さいモデルや載荷板について得た結果は，もし現実の構造物の側方に広がる上載荷重がないか，あったとしても相似条件を満たすに必要な値より小さいならば，大きい現実の構造物に当てはめることはできない．

　唯一の例外は，荷重が普通の強さで現実の構造物の大きさが十分小さく，本質的に載荷板の大きさと違わない場合であるが，実用上はさして価値がない．外部荷重の影響に比較して土の自重の影響を無視できるとき，モデル化の条件 (3.64) は $\alpha_s = \alpha_c$ の形になり，$\alpha_s = \alpha_c = 1$ とおけば満足される．この場合，比較する2つの載荷帯の幅（図 47）が異なり，$2a_1$ と $2a_2 = 2ma_1$ であっても，相似条件は外部荷重の強さが等しいと，すなわち $p_1 = p_2$, および $q_1 = q_2$ であれば満足される．このとき，両者の対応する点 x_1, z_1 および mx_1, mz_1 における応力は等しく，極限状態領域の形は相似である．

　このことから，上述の仮定をおいた場合，土の支持力は載荷の幅や底面積によらないことがわかる．その上，地盤内の対応する点における応力分布が完全に相似であり，その数値が等しいので，表面の沈下量 Δh_1 と Δh_2 は，近似的に $\Delta h_2 = m \Delta h_1$ の関係にあると考えることができる．この結果は，粘着性のある土の載荷板によるよく知られた実験結果と十分に一致する．

　しかし，この種の結論を現実の構造物に当てはめることはきわめて軽卒であり，まったく間違った結論をもたらす．土の自重を無視することは，載荷帯の幅（底面積）の値が小さい場合にのみ許容される．なぜならば，このような場合にのみ，土の自重による応力は粘着性に等価な圧縮応力や外部上載荷重に比して十分小さくなるからである．したがって，粘着性のある土の載

荷板による載荷試験で得られる沈下量が載荷板の幅に比例し，また地盤の支持力が載荷面積によらないという結論は，粘着性のある土の性質とはみなされず，単に使用したモデルや載荷板が相対的に小さいことによるものである．

　載荷帯の幅がしだいに増大するにつれて，土の自重による荷重のため深層の圧縮性が小さくなるので沈下の増加の強さは弱まり，また土の自重の影響によって地盤の支持力は増大する．支持力のこのような増大は，非粘着性の土で起こったような1次関係よりもっとゆっくり生ずる．このことは，任意の載荷面の幅における粘着性のある土の支持力が同じ内部摩擦角を有する非粘着性の土の支持力より大きいことで説明される．しかし粘着力の相対的な影響力は，モデルの規模が大きい場合より小さい場合の方が著しく強い．この事実によって，また載荷面の幅が増大するさいの支持力の増加が非粘着性の土に比較して粘着性のある土でゆっくりであるということを説明することができる．モデルあるいは構造物の規模が大きくなるにつれて，粘着性のある土と非粘着性の土に対する試験結果の差がしだいに小さくなることは，まったく明らかである．

　土の自重を無視できるのは，載荷帯の幅が十分小さく，本質的に普通の載荷板の大きさに近い程度のときにのみ許容されるということを上に述べたことにもとづいて再度強調しておく．載荷板の大きさが現実の構造物の大きさに近づくにつれて，土の自重の影響は無視できなくなり，相似条件の判断はモデル化の条件（3.64）や（3.65）にもとづかなければならない．これらの式によれば，モデルあるいは載荷板で得た実験結果が利用できるのは，側方に広がる上載荷重が十分大きい現実の構造物に対してだけであるという結論が導かれる．このことは，工学上の応用の場合，臨機に考慮していかなければならない．

　載荷板での適当に調整した荷重による試験は，もし極限応力状態の領域がないか，無視できるほど小さいならば，土の変形特性を測定するのに有用であるし，さらにまた，モデル化の条件を実験的に検討するのにも有用である．沈下計算の方法を評価するために，載荷板の大きさに応じて必要な計算を行なわなければならない．さらに土を近似的にモデル化する種々の方法

108   第Ⅲ章　基本的な計算式とモデル

は，有用な応用面を有している．なぜならば，これらの方法によって相似条件を完全に満たすことができないようなものをモデル化する目的で，十分に根拠のある実験を計画し実行することができるからである．

　最後に，弾性論と極限つり合い理論の混合問題に対する構造物の基礎地盤のモデル化は，側方に広がる上載荷重がある場合，遠心装置によって行なうことができることを注意しておく[49]．なぜならば遠心モデル化の場合，(3.64) は

$$\alpha_s = \alpha_c = \alpha_\gamma \alpha_l = 1 \qquad\qquad (3.66)$$

とおけば満足されるからである．

　この式が成立するためには，モデルに作用する慣性遠心力が重力をこえた分だけモデルを現実の構造物より小さくすればよい．

　遠心モデル化法の原理は，次のようなものである．鉛直軸につけたさおの軸から等しい距離のところに，ヒンジで2つの円筒（あるいは1つの円筒と1つのカウンター・バランス）をつりさげる．さおを十分大きな角速度で回転させると，円筒は遠心力によって水平の位置にくる．このさい遠心力は重力の作用と同じように質量力すなわち物体力の形で円筒内の構造物あるいは地盤のモデルの土の骨格に作用する．回転速度を増大することによって希望する任意の物体力を得ることができ，特に $\alpha_l \alpha_\gamma = 1$ の条件を満足するようにもできる．

　しかしながら，遠心機において (3.64) の条件が満たされる可能性があるからといって，巨大な土木構造物に適用できる方法として遠心モデル化法が完全でもっとも重要な方法であると考えるわけにはいかない．

第 Ⅳ 章
構造物基礎地盤の応力状態

1. 土の自重による応力状態

　土の自重によって生ずる構造物基礎地盤の応力を決定することは，なんらかの荷重が加えられる前の土の骨格における応力がどの程度で，荷重が加えられた後ではどの程度になるのかという問題を明らかにするために必要である．自然の成層状態において土の骨格に働いている応力は，ときには自然応力といわれる．この応力を決定することは，地盤の変形，その上に築造される構造物の沈下の解明，あるいはまた基礎地盤の強さの問題の研究などの観点から重要である．

　土の自重による基礎地盤の応力状態を決定する場合，当然なんらかの外部荷重が加えられるまで，土は極限つり合いの状態になっていないと考えることができる．なぜならば，もしそうでない場合，任意の荷重を加えるだけで地盤の強さ（安定）は破壊してしまうからである．したがって，地盤の自重による応力状態を決定するために弾性論の解を適用することは当を得ている．以前に注意したように，応力の符号は弾性論で使用しているものと逆にとることにする．

　土の自重による物体力は，次の形で表わすことができる．
$$X=Y=0 \quad および \quad Z=\gamma(z)$$
ここに，$\gamma(z)$ は土の自重が基礎地盤表面下の任意の点の深さの関数であることを表わす．

　応力

$$
\left.
\begin{aligned}
\sigma_x &= \sigma_y = \frac{\mu}{1-\mu}\int_0^z \gamma(z)dz + az + b \\
\sigma_z &= \int_0^z \gamma(z)dz \\
\tau_{xy} &= \tau_{yz} = \tau_{zx} = 0
\end{aligned}
\right\}
\qquad (4.1)
$$

110   第Ⅳ章　構造物基礎地盤の応力状態

が，弾性論の平面問題の方程式 (3.51) および (3.52)，3 次元問題の方程式 (3.54) および (3.55) を満足することは，直接代入することによって容易に確かめられる．ここに，μ は地盤のポアソン比である．

　基礎地盤の表面が平面の場合，地盤の表面 $z=0$ において，応力 $\tau_{xz}=\tau_{rz}=\sigma_z=0$ という境界条件をこれらの応力が必然的に満足するということもまったく明らかである．実際，せん断応力 $\tau_{xz}=\tau_{yz}$ は，(4.1) により媒体のすべての点において 0 であり，したがって表面 $z=0$ においても 0 である．応力 σ_z は $z=0$ の場合，積分の上限が 0 になるので 0 になる．

　もし基礎地盤の土が均質で，深さによる自重の変化が無視できるならば，すなわち $\gamma(z)=\gamma=$ const とおけるならば，垂直応力成分は次の形で表わされる．

$$\left.\begin{array}{l}\sigma_x=\sigma_y=\xi\gamma z+az+b\\[4pt]\sigma_z=\gamma z\end{array}\right\} \tag{4.2}$$

ここに，以前に示したように，

$$\xi=\frac{\mu}{1-\mu}$$

は側圧係数である．

　もし基礎地盤の土が i 層よりなり，各層の厚さが h_i，単位重量が γ_i であるとすれば，深さ $z=\Sigma h_i$ における応力は次式に等しい．

$$\left.\begin{array}{l}\sigma_x=\sigma_y=\Sigma\xi_i\gamma_i h_i+az+b\\[4pt]\sigma_z=\Sigma\gamma_i h_i\end{array}\right\} \tag{4.3}$$

　ここに，応力を決定しようとする地層に対して，h_i はその地層の上面から応力を決定しようとする点までの距離を表わす．
図49に示すように，厚さ h_1+h_2 の上部層は砂で，その下に粘土層があり，地下水位が深さ h_1 のところにある場合，$\sigma_z=\gamma_1 h_1+\gamma_2 h_2+\gamma_3 h_3$ である．ここに，γ_1 は自然湿潤の砂の単位重量，γ_2 は砂の水中単位重量，γ_3 は粘土の水中単位重量である．

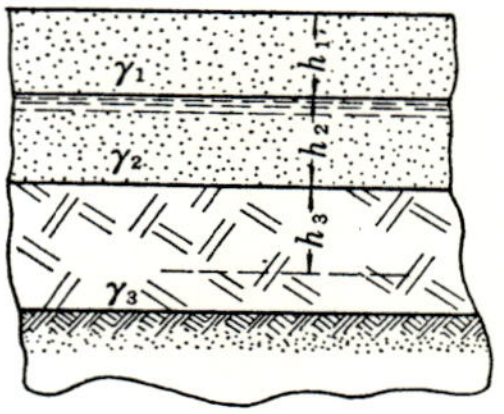

　(4.1)，(4.2) および (4.3) において，応力

図　49

σ_x と σ_y は係数 a, b が決まっていないので未定であることに注目してみよ

う．これは，いま考えているようなもっとも簡単な弾性論問題の解の場合，境界条件が与えられるのは $z=0$ の面だけで，無限に離れている残りすべての境界面における境界条件が不定だからである．このことのために得られる解は不定になる．

不足している条件を構造物から十分遠い距離のところで与えることは不可能である．なぜならば，このようなところでの条件は，たとえばその土地の地形，造山作用やその他の地質過程などのきわめて多くの要素に依存しており，応力を決定するさいこれらの要素を考慮に入れることはまったく不可能だからである．

以前に導いた最大および最小主応力間の極限関係 (3.46) を考慮すれば，応力 σ_x，σ_y は次の範囲で変化できるということだけしかいえない．

$$\sigma_z \tan^2\left(\frac{\pi}{4}-\frac{\phi}{2}\right)-2c\tan\left(\frac{\pi}{4}-\frac{\phi}{2}\right)\leqq\frac{\sigma_x}{\sigma_y}\leqq\sigma_z\tan^2\left(\frac{\pi}{4}+\frac{\phi}{2}\right)$$
$$+2c\tan\left(\frac{\pi}{4}+\frac{\phi}{2}\right)$$

実用上は，(4.1)，(4.2) および (4.3) において係数 a，b を 0 ととるのがもっとも普通である．すると次式が得られる．

$$\sigma_x=\sigma_y=\xi\sigma_z \tag{4.4}$$

このような応力は，基礎地盤内において土の側方ひずみがない（$\varepsilon_x=\varepsilon_y=0$）状態にあり，主応力 σ_x，σ_y および σ_z の関係が基本的に変化しないという仮定に対応しているものである．

ある場合には

$$\sigma_x=\sigma_y=\sigma_z \tag{4.5}$$

の関係が採用される．ここに σ_z は (4.1) で決められるとする．しかし，(4.4) の解のほうが (4.5) の解より普通現実に近い．

応力 σ_x と σ_y を決定するために，まれに利用される

$$\sigma_x=\sigma_y=\sigma_z \tan^2\left(\frac{\pi}{4}-\frac{\varphi}{2}\right) \tag{4.6}$$

の関係は，非粘着性の土が自重だけの影響で極限状態になるという仮定に対応しているので，正しいと考えるわけにはいかない．粘着性のある土に対して，この関係は本質的に主応力の偶然的関係を表わすに過ぎない．

112   第Ⅳ章　構造物基礎地盤の応力状態

　もし基礎地盤の表面が平面でなく，台形の切込みによるくぼみがある場合
（計算を行なうさい簡単のために長方形の切込みでおきかえることもあるが），基礎
地盤の自重による応力を決定するために次のような方法を用いる．

　掘込んだくぼみの表面に，掘削したとき取り出した土の重さに等しい鉛直
荷重$+q(x)$を加える（図 50）．このような荷重は存在しないので，同時に$-q(x)$
も加える．このとき，掘込んだ
くぼみのある（地盤表面が平面
でない）条件における基盤地
盤の応力状態に，荷重$+q(x)$
による応力状態を重ね合わせ
ると，得られる合成応力状態
は，近似的に $z=0$ の面で境
界面が平面の基礎地盤の応力
状態に対応すると考えられ
る．

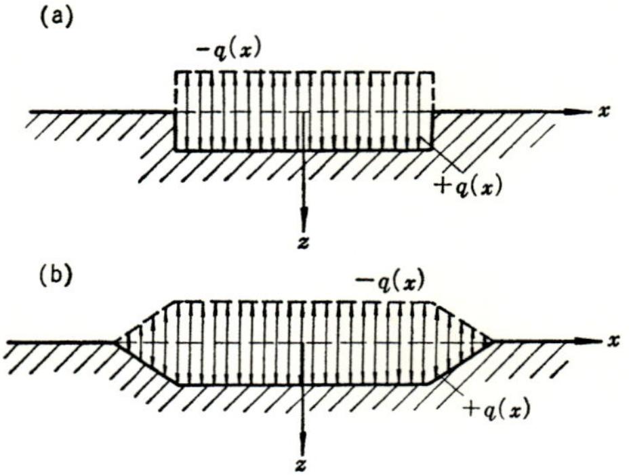

　その結果，掘込んだくぼみ

図　50

のある条件における基礎地盤の応力状態は，表面が平面で負の荷重$-q(x)$
が加えられている状態に対応する応力を考えることによって近似的に決定で
きる．$-q(x)$ の強さは，くぼみを掘削したときに取り出した土の部分の重さ
の分布によって決定される．ほかの言葉でいえば，地盤表面は平面で（$z=0$
の面で），その表面にくぼみを掘削したときに取り出した土の重さに等しい
荷重を分布させたと考えることができる．

　この方法の場合，平面になっていない表面（台形の底面および斜面）におい
て得られる境界条件が，現実とはまったく一致しないので，この方法は地盤
表面が平面でない場合の近似的な応力分布を与えるだけである．このことは
図 51 をみれば明らかである．図には文献[50]で得られている台形切取り面に
対する垂直応力を示してある（γa 分の1倍して）が，実際にはこの面で垂直応
力とせん断応力は存在しないのである．図の応力を求めるさい，土の自重に
よる主応力の比 σ_x/σ_z は $\xi=0.56$ として計算してある．しかし，ゴルブノ
フ‐パサドフ（М. И. Горбунов-Посадов）の研究[51]によれば，上述の近似

1. 土の自重による応力状態　113

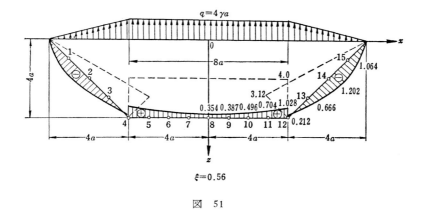

図　51

的方法を利用して得られるくぼみ底面の鉛直変位は，くぼみの幅がその深さの2倍より小さくない場合，長方形の切取りをもつ半平面の問題の解として得た結果と3％も違わない．

ゴロビン (А. Я. Головин)[50] は，長方形および台形の切取りをもつ半平面（地盤）の自重による応力を決定する問題を研究した．彼の研究によれば，図52に示すように台形切取り面の垂直応力図がきわめて小さくなるように，切取りのない半平面の端面（地盤表面）に加える仮想の鉛直力およびせん断

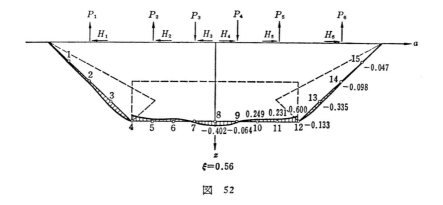

図　52

114　第IV章　構造物基礎地盤の応力状態

力の系を見出すことができる．そしてあらゆる場合に，図 51 に示すような
台形荷重に対応する応力図よりもきわめて小さくできる．しかし，上述の近
似法で得た沈下量の誤差は小さく，ゴロビンの沈下計算法の精度を越えない
ことを考えれば，上述の方法を実際上に応用することをすすめることができ
る．この方法による誤差は，実用上さしつかえない程度のものである．

　結局のところ，台形状の負の仮想の荷重を加える方法は，もっとも簡単な
近似法である．このほか，水平な地表面の切り取られる幅の部分に仮想の負の
垂直荷重と せん断荷重 $\varphi(\xi)$, $\psi(\xi)$ を加える方法もある．$\varphi(\xi)$ と $\psi(\xi)$ の
分布は，切取りのない地盤における切取り形の面に対する 垂直応力 と せん
断応力が 0 に等しいという条件から決定する．さらに，切り取られる台形の
範囲内の地盤の部分で，つり合い方程式が満たされていなければならない．
そのためには，外から加える仮想の荷重が，切り取られる台形の重さに等し
くなければならない．未知の 仮想荷重関数 $\varphi(\xi)$ と $\psi(\xi)$ をべき級数の形で
表わし，2 つのひずみに関する積分方程式と 2 つのつり合い方程式を満足す
る一定の関数 $\varphi(\xi)$ と $\psi(\xi)$ を導くことができる．

　このようにして立てた問題は，数値解によって解かれる．もしたとえばべ
き級数を多項式でおきかえ，上に述べた条件を切取りのすべての点で満足す
るのではなく，ある限られた点でのみ満足すればよいという制限を加えるな
らば，問題の解は若干の線形連立代数方程式を解くことに帰せられる．問題
を簡単にするためには，切取り線上の境界条件をいろいろな程度にゆるめ，
仮想の垂直荷重だけを加えたり，切取り線に対する垂直応力だけが 0 になる
などのことを行なってもよい．

　最後に，土の単位重量 γ が等しいとみなされるのはどういうことかという
問題に触れてみる．もし土が飽和していないならば，この土の自重による応
力を決定するためには，自然の湿潤状態における単位重量をとらなければな
らない．もし土が水で飽和していれば，土の各固体粒子はアルキメデスの原
理により，それが排除した水の体積分だけの重さを失う．したがって，まえ
に (2.16) で示したように，飽和単位重量は

$$\gamma' = \gamma_d - \frac{1}{1+e}\,\gamma_w = \gamma_{sat} - \gamma_w$$

で表わされる.

しかし密な粘性土の場合, なかでも固体粒子間に膠着結合が存在する場合, 上で考えたように固体粒子がアルキメデスの原理に従って水中で完全に浮力を受けるか, あるいは部分的にしか浮力を受けないのかという問題が生ずる. 部分的な浮力という現象は, 次のような考えで説明されることもある. 各固体粒子が浮力を受けているということは, 合力がRに等しい垂直圧力が粒子に上向きに働くということである (図 53 a). このとき, もし各粒子の接触面が非常に小さく (図 53 b), それを無視して, たとえば砂質土の場合のように, おのおのの粒子が実質的に点で接しているとみなすことができるならば, 各固体粒子の全表面は周囲の水の圧力を受け, その結果完全に浮力を受けているということになる. もし接

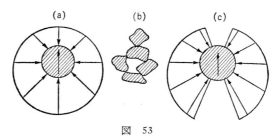

図 53

触面が点と考えてよいほど小さくはなく, かなり大きな広がりになるならば, 図 53 c に示すように全表面に静水圧が作用するのではなく, 各粒子に働く垂直圧力の合力は, アルキメデスの原理による重さの減少分より小さくなる. このような状態が他のすべての粒子にあてはまるとすれば, 土は全体としてアルキメデスの原理から考えられるより小さい浮力しか受けない不完全な浮力の状態にあると考えることができる.

土の浮力が低下すると, たとえば水理構造物の基礎地盤の安定計算に使用される土の自重が増大し, 安定条件は本質的によくなるので, 完全に浮力を受けているか, 不完全に浮力を受けているかという問題はきわめて重要である. この問題に対しては, 現在まで各種の見解が表明されている. これらを検討するために, レニングラード建設工業科学技術協会によって, 水理構造物の浮力の問題に関する特別な会議が 1955 年に組織された. この会議の結論[52]やあるいはビャゼムスキー (О. В. Вяземский), レリトフ (Б. Ф. Рельтов), マリウポリスキー (Г. М. Мариупольский), その他多くの研究者の

116　第Ⅳ章　構造物基礎地盤の応力状態

研究[52]によれば，現在のところ圧倒的大多数の土は，実質的に完全な浮力を受けていると考えられている．例外は密な粘土だけで，この土に関して問題は未解決である．このような粘土に対しては，基本的に「アルキメデスの原理による完全な浮力」ということが疑問視されるだけでなく，もし粘土の密実度が十分大きい場合，そもそも浮力が存在するかどうかという疑問も起こる．実際上の計算では，常に土に完全な浮力があるように考えている．このような考えは，「不完全な」浮力という考えをとって，基礎地盤の「強さ（安定性）の安全率を低くする」危険をおかすよりもよいという判断にもとづいている．

2.　外部荷重による基礎地盤の応力状態

　構造物基礎地盤の外部荷重による定常な応力状態を決定することは，地盤の変形や構造物の沈下の決定，不等沈下の検討などに対して必要不可欠なので，きわめて重要な意義をもっている．

　構造物の大きさに比較して極限応力状態の領域が十分小さい場合，前に述べたように基礎地盤の応力状態を決定するために，弾性論の解を適用することが許容される．これらの解を得る方法を記述することは，弾性論の問題に属している．したがって以下の記述では，構造物基礎地盤の計算にもっともひんぱんに使用されるいくつかの弾性論の最終解を，対応する式，グラフおよび表の形で示すにとどめる．弾性論の解が適用できない場合には，応力状態を決定するいくつかの簡単な方法を述べる．

　現存する計算法を現実に近づけるという観点からみると，重要な応力状態に関する多くの問題が現在のところまだ解かれていないことに注意しなければならない．このため多くの土木工事の場合，結果が明白に不適当でさえなければ，よりよいものがないために，完全に対応する計算法ではないものを使用せざるを得ない．このような例を後にいくつか示す．

2・1　平　面　問　題

　構造物基礎地盤に対して，多くの場合平面変形に対応する弾性論の解が利

用できる．基礎地盤の計算に対しては，普通上面が平面で，その表面に種々の垂直荷重，あるいはせん断荷重が加えられる半無限媒体の解が適用される．

図54bに示すように平面に荷重を加えるのではなく，図54aのように構造物の下を掘込んでからその掘削面（底面）に外部荷重を加える場合の実用計算として，次の近似法のうちのどれかが用いられる．ある場合には，図54aの点線から上の

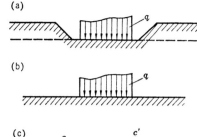

図 54

部分の基礎地盤内における外部荷重qによる応力分布に対する影響を無視する．しばしば別の方法もとられる．すなわちくぼみを掘込んだ後（図54c），その表面$a-a'$に構造物の荷重$bb'c'c$と，$abde$および$a'b'd'e'$部分の埋めもどしによって発生する地盤内の応力を決定するために，構造物の根入れ体積だけ掘込んで取り出した土の重さに等しい$bb'd'd$の荷重分をさし引いた構造物の荷重$dd'c'c$が平面OO'に加えられると考えるのである．

基礎地盤が平面でないための影響を考慮するこれらの方法は近似的なものであるが，長方形あるいは台形の切取りのある基礎地盤における種々の外部荷重の作用によって発生する応力状態を決定するための解が，ほとんどどの文献にも発表されていないので，実際上の応用にこれらの方法をすすめることができる．その上長方形あるいは台形の切取りのある基礎地盤において，切取り底面から少し離れた場所の応力分布は，平面地盤に対す

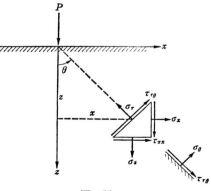

図 55

る解と実用上本質的な差はないと考えられる．このような考えは，長方形あるいは台形の切取りのある半平面に等分布荷重が加えられた場合に対する前述の研究[50) 51)]の結果と一致している．

i) 鉛直集中荷重

このような場合（図 55）に対する解は，フラマン (Flamant) によって得られている．弾性論の教科書[54)]にあるように，いまの場合には次の形の応力関数

$$F = \frac{P}{\pi} r\theta \sin\theta \qquad (4.7)$$

を使い，(3.53) から次式が得られる*．

$$\sigma_r = \frac{2P}{\pi r}\cos\theta, \quad \sigma_\theta = 0 \quad \text{および} \quad \tau_{r\theta} = 0 \qquad (4.8)$$

基礎地盤の任意の点 (x, z) における直角座標で表わした応力は，

$$\left.\begin{array}{l}\sigma_x = \sigma_r \sin^2\theta = \dfrac{P}{\pi r}\sin\theta \sin 2\theta = \dfrac{2P}{\pi}\dfrac{x^2 z}{(x^2+z^2)^2} \\[2mm] \sigma_z = \sigma_r \cos^2\theta = \dfrac{2P}{\pi r}\cos^3\theta = \dfrac{2P}{\pi}\dfrac{z^3}{(x^2+z^2)^2} \\[2mm] \tau_{xz} = \sigma_r \sin\theta \cos\theta = \dfrac{P}{\pi r}\cos\theta \sin 2\theta = \dfrac{2P}{\pi}\dfrac{xz^2}{(x^2+z^2)^2}\end{array}\right\} \qquad (4.9)$$

である．

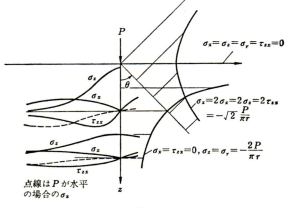

図 56

＊（原注）正の応力は，図 55 に示すものとは逆の方向にとってある．

(4.8) から明らかなように，基礎地盤の応力状態は，いまの場合動径方向における単純圧縮で表わされる．

図 56 に $\theta=0$ と $\theta=\pi/4$ の方向の応力図，および地盤の2つの断面上での垂直応力 σ_x, σ_z とせん断応力 τ_{xz} の図を示す．図 57 には主応力曲線を，図 58 には $\sigma_r = \sigma$, 2σ,

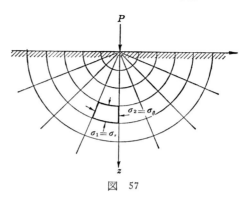

図 57

3σ, 4σ の4つの値に対する等応力線を示す．図 59 には最大せん断応力曲線を示す．

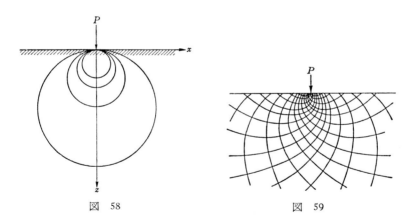

図 58　　　　　　図 59

載荷点から出る任意の直線上のすべての応力は，その点からの距離に反比例する形で減少してゆく．

地盤の種々の点における応力 σ_x, σ_z および τ_{xz} の数値は，付録の表 I, II に文献[55]から引用してある．

表面 $z=0$ の点における鉛直変位および水平変位は，弾性論の教科書[54]や土質力学の論文[49]で導いてあり，次のように表わせる．

$$w(x,0) = -\frac{2}{\pi}\frac{1-\mu^2}{E} P\log|x| + C \left.\vphantom{\frac{(1+\mu)(1-2\mu)}{2E}}\right\}$$
$$u(x,0)_{\substack{x>0 \\ x<0}} = \mp \frac{(1+\mu)(1-2\mu)}{2E}P \qquad (4.10)$$

ここに，μ は地盤のポアソン比，E は地盤の変形係数，C は任意定数である．

図 60 に平面で境された線形弾性体の表面の鉛直変位および水平変位を示した．

ii) 等分布帯状荷重

点 $(\xi, 0)$ に加えられる $qd\xi$ の力による点 (x, z) (図 61) の応力を見出すために，(4.9) において，x のかわりに $(x-\xi)$，P のかわりに $qd\xi$ とおく．このとき，$(-a, +a)$ の範囲における帯状荷重による点 (x, z) の応力は次式に等しい[56]．

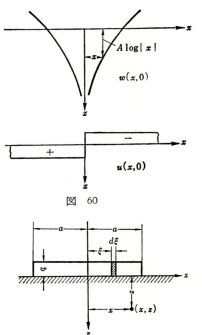

図 60

図 61

$$\left.\begin{aligned}\sigma_x &= \frac{2q}{\pi}\int_{-a}^{+a}\frac{(x-\xi)^2 z}{[(x-\xi)^2+z^2]^2}d\xi = \frac{q}{\pi}\left(\tan^{-1}\frac{a-x}{z}\right. \\ &\quad \left. +\tan^{-1}\frac{a+x}{z}\right) + \frac{2aqz(x^2-z^2-a^2)}{\pi[(x^2+z^2-a^2)^2+4a^2z^2]} \\ \sigma_z &= \frac{2q}{\pi}\int_{-a}^{+a}\frac{z^3}{[(x-\xi)^2+z^2]^2}d\xi = \frac{q}{\pi}\left(\tan^{-1}\frac{a-x}{z}\right. \\ &\quad \left. +\tan^{-1}\frac{a+x}{z}\right) - \frac{2aqz(x^2-z^2-a^2)}{\pi[(x^2+z^2-a^2)^2+4a^2z^2]}\end{aligned}\right\} \quad (4.11)$$

$$\tau_{zx} = \frac{2q}{\pi} \int_{-a}^{+a} \frac{(x-\xi)z^2}{[(x-\xi)^2+z^2]^2} d\xi = \frac{4aqxz^2}{\pi[(x^2+z^2-a^2)^2+4a^2z^2]}$$

図 62, 図 63 および 図 64 に, 文献[21]による垂直応力 σ_x, σ_z およびせん断応力 τ_{xz} の地盤の鉛直断面に関する図を示す. 各図に付した数値は載荷帯の対称軸から鉛直断面までの相対距離 x/a である. 右肩のインデックス「ver」と「hor」は, それぞれ荷重を鉛直あるいは水平に加えた場合に対応する応力図であることを表わしている. 図 65 には文献[7]による $z=a$, $z=2a$, ……$z=10a$ の深さの水平断面に関する σ_z の応力図を示す. 図 66, 図 67 には文献[60]による σ_x, σ_z の等垂直応力線を, 図 68 a および b には, 文献[60]による等せん断応力線と等最大せん断応力曲線を示す. すべての図は単位荷重, すなわち $q=1$ について作成されたものである.

応力 σ_x, σ_z および τ_{xz} の数値は, 荷重強さ q に対する比として付録の表 Ⅲ, Ⅳ, Ⅴ に文献[21]から引用してある.

付録の表 Ⅵ には, 載荷帯の端, すなわち $x=\pm a$ における鉛直面に分布す

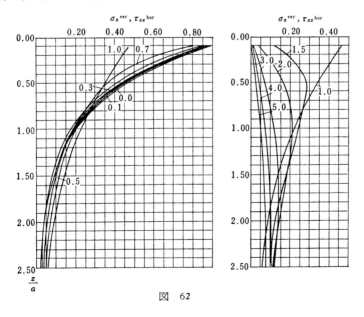

図 62

122　第IV章　構造物基礎地盤の応力状態

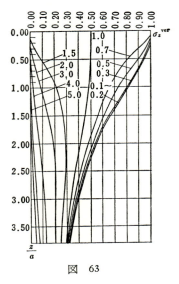

図　63

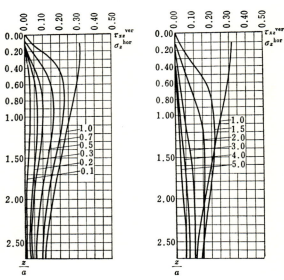

図　64

2. 外部荷重による基礎地盤の応力状態　　123

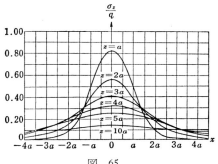

図 65

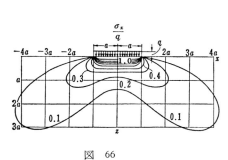

図 66

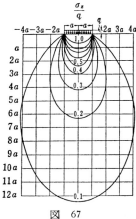

図 67

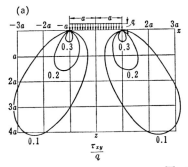

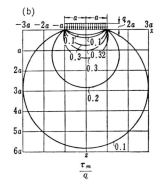

図 68

る σ_z/q と Θ/q の値を文献[58]から引用してある．

これらの応力を決定しておくことは，与えられた外部荷重によって発生する応力 σ_z や主応力の和 Θ の値を簡単に計算するために，長方形分割法といわれる方法を適用する場合に必要である．この方法は普通 3 次元問題の条件で用いられるが，後に詳しく検討することにする．

図 69 a に示すような台形則に従って分布する荷重による地盤内の任意の点における σ_z や Θ を直接決定するかわりに，図 69 b, c, d および e に示すような荷重による値を決定してもよい．三角形荷重に対応する応力の決定法は次節で述べる．図 69 b～e に示す荷重に対応する値を決定したあとで，これらを重ね合わせて，与えられた台形荷重による未知量を求める．

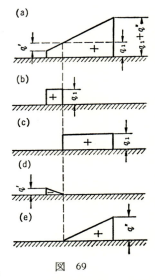

図 69

多くの場合この方法を適用することによって，必要な計算作業は著しく軽減される．

等分布荷重による点 (x, z) における主応力の値は，ミッチェル（J. H. Michell）によって次のように求められている[59]．

$$\left.\begin{array}{l}\sigma_1=\dfrac{q}{\pi}(\varepsilon+\sin \varepsilon) \\[2mm] \sigma_2=\dfrac{q}{\pi}(\varepsilon-\sin \varepsilon)\end{array}\right\} \quad (4.12)$$

ここに，ε は視角といわれ，図 70 に示すように点 $A(x, z)$ から載荷帯をのぞむ角，すなわち点 A と載荷帯の端点を結んだ直線の間の角である．載荷帯の両端を通過する任意の円上のすべての点の視角は同一である．したがって，(4.12) によりこのような円は等主

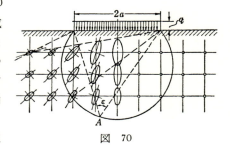

図 70

応力値の軌跡である．図 70 には，等分布荷重に対する地盤の種々の点における応力楕円も示してある．

地盤表面の点の鉛直変位を決定するためには，(4.10) において $|x|$ を $|x-\xi|$ で，P を $qd\xi$ でおきかえる．そして $-a$ から $+a$ まで積分すると，任意定数までの精度で次の結果が得られる．

$$w(x,0) = -\frac{2q}{\pi}\frac{1-\mu^2}{E}\int_{-a}^{+a}\log|x-\xi|d\xi$$

$$= \frac{2q}{\pi}\frac{1-\mu^2}{E}\left[2a+\log\frac{|x-a|}{|x+a|}\bigg|_{x+a}^{x-a}\right]$$

iii) 三角形状荷重

図 71 により任意断面 ξ の荷重強さは

$$q(\xi) = \frac{q}{2a}\xi$$

であることを考慮すれば，等分布帯状荷重に対し導いたと同じように，三角形荷重による応力を次の形で求めることができる[60]．

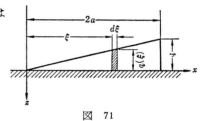

図 71

$$\sigma_x = \frac{q}{\pi a}\int_0^{2a}\frac{(x-\xi)^2 z\xi}{[(x-\xi)^2+z^2]^2}d\xi = \frac{qz}{2\pi a}\log\frac{(x-2a)^2+z^2}{x^2+z^2}$$

$$-\frac{xq}{2\pi a}\left(\tan^{-1}\frac{x-2a}{z}-\tan^{-1}\frac{x}{z}\right)+\frac{qz}{\pi}\frac{x-2a}{(x-2a)^2+z^2}$$

$$\sigma_z = \frac{q}{\pi a}\int_0^{2a}\frac{z^3\xi}{[(x-\xi)^2+z^2]^2}d\xi = -\frac{xq}{2\pi a}\left(\tan^{-1}\frac{x-2a}{z}-\tan^{-1}\frac{x}{z}\right)$$

$$-\frac{qz}{\pi}\frac{x-2a}{(x-2a)^2+z^2}$$

$$\tau_{xz} = \frac{q}{\pi a}\int_0^{2a}\frac{(x-\xi)z^2\xi}{[(x-\xi)^2+z^2]^2}d\xi = \frac{q}{\pi}\frac{z^2}{(x-2a)^2+z^2}$$

$$+\frac{qz}{2\pi a}\left(\tan^{-1}\frac{x-2a}{z}-\tan^{-1}\frac{x}{z}\right)$$

図 72 には，文献[60]による地盤内の種々の水平断面における σ_z の応力図を，図 73，図 74 および図 75 には $\sigma_x, \sigma_z, \tau_{xz}$ の等応力線を，図 76 には等最大せん断応力線をそれぞれ示す*．

付録の表Ⅷには，最大荷重 q に対する応力 σ_z の計算値を文献[7]から引用してある．表Ⅷには，載荷帯の端点 $x=0$ における鉛直断面での σ_z/q および Θ/q の値を引用してある[58]．

地盤表面の鉛直変位を決定するために，上述の方法と同様にして，任意定数までの精度で次式を得る．

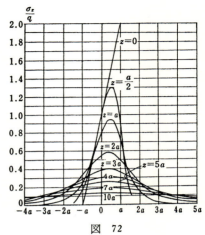

図 72

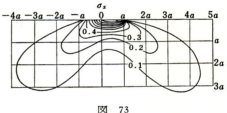

図 73

$$w(x, 0) = -\frac{2q}{2a\pi} \frac{1-\mu^2}{E} \int_0^{2a} \xi \log|x-\xi| d\xi$$

$$= -\frac{q}{a\pi} \frac{1-\mu^2}{E} \left[2a^2 \log|2a-x| - \frac{x^2}{2} \log\left|\frac{2a-x}{x}\right| - a(a+x) \right]$$

---

* (訳注) これらの図では図 71 と違って z 軸を三角形の中央の位置にとってある．また三角形の端の荷重強さも $2q$ のようである．

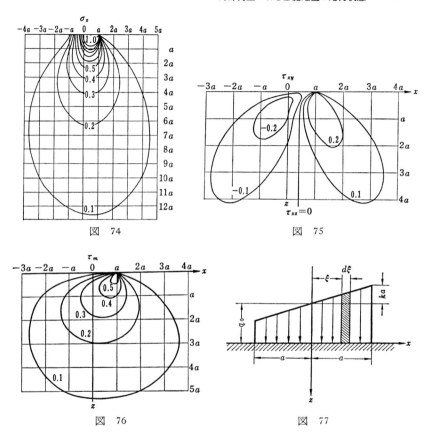

図 74　　図 75　　図 76　　図 77

iv) 台形状荷重

基礎地盤の表面に台形荷重が加えられる場合，応力は上に導いた等分布帯状荷重 q による応力と三角形荷重 $q(x) = \dfrac{q}{2a}x$ による応力の和として求められる．しかし，台形荷重に対する応力の式を直接求めることもできる．図77に示す記号に従って $P = (q_0 + k\xi)d\xi$ とし，集中荷重 P による解を $-a$ から $+a$ まで積分すれば，未知応力を次の形で求めることができる[60]．

$$\sigma_x = \frac{z}{\pi}\left[k\log\frac{(x-a)^2+z^2}{(x+a)^2+z^2} + 2a\frac{2kxz^2+(kx+q_0)(x^2-a^2-z^2)}{(x^2-a^2-z^2)^2+4x^2z^2}\right]$$

$$+\frac{1}{\pi}(kx+q_0)\tan^{-1}\frac{2az}{x^2-a^2+z^2}$$

$$\sigma_z = \frac{1}{\pi}(kx+q_0)\tan^{-1}\frac{2az}{x^2-a^2+z^2} - \frac{2}{\pi}az\frac{2kxz^2+(kx+q_0)(x^2-a^2-z^2)}{(x^2-a^2-z^2)^2+4x^2z^2}$$

$$\tau_{xz} = \frac{z}{\pi}\left[2az\frac{2(kx+q_0)x-k(x^2-a^2-z^2)}{(x^2-a^2-z)^2+4x^2z^2} - k\tan^{-1}\frac{2az}{x^2-a^2+z^2}\right]$$

図 78 には，地盤の水平断面における垂直応力 σ_z の図を示す[7]．台形荷重に対する応力の値は，等分布荷重の場合と三角形荷重の場合の表を値を重ね合わせることによって得られる．

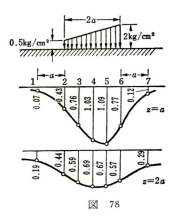

図 78

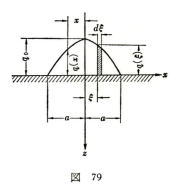

図 79

v) 放物線状荷重

図 79 のような記号を採用すれば，

$$q(x) = q_0\left(1-\frac{x^2}{a^2}\right)$$

である．そこで

$$P = q_0\left(1-\frac{\xi^2}{a^2}\right)d\xi$$

とすれば，この P による集中荷重に対する応力の式を $-a$ から $+a$ まで積分して次式を得る[60]．

$$\sigma_x = \frac{q_0}{\pi a^2}\left\{(3z^2+a^2-x^2)\tan^{-1}\frac{2az}{x^2-a^2+z^2} - 2xz\log\frac{(x-a)^2+z^2}{(x+a)^2+z^2} - 6az\right\}$$

2. 外部荷重による基礎地盤の応力状態 *129*

$$\sigma_z = \frac{q_0}{\pi a^2}\left\{(-z^2+a^2-x^2)\tan^{-1}\frac{2az}{x^2-a^2+z^2}+2az\right\}$$

$$\tau_{xz} = \frac{q_0}{\pi a^2}\left\{2xz\tan^{-1}\frac{2az}{x^2-a^2+z^2}+z^2\log\frac{(x-a)^2+z^2}{(x+a)^2+x^2}\right\}$$

vi) 任意の鉛直荷重

基礎地盤の水平な表面に垂直に分布する任意の荷重 $q(x)$ に対して，解は明らかに次の形になる[61].

$$\left.\begin{aligned}
\sigma_x &= \frac{1}{2}\,\Theta + \frac{1}{2}\,z\,\frac{\partial\Theta}{\partial z}\\[2mm]
\sigma_z &= \frac{1}{2}\,\Theta - \frac{1}{2}\,z\,\frac{\partial\Theta}{\partial z}\\[2mm]
\tau_{xz} &= -\frac{1}{2}\,z\,\frac{\partial\Theta}{\partial z}
\end{aligned}\right\} \tag{4.13}$$

ここに，Θ は地盤の任意の点の 2 つの直角をなす面に働く垂直応力の和を表わす.

(4.13) を直接代入することによって，これらが 2 次元問題の場合に対する (3.51), (3.52) の連立方程式を満足することが確かめられる.

実際に物体力がない場合，主応力の和 Θ がラプラスの方程式 $\nabla^2\Theta=0$ を満足することを考慮すれば，適合方程式 (3.52) において $X=Y=0$ のとき次式が容易に確かめられる.

$$\frac{\partial}{\partial x}\left(\frac{1}{2}\Theta+\frac{1}{2}\,z\,\frac{\partial\Theta}{\partial z}\right)+\frac{\partial}{\partial z}\left(-\frac{1}{2}\,z\,\frac{\partial\Theta}{\partial x}\right)=0$$

$$\frac{\partial}{\partial x}\left(-\frac{1}{2}\,z\,\frac{\partial\Theta}{\partial x}\right)+\frac{\partial}{\partial z}\left(\frac{1}{2}\Theta-\frac{1}{2}\,z\,\frac{\partial\Theta}{\partial z}\right)=0$$

$$\nabla^2(\sigma_x+\sigma_z)=\nabla^2\Theta=0$$

(4.13) は地盤表面における境界条件，すなわち $z=0$ においてせん断応力が 0 であるという条件を満足している. もし調和関数 Θ (すなわち $\nabla^2\Theta=0$ であるような関数) が，地盤表面 $z=0$ のすべての点で加えられた外部荷重 $q(x)$ の値に等しくなるという条件から決定されるならば，(4.13) の 2 番目の式により応力 σ_z の境界値は，与えられた $q(x)$ に等しくなるであろう.

このようにして (4.13) の解は，平面問題のすべての方程式と必要な境界条件を満足している. すなわち，実際に任意の荷重 $q(x)$ に対する問題の解

になっている.

水平な地盤表面における値が $2q(x)$ である調和関数の式は，よく知られているように[62]次の形で表わされる．

$$\Theta = \frac{2}{\pi} \int_{-a}^{+a} q(\xi) \frac{z}{(x-\xi)^2 + z^2} d\xi \qquad (4.14)$$

これまでに導いた種々の荷重の場合に対する解は，すべて一般解（4.13）の特殊な場合として得ることができる．さらに複雑な任意の形で分布する外部荷重の場合の応力を決定することも困難ではない．たとえば，（4.14）中の荷重強度が

$$q(\xi) = a + b\xi + c\xi^2$$

に等しい場合，積分を行なって（4.13）に Θ の値を代入すると，放物線荷重の場合に対するすべての応力を得ることができる．

関数 Θ は，（4.14）による解析的方法によってのみ決定されるのではない．これを決定するためには，電気・流体力学相似法*による実験が適している．その詳細は，水理学や流体力学の教科書[24]の浸透の問題の項に記述されている．

たとえば，$(-a, +a)$ の領域の等分布荷重の場合に対する主応力の和 Θ の値を決めるために電気・流体力学相似法を適用する場合，導体板（図80）の長さ $2a$ の部分 CD に電位 $2q$ を与え，他の導体板の端面 AB, EK の電位は0にしておく．端面 AL, LM, KM は，これらの面に関する境界条件の変化が本質的な影響を与えない程度に CD から十分離れていなければならない．端面を自由面にしておくことは，面に垂直な電位こう配成分が0であることに対応している．導体板が十分大きい場合，境界条件が正常でないための影響（導体板の大きさに制限があることによる）は，通常電気・流体力学相似法の（浸透問題に対す

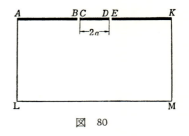

図 80

* (訳注) ロシア語の略語は ЭГДА である．原文ではこの略語が使われている．

る）応用の場合と同様に非常に小さく，それを無視できる．

　板に普通の方法で等電位線を決定し記入してゆくと，等主応力和線（アイソパック）が得られる．このようにして，半平面の任意の点における主応力の和の値が実験的に十分な近似で得られ，これから (4.13) により未知応力 $\sigma_x, \sigma_z, \tau_{xz}$ を見出すことができる．これらの応力を得るためには，きわめて便利なグラフによる方法が利用される．その方法については，後に3次元問題の条件における応力状態を検討するさいに述べる．

　載荷帯がいくつもある場合でも，Θ の値を決定することはさほど困難なことではない．実験のさいには，境界条件に応じて表面をいくつかの区域に分けて電位を与えさえすればよい．

　半平面の端面に不等分布の荷重が加えられる場合も，原理的な困難にない．このためには，導体板の端面に不均等に電位を分布させる必要がある．

　このように，鉛直荷重が加えられる任意の特別な場合について電気・流体力学相似法の装置を利用し，導体板の大きさの範囲内に分布する半平面の任意の点に対する主応力の和 Θ の値を決定することができる．電気・流体力学相似法によって方程式 $\Gamma^2\Theta=0$ の解を実験的に得るためには，たとえば錫箔，種々の電解質材料，電導紙など各種の電気伝導材料が利用されている．

vii）　水平集中荷重

　この場合の荷重に対する応力[54] は，鉛直荷重の場合と同じ方法で得られる．極座標による応力は，次の形で表わされる．

$$\sigma_r = \frac{2Q}{\pi r}\sin\theta, \quad \sigma_\theta = \tau_{r\theta} = 0$$

これから明らかなように，基礎地盤内の応力状態は動径方向の単純圧縮である．

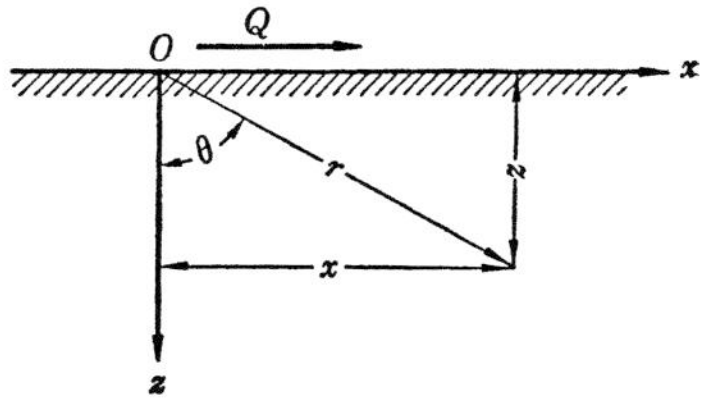

　直角座標においては，図 81 に示す記号によって応力を表わすと次の形になる．

図　81

$$\sigma_x = \sigma_r\sin^2\theta = \frac{2Q}{\pi r}\sin^3\theta = \frac{2}{\pi}Q\frac{x^3}{(x^2+z^2)^2} \quad \Big]$$

$$\left.\begin{array}{l}\sigma_z = \sigma_r \cos^2\theta = \dfrac{Q}{\pi r}\sin 2\theta\cos\theta = \dfrac{2}{\pi}Q\dfrac{xz^2}{(x^2+z^2)^2} \\[2mm] \tau_{xz} = \sigma_r \sin\theta\cos\theta = \dfrac{Q}{\pi r}\sin 2\theta\sin\theta = \dfrac{2}{\pi}Q\dfrac{x^2 z}{(x^2+z^2)^2}\end{array}\right\} \quad (4.15)$$

(4.15) と (4.9) を比較すると，地盤表面に水平荷重 Q が加えられた場合の応力 σ_z と τ_{xz} は，$P=Q$ として鉛直に荷重 P が加えられた場合の応力 τ_{xz} と σ_x にそれぞれ等しいことがわかる．これらに対応する応力図を 図 56 に示してある．水平荷重 Q を加えた場合の σ_x の応力図は 図 56 に点線で示されている．鉛直荷重の場合と同様に，すべての応力の値は載荷点から発する直線の距離に反比例する．応力 σ_x, σ_z および τ_{xz} の計算値は，付録の表 I, II に示してある．

地盤表面の水平および鉛直変位に対する式は次の形を有している[46]．

$$\left.\begin{array}{l}u(x,0) = -2\dfrac{1-\mu^2}{\pi E}Q\log|x| + C \\[2mm] w(x,0) = \pm\dfrac{(1+\mu)(1-2\mu)}{2E}Q\end{array}\right\} \quad (4.16)$$

ここに C は任意定数であり，この場合変位は任意定数の精度までしか決定されない．

viii) 等分布水平荷重

いま図 82 に示す記号に従って $Q = q\,d\xi$ とし，(4.15) の x を $(x-\xi)$ でおきかえて，$(-a, +a)$ の範囲を積分すると次式を得る[56]．

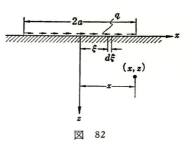

図 82

$$\sigma_x = \dfrac{2q}{\pi}\int_{-a}^{+a}\dfrac{(x-\xi)^3}{[(x-\xi)^2 + z^2]^2}d\xi = \dfrac{q}{\pi}\log\dfrac{(a+x)^2 + z^2}{(a-x)^2 + z^2}$$
$$\qquad - \dfrac{4aqxz^2}{\pi[(a^2+x^2+z^2)^2 - 4a^2 x^2]}$$

$$\sigma_z = \dfrac{2q}{\pi}\int_{-a}^{+a}\dfrac{(x-\xi)z^2}{[(x-\xi)^2 + z^2]^2}d\xi = \dfrac{4aqxz^2}{\pi[(a^2+x^2+z^2)^2 - 4a^2 x^2]}$$

$$\tau_{xz} = \frac{2q}{\pi} \int_{-a}^{+a} \frac{(x-\xi)^2 z}{[(x-\xi)^2+z^2]^2} d\xi = \frac{q}{\pi} \left(\tan^{-1} \frac{a-x}{z} + \tan^{-1} \frac{a+x}{z} \right)$$

$$- \frac{2aqz}{\pi} \frac{a^2-x^2+z^2}{(a^2+x^2+z^2)^2 - 4a^2x^2}$$

種々の鉛直断面における σ_x の応力図[21]を，q との比で図 83 に示す．σ_z と τ_{xz} の応力図[21]は，すでに図 64，62 に示した．σ_x の等垂直応力線は，文献[21]により図 84 に示されている．応力 σ_x, σ_z および τ_{xz} に対する計算値は，文献[21]から引用して付録の表 IX，V および III に示す．さらに付録の表 X には，文献[58]により鉛直面 $x=\pm a$ の各点における σ_z/q と Θ/q の値を示してある．表で $x<0$ の場合，σ_z と Θ の値は負にすべきもので

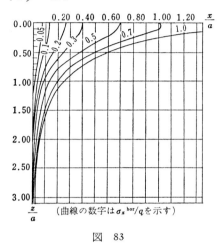

(曲線の数字は σ_x^{hor}/q を示す)

図 83

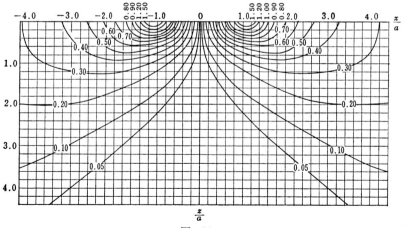

図 84

134　第IV章　構造物基礎地盤の応力状態

ある.

　地盤表面の点の水平変位に対する式は，任意定数の精度までで次の形を有する.

$$u=-2\frac{1-\mu^2}{\pi E}q\int_{-a}^{+a}\log|x-\xi|\,d\xi=\frac{2q}{\pi}\frac{1-\mu^2}{E}\left[2a+\log\frac{|x-a|^{x-a}}{|x+a|^{x+a}}\right]$$

ix)　台形状せん断荷重

　図 85に示す記号により 水平荷重 $Q=(q_0+k\xi)d\xi$ を採用し，集中せん断力に対する解を $-a$ から $+a$ まで積分すれば次式が得られる[60].

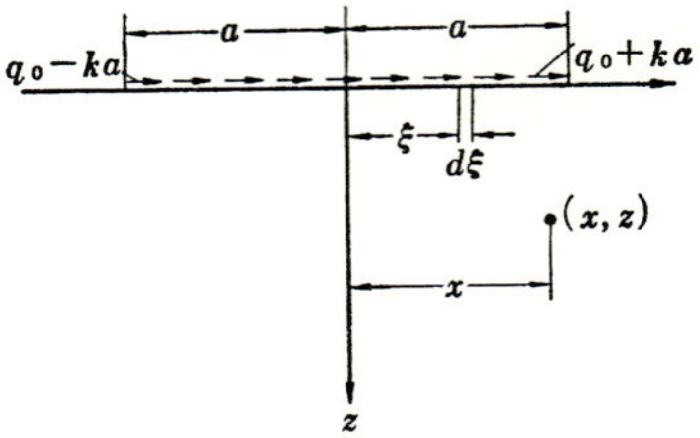

図　85

$$\sigma_x=\frac{1}{\pi}\left[3\,kz\tan^{-1}\frac{2az}{x^2+z^2-a^2}-4ka-(q_0+kx)\log\frac{(x-a)^2+z^2}{(x+a)^2+z^2}\right.$$
$$\left.+2az^2k\frac{(x^2-z^2-a^2)-2x\,(q_0+kx)}{(x^2-z^2-a^2)^2+4x^2z^2}\right]$$

$$\sigma_z=-\frac{z}{\pi}\left[k\tan^{-1}\frac{2az}{x^2+z^2-a^2}+2az\frac{k(x^2-z^2-a^2)-2x(q_0+kx)}{(x^2-z^2-a^2)^2+4x^2z^2}\right]$$

$$\tau_{xz}=\frac{1}{\pi}\left[kz\log\frac{(x-a)^2+z^2}{(x+a)^2+z^2}+(q_0+kx)\tan^{-1}\frac{2az}{x^2+z^2-a^2}\right.$$
$$\left.+2az\frac{2kxz^2+(q_0+kx)(x^2-z^2-a^2)}{(x^2-z^2-a^2)^2+4x^2z^2}\right]$$

変位 $u(x,0)$ は，前に述べたと同じような方法で決定できる.

x)　組合わせ荷重

　これまでに導いたすべての解を用いるならば，図 86に示すようなこれまで検討した種々の荷重の組合わせによる応力を見出すことは困難でない.　同様にして，これまで検討したあらゆる場合の荷重を連続した範囲に組合わせて加えた場合にも，あるいは互いに若干の距離をおいて加えた場合にも解を得ることができる.　種々の荷重を組合わせることによって，より複雑な載荷の場合や，主構造物と同時かあるいは後に築造される隣接構造物の影響を考慮する場合に応用できる.

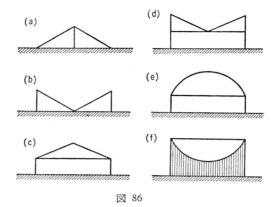

図 86

xi) 影響線法

多くの場合，基礎地盤の表面に加えられる任意の鉛直あるいは水平荷重によって地盤内に発生する応力を決定するために，影響線法を利用するとつごうがよい[54]．

この方法は，外部荷重がある複雑な規則に従って分布する場合や，あるいは荷重が解析的な形で与えられておらず，グラフや表の形で与えられている場合にきわめて有利に応用できる．このような場合影響線法は，おそらく実用上もっとも便利な方法であろう．

任意の鉛直あるいは水平外部荷重 $F(\xi)$ による任意の応力は，(4.9) や (4.15) から上に述べたように x を $x-\xi$ でおきかえ，変数を $x=a\bar{x}$, $z=a\bar{z}$, $\xi=a\bar{\xi}$ に変換し，$d\xi=ad\bar{\xi}$ とおいて積分範囲 $-a$ と $+a$ の区間を -1 と $+1$ の区間でおきかえるならば得られることが容易に確かめられる．

そして次の結果が得られる．

鉛直荷重による応力は

$$\left.\begin{array}{l}\sigma_x = a\displaystyle\int_{-1}^{+1} \psi_2(\bar{\xi})F(\bar{\xi})\,d\bar{\xi} \\[1em] \sigma_z = a\displaystyle\int_{-1}^{+1} \psi_0(\bar{\xi})F(\bar{\xi})\,d\bar{\xi}\end{array}\right\} \qquad (4.17)$$

136 第Ⅳ章 構造物基礎地盤の応力状態

$$\tau_{xz} = a \int_{-1}^{+1} \phi_1(\bar{\xi}) F(\bar{\xi}) \, d\bar{\xi} \Biggr\}$$

水平荷重による応力は

$$\left. \begin{array}{l} \sigma_x = a \displaystyle\int_{-1}^{+1} \phi_3(\bar{\xi}) F(\bar{\xi}) \, d\bar{\xi} \\[3mm] \sigma_z = a \displaystyle\int_{-1}^{+1} \phi_1(\bar{\xi}) F(\bar{\xi}) \, d\bar{\xi} \\[3mm] \tau_{xz} = a \displaystyle\int_{-1}^{+1} \phi_2(\bar{\xi}) F(\bar{\xi}) \, d\bar{\xi} \end{array} \right\} \qquad (4.18)$$

これらの式において, 関数, ϕ_0, ϕ_1, ϕ_2, ϕ_3 は (4.9) および (4.15) により以下のように表わされる.

$$\left. \begin{array}{l} \phi_0(\xi) = \dfrac{2}{\pi a} \dfrac{z^3}{[(x-\xi)^2 + z^2]^2} \\[3mm] \phi_1(\xi) = \dfrac{2}{\pi a} \dfrac{z^2(x-\xi)}{[(x-\xi)^2 + z^2]^2} \\[3mm] \phi_2(\xi) = \dfrac{2}{\pi a} \dfrac{z(x-\xi)^2}{[(x-\xi)^2 + z^2]^2} \\[3mm] \phi_3(\xi) = \dfrac{2}{\pi a} \dfrac{(x-\xi)^3}{[(x-\xi)^2 + z^2]^2} \end{array} \right\} \qquad (4.19)$$

ここでは簡単のために ξ, x, z に対するバーは省略してある. さらに (4.19) を (4.17) や (4.18) に代入すると, 分子と分母の a が消しあうので, $a=1$ と考えてさしつかえない.

　(4.19) は点 (x, z) における応力成分に対する影響線の方程式とみなすことができる. それと同時に $\phi_0(\xi)$ と $\phi_2(\xi)$ の式は, 点 $(x, 0)$ の位置に加えられる単位の鉛直集中荷重による, 深さ z の水平線上における σ_z と σ_x の応力図を表わしている. 同様にして $\phi_1(\xi)$ と $\phi_3(\xi)$ の式は, 点 $(x, 0)$ の位置に加えられる単位の水平集中荷重による, 深さ z の水平線上における σ_z と σ_x の応力図の符号を逆にしたものを表わしている.

　したがって, 点 $(x, 0)$ に加えられる単位の集中荷重による (任意の水平線に

関する）応力分布図は，半平面の境界に加えられる荷重による点 (x, z) における対応する応力の影響線である．この場合，$\phi_0(\xi)$ と $\phi_3(\xi)$ に対応する図の符号は逆にしなければならない．

z の値を一定に保ち，x だけを変化させる場合，上の応力図は形がまったく同一のままで，x の変化に対応して水平方向に移動するだけである．

したがって，一度任意の点（x の値）——$x=0$ ととるのがもっとも簡単であるが——に対する影響線の縦座標を決めておけば，その後任意の x の値に対する応力を決定するさいには，$x=0$ に対して作られた影響線を x の値に応じて水平移動させるだけでよい．

z の値が変化すると，影響線の形も変化する．したがって，それぞれの z の値に対して影響線の形を決めておく必要がある．実用上は $z=1/12$，$1/6$，$1/2$，1，2，3，4，6，10 の値に対して影響線の数値計算を行なっておけばまったく十分であり，さらに $\phi_3(\xi)$ に対してだけは $z=0$ の値をつけ加えておくとよい．

影響線の縦座標の計算は (4.19) を用い，その中で $x=0$ とおいて次の式から行なう．

$$\phi_0(\xi) = \frac{2}{\pi} \frac{z^3}{(\xi^2 + z^2)^2}$$

$$\phi_1(\xi) = -\frac{2}{\pi} \frac{z^2 \xi}{(\xi^2 + z^2)^2}$$

$$\phi_2(\xi) = \frac{2}{\pi} \frac{z \xi^2}{(\xi^2 + z^2)^2}$$

$$\phi_3(\xi) = -\frac{2}{\pi} \frac{\xi^3}{(\xi^2 + z^2)^2}$$

影響線の縦座標の数値計算の結果は，付録の表 I，II に示してある．さらに，ゴロビン[63] が作成した影響線に関する類似の表も参考にすべきであろう．

(4.17)，(4.18) にもどって

$$S = \int_{-1}^{+1} \phi(\xi) F(\xi) d\xi$$

の形の積分を近似的に進めてゆくには，次のような方法で行なう．

138   第IV章 構造物基礎地盤の応力状態

$F(\xi)$ の式がわかっているとして，これを -1 と $+1$ の区間でいくつかに
分割する必要がある．いまの場合，区間を12の部分に分けるとし，各分割点
での荷重の縦座標を計算する（このことは，それ自身荷重のグラフを描くことに
ほかならない．さらに，荷重の各計算値に対応する影響線の縦座標を乗ず
る．この場合，対応する影響線の値は x の値を考慮して選ばなければならな
い．すなわち，$x=0$ に対する影響線を x の値まで平行移動させなければな
らない．

　そのあと必要な近似積分は，区間を等分割した場合の種々の数値積分式
（台形公式，シンプソンの公式，その他）のうちの適当なものを選んで行なう．
シンプソンの公式は，この目的に対して十分な精度をもっている．この公式
は簡単なので後にまた利用する．影響線の縦座標をシンプソンの公式によっ
て総和するのに便利なように，付録の表 I，II では載荷帯の幅の $1/12$ ごとに計
算値を示してある．もちろん，必要に応じて中間点の数を増すならば，誤差
はいっそう少なくなる．

　多くの場合，計算を簡単にするために，与えられた任意の荷重を対称荷重
と逆対称荷重の和の形で表わすとつごうがよい．

　いま，$(+\xi_i)$ と $(-\xi_i)$ を荷重曲線の原点に対して対称に分布する 2 つの
横座標とする．このとき，横座標 $(+\xi_i)$，$(-\xi_i)$ に対する荷重の縦座標を
$q(+\xi_i)$，$q(-\xi_i)$ で表わすならば，荷重の対称部分の縦座標 $q_1(\pm\xi_i)$ は，
次の形で与えられる．

$$q_1(\pm\xi_i)=\frac{1}{2}\Big[q(+\xi_i)+q(-\xi_i)\Big]$$

また荷重の逆対称部は，次の形で表わされる．

$$q_2(\pm\xi_i)=\frac{1}{2}\Big[\pm q(+\xi_i)\mp q(-\xi_i)\Big]$$

　関数 $F(\xi)$ で与えられる任意の外部荷重は，対称荷重と逆対称荷重の和の
形で表わされるが，このことは $F(\xi)$ が偶関数と奇関数の和 $F(\xi)=F_1(\xi)+$
$F_2(\xi)$ であることに対応している．これら 2 つの荷重のおのおのに対して，
対称位置にある荷重曲線の絶対値は等しく，その符号は等しい（対称荷重に対
して）か，反対（逆対称荷重に対して）である．

　対称な荷重の部分に対しては，$F_1(+\xi_i)=F_1(-\xi_i)=F_1(\xi_i)$ が成立するの

で，次の表現を用いる．

$$\omega_i = F_1(\xi_i)[\phi(+\xi_i) + \phi(-\xi_i)]$$

ここに $\phi(+\xi_i)$ と $\phi(-\xi_i)$ は，それぞれ $\xi = +\xi_i$ と $\xi = -\xi_i$ の点における影響線の縦座標である．この特殊な場合として，$\xi = 0$ で $\omega_0 = F_1(0)2\phi(0)$*である．

逆対称な荷重の部分に対しては，$F_2(+\xi_i) = -F_2(-\xi_i)$ が成立するので次の表現を用いる．

$$\omega_i = F_2(+\xi_i)[\phi(+\xi_i) - \phi(-\xi_i)]$$

この場合，$F_2(0) = 0$ なので $\omega_0 = 0$ である．

おのおのの荷重部分（対称および逆対称）にシンプソンの公式を適用するさい，$(-1, +1)$ の12の区間の和をとる必要はなく，$(0, +1)$ の6区間の和をとるだけでよい．対称および逆対称のそれぞれの荷重成分に対する未知の応力は次式で決定される．

$$S = \int_{-1}^{+1} F(\xi)\phi(\xi)d\xi = \frac{1}{18}\left[\omega_0 + \omega_6 + 4(\omega_1 + \omega_3 + \omega_5) + 2(\omega_2 + \omega_4)\right]$$

この式によって，対称あるいは逆対称荷重の任意の場合に対して必要な計算を行なうことができる．

現実の荷重を対称，逆対称の荷重でおきかえることができない場合，12の全区間についての和をとらなければならない．

例として，半平面の表面の区間 $-1 \leqq \xi \leqq +1$ に分布する等分布荷重 p_0 による点 $(x = +1, z = +1)$ の応力 σ_z を決定してみる．

付録の表 I に従って次の関係を得る．

$$\omega_0 = (0.6366 + 0.0255)p_0 = 0.6621p_0$$
$$\omega_1 = (0.6027 + 0.0335)p_0 = 0.6362p_0$$
$$\omega_2 = (0.5157 + 0.0446)p_0 = 0.5603p_0$$
$$\omega_3 = (0.4074 + 0.0603)p_0 = 0.4677p_0$$
$$\omega_4 = (0.3051 + 0.0825)p_0 = 0.3876p_0$$
$$\omega_5 = (0.2217 + 0.1142)p_0 = 0.3359p_0$$

---

*（訳注）原文では $\omega_0 = 2\phi(0)$ となっている．

$$\omega_6 = (0.1591 + 0.1591)p_0 = 0.3182p_0 *$$

合計すると次の結果を得る．

$$\sigma_z = \frac{p_0}{18}\Big[0.6621 + 0.3182 + 4 \times 1.4398 + 2 \times 0.9479\Big] = 0.480p_0$$

等分布荷重に対する式から直接計算した値 $\sigma_z = 0.480p_0$** とこの σ_z を比較すると，小数点以下 3 位まで誤差は現われていない．この方法による計算値の精度は，与えられた荷重の形にほとんど関係しない．

2・2　3次元問題

i)　鉛直集中荷重

この場合に対する解は，ブーシネスク（J. Boussinesq）によって1885年に得られ[64]，解には彼の名がつけられている．円柱座標による応力成分は，図87の記号で表わすと次の形になる[65]***．

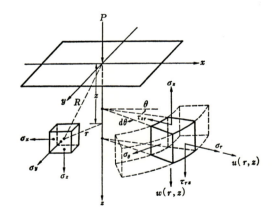

図 87

$$\sigma_z = \frac{3P}{2\pi}\frac{z^3}{R^5}$$

---

* （訳注）これまでの議論によれば ω のインデックスの順序は，ここに書かれたものと逆にすべきであろう．
** （訳注）付録表IIIによれば $0.479p_0$ である．
*** （原注）応力の正の値は，図87に示すものと逆にとってある．

2. 外部荷重による基礎地盤の応力状態　　141

$$\left.\begin{aligned}
\sigma_r &= \frac{P}{2\pi}\left[\frac{3zr^2}{R^5}-\frac{1-2\mu}{R(R+z)}\right]\\
\sigma_\theta &= \frac{P}{2\pi}(1-2\mu)\left[-\frac{z}{R^3}+\frac{1}{R(R+z)}\right]\\
\tau_{rz} &= \frac{3P}{2\pi}\frac{z^2r}{R^5}\\
\tau_{z\theta} &= \tau_{\theta r}=0
\end{aligned}\right\} \qquad (4.20)$$

ここに

$$R^2=z^2+r^2=x^2+y^2+z^2$$

である.

半径 r の円周上で深さ z の点における半径 r 方向および z 軸方向 の 変 位は，それぞれ次式に等しい.

$$u(r,z)=\frac{P(1+\mu)}{2\pi E}\left[\frac{rz}{R^3}-(1-2\mu)\frac{r}{R(R+z)}\right]$$

$$w(r,z)=\frac{P(1+\mu)}{2\pi E}\left[\frac{z^2}{R^3}+\frac{2(1-\mu)}{R}\right]$$

地盤表面の点の鉛直変位，すなわち $z=0$ の変位は次式に等しい.

$$w(r,0)=\frac{P(1-\mu^2)}{\pi E r} \qquad (4.21)$$

直角座標において応力成分の式は次の形を有する[66].

$$\left.\begin{aligned}
\sigma_x &= \frac{3P}{2\pi}\left\{\frac{zx^2}{R^5}+\frac{1-2\mu}{3}\left[\frac{R^2-Rz-z^2}{R^3(R+z)}-\frac{x^2(2R+z)}{R^3(R+z)^2}\right]\right\}\\
\sigma_y &= \frac{3P}{2\pi}\left\{\frac{zy^2}{R^5}+\frac{1-2\mu}{3}\left[\frac{R^2-Rz-z^2}{R^3(R+z)}-\frac{y^2(2R+z)}{R^3(R+z)^2}\right]\right\}\\
\sigma_z &= \frac{3P}{2\pi}\frac{z^3}{R^5}\\
\tau_{xy} &= \frac{3P}{2\pi}\left[\frac{xyz}{R^5}-\frac{1-2\mu}{3}\frac{xy}{R^3}\frac{(2R+z)}{(R+z)^2}\right]\\
\tau_{yz} &= -\frac{3P}{2\pi}\frac{yz^2}{R^5}\\
\tau_{zx} &= -\frac{3P}{2\pi}\frac{xz^2}{R^5}
\end{aligned}\right\} \qquad (4.22)$$

変位に対する式は，直角座標の z, y, x 方向に対して次の形である[66]．

$$w = \frac{P(1+\mu)}{2\pi E}\left[\frac{z^2}{R^3}+2(1-\mu)\frac{1}{R}\right]$$

$$v = \frac{P(1+\mu)}{2\pi E}\left[\frac{yz}{R^3}-(1-2\mu)\frac{y}{R(R+z)}\right]$$

$$u = \frac{P(1+\mu)}{2\pi E}\left[\frac{xz}{R^3}-(1-2\mu)\frac{x}{R(R+z)}\right]$$

応力成分 σ_z の計算を簡単に行なうために，その目的で作られた表[7] を利用することができる．応力を次の形で表わす．

$$\sigma_z = \frac{3P}{2\pi}\frac{z^3}{R^5} = \frac{P}{z^2} k \qquad (4.23)$$

ここに

$$k = \frac{3}{2\pi}\left(\frac{z}{R}\right)^5 = \frac{3}{2\pi}\left(\frac{z}{\sqrt{r^2+z^2}}\right)^5 = \frac{3}{2\pi}\frac{1}{\left[1+\left(\frac{r}{z}\right)^2\right]^{5/2}}$$

である．すると，r/z の任意の値に対して付録の表XIから k の値を見出すことができ，これから (4.23) により応力 σ_z を計算できる．図 88 a には，地盤の水平断面に $P=60\,\text{ton}$ を加えた場合の σ_z の応力図を示してある．図 88 b には σ_z の等垂直応力線（アイソバール）の特性を示す．

応力 σ_x を決定するために，グルシコフ（Г.И. Глушков）が作成したグラフ[67]を利用できる．応力 σ_x は次の形で表わされる．

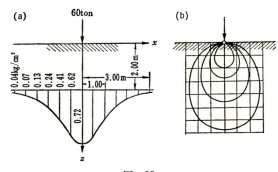

図 88

$$\sigma_x = \frac{P}{z^2} k_x$$

ここに

2. 外部荷重による基礎地盤の応力状態

$$k_x = \frac{3z^2}{2\pi}\left\{\frac{zx^2}{R^5} + \frac{1-2\mu}{3}\left[\frac{R^2-Rz-z^2}{R^3(R+z)} - \frac{x^2(2R+z)}{R^3(R+z)^2}\right]\right\}$$

である.

いま

$$\alpha_1 = \frac{x}{z} \quad \text{および} \quad \alpha_2 = \frac{y}{x}$$

で表わし,

$$R^2 = x^2 + y^2 + z^2 = z^2\alpha_1^2 + x^2\alpha_2^2 + z^2 = z^2\alpha_1^2 + \alpha_1^2 z^2 \alpha_2^2 + z^2$$
$$= z^2(\alpha_1^2 + \alpha_1^2\alpha_2^2 + 1)$$
$$x^2 = \alpha_1^2 z^2$$

の関係を考慮すれば,これらの関係を k_x の式に代入して z を消去し,k_x の式が α_1 と α_2 のみの関数で表わされることが容易に確かめられる. グルシコフは,種々の α_1,α_2 に対する k_x の値を2つのポアソン比の場合 ($\mu=0.3$ と $\mu=0.5$) について計算し,図89に引用したグラフの形に表わした. 任意の点に対する α_1 と α_2 の値を決定し,これらのグラフから係数 k_x の値を決めると,それから応力 σ_x は容易に計算できる. これらのグラフは,応力 σ_y の値を決定するときにも利用できる.

基礎地盤の任意の点の主応力の和は次式に等しい.

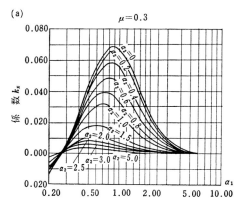
(a)

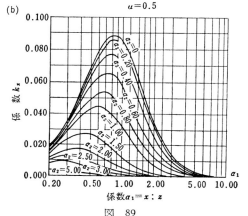
(b) 係数 $\alpha_1 = x : z$

図 89

$$\Theta = \sigma_x + \sigma_y + \sigma_z = \frac{P}{\pi}(1+\mu)\frac{z}{R^3} \qquad (4.24)$$

もし力が座標原点に加えられず，点 $(\xi, \eta, 0)$ に加えられるならば，上のすべての式の x は $(x-\xi)$ で，y は $(y-\eta)$ でおきかえられる．

ii) 長方形載荷面の等分布荷重

この場合の荷重（図 90 a）に対する解は，ラブ(A. Love)によって得られた[68]．彼が導いたのは応力 σ_z についての式であった．すべての応力成分に対する式は，コロトキン(В.Г.Короткин) の論文[69]で発表された．これらの式は，集中荷重に対する解からその中の力 P を $qd\xi d\eta$ でおきかえ（図 90 b），$-a$ から $+a$ までと $-b$ から $+b$ までの積分を行なって得られる．とくに σ_z に対する式は次の形になる[69]．

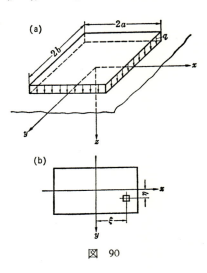

図 90

$$\begin{aligned}
\sigma_z &= \frac{3qz^3}{2\pi}\int_{-a}^{+a}\int_{-b}^{+b}\frac{d\xi d\eta}{[(x-\xi)^2+(y-\eta)^2+z^2]^{5/2}} \\
&= \frac{q}{2\pi}\Bigg\{\tan^{-1}\frac{(x+a)(y+b)}{z\sqrt{(x+a)^2+(y+b)^2+z^2}} - \tan^{-1}\frac{(x+a)(y-b)}{z\sqrt{(x+a)^2+(y-b)^2+z^2}} \\
&\quad + \tan^{-1}\frac{(x-a)(y-b)}{z\sqrt{(x-a)^2+(y-b)^2+z^2}} - \tan^{-1}\frac{(x-a)(y+b)}{z\sqrt{(x-a)^2+(y+b)^2+z^2}} \\
&\quad + \frac{z(x+a)(y+b)[(x+a)^2+(y+b)^2+2z^2]}{[(x+a)^2+z^2][(y+b)^2+z^2]\sqrt{(x+a)^2+(y+b)^2+z^2}} \\
&\quad - \frac{z(x+a)(y-b)[(x+a)^2+(y-b)^2+2z^2]}{[(x+a)^2+z^2][(y-b)^2+z^2]\sqrt{(x+a)^2+(y-b)^2+z^2}} \\
&\quad + \frac{z(x-a)(y-b)[(x-a)^2+(y-b)^2+2z^2]}{[(x-a)^2+z^2][(y-b)^2+z^2]\sqrt{(x-a)^2+(y-b)^2+z^2}} \\
&\quad - \frac{z(x-a)(y+b)[(x-a)^2+(y+b)^2+2z^2]}{[(x-a)^2+z^2][(y+b)^2+z^2]\sqrt{(x-a)^2+(y+b)^2+z^2}}\Bigg\} \qquad (4.25)
\end{aligned}$$

載荷面の中心，すなわち $x=y=0$ を通る鉛直線内に分布する点における σ_z の式は次の形をとる．

$$\sigma_z = \frac{2q}{\pi}\left[\tan^{-1}\frac{ab}{z\sqrt{a^2+b^2+z^2}} + \frac{abz(a^2+b^2+2z^2)}{(a^2+z^2)(b^2+z^2)\sqrt{a^2+b^2+z^2}}\right]$$

$$(4.26)$$

残りすべての応力成分についても，類似の形で書き表わすことができる．しかしそれらの式は非常に複雑なので，ここには示さない．必要な場合には，上述のコロトキンの論文中に見出すことができる．

もし，応力状態を決定しようとする点を通る鉛直線が載荷長方形面の端点，すなわち座標 $(x=\pm a, y=\pm b)$ である「かど」の1つを通るならば，応力成分のすべての式はきわめて簡単になる．

端点の1つを通る鉛直線上の深さ z の位置の点の応力は次の形を有する．

$$\sigma_x = \frac{q}{2\pi}\left\{\frac{\pi}{2} - \frac{4abz}{(4a^2+z^2)\sqrt{4a^2+4b^2+z^2}} - \tan^{-1}\frac{z\sqrt{4a^2+4b^2+z^2}}{4ab}\right.$$
$$\left. + (1-2\mu)\left[\tan^{-1}\frac{b}{a} - \tan^{-1}\frac{b\sqrt{4a^2+4b^2+z^2}}{az}\right]\right\}$$

$$\sigma_y = \frac{q}{2\pi}\left\{\frac{\pi}{2} - \frac{4abz}{(4b^2+z^2)\sqrt{4a^2+4b^2+z^2}} - \tan^{-1}\frac{z\sqrt{4a^2+4b^2+z^2}}{4ab}\right.$$
$$\left. + (1-2\mu)\left[\tan^{-1}\frac{a}{b} - \tan^{-1}\frac{a\sqrt{4a^2+4b^2+z^2}}{bz}\right]\right\}$$

$$\sigma_z = \frac{q}{2\pi}\left[\frac{4abz(4a^2+4b^2+2z^2)}{(4a^2+z^2)(4b^2+z^2)\sqrt{4a^2+4b^2+z^2}}\right.$$
$$\left. + \tan^{-1}\frac{4ab}{z\sqrt{4a^2+4b^2+z^2}}\right]$$

$$\tau_{zy} = \frac{qz^2}{\pi}a\left[\frac{1}{z^2\sqrt{4a^2+z^2}} - \frac{1}{(4b^2+z^2)\sqrt{4a^2+4b^2+z^2}}\right]$$

$$\tau_{xz} = \frac{qz^2}{\pi}b\left[\frac{1}{z^2\sqrt{4b^2+z^2}} - \frac{1}{(4a^2+z^2)\sqrt{4a^2+4b^2+z^2}}\right]$$

$$\tau_{yx} = \frac{q}{2\pi}\left\{1 - \frac{z}{\sqrt{4b^2+z^2}} - \frac{z}{\sqrt{4a^2+z^2}} + \frac{z}{\sqrt{4a^2+4b^2+z^2}}\right.$$
$$\left. + (1-2\mu)\left[\log\frac{2z}{z+\sqrt{4b^2+z^2}} + \log\frac{z+\sqrt{4a^2+4b^2+z^2}}{z+\sqrt{4a^2+z^2}}\right]\right\}$$

$$(4.27)$$

上に導いた式を比較すると，載荷面の z 軸に関する応力 σ_z は，載荷面の端点を通る鉛直線に沿う 2 倍の深さの点に対応する σ_z の値の 4 倍であることが容易に確かめられる．

計算を簡単にするために，図 91 には載荷面の端点における鉛直線に関する σ_z の応力図を，図 92 と図 93 には同様の条件における応力 σ_x と σ_y に対する図を，図 94，図 95，図 96 にはせん断応力 τ_{xz}, τ_{zy}, τ_{yx} の図を文献[69]から引用して示してある．

これらの図を作るさい荷重は $q=1$ とし，ポアソン比は $\mu=0.40$ とした．このポアソン比の値は，多くの粘性土の値と十分合致しており，またポアソン比の値の変化は，応力の値に本質的な影響を与えない．載荷面の辺の比 $(b:a)$ の値を各応力曲線に付記してある．実際上の計算を行なう場合には，グラフのほかにコロトキンの論文[69]，$\mu=0.25$ に対して計算したマスロウの論文[21]，あるいはゴールドシュタインの論文[70]などに発表された表も利用できる．

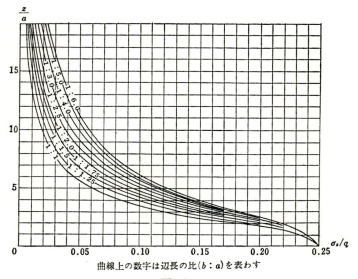

曲線上の数字は辺長の比 $(b:a)$ を表わす

図 91

2. 外部荷重による基礎地盤の応力状態

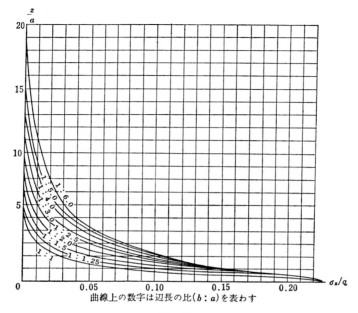

曲線上の数字は辺長の比$(b:a)$を表わす

図 92

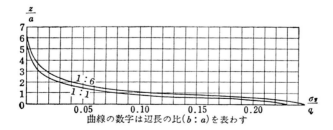

曲線の数字は辺長の比$(b:a)$を表わす

図 93

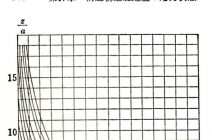
曲線上の数字は辺長の比$(b:a)$を表わす

図 94

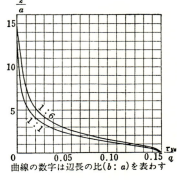
曲線の数字は辺長の比$(b:a)$を表わす

図 95

構造物の沈下を計算するために，すべての応力成分を決定する必要はなく，載荷面のかどを通る鉛直線上の点における応力 σ_z と主応力和 $\Theta = \sigma_x + \sigma_y + \sigma_z$ を決定するだけでよい．この目的には，中華人民共和国で作成された表[58]がきわめてつごうよくできている．

a, b および z をこれまでと同じ意味にとり，

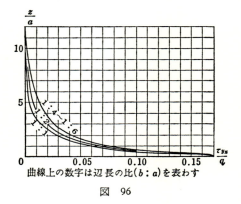
曲線上の数字は辺長の比$(b:a)$を表わす

図 96

$$n = \frac{b}{a} \quad \text{および} \quad m = \frac{z}{2a}$$

とおけば，(4.27)を考慮して σ_z と Θ の値は次の形で表わされる．

$$\sigma_z = \frac{q}{2\pi}\left[\tan^{-1}\frac{n}{m\sqrt{1+m^2+n^2}} + \frac{mn(1+n^2+2m^2)}{(m^2+n^2)(1+m^2)\sqrt{1+m^2+n^2}}\right]$$

$$\Theta = (1+\mu)\frac{q}{\pi}\tan^{-1}\frac{4ab}{z\sqrt{4a^2+4b^2+z^2}}$$

$$= (1+\mu)\frac{q}{\pi}\tan^{-1}\frac{n}{m\sqrt{1+m^2+n^2}}$$

付録の表 XII, XIII には，種々の m および n の値に対する σ_z/q と $\Theta/(1+\mu)q$ の値を示してある．

これらの式によって応力を決定することは比較的簡単であり，グラフや表を使えばなお簡単である．載荷面のかどでない点を通る鉛直線上の位置の応力を決定する必要がある場合には，図 97 a に示すように載荷面 $abcd$ を 4 つの長方形 $okam$, $ombl$, $okdn$, $olcn$ に分けるとつごうがよい[71]．そして点 $o(x, y, z)$ における上の 4 つのおのおのの荷重による応力を求め，結果を重ね合わせる．4 つの長方形のおのおのの荷重による応力は，長方形載荷面の端点を通る鉛直線上に分布する点の応力を求めるために上に導いた式やグラフ，あるいは表から決定される．もし求める点を通る鉛直線が載荷面 $abcd$ 内にないならば，未知の応力は次のようにして求める．図 97 b のように載荷面 $okam$, $olbm$, $okdn$, $olcn$ の載荷面に全部等しい荷重があるとし，これらの荷重による応力を個々に求める．その後，$abcd$ 面の荷重による点 o を通る鉛直線上の応力を次式により求めることができる．

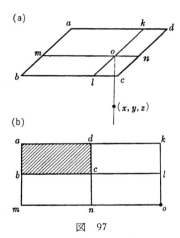

図 97

$$\sigma = \sigma(okam) - \sigma(olbm) - \sigma(okdn) + \sigma(olcn)$$

文献[71]で長方形分割法と名づけられたこの方法は，非常に実用に適している．

iii) 長方形載荷面の三角形状荷重

この場合の荷重に対するすべての応力成分も，コロトキンが発表している[69]．等分布荷重の場合と同様に，これらの応力成分はブーシネスクの解の

150　第Ⅳ章　構造物基礎地盤の応力状態

荷重Pをこの場合 $\dfrac{q}{2}\left(1-\dfrac{\xi}{a}\right)d\xi d\eta$ でおきかえ (図 98), 積分することによって得られる.

$$\sigma_z = \dfrac{3q}{4\pi} z^3 \int_{-a}^{+a}\int_{-b}^{+b} \dfrac{\left(1-\dfrac{\xi}{a}\right)d\xi d\eta}{[(x-\xi)^2+(y-\eta)^2+z^2]^{5/2}}$$

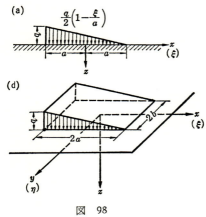

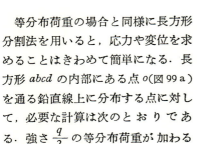

図 98

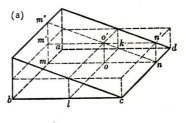

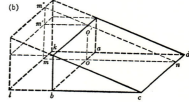

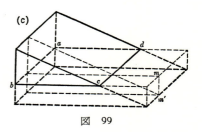

図 99

等分布荷重の場合と同様に長方形分割法を用いると, 応力や変位を求めることはきわめて簡単になる. 長方形 $abcd$ の内部にある点 o(図 99 a)を通る鉛直線上に分布する点に対して, 必要な計算は次のとおりである. 強さ $\dfrac{q}{2}$ の等分布荷重が加わる4つの長方形面 $okam$, $ombl$, $ondk$, $olcn$ による応力を求め, さらに同じ4つの長方形に三角形荷重が加わると考えてその応力を求める. この三角形荷重は lk 線に沿って 0, ab 線に沿って $m'm''=oo'=\dfrac{q}{2}$, cd 線に沿って $-nn'=-oo'=-\dfrac{q}{2}$ に等しいものである.

図 99 a から明らかなように, この場合応力の計算は図 90 と図 98 の端

点 $x=a$, $y=b$ の鉛直線に対して，それぞれ等分布荷重と三角形荷重として行なうだけでよい．

載荷面の端点 $(x=a$, $y=b)$ を通る鉛直線上に分布する点の三角形荷重に対する解は，コロトキン[69]によれば次式で与えられる．

$$\sigma_x = \frac{q}{2\pi a}\left\{ z\left(\log\frac{\sqrt{4a^2+z^2}}{z} + \log\frac{2b+\sqrt{4b^2+z^2}}{2b+\sqrt{4a^2+4b^2+z^2}}\right)\right.$$
$$\left. -\frac{4a^2bz}{(4a^2+z^2)\sqrt{4a^2+4b^2+z^2}} - (1-2\mu)\left[b\log\frac{z+\sqrt{4a^2+4b^2+z^2}}{z+\sqrt{4b^2+z^2}}\right]\right\}$$

$$\sigma_y = \frac{q}{4\pi a}\left\{ \frac{2bz}{\sqrt{4a^2+4b^2+z^2}} - \frac{2bz}{\sqrt{4b^2+z^2}} + z\left(\log\frac{\sqrt{4a^2+z^2}}{z}\right.\right.$$
$$\left. +\log\frac{2b+\sqrt{4b^2+z^2}}{2b+\sqrt{4a^2+4b^2+z^2}}\right) + (1-2\mu)\left[2b\log\frac{z+\sqrt{4a^2+4b^2+z^2}}{z+\sqrt{4b^2+z^2}}\right.$$
$$\left.\left. +z\left(\log\frac{z}{\sqrt{4a^2+z^2}} + \log\frac{2b+\sqrt{4a^2+4b^2+z^2}}{2b+\sqrt{4b^2+z^2}}\right)\right]\right\}$$

$$\sigma_z = \frac{qb}{2\pi a}\left\{\frac{z^2}{\sqrt{4b^2+z^2}} - \frac{z^3}{(4a^2+z^2)\sqrt{4a^2+4b^2+z^2}}\right\}$$

$$\tau_{zy} = \frac{qz^2}{4\pi a}\left\{\frac{1}{z} - \frac{1}{\sqrt{4b^2+z^2}} - \frac{1}{\sqrt{4a^2+z^2}} + \frac{1}{\sqrt{4a^2+4b^2+z^2}}\right\}$$

$$\tau_{xz} = \frac{qz}{4\pi a}\left\{\frac{\pi}{2} - \tan^{-1}\frac{z\sqrt{4a^2+4b^2+z^2}}{4ab}\right.$$
$$\left. -\frac{4abz}{(4a^2+z^2)\sqrt{4a^2+4b^2+z^2}}\right\}$$

$$\tau_{yx} = \frac{q}{4\pi a}\left\{\frac{2az}{\sqrt{4a^2+4b^2+z^2}} - \frac{2az}{\sqrt{4a^2+z^2}} + z\left(\log\frac{\sqrt{4b^2+z^2}}{z}\right.\right.$$
$$\left. +\log\frac{2a+\sqrt{4a^2+z^2}}{2a+\sqrt{4a^2+4b^2+z^2}}\right) - (1-2\mu)\left[z\left(\log\frac{z}{\sqrt{4b^2+z^2}}\right.\right.$$
$$\left. +\log\frac{2a+\sqrt{4a^2+4b^2+z^2}}{2a+\sqrt{4a^2+z^2}}\right) + 2b\left(\tan^{-1}\frac{a}{b}\right.$$
$$\left.\left.\left. +\tan^{-1}\frac{b\sqrt{4a^2+4b^2+z^2}}{az} - \frac{\pi}{2}\right)\right]\right\}$$

これらの式に対応する σ_z/q の値と，$\Theta=\sigma_x+\sigma_y+\sigma_z$ としたときの $\Theta/(1+\mu)q$ の値を文献[58]から引用して付録の表 XIV, XV に示してある．

152 第IV章 構造物基礎地盤の応力状態

同様の方法によって，載荷面 *abcd* の外側に位置し，長方形 *abcd* の辺 *bc* および *ad* の延長を通る鉛直面上の点（図 99 b）の応力も計算できる．この鉛直面の外側にある点の応力を計算する場合には，端点 $x=-a$，$y=-b$ に対する式を使わなければならない．たとえば，x の負の側にある点 *m*（図 99 b）を通る鉛直線上の点に対しては，まず載荷面 *mlcn* と *mndk* に加わる三角形荷重（最大縦座標は mm''）による応力を決定しなければならない．これらの荷重による応力から，長方形面 *omlb* と *oakm* に加わる強さ mm' の等分布荷重による応力と，この 2 つの面に加わる三角形荷重（最大縦座標は $m'm''$）による応力とを差し引かなければならない．x の正の側にある点 *m* に対しての計算は，図 99 c により同様の方法で行なうことができる．

端点 $x=-a$，$y=-b$ に対する式は，次のとおりである[69]

$$\sigma_x=\frac{q}{2\pi}\left\{\frac{\pi}{2}-\frac{z}{a}\left(\log\frac{\sqrt{4a^2+z^2}}{z}+\log\frac{2b+\sqrt{4b^2+z^2}}{2b+\sqrt{4a^2+4b^2+z^2}}\right)\right.$$
$$-\tan^{-1}\frac{z\sqrt{4a^2+4b^2+z^2}}{4ab}+(1-2\mu)\left[\frac{b}{a}\log\frac{z+\sqrt{4a^2+4b^2+z^2}}{z+\sqrt{4b^2+z^2}}\right.$$
$$\left.\left.+\tan^{-1}\frac{b}{a}-\tan^{-1}\frac{b\sqrt{4a^2+4b^2+z^2}}{az}\right]\right\}$$

$$\sigma_y=\frac{q}{2\pi}\left\{\frac{bz}{a\sqrt{4b^2+z^2}}-\frac{bz}{a\sqrt{4a^2+4b^2+z^2}}\right.$$
$$-\frac{z}{2a}\left(\log\frac{2b+\sqrt{4b^2+z^2}}{2b+\sqrt{4a^2+4b^2+z^2}}+\log\frac{\sqrt{4a^2+z^2}}{z}\right)$$
$$+\frac{\pi}{2}-\frac{4abz}{(4b^2+z^2)\sqrt{4a^2+4b^2+z^2}}-\tan^{-1}\frac{z\sqrt{4a^2+4b^2+z^2}}{4ab}$$
$$+(1-2\mu)\left[\frac{b}{a}\log\frac{z+\sqrt{4a^2+4b^2+z^2}}{z+\sqrt{4b^2+z^2}}\right.$$
$$+\frac{z}{2a}\left(\log\frac{2b+\sqrt{4a^2+4b^2+z^2}}{2b+\sqrt{4b^2+z^2}}+\log\frac{z}{\sqrt{4a^2+z^2}}\right)$$
$$\left.\left.+\tan^{-1}\frac{a}{b}-\tan^{-1}\frac{a\sqrt{4a^2+4b^2+z^2}}{bz}\right]\right\}$$

$$\sigma_z=\frac{q}{2\pi}\left\{\frac{\pi}{2}+\frac{4abz(4a^2+4b^2+2z^2)}{(4b^2+z^2)(4a^2+z^2)\sqrt{4a^2+4b^2+z^2}}\right.$$

$$+\frac{bz^3}{a(4a^2+z^2)\sqrt{4a^2+4b^2+z^2}}-\frac{bz}{a\sqrt{4b^2+z^2}}$$
$$-\tan^{-1}\frac{z\sqrt{4a^2+4b^2+z^2}}{4ab}\Big\}$$

$$\tau_{zy}=\frac{qz^2}{\pi}\Big\{\frac{a}{z^2\sqrt{4a^2+z^2}}+\frac{1}{4a\sqrt{4a^2+z^2}}-\frac{a}{(4b^2+z^2)\sqrt{4a^2+4b^2+z^2}}$$
$$-\frac{1}{4az}+\frac{1}{4a\sqrt{4b^2+z^2}}-\frac{1}{4a\sqrt{4a^2+4b^2+z^2}}\Big\}$$

$$\tau_{yx}=\frac{q}{2\pi}\Big\{1-\frac{z}{\sqrt{4b^2+z^2}}-\frac{z}{2a}\Big(\log\frac{\sqrt{4b^2+z^2}}{z}+\log\frac{2a+\sqrt{4a^2+z^2}}{2a+\sqrt{4a^2+4b^2+z^2}}$$
$$+(1-2\mu)\Big[\log\frac{2z}{z+\sqrt{4b^2+z^2}}+\log\frac{z+\sqrt{4a^2+4b^2+z^2}}{z+\sqrt{4a^2+z^2}}$$
$$+\frac{z}{2a}\Big(\log\frac{z}{\sqrt{4b^2+z^2}}+\log\frac{2a+\sqrt{4a^2+4b^2+z^2}}{2a+\sqrt{4a^2+z^2}}\Big)$$
$$+\frac{b}{a}\Big(\tan^{-1}\frac{a}{b}+\tan^{-1}\frac{b\sqrt{4a^2+4b^2+z^2}}{az}+\frac{\pi b}{2a}\Big)\Big]\Big\}$$

$$\tau_{xz}=\frac{q}{\pi}\Big\{\frac{b}{\sqrt{4b^2+z^2}}+\frac{z}{4a}\tan^{-1}\frac{z\sqrt{4a^2+4b^2+z^2}}{4ab}-\frac{\pi z}{8a}\Big\}$$

σ_z/q および $\Theta/(1-\mu)q$ に対応する値は，付録の表 XII，XIII，XIV，XV[58]) に示した値を組合わせて得られる．これらの表は，長方形載荷面に加えられる台形荷重の場合にも利用できる．

iv) 円形載荷面の等分布荷重

半径が a，中心が O 点にある円形面に加わる等分布荷重により，地盤表面の C 点を通る鉛直線上の任意の点に生ずる応力を決定しよう（図 100）．そのためには，まず点 A に加わる荷重素 $P=q\rho d\varphi d\rho$ による応力を見出す．それから角 φ について 0 から 2π まで積分し，さらに ρ について 0 から a まで積分を行なう．

(4.22) にでてくる R の値は，いまの場合

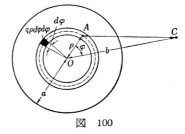

図 100

154　第IV章　構造物基礎地盤の応力状態

$$R = (\rho^2 + b^2 + z^2 - 2b\rho \cos\varphi)^{1/2}$$

に等しいことを考慮し，次式を得る．

$$\sigma_z = \frac{3z^3 q}{2\pi} \int_0^a \int_0^{2\pi} \frac{\rho \, d\rho \, d\varphi}{(\rho^2 + b^2 + z^2 - 2b\rho \cos\varphi)^{5/2}}$$

同様の方法によって残りすべての応力成分を求めることができる．

z 軸上の点，すなわち $b=0$ の場合の応力の式は次の形を有する．

$$\sigma_z = q\left[1 - \frac{z^3}{(a^2 + z^2)^{3/2}} \right] = q\left\{ 1 - \left[\frac{1}{1 + \left(\dfrac{a}{z}\right)^2} \right]^{3/2} \right\} = qk$$

$$\sigma_r = \sigma_\theta = \frac{q}{2}\left[(1 - 2\mu) - \frac{2(1+\mu)z}{\sqrt{a^2 + z^2}} + \left(\frac{z}{\sqrt{a^2 + z^2}} \right)^3 \right]$$

載荷面の中心である $z=0$ 平面における O 点の応力は次式に等しい．

$$\sigma_z = q$$

$$\sigma_r = \sigma_\theta = \frac{(1 - 2\mu)}{2} q$$

基礎地盤の任意の点の応力 σ_z や対応する係数 k の計算値を決定するには，これまでに発表された表[70]を利用することができる．

地盤表面（$z=0$）の任意の点の鉛直変位に対する式は，(4.21) を積分して得られる．

$$w = \frac{1 - \mu^2}{\pi E} q \int_0^a \int_0^{2\pi} \frac{\rho \, d\rho \, d\varphi}{(\rho^2 + b^2 - 2b\rho \cos\varphi)^{1/2}}$$

円の中心，すなわち $b=0$ では，

$$w = \frac{1 - \mu^2}{\pi E} q \int_0^a \int_0^{2\pi} \frac{\rho \, d\rho \, d\varphi}{\rho} = \frac{2(1 - \mu^2)}{E} aq$$

である．

v)　任意の鉛直荷重（電気・流体力学相似法の応用）

基礎地盤の任意の点における主応力の和の式か，あるいはその数値がなんらかの方法で見出されたとする．たとえばこれは，ブーシネスクの解における垂直応力の和に対する式を積分することによって得られる．

$$\Theta = \frac{1+\mu}{\pi} \int_{-a}^{+a} \int_{-b}^{+b} \frac{z}{[(x-\xi)^2+(y-\eta)^2+z^2]^{3/2}} q(\xi,\eta) d\xi d\eta$$

Θ はまた，後に述べるように実験的に電気・流体力学相似法によっても決定することができる.

基礎地盤の表面が平面であるいまの場合，見出された Θ に対する解析式や数値計算によって得られた Θ の多くの値から，すべての応力成分を決定することができる．この場合もっとも重要なことは，σ_z の値を決定することである．というのは，構造物の沈下を決めるために普通に使用されている方法で必要とされる値は，個々の応力成分すべてではなく，σ_z と Θ の値のみだからである.

基礎地盤の表面に作用する任意の形で分布する荷重による応力は，主応力の和 Θ によって次のように表わされることが容易に確かめられる[61].

$$\left.\begin{aligned}
\sigma_x &= -z \int \frac{\partial^2 F}{\partial x^2} dz + F + (1-2\mu) \iint \frac{\partial^2 F}{\partial y^2} dz^2 \\
\sigma_y &= -z \int \frac{\partial^2 F}{\partial y^2} dz + F + (1-2\mu) \iint \frac{\partial^2 F}{\partial x^2} dz^2 \\
\sigma_z &= -z \frac{\partial F}{\partial z} + F \\
\tau_{xy} &= -z \int \frac{\partial^2 F}{\partial x \partial y} dz + (1-2\mu) \iint \frac{\partial^2 F}{\partial x \partial y} dz^2 \\
\tau_{xz} &= -z \frac{\partial F}{\partial x} \\
\tau_{yx} &= -z \frac{\partial F}{\partial y}
\end{aligned}\right\} \qquad (4.28)$$

ここに

$$F = \frac{\Theta}{2(1+\mu)}$$

である.

もし関数 Θ，したがって F が事前に決定されており，解析的な形で表わされているならば，応力を (4.28) によって直接決定することができる.

もし平面問題，あるいは3次元問題に対する関数 Θ が，電気・流体力学相

似法のような方法によって数値的に決められるならば，3次元問題に対する応力 $\sigma_z, \tau_{xz}, \tau_{yx}$，平面問題に対する応力 $\sigma_x, \sigma_z, \tau_{xz}$ は，きわめて便利なグラフ法を利用して決定される[61]．実際に，このためには $z\dfrac{\partial F}{\partial z}, z\dfrac{\partial F}{\partial x}, z\dfrac{\partial F}{\partial y}$ の値を決定すればよいだけである．たとえば最初の値を決定するためには，任意の鉛直線 $(x=a, y=b)$ に対して z の変化による F あるいは Θ の変化のグラフを描けばよい．すると $z\dfrac{\partial F}{\partial z}$ の値は簡単な幾何学的方法で作図でき，図 101 に示すように線分 c に等しい．まったく類似の方法で平面問題についても作図できる．

せん断応力成分 τ_{xz} について，たとえば A 点（図 102）における値を決定

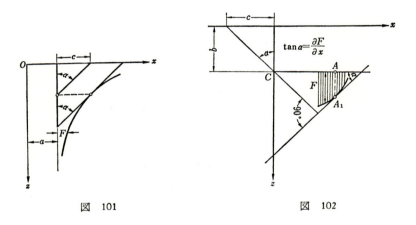

図 101　　　　　　　　図 102

するためには，その点における $z\dfrac{\partial F}{\partial x}$ の値を知る必要がある．そのためには，水平線 $(y=a, z=b)$ に対して x の値の変化による F あるいは Θ の値の変化のグラフを描く．そして図 102 に示すように点 A_1 における接線を引く．それから $z=b$ 面と z 軸の交点 C を通り，この接線に直角な直線を引けば，$z\dfrac{\partial F}{\partial x}$ の値は直線の x 軸上の線分 c として得られる．同様にして $z\dfrac{\partial F}{\partial y}$ の値も決定される．

電気・流体力学相似法によって関数 F の値を実験的に決める場合には，載荷面の範囲内に $q(x, y)$ の形で分布する電位を与え，その外側では電位を 0

にする．残りの境界面（$z=0$ 以外の境界面）は絶縁しておくとよいが，特に本質的なものではない．なぜならば，載荷面の大きさにくらべて実験板が十分大きければ，載荷面から離れた境界面の部分に対する境界条件の影響は，本質的に小さいからである．

vi) 任意の形の載荷面の任意の荷重および隣接構造物の影響

平面が図 103 に示されるような構造物底面の点 o を通る鉛直線上の点の応力を決定するためには，前に述べた長方形分割法を利用することができる[71]．底面に等分布荷重が加わる場合，すべての応力は与えられた点に対する長方形等分布荷重による応力の和をとることによって得られる．

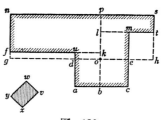

図 103

$$\sigma(o) = \sigma(opng) - \sigma(okfg) + \sigma(okud) + \sigma(obad)$$
$$+ \sigma(oecb) + \sigma(opsh) - \sigma(olth) + \sigma(olme)$$

同様にして，図 103, 図 104 に示すような隣接の基礎（$vwyx$）による応力も決定することができる．

点 o（図 104 a）を通る鉛直線上の点の応力は，長方形荷重による応力の代数和として求められる．

$$\sigma(o) = \sigma(odya) + \sigma(obxd) - \sigma(ocwa) - \sigma(obvc)$$

あるいは（図 104 b）

$$\sigma(o) = \sigma(odya) - \sigma(odxb) - \sigma(ocwa) + \sigma(ocvb)$$

長方形分割法は基礎の種々の部分について，あるいは相接する構造物ごとに，地盤に対する荷重が異なる場合にもうまく応用することができる．実際に，図 105 については次のようになる．

$$\sigma(o) = \sigma(orac, q_1) - \sigma(orkl, q_1) - \sigma(ohbc, q_1)$$
$$+ \sigma(ohml, q_1) + \sigma(ohbc, q_2) + \sigma(ocdg, q_2)$$
$$- \sigma(ohpn, q_2) - \sigma(oneg, q_2)$$

応力 σ_z を決定するために，前に引用した表に加えて，エゴロフ（K. E. Eгoров）が作成した表[72]も利用できる．

(4.27) のうちの σ_z に $n = b/a$, $m = z/2a$ の記号を用いると，容易に次式

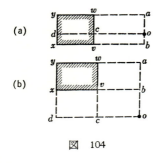
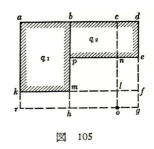

図 104　　　　　　　　図 105

が得られる．

$$\sigma_z(a,b,z) = Y(m,n)q$$

ここに

$$Y(m,n) = \frac{1}{2\pi}\left[\tan^{-1}\frac{n}{m\sqrt{1+n^2+m^2}} + \frac{mn(1+n^2+2m^2)}{(1+m^2)(n^2+m^2)\sqrt{1+n^2+m^2}}\right] \quad (4.29)$$

である．

例として，荷重強さが $q=2.3$ kg/cm² の等分布荷重による点 M (図 106) の応力を決定してみる[72]．対応する計算を表 7 に示す．係数 $Y(m,n)$ の必要な値は，付録の表 XII かエゴロフの表[72]から内挿によって決められる．個々の長方形荷重による応力 $\sigma_z = qY(n,m)$ を合計して，点 M における未知の応力 σ_z を得ることができる．

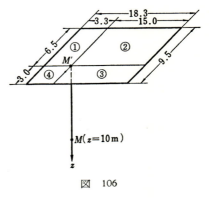

図 106

$$\sigma_z = 0.17 + 0.36 + 0.20 + 0.09 = 0.82 \text{kg/cm}^2$$

長方形分割法のほかに，実用的な計算では，点荷重による応力状態を重ね合わせるもっとも簡単な方法も用いられる．この方法は次のようなものである．構造物本体 A の底面も隣接する構造物 B の底面も，図 107 に示すようにいくつかの面積要素にわけ，これに分布する荷重を集中荷重でおきかえ

2. 外部荷重による基礎地盤の応力状態

表 7

長方形番号	長方形の辺の比 $n=\dfrac{b}{a}$	与えられた深さ10mと基礎幅の比 $m=\dfrac{z}{2a}$	関数 $\mathcal{Y}(m,n)$ の値	$q=2.3\mathrm{kg/cm^2}$ の場合の $\sigma_z=q\cdot\mathcal{Y}(m,n)$ の値
1	$n=\dfrac{6.5}{3.3}=1.97$	$m=\dfrac{10}{3.3}=3.03$	0.0716	0.17
2	$n=\dfrac{15.0}{6.5}=2.31$	$m=\dfrac{10}{6.5}=1.54$	0.1568	0.36
3	$n=\dfrac{15.0}{3.0}=5.00$	$m=\dfrac{10}{3.0}=3.33$	0.0866	0.20
4	$n=\dfrac{3.3}{3.0}=1.10$	$m=\dfrac{10}{3.0}=3.33$	0.0406	0.09

る．こうして，任意の点Oにおける応力を決めるには，個々の集中荷重による応力を求め，結果を重ね合わせる．σ_z 成分を求めるだけでよい場合には，(4.23) により次のように求めることができる．

$$\sigma_z=\sum \sigma_z(P_i,k_i,z)=\frac{1}{z^2}\sum k_i P_i$$

ここに，$\sigma_z(P_i,k_i,z)$ は考えている点における力 P_i による応力を表わし，r_i と z の値から決定される．また k_i は (4.23) の係数を表わし，付録の表Ⅺから各 r_i/z に対して決定される．ある長方形面に分布する荷重を集中荷重でおきかえることによって起こる誤差は，ツィートービッチが得たデータによれ

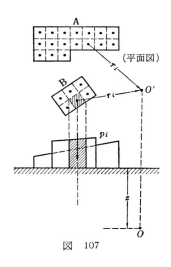

図 107

ば，長方形の辺の長さが長方形の中心から応力を求めようとする点までの距離の $1/2$，$1/3$ および $1/4$ 以下であれば，6％，3％および2％を越えない．一方，ゴールドシュタインのデータによれば，正方形面要素の辺の3倍以上の深さにある点において，正方形面に分布する荷重をその中心への集中荷重でおきかえることによって起こる誤差は5％を越えない．したがって，この方法を利用して深さ z の点の応力を決定するさいには，載荷面をほぼ等しい辺

長の要素にわけ，長いほうの辺が 2/3 を越えないようにすればよい．誤差に関するこれらのデータによって，載荷面を個々の要素にどのように分割すべきかという問題を解決できる．

底部が複雑な形をしている構造物の基礎地盤内の応力 σ_z を決めるためには，ルガロフ (В. Г. Лгалов) とソコリスク (М. М. Сокольск) が提案した方法も利用できる．これについては，ゴールドシュタインがふれている[70]．この方法は，モスクワの多くの大きな建造物の沈下計算に応用され，成功している．応力 σ_z を決定するためにニューマーク (N. M. Newmark) が提案した図表法[73]も注目される．これは，ゴールドシュタイン[70]やチェボタリオフ (G. P. Tschebotarioff)[74] の教科書に引用されている．

vii) 水平荷重

水理構造物を設計する場合，基礎地盤の表面に加えられる水平荷重は，大きな意義を有している．そこで以下に，基礎地盤の表面に加えられる水平集中荷重，および長方形載荷面に加えられる水平等分布荷重による応力成分 σ_z と主応力の和 Θ の式を示す．

集中荷重　地盤表面に加えられる水平力に対する σ_z と Θ の式は，図 108 の記号を用いると次の形を有する[58]．

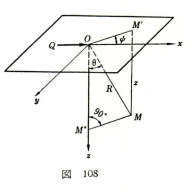

図　108

$$\sigma_z = \frac{3Q}{2\pi R^2} \cos\psi \sin\theta \cos^2\theta = \frac{3Q}{2\pi R^5} xz^2$$

$$\Theta = \frac{(1+\mu)Q}{\pi R^2} \cos\psi \sin\theta = \frac{(1+\mu)Q}{\pi R^3} x$$

ここに

$$R^2 = x^2 + y^2 + z^2$$

である．

もし力が座標原点でなく点 (ξ, η) に加わるならば，x, y 座標を $x-\xi$, $y-\eta$ でおきかえなければならない．

等分布水平荷重　　水平集中荷重の式で $Q=qd\xi d\eta$ とおいて，$-a$ から $+a$ までと $-b$ から $+b$ までの範囲の積分を行なうと，長方形載荷面に加えられる等分布水平荷重の場合の式が得られる.

$$\sigma_z = \frac{3qz^2}{2\pi}\int_{-a}^{+a}\int_{-b}^{+b}\frac{(x-\xi)d\xi d\eta}{[(x-\xi)^2+(y-\eta)^2+z^2]^{5/2}}$$

$$\Theta = \frac{(1+\mu)q}{\pi}\int_{-a}^{+a}\int_{-b}^{+b}\frac{(x-\xi)d\xi d\eta}{[(x-\xi)^2+(y-\eta)^2+z^2]^{3/2}}$$

載荷面の端点，すなわち $x=\pm a$，$y=\pm b$ を通る鉛直線上の点に対して，積分の結果は次のような形になる.

$$\sigma_z = \mp\frac{q}{2\pi}\left[\frac{n}{\sqrt{m^2+n^2}}-\frac{nm^2}{(1+m)\sqrt{1+m^2+n^2}}\right]$$

$$\Theta = \mp\frac{(1+\mu)q}{\pi}\left[\log\frac{\sqrt{1+m^2}}{m}\cdot\frac{n+\sqrt{m^2+n^2}}{n+\sqrt{1+m^2+n^2}}\right]$$

ここに $n=b/a$，$m=z/2a$ である. これらの式の符号のとり方は，x 座標の符号によっている. $x>0$ の場合は負号をとり，$x<0$ の場合は正号をとる. 付録の表 XVI，XVII に，いろいろな m および n の値に対する σ_z/q と $\Theta/(1+\mu)q$ の値を文献[58]から引用して示してある.

viii)　基礎地盤内部に作用する集中荷重

多くの場合，水平面で境される基礎地盤の表面ではなく，表面からある深さに加えられる荷重による地盤内の応力や変位を決定する必要がある. くいや矢板壁の種々の計算法を研究する場合や，土の工学的性質を調べるためにボーリング孔の底面や側壁に荷重を加える載荷試験の結果を検討する場合など，これらの問題は重要になってくる.

平面問題および 3 次元問題の，鉛直あるいは水平荷重に対する解は，それぞれメラン (E. Melan)[75] およびミンドリン (R. Mindlin)[76] によって得られている.

以下に，3 次元問題に対するミンドリンの解と，平面問題に対してメランが見落した誤りを正してゴルブノフ-パサドフが発表した解[51]を示す.

ミンドリンの解　　深さ c の位置に鉛直に加えられる荷重の場合，応力に対する式は図 109 a の記号に従えば次の形を有する.

162　第Ⅳ章　構造物基礎地盤の応力状態

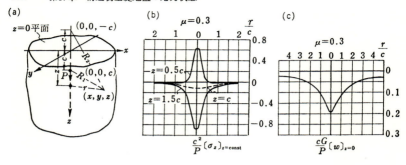

図　109

$$\sigma_x = -\frac{P}{8\pi(1-\mu)}\left[\frac{(1-2\mu)(z-c)}{R_1{}^3} - \frac{3x^2(z-c)}{R_1{}^5}\right.$$
$$+ \frac{(1-2\mu)[3(z-c)-4\mu(z+c)]}{R_2{}^3}$$
$$- \frac{3(3-4\mu)x^2(z-c)-6c(z+c)[(1-2\mu)z-2\mu c]}{R_2{}^5}$$
$$\left. - \frac{30cx^2z(z+c)}{R_2{}^7} - \frac{4(1-\mu)(1-2\mu)}{R_2(R_2+z+c)}\left(1-\frac{x^2}{R_2(R_2+z+c)}-\frac{x^2}{R_2{}^2}\right)\right]$$

$$\sigma_y = -\frac{P}{8\pi(1-\mu)}\left[\frac{(1-2\mu)(z-c)}{R_1{}^3} - \frac{3y^2(z-c)}{R_1{}^5}\right.$$
$$+ \frac{(1-2\mu)[3(z-c)-4\mu(z+c)]}{R_2{}^3}$$
$$- \frac{3(3-4\mu)y^2(z-c)-6c(z+c)[(1-2\mu)z-2\mu c]}{R_2{}^5}$$
$$\left. - \frac{30cy^2z(z+c)}{R_2{}^7} - \frac{4(1-\mu)(1-2\mu)}{R_2(R_2+z+c)}\left(1-\frac{y^2}{R_2(R_2+z+c)}-\frac{y^2}{R_2{}^2}\right)\right]$$

$$\sigma_z = -\frac{P}{8\pi(1-\mu)}\left[-\frac{(1-2\mu)(z-c)}{R_1{}^3} + \frac{(1-2\mu)(z-c)}{R_2{}^3} - \frac{3(z-c)^3}{R_1{}^5}\right.$$
$$\left. - \frac{3(3-4\mu)z(z+c)^2-3c(z+c)(5z-c)}{R_2{}^5} - \frac{30cz(z+c)^3}{R_2{}^7}\right]$$

$$\tau_{yz} = -\frac{Py}{8\pi(1-\mu)}\left[-\frac{(1-2\mu)}{R_1{}^3} + \frac{(1-2\mu)}{R_2{}^3} - \frac{3(z-c)^2}{R_1{}^5}\right.$$
$$\left. - \frac{3(3-4\mu)z(z+c)-3c(3z+c)}{R_2{}^5} - \frac{30cz(z+c)^2}{R_2{}^7}\right]$$

$$\tau_{xz} = -\frac{Px}{8\pi(1-\mu)}\left[-\frac{(1-2\mu)}{R_1^3}+\frac{(1-2\mu)}{R_2^3}-\frac{3(z-c)^2}{R_1^5}\right.$$
$$\left.-\frac{3(3-4\mu)z(z+c)-3c(3z+c)}{R_2^5}-\frac{30cz(z+c)^2}{R_2^7}\right]$$

$$\tau_{xy} = -\frac{Pxy}{8\pi(1-\mu)}\left[-\frac{3(z-c)}{R_1^5}-\frac{3(3-4\mu)(z-c)}{R_2^5}\right.$$
$$\left.+\frac{4(1-\mu)(1-2\mu)}{R_2^2(R_2+z+c)}\left(\frac{1}{R_2+z+c}+\frac{1}{R_2}\right)-\frac{30cz(z+c)}{R_2^7}\right]$$

$$\sigma_r = -\frac{P}{8\pi(1-\mu)}\left[\frac{(1-2\mu)(z-c)}{R_1^3}-\frac{(1-2\mu)(z+7c)}{R_2^3}+\frac{4(1-\mu)(1-2\mu)}{R_2(R_2+z+c)}\right.$$
$$-\frac{3r^2(z-c)}{R_1^5}+\frac{6c(1-2\mu)(z+c)^2-6c^2(z+c)-3(3-4\mu)r^2(z-c)}{R_2^5}$$
$$\left.-\frac{30cr^2z(z+c)}{R_2^7}\right]$$

$$\sigma_\theta = -\frac{P(1-2\mu)}{8\pi(1-\mu)}\left[\frac{(z-c)}{R_1^3}+\frac{(3-4\mu)(z+c)-6c}{R_2^3}-\frac{4(1-\mu)}{R_2(R_2+z+c)}\right.$$
$$\left.+\frac{6c(z+c)^2}{R_2^5}-\frac{6c^2(z+c)}{(1-2\mu)R_2^5}\right]$$

$$\tau_{rz} = -\frac{Pr}{8\pi(1-\mu)}\left[-\frac{(1-2\mu)}{R_1^3}+\frac{(1-2\mu)}{R_2^3}-\frac{3(z-c)^2}{R_1^5}\right.$$
$$\left.-\frac{3(3-4\mu)z(z+c)-3c(3z+c)}{R_2^5}-\frac{30cz(z+c)^2}{R_2^7}\right]$$

図 109 b には，$z=0.5c$，$z=c$ および $z=1.5c$ の水平面における垂直 応力 σ_z の分布を示してある．また，図 109 c には，ポアソン比が $\mu=0.3$ の場合の地盤表面（$z=0$）に分布する点の鉛直変位を示してある．

変位に対する式は，次の形を有する．ここに $G=E/2(1+\mu)$ である．

$$u = \frac{Pr}{16\pi G(1-\mu)}\left[\frac{(z-c)}{R_1^3}+\frac{(3-4\mu)(z-c)}{R_2^3}-\frac{4(1-\mu)(1-2\mu)}{R_2(R_2+z+c)}\right.$$
$$\left.+\frac{6cz(z+c)}{R_2^5}\right]$$

$$w = \frac{P}{16\pi G(1-\mu)}\left[\frac{(3-4\mu)}{R_1}+\frac{8(1-\mu)^2-(3-4\mu)}{R_2}+\frac{(z-c)^2}{R_1^3}\right.$$
$$\left.+\frac{(3-4\mu)(z+c)^2-2cz}{R_2^3}+\frac{6cz(z+c)^2}{R_2^5}\right]$$

164　第IV章　構造物基礎地盤の応力状態

　基礎地盤の内部に加えられる鉛直集中力による応力と変位を決定するためのグラフと表は，コフマン（B. A. Кофман）の論文[154]に発表されており，その一部を付録の表 XVIII，XIX，XX に引用しておいた．

　c の深さのところに加えられる水平荷重に対する応力と変位 の 式 は，図 110 a の記号に従えば次の形を有する．

$$\sigma_x = -\frac{Px}{8\pi(1-\mu)}\left\{-\frac{(1-2\mu)}{R_1^3}+\frac{(1-2\mu)(5-4\mu)}{R_2^3}-\frac{3x^2}{R_1^5}\right.$$
$$-\frac{3(3-4\mu)x^2}{R_2^5}-\frac{4(1-\mu)(1-2\mu)}{R_2(R_2+z+c)^2}\left(3-\frac{x^2(3R_2+z+c)}{R_2^2(R_2+z+c)}\right)$$
$$\left.+\frac{6c}{R_2^5}\left[3c-(3-2\mu)(z+c)+\frac{5x^2z}{R_2^2}\right]\right\}$$

$$\sigma_y = -\frac{Px}{8\pi(1-\mu)}\left\{\frac{(1-2\mu)}{R_1^3}+\frac{(1-2\mu)(3-4\mu)}{R_2^3}-\frac{3y^2}{R_1^5}-\frac{3(3-4\mu)y^2}{R_2^5}\right.$$
$$-\frac{4(1-\mu)(1-2\mu)}{R_2(R_2+z+c)^2}\left[1-\frac{y^2(3R_2+z+c)}{R_2^2(R_2+z+c)}\right]$$
$$\left.+\frac{6c}{R_2^5}\left[c-(1-2\mu)(z+c)+\frac{5y^2z}{R_2^2}\right]\right\}$$

$$\sigma_z = -\frac{Px}{8\pi(1-\mu)}\left\{\frac{(1-2\mu)}{R_1^3}-\frac{(1-2\mu)}{R_2^3}-\frac{3(z-c)^2}{R_1^5}-\frac{3(3-4\mu)(z+c)^2}{R_2^5}\right.$$
$$\left.+\frac{6c}{R_2^5}\left[c+(1-2\mu)(z+c)+\frac{5z(z+c)^2}{R_2^2}\right]\right\}$$

$$\tau_{yz} = -\frac{Pxy}{8\pi(1-\mu)}\left\{-\frac{3(z-c)}{R_1^5}-\frac{3(3-4\mu)(z+c)}{R_2^5}\right.$$
$$\left.+\frac{6c}{R_2^5}\left[1-2\mu+\frac{5z(z+c)}{R_2^2}\right]\right\}$$

$$\tau_{zx} = -\frac{P}{8\pi(1-\mu)}\left\{-\frac{(1-2\mu)(z-c)}{R_1^3}+\frac{(1-2\mu)(z-c)}{R_2^3}-\frac{3x^2(z-c)}{R_1^5}\right.$$
$$\left.-\frac{3(3-4\mu)x^2(z+c)}{R_2^5}-\frac{6c}{R_2^5}\left[z(z+c)-(1-2\mu)x^2-\frac{5x^2z(z+c)}{R_2^2}\right]\right\}$$

$$\tau_{xy} = -\frac{Py}{8\pi(1-\mu)}\left\{-\frac{(1-2\mu)}{R_1^3}+\frac{(1-2\mu)}{R_2^3}-\frac{3x^2}{R_1^5}-\frac{3(3-4\mu)x^2}{R_2^5}\right.$$
$$\left.-\frac{4(1-\mu)(1-2\mu)}{R_2(R_2+z+c)^2}\left[1-\frac{x^2(3R_2+z+c)}{R_2^2(R_2+z+c)}\right]-\frac{6cz}{R_2^5}\left(1-\frac{5x^2}{R_2^2}\right)\right\}$$

$$u = \frac{P}{16\pi G(1-\mu)} \left[\frac{(3-4\mu)}{R_1} + \frac{1}{R_2} + \frac{x^2}{R_1^3} + \frac{(3-4\mu)x^2}{R_2^3} \right.$$
$$\left. + \frac{2cz}{R_2^3}\left(1 - \frac{3x^2}{R_2^2}\right) + \frac{4(1-\mu)(1-2\mu)}{R_2+z+c}\left(1 - \frac{x^2}{R_2(R_2+z+c)}\right) \right]$$

$$v = \frac{Pxy}{16\pi G(1-\mu)}\left[\frac{1}{R_1^3} + \frac{(3-4\mu)}{R_2^3} - \frac{6cz}{R_2^5} - \frac{4(1-\mu)(1-2\mu)}{R_2(R_2+z+c)^2} \right]$$

$$w = \frac{Px}{16\pi G(1-\mu)}\left[\frac{(z-c)}{R_1^3} + \frac{(3-4\mu)(z-c)}{R_2^3} - \frac{6cz(z+c)}{R_2^5} \right.$$
$$\left. + \frac{4(1-\mu)(1-2\mu)}{R_2(R_2+z+c)} \right]$$

図 110 b には，水平面 $z=0.5c$, $z=c$ および $z=1.5c$ に関する垂直応力の分布を示してある．また図 110 c には，地盤表面の x 軸上 $(y=z=0)$ の点の鉛直変位を示してある．

メラン（ゴルブノフ - パサドフ）の解　基礎地盤の深さ d の位置に鉛直集中力 P（線荷重）が加えられる場合の平面問題に対して，応力関数の式は図 111 の記号に従えば次の形を有している[51]．

$$F = \frac{P}{\pi}\left[\frac{1}{2}x(\theta_1+\theta_2) - \frac{(m-1)}{4m}(z-d)\log\frac{r_1}{r_2} - \frac{(m+1)}{2m}\frac{dz(d+z)}{r_2^2} \right]$$

また水平力 Q に対しては，図 112 の記号に従えば次の形になる．

$$F = \frac{Q}{\pi}\left[-\frac{1}{2}(z-d)(\theta_1+\theta_2) - \frac{(m-1)}{4m}x\log\frac{r_1}{r_2} + \frac{(m+1)}{2m}\cdot\frac{dxz}{r_2^2} \right]$$

ここに平面変形に対する m は

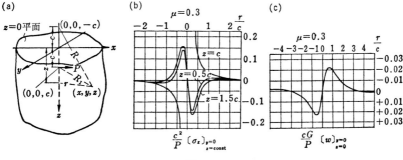

図　110

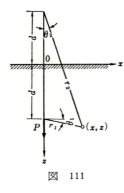

図 111

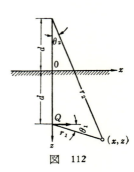

図 112

$$m = \frac{1}{\xi} = \frac{1-\mu}{\mu}$$

である．
　このとき鉛直荷重の場合に対する応力は，

$$\sigma_z = \frac{\partial^2 F}{\partial x^2}, \quad \sigma_x = \frac{\partial^2 F}{\partial z^2}, \quad \tau_{zx} = -\frac{\partial^2 F}{\partial z \partial x}$$

の式を考慮し，次の形のものが得られる．

$$\sigma_z = \frac{P}{\pi}\left\{\frac{(m+1)}{2m}\left[\frac{(z-d)^3}{r_1^4} + \frac{(z+d)[(z+d)^2+2dz]}{r_2^4} - \frac{8dz(d+z)x^2}{r_2^6}\right]\right.$$
$$\left. + \frac{(m-1)}{4m}\left[\frac{(z-d)}{r_1^4} + \frac{(3z+d)}{r_2^2} - \frac{4zx^2}{r_2^4}\right]\right\}$$

$$\sigma_x = \frac{P}{\pi}\left\{\frac{(m+1)}{2m}\left[\frac{(z-d)x^2}{r_1^4} + \frac{(z+d)(x^2+2d^2)-2dx^2}{r_2^4}\right.\right.$$
$$\left.\left. + \frac{8dz(d+z)x^2}{r_2^6}\right] + \frac{(m-1)}{4m}\left[-\frac{(z-d)}{r_1^2} + \frac{(z+3d)}{r_2^2} + \frac{4zx^2}{r_2^4}\right]\right\}$$

$$\tau_{xz} = \frac{Px}{\pi}\left\{\frac{(m+1)}{2m}\left[\frac{(z-d)^2}{r_1^4} + \frac{z^2-2dz-d^2}{r_2^4} + \frac{8dz(d+z)^2}{r_2^6}\right]\right.$$
$$\left. + \frac{(m-1)}{4m}\left[\frac{1}{r_1^2} - \frac{1}{r_2^2} + \frac{4z(d+z)}{r_2^4}\right]\right\}$$

そして変位は

$$u = \frac{P}{\pi E_1}\left\{\frac{1}{2}(1+\xi)\left[\frac{x^2}{2r_1^2} + \log r_1 r_2 + \frac{(x^2-4dz-2d^2)}{2r_2^2} + \frac{2dzx^2}{r_2^4}\right]\right.$$

$$+\frac{1}{4}(1-\xi)\left[\log r_1+3\log r_2+\frac{2(x^2+dz+d^2)}{r_2{}^2}\right]$$

$$+\frac{\xi}{2}(1+\xi)\left[\frac{x^2}{2r_1{}^2}+\frac{(x^2+2d^2)}{2r_2{}^2}+\frac{2dzx^2}{r_2{}^4}\right]$$

$$-\frac{\xi}{4}(1-\xi)\left[\log\frac{r_2}{r_1}-2\frac{d(z+d)+x^2}{r_2{}^2}\right]\Bigg\}$$

$$v=\frac{P}{\pi E_1}\Bigg\{\frac{1}{2}(1+\xi)\left[-\frac{x(z-d)}{2r_1{}^2}+\frac{1}{2}\tan^{-1}\frac{x}{z-d}-\frac{x(z-d)}{2r_2{}^2}\right.$$

$$+dx\frac{(d^2-z^2+x^2)}{r_2{}^4}+\frac{1}{2}\tan^{-1}\frac{x}{z+d}\bigg]+\frac{1}{4}(1-\xi)\left[-\tan^{-1}\frac{x}{z-d}\right.$$

$$+3\tan^{-1}\frac{x}{z+d}-\frac{2zx}{r_2{}^2}\bigg]-\frac{\xi}{2}(1+\xi)\left[\frac{(z-d)x}{2r_1{}^2}+\frac{1}{2}\tan^{-1}\frac{x}{z-d}\right.$$

$$+\frac{1}{2}\tan^{-1}\frac{x}{z+d}+\frac{x(z+d)}{2r_2{}^2}+\frac{2(z+d)dzx}{r_2{}^4}\bigg]$$

$$-\frac{\xi}{4}(1-\xi)\left[\tan^{-1}\frac{x}{z-d}+\tan^{-1}\frac{x}{z+d}+2\frac{zx}{r_2{}^2}\right]\Bigg\}$$

ここに, E_1 は平面変形の場合

$$E_1=\frac{E}{1-\mu^2}$$

に等しく, E は基礎地盤の弾性 (変形) 係数である.

　深さ d の位置に加えられる水平力 Q による荷重の場合に対する応力および変位の式は, 図 112 に従えば次の形になる.

$$\sigma_z=\frac{Qx}{\pi}\Bigg\{\frac{(m+1)}{2m}\left[\frac{(z-d)^2}{r_1{}^4}-\frac{(d^2-z^2+6dz)}{r_2{}^4}+\frac{8dzx^2}{r_2{}^6}\right]$$

$$-\frac{(m-1)}{4m}\left[\frac{1}{r_1{}^2}-\frac{1}{r_2{}^2}-\frac{4z(d+z)}{r_2{}^4}\right]\Bigg\}$$

$$\sigma_x=\frac{Qx}{\pi}\Bigg\{\frac{(m+1)}{2m}\left[\frac{x^2}{r_1{}^4}+\frac{(x^2-4dz-2d^2)}{r_2{}^4}+\frac{8dz(d+z)^2}{r_2{}^6}\right]$$

$$+\frac{(m-1)}{4m}\left[\frac{1}{r_1{}^2}+\frac{3}{r_2{}^2}-\frac{4z(d+z)}{r_2{}^4}\right]\Bigg\}$$

$$\tau_{zx}=\frac{Q}{\pi}\Bigg\{\frac{(m+1)}{2m}\left[\frac{(z-d)x^2}{r_1{}^4}+\frac{(2dz+x^2)(d+z)}{r_2{}^4}-\frac{8dz(d+z)x^2}{r_2{}^6}\right]$$

$$+\frac{(m-1)}{4m}\left[\frac{z-d}{r_1{}^2}+\frac{3z+d}{r_2{}^2}-\frac{4z(z+d)^2}{r_2{}^4}\right]\Bigg\}$$

168   第IV章　構造物基礎地盤の応力状態

$$u = \frac{Q}{\pi E_1} \left\{ \frac{1}{2}(1+\xi) \left[-\frac{x(z-d)}{2r_1^2} + \frac{1}{2}\tan^{-1}\frac{z-d}{x} + \frac{4dx}{r_2^2} \right. \right.$$

$$\left. -\frac{(z+d)x}{2r_2^2} + \frac{1}{2}\tan^{-1}\frac{(z+d)}{x} - 2dx\frac{(z+d)d+x^2}{r_2^4} \right]$$

$$-\frac{(1-\xi)}{4} \left[\tan^{-1}\frac{(z-d)}{x} - 3\tan^{-1}\frac{(z+d)}{x} + 2\frac{zx}{r_2^2} \right]$$

$$-\frac{\xi}{4}(1+\xi) \left[\frac{x(z-d)}{2r_1^2} + \frac{1}{2}\tan^{-1}\frac{(z-d)}{x} + \frac{1}{2}\tan^{-1}\frac{(z+d)}{x} \right.$$

$$\left. +x\frac{(z+d)}{2r_2^2} - 2dzx\frac{(z+d)}{r_2^4} \right] - \frac{\xi}{4}(1-\xi) \left[\tan^{-1}\frac{z-d}{x} \right.$$

$$\left. \left. +\tan^{-1}\frac{(z+d)}{x} + 2\frac{zx}{r_2^2} \right] \right\}$$

$$v = \frac{Q}{\pi E_1} \left\{ \frac{1}{2}(1+\xi) \left[\frac{(z-d)^2}{2r_1^2} + \frac{1}{2}\log[(z-d)^2+x^2][(z+d)^2+x^2] \right. \right.$$

$$\left. +\frac{(z^2+6dz+3d^2)}{2r_2^2} - \frac{2dz(d+z)^2}{r_2^4} \right] + \frac{(1-\xi)}{4} \left[\frac{1}{2}\log[(z-d)^2+x^2] \right.$$

$$\left. +\frac{3}{2}\log[(z+d)^2+x^2] + 2z\frac{(d+z)}{r_2^2} \right] - \frac{\xi(1+\xi)}{2} \left[-\frac{(z-d)^2}{2r_1^2} \right.$$

$$\left. +\frac{(d^2-z^2-2dz)}{2r_2^2} + 2dz\frac{(z+d)^2}{r_2^4} \right] + \frac{\xi(1-\xi)}{4} \left[\frac{1}{2}\log[(z-d)^2+x^2] \right.$$

$$\left. \left. -\frac{1}{2}\log[(z+d)^2+x^2] + 2z\frac{(d+z)}{r_2^2} \right] \right\}$$

ミンドリンの解で $c=0$ とおき，またメラン（ゴルブノフ－バサドフ）の解で $d=0$ とおけば，それぞれブーシネスクおよびフラマンの解が得られることは容易に確かめられる．

2・3 基礎地盤の不均質性

いま，線形弾性層と考えられる圧縮性の構造物基礎地盤が厚さが h で，この層に比較して完全に剛な（たとえば岩石質の）地盤の上に分布している場合を考える．このとき，上部層における応力の分布は，基本的に載荷面の大きさと圧縮層の厚さの比に依存しているが，さらにある程度までは上部（圧縮性）層と下部（剛性）層間の境間面においてせん断応力（摩擦）があるかどうかも考慮しなければならない．下位に剛性層が存在すると，常に載荷方向の

2. 外部荷重による基礎地盤の応力状態

軸に関する応力 σ_z の増大（集中）が起こる．この応力の値は，載荷面の大きさに比較して上層部の厚さが小さければ小さいほど大きくなる．

図 113 に地表面に集中力（線荷重）の形で荷重が加えられたとして，平面問題の場合の接触面における垂直応力 σ_z の応力図を示す．c 曲線は

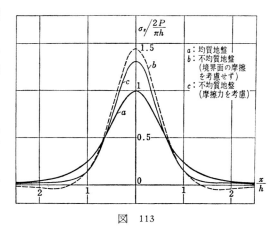

図 113

上部層のポアソン比を 0.5 と仮定し，接触面でのせん断応力を考慮して得た図である[77]．この図で，接触面における σ_z の最大値は $\sigma_z = 1.291 \dfrac{2P}{\pi h} = 0.822 \dfrac{P}{h}$ である．

b 曲線は，接触面におけるせん断応力が 0 とした図である[77)78)79]．この場合，接触面における応力 σ_z の最大値は $\sigma_z = 1.441 \dfrac{2P}{\pi h}$ に等しい．

注意すべきことに，ポアソン比の値は得られる応力値 σ_z に本質的な影響を与えない．たとえば摩擦力を考慮し，ポアソン比を 0 として得た別の結果[80]によれば，載荷軸上の接触面における応力 σ_z の最大値は，$\mu = 0.5$ とおいた場合に対応する $0.822 \dfrac{P}{h}$ のかわりに $0.827 \dfrac{P}{h}$ になる．

基礎地盤の不均質性を考えるいまの場合に対する応力状態は，均質な基礎地盤の場合に対する応力状態と本質的に違っている．このことは，図 113 に示す a, b, c の応力図を対比すればすぐにわかる．図 113 の a 曲線は，基礎地盤が均質な場合の応力図であるが，特に外部の集中力が加えられる点を通る鉛直線上の，深さ $z = h$ なる点の応力 σ_z は，

$$\sigma_z = \dfrac{2P}{\pi h} = 0.637 \dfrac{P}{h}$$

である．

表 8　　　　　　　σ_z/q

$\dfrac{z}{h}$	非圧縮性の地層までの深さ		
	$h=a$	$h=2a$	$h=5a$
0.0	1.000	1.00	1.00
0.2	1.009	0.99	0.82
0.4	1.020	0.92	0.57
0.6	1.024	0.84	0.44
0.8	1.023	0.78	0.37
1.0	1.022	0.76	0.36

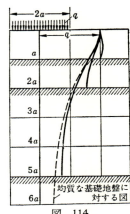

図　114

　この値は，上に示した不均質な基礎地盤の場合の値と明瞭に異なっており，下位に剛性層が存在すると，この層の表面で垂直応力の集中が現実に起こることを意味している．
　同様の結果は，帯状荷重の場合にも得られている．
　表 8 と図 114 に，等分布帯状荷重 q が加えられる場合の帯の軸に関する応力 σ_z の分布を，載荷幅と圧縮層の厚さの比をいろいろに変えた場合について，エゴロフが得た結果[81]から引用してある（$q=1$ とおいてある）．この場合にも，載荷帯の軸に関する応力 σ_z は，均質な基礎地盤に対する解にくらべて大きくなっていることがわかる．
　基礎地盤に集中荷重が加えられる 3 次元問題の場合の解は，ポアソン比を 0.5 とし摩擦を考慮して得られている[77]（図 115 の c 曲線）．接触面における垂直応力 σ_z の最大値は，均質な地盤に対するブーシネスクの解（a 曲線）の $\dfrac{3P}{2\pi h^2}$ のかわりに $\sigma_z = 1.557 \dfrac{3P}{2\pi h^2}$ に等しくなる．接触面における摩擦力を考慮しない（b 曲線）と，対応する値は $1.711 \dfrac{3P}{2\pi h^2}$ になる[77][78]．
　円形載荷面および長方形載荷面に対する等分布荷重の場合の載荷面中心軸の接触面上の応力 σ_z は，接触面におけるせん断応力がないものとして見出されており[83][84]，表 9 に引用してある（$q=1$ とおいてある）．
　もし下位に分布する地層が完全な剛性とは考えられないならば，基礎地盤

2. 外部荷重による基礎地盤の応力状態

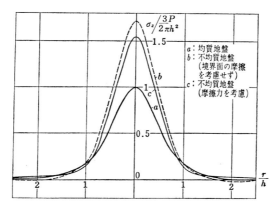

図 115

表 9

σ_z/q $(x=0,\ y=0)$ （α は辺長の比 $(b:a)$ を表わす）

h/a	円　形 （半径 a）	長　方　形				帯　状 $\alpha=\infty$
		$\alpha=1$	$\alpha=2$	$\alpha=3$	$\alpha=10$	
0	1.000	1.000	1.000	1.000	1.000	1.000
0.25	1.009	1.009	1.009	1.009	1.009	1.009
0.5	1.064	1.053	1.033	1.033	1.033	1.033
0.75	1.072	1.082	1.059	1.059	1.059	1.059
1	0.965	1.027	1.039	1.026	1.025	1.025
1.5	0.684	0.762	0.912	0.911	0.902	0.902
2	0.473	0.541	0.717	0.769	0.761	0.761
2.5	0.335	0.395	0.593	0.651	0.636	0.636
3	0.249	0.298	0.474	0.549	0.560	0.560
4	0.148	0.186	0.314	0.392	0.439	0.439
5	0.098	0.125	0.222	0.287	0.359	0.359
7	0.051	0.065	0.113	0.170	0.262	0.262
10	0.025	0.032	0.064	0.093	0.181	0.185
20	0.006	0.008	0.016	0.024	0.068	0.086
50	0.001	0.001	0.003	0.005	0.014	0.037
∞	0	0	0	0	0	0

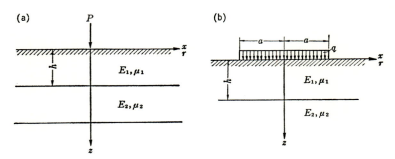

図 116

は2層構造とみなされる (図 116). すなわち, 地盤は変形性の異なる2層からなると考えなければならない. このような問題はマルゲーレ (K. Marguerre), エゴロフ, ラッポポルト (P. M. Раппопорт) などによって研究された.

マルゲーレ[82)]は, 平面問題および3次元問題の条件で集中荷重が加えられる2層基礎地盤の場合に対して解を導いている. この場合, 上部層は無限に拡がるスラブとみなされており, 層の境界面での摩擦力の影響は考慮されていない.

マルゲーレが考えた場合に対する接触面の垂直応力 σ_z の分布を図117に示す. この図で x/h と r/h は, それぞれ平面問題と3次元問題に対応している. 図 117 に示す曲線の縦座標は, 平面問題については P/h 倍, 3次元問題については P/h^2 倍しなければならない. ただし h は地層の厚さで

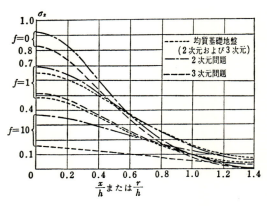

図 117

2. 外部荷重による基礎地盤の応力状態 *173*

ある. f の値は

$$f = \frac{E_1}{E_2} \frac{1-\mu_2{}^2}{1-\mu_1{}^2}$$

を表わし，インデックス 1，2 は図 116 a に示すとおりである.

$f=1$ の場合，すなわち両層の変形性が同一の場合の平面問題および 3 次元問題に対してマルゲーレが得た解は，均質な基礎地盤に対応する解にきわめて近い．このことから，マルゲーレは接触面でのせん断応力を無視しても σ_z の応力図にはさして影響しないと結論した.

エゴロフ[85]は，2 層の基礎地盤に帯状荷重が加わる場合（図 111 b）について，同様に境界面の摩擦力を考慮せずに検討した.

帯状荷重の中心軸に関する接触面での応力 σ_z のエゴロフの解を表 10 に示す．この結果は，剛性の弱い地層の下により剛な地層が成層している（$\nu \geqq$ 1）場合についてのものであり，ν はマルゲーレの解における f を表わしている．エゴロフが得た結果によれば，上部層の厚さが載荷幅の $1/4$ より大きい場合，$\left(\dfrac{h}{a} > 0.5\right)$，（接触面におけるせん断応力が，この場合近似的にないとみなされるので），近似的に $\nu = 1$ に対する σ_z の値に対応していると考えられる均質な地盤の値とは，著しく異なっている．逆の場合は，基礎地盤の不均質性を考慮に入れても，均質な場合とあまり違わない.

ラッポポルト[86]は，2 層の基礎地盤に集中荷重，円形載荷面への等分布荷重，等分布帯状荷重がそれぞれ加えられる場合について，2 次元および 3 次元の問題として検討した（図 116）．この場合，地層の境界面における摩擦を無視すると，応力 σ_z を決定するさいの誤差は 22% に達することが明らか

表 10

$$\frac{\sigma_z}{q}(z=h)$$

h/a	$\nu = 1$	$\nu = 5$	$\nu = 10$	$\nu = 15$
0	1.00	1.00	1.00	1.00
0.5	1.02	0.95	0.87	0.82
1.0	0.90	0.69	0.58	0.52
2.0	0.60	0.41	0.33	0.29
3.33	0.39	0.26	0.20	0.18
5.0	0.27	0.17	0.16	0.12

になった (図 118). 応力の
ほかの成分の誤差はさらに
大きい. 最大せん断応力に
対して誤差は110%にも達
し (図 119), 応力 σ_r のあ
る値は負になることさえあ
る. したがって, 2層地盤
の計算の場合には, どうし
ても境界面での摩擦力を考
慮しなければならない. 摩
擦力を考慮に入れると, 2
層地盤に対する応力の値は
均質な地盤に対する値に30
〜50%程度近づく. このこ
とからわかるように, 地盤
の不均質性の影響を考慮し
ても, 変形性の異なる地層
を分離している接触面での
せん断応力を無視するなら
ば, 得られる解は現実から
遠いものになる.

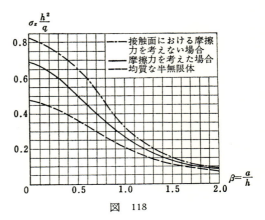

図 118

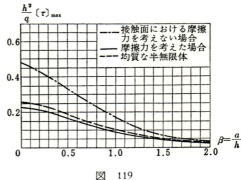

図 119

表 11 には, 3次元問題 (円形載荷面に加えられる等分布荷重) に対する載荷

表 11

$$k_1 = \frac{h^2}{q} \sigma_z$$

β \ m	0	0.25	0.50	0.75	1.0	5.0	10.0	15.0	20.0
0	0.689	0.608	0.552	0.510	0.477	0.258	0.177	0.139	0.116
0.5	0.508	0.453	0.413	0.385	0.363	0.206	0.146	0.121	0.099
1	0.266	0.244	0.228	0.216	0.206	0.134	0.102	0.085	0.072
1.5	0.137	0.130	0.124	0.121	0.117	0.089	0.073	0.063	0.056
2	0.079	0.077	0.075	0.073	0.072	0.062	0.054	0.048	0.044

面の対称軸と接触面 $z=h$ との交点における $k_1=\dfrac{h^2}{q}\sigma_z$ の値を示す. また図 120 には, いろいろな m と β の値の場合にこの応力を決定するためのグラフが示されている. ここに $\beta=\dfrac{a}{h}$ であり, a は円形載荷面の半径, q は等分布荷重の強さ, h は上部層の厚さであ

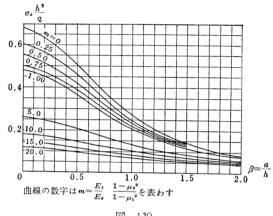

図 120

る. m の値は, マルゲーレの解で f で表わされた値に等しい. 表 11 および図 120 をみると, $\beta=\dfrac{a}{h}=2$ かそれ以上の場合, すなわち表層の厚さが載荷円の直径の $1/4$ に等しいかそれより小さい場合, 対称軸と接触面の交点 ($r=0$, $z=h$) における値は, 地盤の不均質性を考慮してもしなくても実質的に一致している. もし $\beta=\dfrac{a}{h}=1$, すなわち上部層の厚さが載荷面の直径の半分に等しい場合, 下部層が絶対剛性 ($m=0$) として地盤の不均質性を考慮した σ_z の値は $0.266\dfrac{q}{h^2}$ であり, 不均質性を考慮しない ($m=1$) ときの値は $0.206\dfrac{q}{h^2}$ である.

　以上のことから, 平面問題および 3 次元問題に対して基礎地盤の不均質性を考慮しなければならないのは, 上部層の厚さが十分大きく (載荷帯の幅の $1/4$ 以上, あるいは載荷面直径 $1/2$ 以上), 変形性が両層で著しく異なる場合だけであると結論できる. したがって, 構造物の基礎地盤の計算を実際に行なうさいに, 地盤の不均質性を考慮しなければならないのは, 岩盤上に砂層や粘土層がある場合とか, あるいは軟岩とか密な粘土などのような変形性の小さい上部層が, 高含水比のシルトとか粘土のようなきわめて軟弱な地盤の上にのっている場合だけである. その他の場合には, 基礎地盤の不均質性を考慮する必要はない.

176 第IV章 構造物基礎地盤の応力状態

2・4 基礎地盤の異方性

異方性の基礎地盤に対しては，レフニツキー（C. Γ. Лехницкий）[87]，ステパーノフ（A. B. Степанов）[88]，サービン（Γ. H. Савин）[89]，ボルフ（K. Wolf）[90] などによって，平面問題や3次元問題の種々の条件に応ずる垂直あるいは水平集中荷重や，そのほかの荷重の形に対するいくつかの解が得られている．下にボルフが発表したもっとも簡単な解を示す．

この解において基礎地盤の異方性は，鉛直方向の弾性（変形）係数（E_z）と水平方向のそれ（E_x）を異なる値にとり，一方ポアソン比 μ は，両方向で同一としている．剛性率は次の形をとっている．

$$G = \frac{E_x E_z}{E_x + E_z(1+2\mu)}$$

すると，応力とひずみの関係は次の形になる．

$$\varepsilon_x = \frac{\sigma_x}{E_x} - \mu \frac{\sigma_z}{E_z}, \quad \varepsilon_z = \frac{\sigma_z}{E_z} - \mu \frac{\sigma_x}{E_x}$$

$$\gamma_{xz} = \left(\frac{1}{E_z} + \frac{1+2\mu}{E_x}\right)\tau_{xz}$$

また，体積ひずみに対しては

$$\theta = \frac{1-\mu}{E_x}\sigma_x + \left(\frac{1}{E_z} - \frac{\mu}{E_x}\right)\sigma_z$$

が得られる．

この場合，鉛直集中荷重のさいの平面問題に対する解は次のようになる．

$$\sigma_x = -k\frac{2P}{\pi}\frac{x^2 z}{r^2 r_1^2}$$

$$\sigma_z = -k\frac{2P}{\pi}\frac{x^3}{r^2 r_1^2}$$

$$\tau_{xz} = -k\frac{2P}{\pi}\frac{xz^2}{r^2 r_1^2}$$

ここに

$$r^2 = x^2 + z^2, \quad r_1^2 = k^2 x^2 + z^2, \quad k = \sqrt{\frac{E_z}{E_x}}$$

である．

この解と均質な基礎地盤の場合に対するフラマンの解（4.9）とを比較す

ると，$E_z=E_x$ の場合，すなわち $k=1$, $r_1=r$ においてボルフの解はフラマンの解と完全に一致する．

この解をみればわかるように，均質な地盤に対する解に比較して，地盤の変形性が小さい方向に，その方向の垂直応力の集中（増大）が起こり，変形性の大きい方向にその方向の垂直応力は小さくなる．

2・5 弾性論の解が適用できない場合

もし極限応力状態領域の大きさが小さくなく，構造物の基礎地盤の応力分布に対するその影響を無視することができない場合には，基礎地盤の応力状態を決定するために，次の方法のうちのいずれかによらなければならない．

多くの場合，構造物の基礎の設計に実際的に重要な弾性論と極限つり合い理論の混合問題の解が存在しないので，現実の基礎地盤の応力状態にはよく対応しないけれども，やはり弾性論の解が応力状態の決定のために応用されている．

しかし，しばしば種々の簡易化された方法が基礎地盤の応力状態を決定するために用いられている．これらの原始的な方法を適用した場合でも，弾性論の解を適用した場合でも，考察している条件において現実と解の結果の対応がほとんど等しいときには，この種の方法を用いることは有効である．

これらの簡易化された方法のうちから，ここでは，ボルガ－モスクワ運河建設[92]のさい用いられたシャイデッヒ (A. Scheidig)[91] の方法だけを簡単に紹介する．

基礎地盤の水平な表面に等分布荷重 q_0 が作用するとする．いろいろな深さにおいて垂直応力 σ_z の応力図を作るために，載荷帯の両端 AB からのびる鉛直線と α の角をなす直線 AA_1, BB_1 の内部で，考えている荷重による応力が発生すると仮定する（図 121）．このとき領域 OAA_1 と OBB_1 における応力は小さく，無視できるものとする．

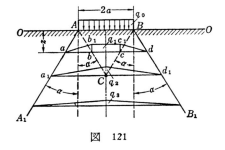

図　121

178　第IV章　構造物基礎地盤の応力状態

さらに A 点と B 点を通り直線 BB_1, AA_1 に平行な直線を引き，交点を C とする．C 点より上の任意の水平線 ad 上に分布する応力 σ_z の応力図を作成するためには，下底がこの水平線に一致し，上底が水平線 ad と直線 AC および BC のそれぞれの交点 b, c 間の距離に等しい $b_1c_1=bc$ の台形を作る．台形の高さは，その面積が外部荷重の面積に等しくなるようにとる．線分 $AB=ac=bd=a_1C=Cd_1$ の関係があるので，σ_z の応力図の面積と外部荷重図の面積が等しいという条件から $q_0=q_1=q_2$ が得られる．このことは，C 点より上の応力図の高さは q_0 であることを示している．C 点より下の σ_z の応力図は三角形になり，その高さは，次の条件から決定される．

$$2aq_0=\frac{1}{2}\,q_3(2a+2z\tan\alpha)$$

これから

$$q_3=\frac{2aq_0}{a+z\tan\alpha}$$

が得られる．

偏心距離が e であるような外部偏心荷重が加えられる場合，C 点より上の水平面に関する応力図は非対称四辺形になる．この四辺形は，図 122 に示すように対称荷重の場合にくらべて縦座標 $q_1{}'$, $q_1{}''$ が異なっているだけであり以下の条件に応じて決定される．

第 1 に，応力図四辺形の面積が，台形外部荷重の面積と等しくなければならない．

第 2 に，応力図四辺形の重心が載荷帯の軸から偏心距離だけはなれた位置を通らなければならない．

C 点より下にある水平面上の応力図は，対称荷重の場合のように三角形になり，上の 2 つの条件を満足しなければならない．

四辺形応力図に対して，$q_1{}'$ と $q_1{}''$ はこれらの条件下で次式に等しくなることが容易に確かめられる．

$$q_1{}'=\frac{q_0{}'(b_1+a)+q_0{}''(b_1-a)}{2b_1}$$

$$q_1{}''=\frac{q_0{}''(b_1+a)+q_0{}'(b_1-a)}{2b_1}$$

ここに，b_1 は図 122 に示すように各応力図の底辺の長さの半分である．

三角形応力図はこの条件によって，その頂点が載荷帯の軸から $3e$ だけ移動する．

この方法によって基礎地盤の応力状態を決定する場合，角 α は次のような値をとる．すなわち砂で約 $45°$，含水比の少ない密な粘土で $45\sim 60°$，間げき比が大

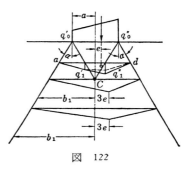

図　122

きく含水比の高いシルトや粘土などのような軟弱土で約 $30°$ である．

α が $45°\sim 60°$ の場合の等分布帯状荷重に対する基礎地盤内の水平面での σ_z の応力図は，図 123 a に示すように得られている[93]．この図は，図 123 a に点線で示す弾性論の解から求められた応力図によく近似している．角 α が小さいと，載荷帯の軸において応力 σ_z の増大が起こり（図 123 b），α が大きいと応力は減少する．

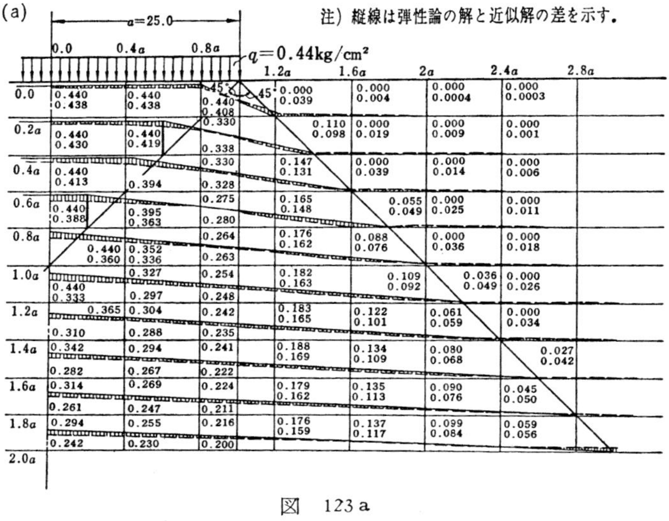

図　123 a

第IV章 構造物基礎地盤の応力状態

(b) の図（図123b）

	0.0	0.4a	0.8a	1.2a	1.6a	2.0a	2.4a	2.8a	3.2a
0.0	0.440 0.438	0.440 0.437		0.440 0.408 0.039	0.000 0.004	0.000 0.0004	0.000 0.0003		
0.2a	0.440 0.430	0.440 0.419		0.440 0.338 0.098	0.000 0.019	0.000 0.009	0.000 0.001		
0.4a	0.440 0.413	0.440 0.394	0.348 0.307	0.092 0.131	0.000 0.039	0.000 0.014	0.000 0.006		
0.6a	0.440 0.388	0.440 0.363	0.314 0.280	0.125 0.148	0.000 0.049	0.000 0.025	0.000 0.011		
0.8a	0.440 0.360	0.440 0.336	0.296 0.263	0.145 0.162	0.000 0.076	0.000 0.036	0.000 0.018		
1.0a	0.440 0.333	0.410 0.297	0.263 0.248	0.157 0.163	0.030 0.092	0.000 0.049	0.000 0.026		
1.2a	0.440 0.310	0.383 0.288	0.275 0.235	0.166 0.165	0.057 0.101	0.000 0.059	0.000 0.034		
1.4a	0.409 0.282	0.382 0.267	0.260 0.222	0.175 0.169	0.078 0.109	0.000 0.068	0.000 0.042		
1.6a	0.430 0.261	0.247	0.346 0.211	0.262 0.177	0.093 0.162 0.113	0.008 0.076	0.000 0.050		
1.8a	0.407 0.242	0.230	0.332 0.200	0.256 0.181	0.106 0.159 0.117	0.030 0.084	0.000 0.056		
2.0a									

図 123 b

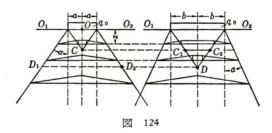

図 124

3次元問題に対してこの方法は少しばかり変形され，次のような形になる．

点 O から C までの上部（図 124）における応力図は，図 125 に示すような形になる．

高さ h で底面が四辺形の切断オベリスクの体積は，辺長をそれぞれ a と b，a_1 と b_1 として，よく知られ

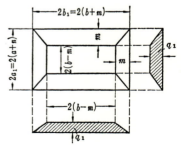

図 125

2. 外部荷重による基礎地盤の応力状態 *181*

ているように次式で与えられる.

$$v = \frac{h}{6}\left[ab + (a+a_1)(b+b_1) + a_1 b_1\right]$$

深さ z における応力図の体積を計算するためには，応力図の底辺の長さが $(2a+2m)$, $(2b+2m)$, $(2a-2m)$, $(2b-2m)$ で, $m = z \tan \alpha$ であることに注意すると次の式になる.

$$v = \frac{q_1}{6}\left[4(a+m)(b+m) + 4a \cdot 4b + 4(a-m)(b-m)\right]$$

$$= \frac{4}{3}(m^2 + 3ab)q_1$$

外的な等分布荷重は

$$v = 2a2bq_0$$

に等しいので，応力図の体積と等分布荷重の体積とを等しいとおいて

$$4abq_0 = \frac{4}{3}(m^2 + 3ab)q_1$$

が得られ，これから

$$q_1 = \frac{3ab}{m^2 + 3ab} q_0$$

が求まる.

C 点と D 点の間の深さで応力図は図 126 に示す形になる. この図において前と同じように $m = z \tan d$ であり，応力図の体積は次式に等しい.

$$v = \frac{q_1}{6}\left[4(a+m)(b+m) + 2(a+m)4b\right]$$

$$= \frac{2}{3}(a+m)(3b+m)q_1$$

このとき

$$4abq_0 = \frac{2}{3}(a+m)(3b+m)q_1$$

となり，これから

$$q_1 = \frac{6ab}{(a+m)(3b+m)} q_0$$

が求まる.

182　第IV章　構造物基礎地盤の応力状態

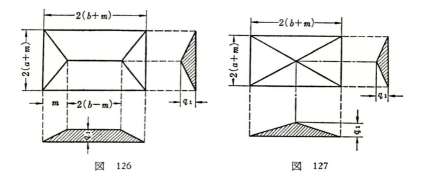

図　126　　　　　　　　　図　127

　D点以下の深さで応力図は図 127 に示すようにピラミッド形になる．図の体積は次式に等しい．

$$v = \frac{1}{3} 2(b+m) 2(a+m) q_1$$

これから

$$4abq_0 = \frac{4}{3}(b+m)(a+m)q_1$$

および

$$q_1 = \frac{3ab}{(a+m)(b+m)} q_0$$

が得られる．

　偏心荷重に対して応力図は当然非対称になる．図の体積が等しいという条件のほかに，この場合には対称荷重のさいは自動的に満足されていた第2の条件を満たさなければならない．これは，応力図の重心と荷重図の重心が同一鉛直線上にあるという条件である．非対称荷重に対する式は非常に冗長なので，ここでは述べないことにする．この場合の作図法は，平面問題の場合に行なった方法に似ている．

　基礎地盤の応力状態を決定するために弾性論の解を利用することは，多くの場合不適当な条件であるにもかかわらず，この解を適用するほうがきわめて制約の多い種々の応力決定法を利用するよりはるかによいことが多い．結局，地盤内の極限応力状態領域が十分大きい場合，この領域の影響を考えて

なんらかの修正を行なわなければならない．特になによりもまず，これらの領域が構造物底面における応力図の形に与える影響を考慮しなければならない．その決定法は，第Ｖ章と第Ⅵ章で述べる．構造物が剛性であると，極限応力状態領域が非常に大きい場合の底面の応力分布は等分布や放物状分布になったり，ある場合には載荷面の中心軸で値が最大になる三角形やピラミッド形分布になることさえある．平面問題の場合，この応力分布はしばしば等分布や台形分布になる．底面の応力分布がわかると，構造物基礎地盤内部の応力を決定するためのその後の計算は，これに対応する弾性論の解を利用して行なわれる．これは，近似的計算法のうちの１つとみなされる．この方法によれば，載荷面の中心軸に関する応力 σ_z の集中を 少しばかり過少評価することになる．

　構造物底面における応力図の形を適当に選んで，その後弾性論の解を用いる方法と，簡易化された計算法とは，多かれ少なかれ同じ程度の価値をもつものと考えることができる．

　結局，構造物底面やそれに接する基礎地盤内の応力分布（これは土木工事の立場からみると基本的な意義を有するのであるが）は，極限 応力状態の領域の大きさに著しく依存していることになる．したがって，弾性論による解との差がそれ以外のさして本質的でない要素によって決まってくるような計算法をここでは取り上げないことにする．また，イワノフ（H. H. Иванов）[94] やフレーリッヒ （O. K. Fröhlich）[95] が提案した方法についても触れないことにする．彼らの方法では，基礎地盤の応力は「集中係数」といわれるある整数によって決定される．「集中係数」の値は，同一の土に対しても構造物の大きさが違ったり，地盤に対する荷重が異なると変化する．しかし上に述べた要素の影響を考慮して，水理構造物のような巨大な構造物に対する「集中係数」の値を決定する十分に根拠あるなんらかの方法は存在しない．

3. 土中の浸透力と浸透応力

　浸透理論でよく知られているように，土中の水の運動は，その中の種々の点において水頭が異なることによって起こる．この運動は，流線とよばれる

定常運動の場合の流体運動の一定の平均的な軌跡 acb, $a'c'b'$ が，等ポテンシャル線 ed, $e'd'$ と直角をなすような形で起こる（図 128）。

土の間げき中を自由水が運動するさい，この水と粘着水をもっている固体粒子の間に次の形の相互作用力が発生する（図 129）．

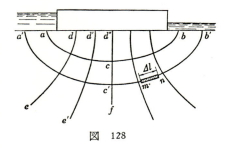
図 128

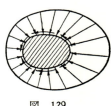
図 129

a) 運動している水と，土の固体粒子に結合したままになっている動かない水との境界面における摩擦力．

b) 土粒子の表面，あるいはより正確にいえば粘着水の表面に加わる水の垂直力，あるいは水圧で，これは浸透流によって増加はしない．

これらの力の合力が，1つの土粒子に作用する浸透流の力となる．

単位体積，たとえば $1\,cm^3$ 中に存在するすべての粒子に加えられるこれらの要素的力の合力を体積浸透力の強さという．

このように，浸透流が土粒子骨格に与える影響は，体積浸透力の形で表わされ，その強さは土の各点で異なっている．逆に，土の骨格が浸透水やその他の土中を運動する流体におよぼす作用は，ハブロフスキーが「制動力」とよんだ形で表わされる．この力は浸透力と大きさが等しく，方向が反対である．

3・1 浸透力の強さ

土中の任意の点における浸透力の強さを決定するために，図 130 に示すように流線の方向に沿って管素を取り出し，この流管を満たす土体の間げき中を動く水に作用する力を検討する．

図 130 の記号に従うと，これらの力は次のようになる．

a) 流管の断面 m に働く水圧 $p\omega$. ここに, p は圧力を表わし, ω は流管の断面積である.

b) 流管の断面 n に働く水圧 $\left(p+\dfrac{\partial p}{\partial l}dl\right)\omega$. ここに, $\dfrac{\partial p}{\partial l}dl$ は長さ dl における流体中の圧力の増分を表わす.

c) 土の骨格が水に与える作用, すなわち制動力 $F\omega dl$. ここに F は制動力の強さ, つまり土の単位体積あたりの制動力の値であ

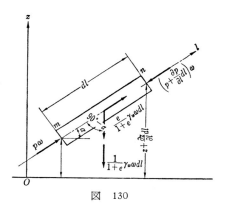

図 130

り, ωdl は管素の体積である. F はかりに軸 l の方向であるとする.

d) 土の間げきを満たしている水の重力 $\dfrac{e}{1+e}\gamma_w\omega dl$. ここに $\dfrac{e}{(1+e)}$ は土の単位体積中の間げきの体積であり, γ_w は水の単位体積重量である.

e) 水中にある土の固体粒子の浮力とは反対向きの力. その合力は, 流管の体積の範囲内で完全に浮力が働くとして $\dfrac{1}{1+e}\gamma_w\omega dl$ である. ここに $\dfrac{1}{1+e}$ は単位体積中の土の骨格の体積を示す. この力を考慮に入れることは, 次の理由から必要である. もし水が固体粒子に浮力を与え, それが土粒子骨格に下から上向きで骨格が排除した水の重さに等しい力として作用するならば, 土の骨格は逆に水に対して値が等しく, 方向が上から下向きの力を作用させることになる. このような力は, アルキメデスの反力とよばれることがある.

浸透速度が小さいとして慣性力を無視し, 上にあげたすべての力を軸 l の方向に投影すると次式を得る.

$$p\omega - \left(p+\dfrac{\partial p}{\partial l}dl\right)\omega + F\omega dl - \dfrac{e}{1+e}\gamma_w\omega dl \sin\alpha$$
$$-\dfrac{1}{1+e}\gamma_w\omega dl \sin\alpha = 0$$

これから

186　第IV章　構造物基礎地盤の応力状態

$$-\frac{\partial p}{\partial l}+F-\gamma_w \sin \alpha=0$$

あるいは

$$F=\frac{\partial p}{\partial l}+\gamma_w \sin \alpha$$

が得られる．しかるに

$$\sin \alpha=\frac{\left(z+\dfrac{\partial z}{\partial l}dl\right)-z}{dl}=\frac{\partial z}{\partial l}$$

であることを考慮して次式を得る．

$$F=\frac{\partial p}{\partial l}+\gamma_w \frac{\partial z}{\partial l}=\gamma_w \frac{\partial}{\partial l}\left(\frac{p}{\gamma_w}+z\right)$$

十分細粒の土の浸透現象を研究する場合，浸透速度が小さいから速度水頭を無視することができる．したがって，ポテンシャル関数を位置水頭と圧力水頭の和で表わすことができる．

$$H=\left(\frac{p}{\gamma_w}+z\right)$$

すると浸透力を次の形で表わすことができる．

$$\Phi=-F=-\gamma_w \frac{\partial H}{\partial l}$$

この力を $x,\ y,\ z$ 軸に投影すると，体積浸透力の成分表示が得られる．

$$\left.\begin{array}{l}X=\Phi_x=-F_x=-\gamma_w \dfrac{\partial H}{\partial l}\cos(l,x)=-\gamma_w \dfrac{\partial H}{\partial x}\\[2mm]Y=\Phi_y=-F_y=-\gamma_w \dfrac{\partial H}{\partial l}\cos(l,y)=-\gamma_w \dfrac{\partial H}{\partial y}\\[2mm]Z=\Phi_z=-F_z=-\gamma_w \dfrac{\partial H}{\partial l}\cos(l,z)=-\gamma_w \dfrac{\partial H}{\partial z}\end{array}\right\}\qquad(4.30)$$

あるいはベクトルの形に書くと

$$\boldsymbol{\Phi}=-\boldsymbol{F}=-\gamma_w\,\mathrm{grad}\,H$$

となる．

3・2　浸　透　応　力

土の骨格に作用する体積浸透力は，それに対応する浸透応力を土中に発生

3. 土中の浸透力と浸透応力　*187*

させる．これを決めるためには，以前に述べた次の事情を考慮しなければならない．すなわち，水理構造物が建設できるような条件では，土の極限応力状態領域の広さが比較的小さいので，基礎地盤の応力状態を決定するために弾性論を用いることはほとんど問題なく許容されるということである．

　したがって，平面問題の条件で浸透応力を決定することは，(4.30) の関係を考慮して適当な境界条件のもとで次の連立方程式を解くことに帰せられる．

$$\frac{\partial \sigma_x}{\partial x}+\frac{\partial \tau_{xz}}{\partial z}+\gamma_w\frac{\partial H}{\partial x}=0, \quad \frac{\partial \tau_{xz}}{\partial x}+\frac{\partial \sigma_z}{\partial z}+\gamma_w\frac{\partial H}{\partial z}=0 \Bigg\}$$
$$\nabla^2(\sigma_x+\sigma_z)=-\frac{1}{1-\mu}\left(\frac{\partial X}{\partial x}+\frac{\partial Z}{\partial z}\right)=\frac{1}{1-\mu}\gamma_w\nabla^2 H=0 \Bigg\} \quad (4.31)$$

これらの式で物体力は次のようにとっている．

$$X=\Phi_x=-\gamma_w\frac{\partial H}{\partial x}, \quad Z=\Phi_z=-\gamma_w\frac{\partial H}{\partial z}$$

ところがよく知られているように，ポテンシャル関数Hは定常浸透流の場合ラプラスの方程式を満足するので$\nabla^2 H=0$になる．上の式では以前と同じように，弾性論で採用されているものと逆の符号が使われている．

　土中の浸透応力を決定するさいの境界条件は，外部荷重が加えられていないと仮定しているので，境界面で垂直応力もせん断応力も0である．

　境界面において，これに垂直に分布する外部仮想荷重のみによって土中に発生する応力を $\sigma_x{}^s$, $\sigma_z{}^s$, $\tau_{xz}{}^s$ で表わすことにする．いま，境界面の各点におけるこの仮想荷重の強さを，境界面の同一点におけるポテンシャル関数の値と水の単位体積重量 γ_w の積に等しいととる．この場合，これらの応力が (4.31) から $\gamma_w\dfrac{\partial H}{\partial x}$, $\gamma_w\dfrac{\partial H}{\partial z}$ の項を除いた式を満足することは，明らかである．

　浸透流の作用によって発生する応力が次式で表わされることは，容易に確かめられる．

$$\begin{aligned}\sigma_x&=\sigma_x{}^s-\gamma_w H\\ \sigma_z&=\sigma_z{}^s-\gamma_w H\\ \tau_{xz}&=\tau_{xz}{}^s\end{aligned}\Bigg\} \quad (4.32)$$

実際これらの式を (4.31) の系に代入すると，次の式が得られる．

$$\left.\begin{aligned}&\frac{\partial \sigma_x{}^s}{\partial x}-\gamma_w\frac{\partial H}{\partial x}+\frac{\partial \tau_{xz}{}^s}{\partial z}+\gamma_w\frac{\partial H}{\partial x}=0\\&\frac{\partial \tau_{xz}{}^s}{\partial x}+\frac{\partial \sigma_z{}^s}{\partial z}-\gamma_w\frac{\partial H}{\partial z}+\gamma_w\frac{\partial H}{\partial z}=0\\&\nabla^2(\sigma_x{}^s+\sigma_z{}^s-2\gamma_w H)=\nabla^2(\sigma_x{}^s+\sigma_z{}^s)-2\gamma_w\nabla^2 H\\&\qquad\qquad\qquad\qquad =\nabla^2(\sigma_x{}^s+\sigma_z{}^s)=0\end{aligned}\right\} \quad (4.33)$$

ここで連立方程式

$$\frac{\partial \sigma_x{}^s}{\partial x}+\frac{\partial \tau_{xz}{}^s}{\partial z}=0$$

$$\frac{\sigma \tau_{xz}{}^s}{\partial x}+\frac{\partial \sigma_z{}^s}{\partial z}=0$$

$$\nabla^2(\sigma_x{}^s+\sigma_z{}^s)=0$$

が成立するはずであるから，(4.32) は (4.33) を実際に満足し，したがって (4.31) をも満足していることになる．

境界条件に関しては，解 (4.32) が境界条件を満たしていることを容易に示すことができる．実際仮想荷重は，境界面においてこれに垂直に加わっているので，この面でせん断応力が 0 であることは明らかである．境界面での垂直応力に関しては，ポテンシャル関数の境界値と，ポテンシャル関数の境界値の規則に従って分布している境界垂直応力の差が 0 になることは明らかである．このように，(4.32) は現実に定常浸透流の作用による浸透応力に関する問題の解になっている．

例として図 131 に示す条件に対応する浸透応力を決定する場合を検討する．

この場合，境界条件
　　$z=0$ において
　　　　$x<0$,　$H=h_2$
　　　　$x>0$,　$H=h_1$

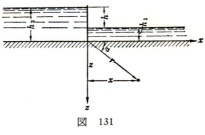

図 131

を満足するラプラスの方程式 $\nabla^2 H=0$ の解は，よく知られているように次の形を有する[24]．

$$H = h_1 + \frac{h}{\pi}\tan^{-1}\frac{z}{x}$$

ここに, h は次式を表わす.

$$h = h_2 - h_1$$

このとき, ポテンシャル関数の境界値の規則に従って $\gamma_w h_1$, $\gamma_w h_2$ の荷重を地盤表面に 図 132 のように加えると, これに対応する周知の 弾性論の解[96]が得られる.

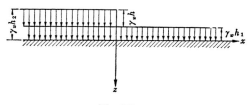

図　132

$$\sigma_x{}^s = \gamma_w h_1 + \frac{\gamma_w h}{\pi}\left(\tan^{-1}\frac{z}{x} + \frac{xz}{x^2+z^2}\right)$$

$$\sigma_z{}^s = \gamma_w h_1 + \frac{\gamma_w h}{\pi}\left(\tan^{-1}\frac{z}{x} - \frac{xz}{x^2+z^2}\right)$$

$$\tau_{xz}{}^s = \frac{\gamma_w h}{\pi}\frac{z^2}{x^2+z^2}$$

ここで $\tan^{-1}\frac{z}{x}$ の値は 0 から π までの範囲を変化する. $x>0$ で $z\to 0$ の場合 $\tan^{-1}\frac{z}{x}\to 0$ であり, $x<0$ で $z\to 0$ の場合 $\tan^{-1}\frac{z}{x}\to \pi$ である.

結局解 (4.32) と 図 131 の記号により, 浸透応力は次式となる.

$$\sigma_x = \frac{\gamma_w h}{\pi}\frac{xz}{x^2+z^2} = \frac{\gamma_w h}{2\pi}\sin 2\alpha$$

$$\sigma_z = -\frac{\gamma_w h}{\pi}\frac{xz}{x^2+z^2} = -\frac{\gamma_w h}{2\pi}\sin 2\alpha$$

$$\tau_{xz} = \frac{\gamma_w h}{\pi}\frac{z^2}{x^2+z^2} = \frac{\gamma_w h}{\pi}\sin^2\alpha$$

この結果は, 座標原点を通る直線に沿って応力の値が変化しないことを示している.

190   第IV章　構造物基礎地盤の応力状態

表面が平面の場合の 3 次元問題に対する解は，上述の平面問題に対する解に類似しており，次の形を有することを容易に示すことができる[97]．

$$
\left.\begin{array}{ll}
\sigma_x = {}'\sigma_x{}^s - \gamma_w H, & \tau_{xy} = {}'\tau_{xy}{}^s \\[4pt]
\sigma_y = {}'\sigma_y{}^s - \gamma_w H, & \tau_{yz} = \tau_{yz}{}^s \\[4pt]
\sigma_z = \sigma_z{}^s - \gamma_w H, & \tau_{zx} = \tau_{zx}{}^s
\end{array}\right\} \tag{4.34}
$$

ここに，応力 ${}'\sigma_x{}^s$, ${}'\sigma_y{}^s$, ${}'\tau_{xy}{}^s$ の左上のインデックスは，弾性論で導かれているこれらの応力に対する式においてポアソン比を $\mu=0.5$ とおかなければならないことを示す．すると (4.34) は，残りの式においてポアソン比の値を任意にとっても，弾性論の方程式を満足する．地盤の表面が平面でない場合，(4.34) は $\mu=0.5$ とおいた場合の弾性方程式を満足させる だけで ある[97]．ポアソン比を 0.5 とおいたのでは，構造物基礎地盤の応力分布を正しくあらわすことはできない．

(4.32) と (4.34) は，地盤が線形弾性体として表わされる場合だけでなく，ほかの計算モデルで表わされる土の場合にも，浸透応力を決定するために用いられる．この場合応力 $\sigma_x{}^s$, $\sigma_y{}^s$, $\sigma_z{}^s$ などは，構造物の基礎地盤を表わすものとして採用した土の計算モデルに応じて決定される．

地盤の表面が平面か近似的に平面の場合，浸透応力は，さらに次の形で表わすこともできる．

平面問題の場合，

$$
\sigma_x = -\sigma_z = \gamma_w z \frac{\partial H}{\partial z}, \quad \tau_{xz} = -\gamma_w z \frac{\partial H}{\partial x} \tag{4.35}
$$

3 次元問題の場合，

$$
\left.\begin{array}{ll}
\sigma_x = -\gamma_w z \displaystyle\int \frac{\partial^2 H}{\partial x^2}\, dz, & \tau_{xy} = -\gamma_w z \displaystyle\int \frac{\partial^2 H}{\partial x \partial y}\, dz \\[10pt]
\sigma_y = -\gamma_w z \displaystyle\int \frac{\partial^2 H}{\partial y^2}\, dz, & \tau_{xz} = -\gamma_w z \dfrac{\partial H}{\partial x} \\[10pt]
\sigma_z = -\gamma_w z \dfrac{\partial H}{\partial z}, & \tau_{yz} = -\gamma_w z \dfrac{\partial H}{\partial y}
\end{array}\right\} \tag{4.36}
$$

直接代入することによって，これらの式が弾性論の方程式を満たしていることは容易に確かめられる．実際平面問題に対しては，$\nabla^2 H = 0$ であることを考慮し，(4.35) をつり合い方程式と適合方程式に代入すると

$$\frac{\partial \sigma_x}{\partial x}+\frac{\partial \tau_{xz}}{\partial z}+\gamma_w\frac{\partial H}{\partial x}=\gamma_w z\frac{\partial^2 H}{\partial x\partial z}-\gamma_w\frac{\partial H}{\partial x}-\gamma_w z\frac{\partial^2 H}{\partial x\partial z}+\gamma_w\frac{\partial H}{\partial x}=0$$

$$\frac{\partial \tau_{xz}}{\partial x}+\frac{\partial \sigma_z}{\partial z}+\gamma_w\frac{\partial H}{\partial z}=-\gamma_w z\frac{\partial^2 H}{\partial x^2}-\gamma_w\frac{\partial H}{\partial z}-\gamma_w z\frac{\partial^2 H}{\partial z^2}+\gamma_w\frac{\partial H}{\partial z}=0$$

$$\nabla^2(\sigma_x+\sigma_z)=\nabla^2\left(\gamma_w z\frac{\partial H}{\partial z}-\gamma z\frac{\partial H}{\partial z}\right)=0$$

が得られ，応力の式は恒等的に弾性方程式で満足している．境界面すなわち $z=0$ において，垂直応力とせん断応力 σ_z, τ_{xz} が 0 になるという境界条件が満たされていることは，まったく明らかである．

同様にして，地盤表面が平面の場合の 3 次元問題に対して (4.36) が正しいことが確かめられる．

例として最初の方法を説明したときに検討した場合をとる．ポテンシャル関数は

$$H=h_1+\frac{h}{\pi}\tan^{-1}\frac{z}{x}$$

の形を有しているので，(4.35) の解により浸透応力は次の形で表わされる．

$$\sigma_x=\gamma_w z\frac{\partial H}{\partial z}=\gamma_w z\frac{h}{\pi}\frac{1}{1+\frac{z^2}{x^2}}\cdot\frac{1}{x}=\frac{\gamma_w h}{\pi}\frac{xz}{x^2+z^2}$$

$$\sigma_z=-\gamma_w z\frac{\partial H}{\partial z}=-\frac{\gamma_w h}{\pi}\frac{xz}{x^2+z^2}$$

$$\tau_{xz}=-\gamma_w z\frac{\partial H}{\partial x}=-\gamma_w z\frac{h}{\pi}\frac{1}{1+\frac{z^2}{x^2}}\left(-\frac{x}{x^2}\right)$$

$$=\frac{\gamma_w h}{\pi}\frac{z^2}{x^2+z^2}$$

これは前に得た結果と完全に一致する．

(4.35) の解によれば，問題を解く方法として次のようなグラフによる方法が可能である．座標 x, z の任意の点 M における応力 σ_x と σ_z の数値 $\gamma_w z\dfrac{\partial H}{\partial z}$ を決めるために，点 M を通る鉛直線を引き，これを基線としてポテンシャル H の図を描く（図 133）．点 M から水平線を引き，H の図との交点を

M_1 とする. M_1 において H に対する接線と鉛直線を引くと, $\dfrac{\partial H}{\partial z}$ の値は角 α の正接に等しい. これから

$$\sigma_x = -\sigma_z = \gamma_w z \dfrac{\partial H}{\partial z} = \gamma_w z \tan \alpha = \gamma_w C$$

が得られる. ここに切片 C は, 図を測って直接決められる.

任意の点 $M(x, z)$ の応力 τ_{xz} を決めるためには, $z\dfrac{\partial H}{\partial z}$ の値を決定しなければならない. このために点 M を通る水平線を引き, これを基線としてポテンシャル H の変化図を描く(図 134). 点 M を通る鉛直線とポテンシャル曲線 $H(x, b)$ の交点 M' を求めて接線を引く. 点 M を通りこの接線に直角な直線を引く. このとき角 α と α_1 が等しいことを考慮すれば, $C = z \tan \alpha = z\dfrac{\partial H}{\partial x}$ が得られる. これから $\tau_{xz} = \gamma_w C$ となる. そして切片 C の長さは図上で求められる.

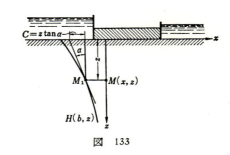

図 133

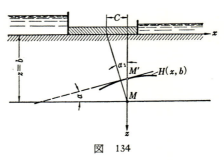

図 134

電気・流体力学相似法などのなんらかの方法によって, 表面が平面の場合の流線網が得られるならば, 上述のグラフによる作図で基礎地盤の任意の点における応力を決定することができる. 地盤の表面が平面でなかったり, みぞがあるような場合, 解はきわめて複雑になる.

最後に, 浸透応力の垂直成分を加え合わせると次の結果を得る.

平面問題については

3 次元問題については

$$\left.\begin{array}{l}\Theta = \Theta^s - 2\gamma_w H \\ \\ \Theta = \Theta^s - 3\gamma_w H\end{array}\right\} \qquad (4.37)$$

ここに Θ は主応力の和を表わす.

（4.37）から明らかなように.

$$H=\frac{1}{2\gamma_w}\Theta^s$$

あるいは
$$\left. \begin{array}{l} \\ \\ \end{array} \right\} \qquad (4.38)$$

$$H=\frac{1}{3\gamma_w}\Theta^s$$

の場合は $\Theta=0$ になるので，浸透応力は，基礎地盤内の各点に作用する主応力の和に影響を与えない.第Ⅲ章で述べたように，間げき比の変化は，主応力の和の変化に依存しているので，この場合，間げき比の変化は生じない.

（4.38）の関係は地盤表面が平面である場合にしか起こらず，その上 3 次元問題に対しては $\mu=0.5$ という条件が必要である.地盤の表面が平面である場合，地盤内の各点で主応力の和が $0(\Theta=0)$ になることは，（4.35）あるいは（4.36）の解で容易に確かめることができる.

ある点で浸透応力が負，すなわち引張りになっても，土の自重による応力と外部荷重による応力を加え合わせると，総和としては普通正，すなわち圧縮応力になる.

応力の総和が負になるようなことは，構造物下流部の表層部においてのみみられることである.この場合，これらの応力を特殊な荷重（たとえば床固めなど）を加えて打ち消さなければならない.そうでないと，浸透圧によるパイピング，あるいは基礎地盤の局部的破壊といわれている現象が起こるようになる.

4. 極限応力状態領域の発生条件とその形

極限つり合い領域の発生条件やこの領域の形を決定する方法は，これらの方法の適用範囲に関する問題と共に，ソ連においてきわめて精力的に研究された.特にこれらの問題に関係するものとしては，1914年に発表されたミニャーエフ（П. А. Миняев）の研究[98]，1923〜1929年に発表されたプズイレフスキー[99]，ゲルセバノフ[39]，ヤロポリスキー（И. В. Яропольский）[100]，そ

のほかの研究がある．興味深いことには，限界荷重*に対するよく知られている式は，1923年にプズイレフスキーが，1931年にはゲルセバノフが発表しており，フレーリッヒが1934年に発表したものは，3番目のものであるということである．

4・1 極限応力状態の発生条件

すでに述べたように，構造物の基礎地盤における応力を決定するために弾性論の解を適用することが許されるかどうかは，極限応力状態領域の発達の程度によっている．したがって，この領域の発生条件を明らかにすることや，その形や大きさを決定することは，本質的な意義を有している．

深さ t のところに基礎をおいたある構造物の底面での応力分布が，かりに強さ q の等分布のものと考えられるとする．いま基礎地盤に対する構造物の荷重をしだいに増大させていくと，これがある値に達したときに，構造物の端点で極限応力状態が発生する．しかしある場合には，構造物の端点ではなく軸部で極限応力状態が起こる．特に土の自重による応力 σ_x が応力 σ_z より著しく小さい場合（たとえば側圧係数が約 0.40～0.42 の値の砂質土の場合），極限応力状態は底面の端点 A で起こるのではなく，まっさきに底面の中心軸に沿うある深さ B 点で発生する（図 135）．しかし後に述べるように，このような場合の研究は，底面の端で極限応力状態が発生する荷重強さ q_{cr} を決定する問題にくらべるとそれほど重要ではない．後者の場合に対応する荷重強さを限界荷重とよぶ．もし実在する荷重が限界荷重より小さければ，極限状態領域は全然存在しない．これが限界荷重より大きいと，この領域が

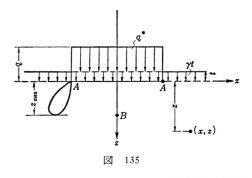

図 135

---

*（訳注）この語は英訳すると critical marginal load で限界周辺荷重とすべきであるが，適訳でないので以下単に限界荷重と訳す．意味は以下の説明で明らかなように，帯の両端部において極限つり合い領域が発生する瞬間の荷重のことである．

4. 極限応力状態領域の発生条件とその形 *195*

発達する.

限界荷重を決定する方法の基本的な考えは，$q>q_{cr}$ の各荷重に対して極限応力状態領域の形が 1 対 1 に対応しているという事実を用いることである．この領域の最大の深さの点を z_{max} とする．もし荷重強さ q と座標 z_{max} の値との間の関係がわかると，一定の荷重 q は各 z_{max} の値に対応づけることができる．すると $z_{max}=0$ に対応する荷重が限界荷重 q_{cr} である．荷重 q と z_{max} との未知の関係を明らかにするために，図 135 に示すように荷重 q を 2 つの部分，すなわち γt と荷重 $q^{*}=q-\gamma t$ に分ける．

このとき荷重 γt の部分は，根入れした帯の外側の底面のレベルに作用する土の自重による応力 γt とともに，底面のレベルにおいて無限に広がる連続的な荷重 γt を形成する．この荷重による構造物基礎地盤内の底面の深さの任意の点の応力は，応力 $\sigma_{x}=\xi\sigma_{z}$ の式における係数 ξ の値を近似的に 1 として，次のように考えることができる.

$$\sigma_{x}=\sigma_{z}=\gamma t \quad および \quad \tau_{xz}=0 \tag{4.39}$$

限界荷重を決めるために行なうこの程度の単純化によって，大きな誤差は生じない．たとえば，$\phi=33°30'$，$\gamma=1.5 \mathrm{ton/m^3}$ の非粘着性砂質土に対して，限界荷重は

$\xi=1$ で

$$q_{cr}=5.5\gamma t$$

$\xi=0.56$ で

$$q_{cr}=6.0\gamma t$$

であることが知られている[46].

地盤内の任意の点における自重による応力は，同様に $\sigma_{x}=\xi\sigma_{z}$ の式において側圧係数 ξ を近似的に 1 とおいて

$$\sigma_{x}=\sigma_{z}=\gamma z, \quad \tau_{xz}=0 \tag{4.40}$$

に等しいと考えることができる.

構造物の基礎地盤内の縦軸の左，右に対称に分布するすべての点の位置は，座標 x, z によって一意的に決められるだけでなく，座標 ε, z によっても一意的に決められる（図 136）．後者の場合，x 軸からの距離 z によって決められる水平線と，角 ε によって決められる AA' を通る円とが座標線にな

る．というのは，この円上のすべての点で AA' をのぞむ「視角」ε が同一の値を有しているからである．

荷重 q^* によって基礎地盤内に発生する応力を決定するために，対応する弾性論の解，特に以前に引用したミッチェルの解[59]を利用することが許容されるとしよう．

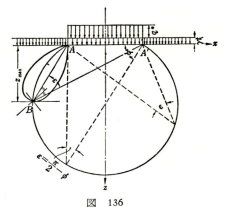

図 136

$$\left.\begin{array}{l}\sigma_1=\dfrac{q^*}{\pi}(\varepsilon+\sin\varepsilon)\\[2mm]\sigma_2=\dfrac{q^*}{\pi}(\varepsilon-\sin\varepsilon)\end{array}\right\} \quad (4.12)$$

ここに，σ_1 と σ_2 は地盤内の考えている点における主面に働く主応力を表わし，主面のうちの1つは視角 ε の2等分線であり，他はこれと直垂である．

(4.39) および (4.40) で導いた応力 σ_x と σ_z は主応力であり，その値は等しい ($\sigma_x=\sigma_z$) ので，このような場合材料力学でよく知られているように，任意の方向を有する面に働く垂直応力はすべて等しい値である．したがって，視角 ε を2等分する面，およびこれに垂直な面の合応力は，それぞれ次式に等しい．

$$\left.\begin{array}{l}\sigma_1=\dfrac{q^*}{\pi}(\varepsilon+\sin\varepsilon)+\gamma z+\gamma t\\[2mm]\sigma_2=\dfrac{q^*}{\pi}(\varepsilon-\sin\varepsilon)+\gamma z+\gamma t\end{array}\right\} \quad (4.41)$$

これから (3.40) により，最大傾斜角の値は次式に等しい．

$$\sin\theta_{\max}=\dfrac{\sigma_1-\sigma_2}{\sigma_1+\sigma_2+2\sigma_c}=\dfrac{\dfrac{q^*}{\pi}\sin\varepsilon}{\dfrac{q^*}{\pi}\varepsilon+\gamma z+\gamma t+\sigma_c} \quad (4.42)$$

いま，極限応力状態領域の境界線が深さ $z_{\max}$ を通る水平線に接するとい

4. 極限応力状態領域の発生条件とその形 *197*

う条件が成立すると考える．これらの条件は，次のような内容を含んでいる．

　1.　接点Bは極限応力状態領域の境界線に属している．この領域の外側にある点で，最大傾斜角は $\theta_{max} < \phi$ であり，境界線に近づくにつれて角 θ_{max} はϕに近づき，境界線上でϕに等しくなる．したがって，境界線上のすべての点で次式を満足しなければならない．

$$\frac{\dfrac{q^*}{\pi}\sin\varepsilon}{\dfrac{q^*}{\pi}\varepsilon + \gamma z + \gamma t + \sigma_c} = \sin\phi \qquad (4.43)$$

これは境界線の方程式である．接点において $z = z_{max}$ である．

　2.　水平線 $z = z_{max}$ 上を動くと ε が変化するので，最大傾斜角の値は変化する．接点Bでこの角は最大になる．というのは，この点で $\theta_{max} = \phi$ であり，この点にいくら近い点でも，実際に極限応力状態は起こっていないので，$\theta_{max} < \phi$ だからである．したがって，接点における第2の条件は，接点に対応する ε の値で $\sin\theta_{max}$ の値が最大に達するということである．この条件はよく知られているように，$\sin\theta_{max}$ の ε に関する導関数がこの点で0でなければならないということを意味している．

$$(\sin\theta_{max})' = \frac{\dfrac{q^*}{\pi}\cos\varepsilon[\text{denom}] - \dfrac{q^*}{\pi}\left(\dfrac{q^*}{\pi}\sin\varepsilon\right)}{[\text{denom}]^2} = 0 \qquad (4.44)$$

ここに，[denom] は(4.42)の分母(denominator) を表わす．(4.44)から次の関係が得られる．

$$\cos\varepsilon = \frac{\dfrac{q^*}{\pi}\sin\varepsilon}{\dfrac{q^*}{\pi}\varepsilon + \gamma t + \gamma z + \sigma_c} \qquad (4.45)$$

接点においてこの2つの条件を満足しなければならないので，(4.43)と(4.45)を比較して次式を得る．

$$\cos\varepsilon = \sin\phi$$

これから

198　第IV章　構造物基礎地盤の応力状態

$$\varepsilon = \frac{\pi}{2} - \phi$$

が得られる.

　このことは, いろいろな深さに分布しているすべての接点において, 視角が $\varepsilon = (\pi/2) - \phi$ であることを表わしている. これから, すべての接点がこの視角に対応する1つの円上に分布していることは明らかである (図 137).

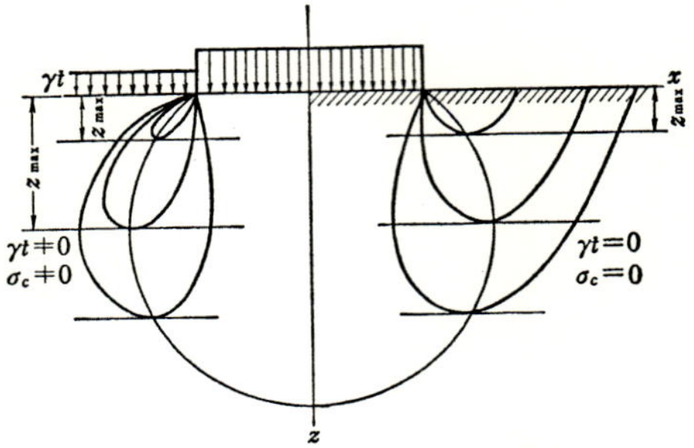

　接点において境界線の方程

図　137

式 (4.43) は, $z = z_{\max}$ および $\varepsilon = (\pi/2) - \phi$ を満足しなければならない. この条件を代入すると, 次式が得られる.

$$\frac{q^*}{\pi} \cos\phi = \left[\frac{q^*}{\pi}\left(\frac{\pi}{2} - \phi\right) + \gamma z_{\max} + \gamma t + \sigma_c \right] \sin\phi$$

これから

$$\frac{q^*}{\pi}\left(\cot\phi - \frac{\pi}{2} + \phi\right) = \gamma z_{\max} + \gamma t + \sigma_c$$

あるいは

$$q^* = \pi \frac{\gamma z_{\max} + \gamma t + \sigma_c}{\cot\phi - \dfrac{\pi}{2} + \phi}$$

が得られる.
最終的に

$$q = \pi \frac{\gamma z_{\max} + \gamma t + \sigma_c}{\cot\phi - \dfrac{\pi}{2} + \phi} + \gamma t \tag{4.46}$$

が得られる.

　これはまた, 外部荷重の強さと極限応力状態領域が分布する深さとの間の求めている関係でもある.

いま $z_{max}=0$ とおけば，限界荷重に対するプズイレフスキー・ゲルセバノフの式が得られる．

$$q_{cr}=\pi\frac{\gamma t+\sigma_c}{\cot\phi-\frac{\pi}{2}+\phi}+\gamma t \qquad (4.47)$$

　もし荷重が限界値より小さければ，この荷重によって構造物底面の端に極限つり合い状態は発生しない．しかし構造物を設計するさい，その底面における許容平均荷重強さを限界荷重より小さくしようとする必要はない．構造物が非粘着性土（$\sigma_c=0$）の表面（$t=0$）におかれる場合，限界荷重は $q_{cr}=0$ となる．しかしこれは，砂の表面の許容荷重が0に等しいということを意味しているわけではない．構造物底面における平均応力を限界荷重より小さくするという条件を満たそうとすると，土に対する平均圧力を低く するために，まったく不必要に構造物底面の大きさを増したり，限界荷重を大きくするために，極端に構造物を深くまで下げなければならない．基礎地盤に比較してきわめて剛性の大きい構造物の場合，後に述べるように一般にこの条件を満たす必要はない．

　したがって，構造物底面の端部に若干の十分に小さい極限応力状態領域が発生することは，完全に許容されていることである．この領域が分布する許容深さとして，$z_{max}=B/4\sim B/3$ がとられている．ここに，B は構造物の小さいほうの幅か直径である[101]．この場合平均荷重強さは，（4.46）によって決められる．この式はまた，荷重 q が与えられた場合に z_{max} を決定するのにも用いられる．

　q_{cr} の値についていえば，これは剛性基礎の端における可能な最大応力を近似的に決定するためにあとで利用される．

　種々の q, ϕ および σ_c が与えられたとき等分布帯状荷重の場合に対して極限応力状態の領域を決定するためには，（4.43）が利用される．この式に種々の ε を与えて，それに対応する z を決定することができるのである．構造物の基礎が深かったり，粘着性のある土の上に築造される場合，極限応力状態の領域は閉じた形になる（図137 左）．構造物が非粘着性土の表面に築造される場合，この領域は開いた形になる（図 137 右）．

荷重 q^* による応力分布を求めるさいに，帯状荷重に対する弾性論の解を利用したことに注意しなければならない．したがって，極限応力状態領域の大きさが大きければ大きいほど，得られる境界曲線の精度は落ち，不正確になる．極限状態領域の発達が著しいと，(4.43) によって得られるその形は信頼性に乏しいものになる．第II章で採用した地盤の応力状態を決定するための弾性解の適用基準という立場からみると，極限応力状態領域が点に変るという条件にもとづいて限界荷重を決定するならば，これらの解を利用することについての原理的な異論をさしはさむ余地はなくなる．

載荷帯の軸部において極限応力状態の発生をもたらす限界軸荷重を決定することは，普通実用的な意味がない．このような極限状態は，載荷帯の軸において $\xi \ll 1.0$ の値で，かつ土の自重，側方上載荷重および外部荷重による合成主応力 σ_1 と σ_2 の値が著しく異なる場合に生ずる．このとき載荷帯の軸において土が水平方向に広がるような変位が生ずる結果，鉛直面に作用する垂直応力 σ_2（図 138）は増大し，主応力 σ_1 と σ_2 の比は極限状態と逆の方向に変化し，変形は減少する．しかしこのためには，地盤のこれに隣接する側方部分が応力楕円の短軸の方向に垂直応力 σ_2 の増大を受けもたなければならない．この点に関して楕円 A の領域における土は，楕円 B の領域におけるよりもきわめてつごうのよい条件にある．というのは，隣接する土が楕円の

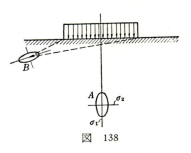

図 138

短軸方向へ拡大することに対する抵抗は，楕円 A の領域におけるほうが楕円 B の領域におけるよりも著しく大きいからである．このことによっても，限界軸荷重を決定する実際的意義は小さくなる．なぜならば，もし限界領域が自然に小さくなるのならば，基礎地盤内部の構造物軸部において極限状態が発生しても，本質的な意味がないからである．

もし地盤に対する荷重が，土の自重によって発生する応力より（地盤の圧縮帯の範囲内で）著しく大きければ，近似的に土には重さがないと考えることができる．すなわち $\gamma = 0$ と仮定できる．このような場合，(4.43) は次の

形になる．

$$\frac{\dfrac{q^*}{\pi}\sin\varepsilon}{\dfrac{q^*}{\pi}\varepsilon+\gamma t+\sigma_c}=\sin\phi \qquad (4.48)$$

あるいは

$$\frac{\sin\varepsilon}{\varepsilon+\pi\dfrac{\gamma t+\sigma_c}{q^*}}=\sin\phi$$

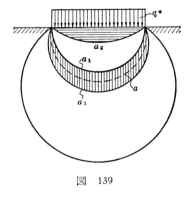

図 139

この場合限界荷重 q^*_{cr} になると，極限状態は図 139 の a 円で示されるようなある円上に分布するすべての点で同時に発生する．この値を越える任意の荷重 q^* の値に対して，(4.48) は図 139 の a_1 で示されるような2つの円を与える．極限状態は，この同じ意味をもつ2つの円の間の縦線で示す領域だけで発生している（図 139）．

荷重 q^* を無限に増大させていくと，(4.48) は次の形をとる．

$$\frac{\sin\varepsilon}{\varepsilon}=\sin\phi$$

この式は，図 139 に示す限界円 a_2 に対応している．このことから，任意の荷重において構造物の底面下には常に極限応力状態に達してない領域が存在することがわかる．その大きさは，図 139 の横線を引いた領域である．

もし荷重が載荷帯の幅に沿って不均等に分布しているおり（図 140 a），その強さが載荷帯（基礎）の端から遠ざかるにつれて増大したり減少したりしても，限界荷重の大きさは等分布荷重の場合とまったく等しくなる（図 140 c）．このことが正しいことを明らかにするため，限界荷重とは極限応力状態領域が 0 に変る時の荷重であることを思い出してみよう．図 140 a において，載荷帯の端の左，右に広がるきわめて接近した幅 δ の区域の断面を取り

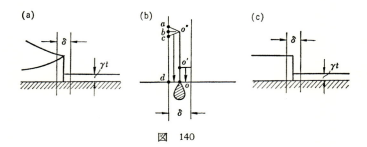

図 140

出してみる．この範囲で荷重は実質的に等分布とみなされる．このことは，図140bにおいて $oo''=bd\simeq ad\simeq cd$ と仮定することにあたる．このとき極限状態領域が幅δの区域にくらべて無視できる程度に小さくなるように荷重差$o'o''$を小さくする．すると図140a, cのδの区域において荷重は実質的に等分布であり，両図において極限状態領域は，区域δの大きさに比較して無視できるほど小さいので，a, c図は互いに全然違わないものになる．極限状態領域の大きさが0に減少する極限において，区間δの内部で両図は完全に等価と考えることができる．このことは，載荷帯の端における（極限状態領域がちょうど0になるときの）最大荷重差，つまり限界荷重の大きさが載荷帯に対する荷重分布に依存していないことを証明していることになる．同様の方法によって，このようにして得た限界荷重の値を3次元問題にも用いることができることが証明される．

4・2 極限応力状態領域の形

基礎地盤内の任意の点における主応力の値を σ_1 と σ_2 で表わす．このとき，最大傾斜角は，すでに以前に述べたように次の形で与えられる．

$$\sin\theta_{max}=\frac{\sigma_1-\sigma_2}{\sigma_1+\sigma_2+2\sigma_c} \qquad (4.49)$$

土中の任意の領域において極限つり合いの状態になっていない条件は，すでに述べたように，この領域の範囲内のすべての点で $\theta_{max}<\phi$ の条件を満足することである．この条件は(4.49)の関係を考慮すれば，次のような一般的な形で表わすことができる．

$$\frac{\sigma_1 - \sigma_2}{\sigma_1 + \sigma_2 + 2\sigma_c} < \sin \phi$$

いま外部荷重をしだいに増してゆき，最大傾斜角の値が土中の任意点で内部摩擦角の値に達すると，それ以上荷重を増してもこの点における最大傾斜角は，極限応力状態が始まるので一定の値に保たれる．さらに荷重を増大させると，まだ最大傾斜角が内部摩擦角に等しい値に達していなかった土の隣接点でも最大傾斜角の増加が起こる．要するに，極限応力状態にいたった土のある領域が形成され，その範囲内で最大傾斜角は内部摩擦角に等しくなる．すなわち

$$\frac{\sigma_1 - \sigma_2}{\sigma_1 + \sigma_2 + 2\sigma_c} = \sin \phi \qquad (4.50)$$

の関係が成立している．

限界荷重を決定するさい，上で利用した（4.50）の条件は，徐々に（動的でなく）加えられる荷重の場合に対する極限応力状態を決定する基本的な条件として，土質力学でこれまで適用されている．

多くの場合，たとえば土に対する圧力が剛性の大きい，特に（基礎地盤に比較して）無限の剛性を有する構造物（の基礎）によって伝えられるような場合，構造物の端に関する極限応力状態の領域はきわめて小さい荷重値で発生しはじめる．しかし平均荷重の値が中程度の場合には，この領域は構造物の大きさに比較して十分小さく，全体の応力分布に対するその影響は著しくない．このような場合，以前に述べたように，応力状態は十分な近似で弾性論の方法から決定することができる．平均荷重が十分大きくなると，この領域は非常に大きくなり，土中の応力分布に対するこの影響を無視することは許されなくなる．

上に述べたことから明らかなように，極限応力状態領域の形を決定することは，この領域の発生条件，すなわち限界荷重を決定することより重要な意義を有している．

極限応力状態領域の形を決定する問題に入るに当たって，まず注意しなければならないのは，この問題が極限状態領域の発生条件を決定するより，原理的にきわめて困難であるということである．この原因は，極限応力状態に

ある領域と，そのような状態にない領域が同時に存在することを考慮した問題の解，すなわち別のいい方をすれば，弾性論と極限つり合い理論の混合問題の解がきわめて複雑なためである．したがって，土木工事に必要な解を得るためには，問題を著しく簡易化せざるをえない．簡易化の基本点は，極限応力状態領域の形を決定するさい，土中のすべての点において応力を弾性論の解にもとづいて決定するということである．こうすると，媒体の任意の点における応力に対する式を知り，採用した極限状態の条件を利用して，それほど困難なしに未知の領域の形を決定することができる．

極限状態領域が小さい場合，弾性論の解によって決定される応力状態は現実と十分な近似で一致するので，この領域の大きさが小さければ小さいほど，このようにして決定された応力状態から求めた領域の形の誤差は小さくなる．

巨大な土木構造物の場合，極限状態領域は比較的小さいことを考えると，この領域の形は現実と十分よく合致すると結論づけることができよう．

等分布帯状荷重の場合に対する $\xi=1$ のさいの極限応力状態領域の形は，上述のように (4.43) に種々の ε の値を与え，与えられた ϕ, t, q^* における対応する z の値を見出すことによって，境界線を描いて得られる．

構造物の底面での応力分布が不均等の場合，極限応力状態領域の形は次のようにして決定される[35]．最初に，土が極限状態にあると考えられる領域におけるグリッドの交点をいくつか選ぶ（図 141）．この各点に対して，次々に以下の値を計算してゆく．

1) 構造物の底面における外部荷重による応力から側方に等分布に広がる上載荷重強さ γt を差し引いた応力
$\sigma_x(q-\gamma t)$, $\sigma_z(q-\gamma t)$, $\tau_{xz}(q-\gamma t)$.

2) 土の自重および等分布荷重 γt による応力．これは水平面に対しては $\gamma(z+t)$ に等しく，鉛直面に対しては $\xi_0 \gamma(z+t)$ に等しい．ここに ξ_0 は自然の成層条件における σ_x と σ_z の比である．

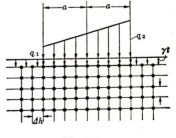

図　141

4. 極限応力状態領域の発生条件とその形　205

3)　合成応力

$$\sigma_x = \sigma_x(q - \gamma t) + \xi_0 \gamma (z + t)$$

$$\sigma_z = \sigma_z(q - \gamma t) + \gamma (z + t)$$

$$\tau_{xz} = \tau_{xz}(q - \gamma t)$$

4)　最大傾斜角の正弦の自乗値

$$\sin^2 \theta_{max} = \frac{(\sigma_x - \sigma_z)^2 + 4\tau_{xz}^2}{(\sigma_x + \sigma_z + 2\sigma_c)^2}$$

　グリッドの各交点において $\sin^2 \theta_{max}$ の値を知ると，線形補間法によりこの値が与えられた $\sin^2 \phi$ の値になる点，すなわち最大傾斜角が内部摩擦角に等しくなる点を決定することができる．このようにして見出した点をなめらかに結んで，土の極限応力状態領域を境する曲線の形が得られる．必要な計算を行なうには，表 12 に示すような形の表を使うときわめてつごうがよい．$\sin^2 \theta_{max} = \sin \phi$ の点を見出すのは，平面図に等高線を引く作業に似ている．最初はいくつかのきわめて少数の点をとり，それから極限状態領域を境する曲線に隣接する区域に，さらに点を加えていくとよい．

表　12

交点番号	$\sigma_x(q-\gamma t)$	$\sigma_z(q-\gamma t)$	$\tau_{xz}(q-\gamma t)$	$\gamma(z+t)$	$\xi_0\gamma(z+z)$	σ_x	σ_z	τ_{xz}	$\sin^2\theta_{max}$
0, 3									
0, 4									
0, 5									
1, 3									
1, 4									
1, 5									
2, 3									
2, 4									
2, 5									
1, −3									
1, −4									
1, −5									

　極限状態領域の境界曲線を描く近似的な方法を述べてきたが，結論としてはこの種の曲線を基礎地盤の安定性の判定に利用することはできないということに注意しなければならない．なぜならば，極限つり合い領域の大きさが

小さい場合の基礎地盤の状態は，安定性の破壊からはほど遠いし，この領域が大きい場合には，得られる境界曲線の形は上述のように不十分なものだからである．

　外部荷重 q だけでなく，土の自重による応力 σ_x と σ_z の比や，あるいは側方上載荷重強さ γt も，極限状態領域を境する曲線の形にきわめて大な影響を与える．後者の t は，等分布帯状荷重が加えられる基礎地盤に掘り込まれたくぼみの深さである．例として図 142 に示す A 曲線は，土の自重による垂直応力 σ_x と σ_z が数値上等しい，すなわち $\sigma_x(\gamma)=\sigma_z(\gamma)$ の場合，砂質地盤に $q=1\,\mathrm{kg/cm^2}$ の荷重を加えたときに対応する曲線である．同じ図 142 で B 曲線は，垂直応力の比が $\sigma_x(\gamma)=0.56\sigma_z(\gamma)$ の場合で，ほかの条件はすべて変らない場合に対応するものである．さらに図 142 には，載荷帯の軸に極限応力状態が発生するような q とその深さを示してある．この場合根入れ深さ t と，水平応力と鉛直応力の比 ξ_0 が自然成層条件で $\xi_0=1$ と $\xi_0=0.56$ であるとして，これらの値の影響を示した．

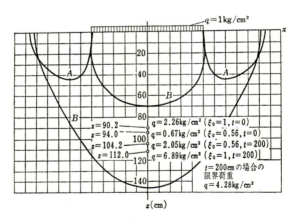

図　142

第 V 章
有限剛性構造物底面における反力

構造物に加えられる外力と構造物の自重は，構造物が置かれている基礎地盤に構造物底部の接触面を通して伝えられる．構造物底面に作用する垂直応力およびせん断応力は，構造物とその基礎地盤との間の相互作用力を表わしている．したがって，この力を構造物から基礎地盤に伝えられる荷重とみなすことができる．他方，この力を構造物に加わる外力とつり合っている地盤の構造物に対する作用と考えることもできる．このような観点から，この力は構造物底面に分布する地盤反力といわれる．

地盤反力の決定は，構造物の設計のさいに重要な意義を有している．というのは，築造される構造物の内部に発生する応力値は，これらの反力の値と分布に依存しているからである．したがって，構造物の適当な強さを確保するような設計規模（その中には構造物の鉄筋コンクリート部分の鉄筋の数や配置も含まれる）も，この地盤反力によって決まる．

さらに，地盤反力の符号を逆にすると，構造物から基礎地盤に伝えられる外部荷重が得られるので，構造物底面におけるこの反力を決定することは，構造物の沈下や水平変位を決定する上でも必要不可欠である．

構造物底面における地盤反力の決定法を検討する場合，次の基本的な2つの場合に分けて考えることにする．

1. 「有限剛性構造物」の場合．このとき基礎地盤の変形は構造物の変形と比較できる程度である．この場合構造物に加わる各種の荷重，すなわち集中荷重 P_i，モーメント M_i，および分布荷重 $f(x)$ の影響によって，構造物の変形（基本的にはたわみ変形）が生ずる．この変形には，構造物底面の各点の鉛直および水平変形がともなう．この場合でも，そのほかの場合でも，基礎地盤表面に対する垂線方向の反力を $\varphi(x)$ あるいは $\varphi(\xi)$ で表わすことにする．

2. 「絶対剛性構造物」の場合．このとき構造物の変形は基礎地盤の変

208   第Ⅴ章　有限剛性構造物底面における反力

形に比較して非常に小さいので，地盤反力を決定する場合，構造物は完全に
剛で変形しないとみなされる．この場合構造物に加わる力によってこの構造
物は変位するが，この変位は変形しない剛体の変位に対応している．

　この章では，平面問題の条件における有限剛性構造物の地盤反力決定法の
2つの基本的なものを述べる．それは，

　　a）　地盤係数法
　　b）　線形弾性地盤法

である．

　地盤係数法は，前世紀の80年代にチンメルマン（H. Zimmermann）によ
って鉄道線路の計算のために提案されたものである[102]．この方法は，構造物
底面の任意の点における接地圧が基礎地盤（路盤）の沈下量に比例するとい
う仮定にもとづいている．この関係はウィンクラー（E. Winckler）が1867
年に提案したもので[103]，この方法の基礎になっている．その後地盤係数法
は，いろいろな工事の目的のために詳しく研究された．それらの中でも第1
に注目すべきものとしては，チモシェンコ（С. П. Тимошенко, S. P. Timo-
shenko）[104]，林桂一[105]，パステルナーク（P. L. Pasternak）[106]，プズイレフ
スキー[107]，クルイロフ（А. Н. Крылов）[108]，ドゥートフ（Г. Д. Дутов）[109]
などの研究がある．以下に述べる地盤係数法はクルイロフの研究にもとづく
ものであり，彼の研究はこの分野の研究で最良のものの1つである．

　ある場合には，後に述べるような理由から地盤係数法の適用が好ましくな
いので，ここ10年来たわみやすい土に対する構造物の計算法として，土が線
形弾性体であるという仮定にもとづく別の方法が研究されてきた．

　プロクトール（Г. З. Проктор）[110]，プラーガー（W. Prager）[111]の研究は
実用的価値がないので，これらにはここでは触れないが，線形弾性地盤の上
に置かれた弾性帯状板に関する問題は，帯状板の長さが無限大の場合につい
て，1935年にゲルセバノフおよびマチェリェート（Я. А. Мачерет）[112]によ
って最初に研究されたことに注目する必要がある．

　線形弾性地盤の上にのる一定の剛性，あるいは変化する剛性を有する有限
の長さの弾性帯状板（スラブ）に対する問題は，スラブ底面における摩擦力
を考慮した場合としない場合について，フローリン（В. А. Флорин）によっ

て最初に立てられた．そして，スラブおよびその外側の基礎地盤に任意の形の荷重が加えられるさいのこの問題に対する一般的解法は1934年に得られ，同じ著者によって1936年に発表された*．1937年に発表された諸論文の中で，この問題はフローリン[34]，ゴルブノフ-パサドフ[113]，ジェモチキン（Б.Н. Жемочикин）[114]らによって取り上げられた．1950年に発表されたクルビン（П.И. Клубин）の論文[115]は，スラブを考える場合に必要な数値計算の量を著しく少なくしたという点で注目に値する．

線形弾性地盤上に置かれるスラブに対する種々の3次元問題の解は，ボロビッカ（H. Borowicka）[116]，ジェモチキン[114) 117]，ゴルブノフ-パサドフ[118) 119) 120) 121]，グズネッツォフ（В.И. Кузнецов）[122]によって最初に発表された．

線形弾性地盤上のはり，円形や長方形のスラブの計算に関して最近発表された研究の中では，ゴルブノフ-パサドフ[123]，ジェモチキンおよびシニツィン（А.П. Синицын）[124]，クズネッツオフ[125]，クルビン[126) 127]，フローリン[46]などの研究が注目される．

1. 地盤係数法

1・1 概　説

y軸方向における変位を0とする平面変形の条件における2次元問題を考える．y軸に垂直な平面で分けられる単位幅の鉛直土要素を取り出し（図143），地盤係数法の基本的な仮定を検討してみる．これらの仮定は次のようなものである．

1. 構造物（帯状板）の底面とその基礎地盤との間にすきまはないものとする．別のいい方をすれば，載荷帯の底面のすべての点で，板あ

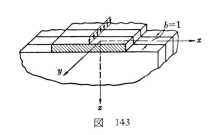

図　143

---

* (原注) この論文に対するラウプマン（П.П. Лаупман）による序文には，1935年2月4日の日付がある．

るいは構造物の鉛直変位（たわみ）は基礎地盤の沈下量と等しいとする．すなわち

$$w_b(x)=w_o(x)=w(x) \tag{5.1}$$

である．ここに，$w_b(x)$ は，座標 x における点の帯状板のたわみを表わし，$w_o(x)$ は同じ点の沈下量を，$w(x)$ は一般の値を表わす．

2. 帯状板の断面の高さ h がその長さ $2a$ に比較して十分小さいと仮定し，断面平面の仮定*が許容されるものとする．このとき，図 144 に示すように，正の曲げモーメントとせん断力を加え，分布荷重が上から下向きの場合を正とすれば，板の軸のたわみ方程式は，一般に知られた次の形であらわされる．

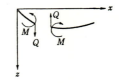

図 144

$$Dw''(x)=-M(x)$$

あるいは，周知の関係 $dM/dx=Q$ および $dQ/dx=-q(x)$ を考慮すれば次の形になる．

$$Dw^{IV}(x)=q(x)=f(x)-\varphi(x) \tag{5.2}$$

これらの式において，$D=E_pJ_p/(1-\mu^2{}_p)$ は板のたわみ剛性を表わし，J_p は板の慣性モーメント，$M(x)$ は x の断面における曲げモーメント，$Q(x)$ はせん断力，$f(x)$ は与えられた外部荷重，$\varphi(x)$ は下から上向きと考えた地盤反力，$q(x)$ は単位長さ当たりの帯に分布する合荷重強さをそれぞれ表わす．

3. 上の (5.2) の関係を導いた2つの仮定を採用しても，未知関数 $w(x)$ と $\varphi(x)$ を決定するには不十分である．したがって，地盤係数法における不足している関係を得るために，さらにもう1つの仮定を用いる．これは，地盤の沈下が力の加わっている点においてのみ起こり（これに隣接するどのように近い地盤表面の点でも沈下は0であり），この沈下量 $w(x)$ は加えられる力，あるいは正確にはその点の荷重強さ $\varphi(x)$ に比例するという仮定である．この仮定は次のように書くことができる．

$$\varphi(x)=bkw(x) \tag{5.3}$$

---

* （訳注）変形前平面である断面は変形後も平面であるという Bernoulli の仮定のことである．

ここに，b は帯状板の幅であり，k は地盤係数といわれる比例係数を表わす．もし $w(x)=1$ および $b=1$ とすれば，$\varphi(x)=k$ である．このことから，k の数値は沈下量が単位の値になるように地盤に加えられる応力の値に等しいことがわかる．h の値は (5.3) からわかるように，kg/cm^3 あるいは ton/m^3 の元を有している．

(5.3) の関係を考慮すると，(5.2) は次の形で表わされる．

$$Dw^{IV}(x)+bkw(x)=f(x)$$

あるいは

$$w^{IV}(x)+4\alpha^4 w(x)=F(x) \tag{5.4}$$

ここに

$$\alpha = \sqrt[4]{\frac{bk}{4D}} \quad および \quad F(x)=\frac{1}{D}f(x)$$

である．

α の値は $1/cm$ あるいは $1/m$ の元を有している．平面変形の条件において，帯状板の幅は普通単位長さに等しいとする．

1・2 一 般 解

問題を解くということは，与えられた境界条件を満足する定数係数をもつ 4 階線形非同次方程式 (5.4) の解を求めることを意味している[104] [107] [108] [109]．

方程式 (5.4) の解を見出すために，最初に（任意項 $F(x)$ のない）同次方程式

$$w^{IV}(x)+4\alpha^4 w(x)=0 \tag{5.5}$$

を検討する．

この方程式は $f(x)=0$，すなわち分布荷重がないと仮定した場合に対応している．方程式 (5.5) の解として次の形のものを求めてみる．

$$w=Ae^{\beta x} \tag{5.6}$$

このとき (5.6) を (5.5) の方程式に代入すると，次式が得られる．

$$A\beta^4 e^{\beta x}+4A\alpha^4 e^{\beta x}=0$$

これから

212　第Ⅴ章　有限剛性構造物底面における反力

$$Ae^{\beta x}(\beta^4 + 4\alpha^4) = 0$$

ただし

$$Ae^{\beta x} \neq 0$$

が成立するので，次の形の特性方程式* といわれる方程式を得る.

$$\beta^4 + 4\alpha^4 = 0$$

これから β の4つの値が得られる．すなわち

$$\beta_1 = (1+i)\alpha, \quad \beta_2 = (1-i)\alpha, \quad \beta_3 = -(1+i)\alpha$$

および

$$\beta_4 = -(1-i)\alpha$$

である.

これから次の形の特解が得られる.

$$e^{(1+i)\alpha x}, \quad e^{(1-i)\alpha x}, \quad e^{-(1+i)\alpha x} \quad \text{および} \quad e^{-(1-i)\alpha x}$$

方程式（5.5）は線形なので，特解の和や差も特解になる.

したがって，関数

$$\left.\begin{aligned}
\frac{e^{(1+i)\alpha x} + e^{(1-i)\alpha x}}{2} &= e^{\alpha x}\frac{e^{i\alpha x} + e^{-i\alpha x}}{2} = e^{\alpha x}\cos\alpha x \\
\frac{e^{(1+i)\alpha x} - e^{(1-i)\alpha x}}{2i} &= e^{\alpha x}\frac{e^{i\alpha x} - e^{-i\alpha x}}{2i} = e^{\alpha x}\sin\alpha x \\
\frac{e^{-(1-i)\alpha x} + e^{-(1+i)\alpha x}}{2} &= e^{-\alpha x}\frac{e^{i\alpha x} + e^{-i\alpha x}}{2} = e^{-\alpha x}\cos\alpha x \\
\frac{e^{-(1-i)\alpha x} - e^{-(1+i)\alpha x}}{2i} &= e^{-\alpha x}\frac{e^{i\alpha x} - e^{-i\alpha x}}{2i} = e^{-\alpha x}\sin\alpha x
\end{aligned}\right\} \quad (5.7)$$

も方程式（5.5）の特解である．方程式（5.5）は4階の線形なので，数学の教科書[129]でよく知られているように，その一般解は次の形で表わされる.

$$w(x) = A_1 e^{\alpha x}\cos\alpha x + A_2 e^{\alpha x}\sin\alpha x + A_3 e^{-\alpha x}\cos\alpha x + A_4 e^{-\alpha x}\sin\alpha x$$

$$(5.8)$$

ここに，A_1，A_2，A_3，A_4 は境界条件から決まる任意定数である.

（5.7）は特解なので，それらの和や差も特解になる．したがって，関数

$$\left.\frac{e^{\alpha x}\cos\alpha x + e^{-\alpha x}\cos\alpha x}{2} = \cos\alpha x\frac{e^{\alpha x} + e^{-\alpha x}}{2} = \cos\alpha x \cdot \cosh\alpha x\right|$$

＊（訳注）補助方程式ともいう.

$$\frac{e^{\alpha x}\cos\alpha x - e^{-\alpha x}\cos\alpha x}{2} = \cos\alpha x\ \frac{e^{\alpha x}-e^{-\alpha x}}{2} = \cos\alpha x\cdot\sinh\alpha x$$

$$\frac{e^{\alpha x}\sin\alpha x + e^{-\alpha x}\sin\alpha x}{2} = \sin\alpha x\ \frac{e^{\alpha x}+e^{-\alpha x}}{2} = \sin\alpha x\cdot\cosh\alpha x$$

$$\frac{e^{\alpha x}\sin\alpha x - e^{-\alpha x}\sin\alpha x}{2} = \sin\alpha x\ \frac{e^{\alpha x}-e^{-\alpha x}}{2} = \sin\alpha x\cdot\sinh\alpha x \qquad (5.9)$$

もまた特解になる.

これから方程式 (5.5) の一般解は，第2の形として次のようにも表わされる.

$$w(x) = A_1\cos\alpha x\cdot\cosh\alpha x + A_2\cos\alpha x\cdot\sinh\alpha x$$
$$+ A_3\sin\alpha x\cdot\cosh\alpha x + A_4\sin\alpha x\cdot\sinh\alpha x \qquad (5.10)$$

(5.9) が特解なので，関数 Y_1, Y_2, Y_3, Y_4 を

$$Y_1 = \cos\alpha x\cdot\cosh\alpha x, \qquad Y_2 = \frac{1}{2}(\sin\alpha x\cdot\cosh\alpha x + \cos\alpha x\cdot\sinh\alpha x)$$

$$Y_3 = \frac{1}{2}\sin\alpha x\cdot\sinh\alpha x, \quad Y_4 = \frac{1}{4}(\sin\alpha x\cdot\cosh\alpha x - \cos\alpha x\cdot\sinh\alpha x)$$

で表わすと，これらも方程式 (5.5) の特解である.

これから方程式 (5.5) の一般解は，第3の形として次のように示される.

$$w(x) = A_1 Y_1 + A_2 Y_2 + A_3 Y_3 + A_4 Y_4 \qquad (5.11)$$

関数 Y_1, Y_2, Y_3 および Y_4 は，弾性基礎地盤上のはりの計算のためにクルイロフ[108]によって用いられた. 後に Y_1, Y_2, Y_3, Y_4 の記号のほかに，これらの関数を $Y_1(\alpha x)$, $Y_2(\alpha x)$, $Y_3(\alpha x)$, $Y_4(\alpha x)$, あるいは $Y_1(x)$, $Y_2(x)$, $Y_3(x)$, $Y_4(x)$ で表わすこともある. 偏角 αx の種々の値に対するクルイロフ関数の値をルーニン (Б. С. Пунин) の論文[130]から引用して付録の表XXI に示す. クルイロフ関数の導関数が 表 13 に示す関係を満たしている

表　13

Y_k	$Y_k{}'$	$X_k{}''$	$Y_k{}'''$	$Y_k\mathrm{IV}$
Y_1	$-4\alpha Y_4$	$-4\alpha^2 Y_3$	$-4\alpha^3 Y_2$	$-4\alpha^4 Y_1$
Y_2	αY_1	$-4\alpha^2 Y_4$	$-4\alpha^3 Y_3$	$-4\alpha^4 Y_2$
Y_3	αY_2	$\alpha^2 Y_1$	$-4\alpha^3 Y_4$	$-4\alpha^4 Y_3$
Y_4	αY_3	$\alpha^2 Y_2$	$\alpha^3 Y_1$	$-4\alpha^4 Y_4$

ことは容易に確かめられる．

$x=0$ のとき，これらは次の値をとる．

$$\left.\begin{array}{llll} Y_1(0)=1, & Y_1'(0)=0, & Y_1''(0)=0, & Y_1'''(0)=0 \\ Y_2(0)=0, & Y_2'(0)=\alpha, & Y_2''(0)=0, & Y_2'''(0)=0 \\ Y_3(0)=0, & Y_3'(0)=0, & Y_3''(0)=\alpha^2, & Y_3'''(0)=0 \\ Y_4(0)=0, & Y_4'(0)=0, & Y_4''(0)=0, & Y_4'''(0)=\alpha^3 \end{array}\right\} \quad (5.12)$$

いろいろな著者の研究において，方程式 (5.5) の一般解に対して上に導いたのとは異なる形の式が用いられている．

地盤係数法による弾性基礎 地盤上のはり (スラブ) の解のいくつかの 基本的な場合について以下に述べよう．

1・3 無限長さのはり

いくつかの特殊な荷重の場合について検討してみる[104) 109)]．

集中荷重の形で力が加わる場合 いま任意の点を座標原点にとり，ここに集中荷重が加えられる場合を考える (図 145)．この場合，求める変位 $w(x)$ は (5.8) で表わされる．そして定数 A_1, A_2, A_3, A_4 は，次のような境界条件を満たすものでなければならない．

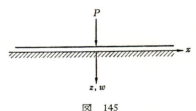

図 145

1. 点 $x=0$ におけるはりのたわみ軸に対する接線は水平である．すなわち $w'(0)=0$ である．

2. 力 P が加えられる点の右側の近傍 $x=0+\varepsilon$ において，ε をいくらでも小さな値にとった場合，その点のせん断力は $Q=-P/2$ でなければならない．これから $Q=-Dw'''(0)=-P/2$ である．

3. 力が加えられる点から無限に遠い点で，変位 w は 0 に収束しなければならない．すなわち $w_{x\to\infty}\to 0$．

条件 3 によって解 (5.8) の定数 $A_1=A_2=0$ が決まる．なぜならば，そうでないと x が増大するにつれて $e^{\alpha x}$ の項が無限に増大するので，変位 $w(x)$ も無限大になることになる．

したがって，いまの場合，

$$w(x) = A_3 e^{-\alpha x} \cos \alpha x + A_4 e^{-\alpha x} \sin \alpha x \qquad (5.13)$$

である．これを微分すると次式が得られる．

$$w'(x) = -A_3 \alpha e^{-\alpha x}(\cos \alpha x + \sin \alpha x) + A_4 \alpha e^{-\alpha x}(\cos \alpha x - \sin \alpha x)$$

これから，境界条件1により

$$-A_3 \alpha + A_4 \alpha = 0$$

が得られる．したがって

$$A_3 = A_4 = A$$

である．

結局，はりのたわみと土に対する圧力は，次式によって決定される．

$$w(x) = \frac{1}{kb} \varphi(x) = A e^{-\alpha x}(\cos \alpha x + \sin \alpha x) \qquad (5.14)$$

微分すると，はりの弾性曲線に対する接線のこう配を見出すことができる．

$$\tan \delta = w'(x) = -2A\alpha e^{-\alpha x} \sin \alpha x \qquad (5.15)$$

曲げモーメントは

$$-\frac{1}{D} M(x) = w''(x) = -2A\alpha^2 e^{-\alpha x}(\cos \alpha x - \sin \alpha x) \qquad (5.16)$$

またせん断力は

$$-\frac{1}{D} Q(x) = w'''(x) = 4A\alpha^3 e^{-\alpha x} \cos \alpha x \qquad (5.17)$$

である．

境界条件2から次式が出てくる．

$$-4DA\alpha^3 = -\frac{P}{2}$$

これから，任意定数Aは

$$A = \frac{P}{8D\alpha^3}$$

となる．

定数Aの値を (4.14)，(4.15)，(4.16)，(4.17) に代入すると，$x > 0$ の断面における問題の完全な解が次の形で得られる．

216 第Ⅴ章 有限剛性構造物底面における反力

$$\varphi(x)=\frac{Pkb}{8D\alpha^3}\,\eta_1=\frac{P\alpha}{2}\,\eta_1$$

$$\tan\delta=-\frac{P}{4D\alpha^2}\,\eta_2=-\frac{P\alpha^2}{kb}\,\eta_2$$

$$M(x)=\frac{P}{4\alpha}\,\eta_3 \tag{5.18}$$

$$Q(x)=-\frac{P}{2}\,\eta_4$$

ここに

$$\eta_1=e^{-\alpha x}(\cos\alpha x+\sin\alpha x)$$

$$\eta_2=e^{-\alpha x}\sin\alpha x$$

$$\eta_3=e^{-\alpha x}(\cos\alpha x-\sin\alpha x) \tag{5.19}$$

$$\eta_4=e^{-\alpha x}\cos\alpha x$$

である.

関数 η_1, η_2, η_3 および η_4 の値は,文献[131]から引用して付録の 表 XXII に示してある.これらの関数は, x の値が増大するにつれて急激に減衰することに注意しよう.これらの関数の根,すなわち関数が 0 になる x の値を決定することは困難ではない.

実際に,関数 η_1 に対しては方程式

$$\cos\alpha x+\sin\alpha x=0$$

から

$$\tan\alpha x=-1$$

であり,これから

$$\alpha x=\frac{3}{4}\,\pi,\quad\frac{7}{4}\,\pi,\quad\frac{11}{4}\,\pi,\quad\cdots$$

なる根が得られる.

関数 η_2 に対しては方程式

$$\sin\alpha x=0$$

から次の根を得る.

$$\alpha x=0,\quad\pi,\quad2\pi,\quad\cdots$$

関数 η_3 に対しては方程式　$\cos\alpha x-\sin\alpha x=0$

から
$$\tan \alpha x = 1$$
を得，これから
$$\alpha x = \frac{\pi}{4}, \quad \frac{5}{4}\pi, \quad \frac{9}{4}\pi, \cdots$$
なる根が得られる．

関数 η_4 に対しては，$\cos \alpha x = 0$ の条件から次の根を得る．
$$\alpha x = \frac{\pi}{4}, \quad \frac{3}{2}\pi, \quad \frac{5}{2}\pi, \cdots$$

これらの関数の導関数が表 14 に示すような関係を満足することは，容易に確かめられる．

表 14

$\eta_k \diagdown \eta^i$	η'	η''	η'''	η^{IV}
η_1	$-2\alpha\eta_2$	$-2\alpha^2\eta_3$	$4\alpha^3\eta_4$	$-4\alpha^4\eta_1$
η_2	$\alpha\eta_3$	$-2\alpha^2\eta_4$	$2\alpha^3\eta_1$	$-4\alpha^4\eta_2$
η_3	$-2\alpha\eta_4$	$2\alpha^2\eta_1$	$-4\alpha^3\eta_2$	$-4\alpha^4\eta_3$
η_4	$-\alpha\eta_1$	$2\alpha^2\eta_2$	$2\alpha^3\eta_3$	$-4\alpha^4\eta_4$

この場合の荷重に対して，$x<0$ の断面における地盤反力と曲げモーメントは，力 P の作用線に対して対称の位置 ($x>0$) の断面におけるこれらの値と数値も符号も等しい．せん断力は数値は等しいが，符号が逆である．

モーメント図，せん断力図および地盤反力図の特徴を図 146 に示す．点 A に集中力 $P=1$ が加えられた場合の点 B における地盤反力，基礎地盤表面の沈下，曲げモーメントおよびせん断力は，明らかに点 B に集中力 $P=1$ が加えられた場合の断面 A における値と等しい．

したがって，点 A に加えられる力 $P=1$ による q, w, M, Q の図は，断面 A における q, w, M, Q の値の影響線とみなされる．これらの影響線を利用して（あるいは，図 147 に

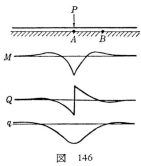

図 146

示すように直接重ね合わせることによって）、はりに任意数の集中力が加えられた場合の断面 a-a における計算値を求めることができる．

偶力荷重　もしはりの $x=0$ の断面にモーメント M_0 の偶力が加えられるならば（図 148），$x=0$ の断面の右側の近傍，すなわち $\varepsilon \to 0$ における $x+\varepsilon$

図　147　　　　　　　　　　図　148

においてモーメントは $M(0+\varepsilon) = +M_0/2$ であり，$x=0$ の断面の左側の近傍においてモーメントは $M(0-\varepsilon) = -M_0/2$ である．集中荷重の場合との相違は，境界条件 1 および 2 のかわりに次のような条件を用いることだけである．

1) $x=0$ において逆対称になるので，はりのたわみは $w(0)=0$ である．
2) $x=0+\varepsilon$ の断面において，モーメントは $M(0+\varepsilon) = +M_0/2$ である．

条件 1 から (5.13) により $A_3=0$ を得る．したがって

$$\frac{1}{kb}\varphi(x) = w(x) = A_4 e^{-\alpha x} \sin \alpha x = A_4 \eta_2 \qquad (5.20)$$

微分して次の関係が得られる．

$$\tan \delta = w'(x) = A_4 \alpha e^{-\alpha x}(\cos \alpha x - \sin \alpha x) = A_4 \alpha \eta_3 \qquad (5.21)$$

$$-\frac{1}{D} M(x) = w''(x) = -2A_4 \alpha^2 e^{-\alpha x} \cos \alpha x = -2A_4 \alpha^2 \eta_4 \qquad (5.22)$$

$$-\frac{1}{D} Q(x) = w'''(x) = 2A_4 \alpha^3 e^{-\alpha x}(\cos \alpha x + \sin \alpha x) = 2A_4 \alpha^3 \eta_1 \qquad (5.23)$$

条件 2 と $w''(x)$ に対する式から

$$2A_4 D \alpha^2 = \frac{M_0}{2}$$

を得，これから

$$A_4 = \frac{1}{4D\alpha^2} M_0$$

1. 地盤係数法

である.

このようにして見出した A_4 の値を (5.20)～(5.23) に入れると, $x>0$ の断面に対する問題の完全な解が得られる. 容易にわかるように, この解には集中力に対する解に入ってきたと同一の関数が入ってくる. 反力図, 曲げモーメント図およびせん断力図の特性を図 149 に示す. 対称条件から反力図と曲げモーメント図は逆対称であり, せん断力図は対称である.

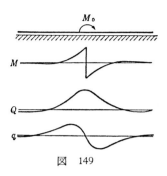

図 149

$x=0$ において曲げモーメントは $M(0)=M_0/2$ であり, せん断力は $Q(0)=-\alpha/2 \cdot M_0$ であることに注意しよう.

分布荷重　いま区間 (a, b) に $f(\xi)$ の法則に従う分布荷重が加えられるとしよう (図 150). 非同次方程式 (5.4) に対応する解のかわりに, 次のようなより簡単な解法を用いてみる. もし上に導いた集中荷重に対する解 (5.18) において, この集中荷重が座標原点に加えられるのではなく, 横座標 ξ の点に加えられるものとすれば, 解の形はそのままであるが, 載荷点から横座標が x なるはりの底面の点までの距離を x で表わすことはできず, 図 151 に示すように $x>\xi$ の場合 $(x-\xi)$ で表わさなければならない. したがって, この場合以前の解におけるすべての x を $(x-\xi)$ でおきかえなければならない. もしはりに集中荷重ではなく, 区間 (a, b) に $f(\xi)$ の分布荷重が加えられるならば, 座標原点から ξ の距離のところに荷重要素 $P_\xi=f(\xi)d\xi$ を取り出し, (5.14)～(5.17) における P を P_ξ でおきかえてから, 載荷区間

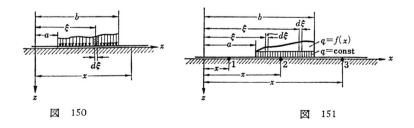

図 150　　　　　　　　図 151

220　第Ⅴ章　有限剛性構造物底面における反力

(a, b) の範囲で積分を行なう.

特に $x>b>a$ におけるたわみ $w(x)$ に対しては次式が得られる.

$$w(x)=\frac{1}{8D\alpha^3}\int_a^b e^{-\alpha(x-\xi)}[\cos\alpha(x-\xi)+\sin\alpha(x-\xi)]f(\xi)d\xi$$

$$(5.24)$$

いまたとえば $q=f(\xi)=$ const であると，$x>b>a$ の値における 図の点 3 に対しては，$8D\alpha^4=2kb$ であることを考慮して次式を得る.

$$w(x)=\frac{q}{8D\alpha^4}\left[e^{-\alpha(x-\xi)}\cos\alpha(x-\xi)\right]_a^b$$

$$=\frac{q}{2kb}\left[e^{-\alpha(x-b)}\cos\alpha(x-b)-e^{-\alpha(x-a)}\cos\alpha(x-a)\right]\qquad(5.25)$$

$x<a<b$ の値における点 1 に対しては，図 151 により (5.14) において x を $(\xi-x)$ でおきかえ，これから上に述べたと同様に次式を得る.

$$w(x)=\frac{q}{2kb}\left[e^{-\alpha(b-x)}\cos\alpha(b-x)-e^{-\alpha(a-x)}\cos\alpha(a-x)\right]\qquad(5.26)$$

$a<x<b$ の値の点 2 の場合，$\xi<x$ に対しては (5.14) において x を $(x-\xi)$ でおきかえ，a から x まで積分し，$\xi>x$ に対しては x を $(\xi-x)$ でおきかえ，x から b まで積分する. 結局，上と同様に次式を得る（図 151）.

$$w(x)=\frac{q}{2kb}\left[e^{-\alpha(b-x)}\cos\alpha(b-x)-e^{-\alpha(x-a)}\cos\alpha(x-a)\right]\qquad(5.27)$$

$\varphi(x)$, $M(x)$, $Q(x)$ に対する式は，(5.14)〜(5.17) を積分しても見出すことができるが，(5.25)〜(5.27) を微分してもよい.

そのほかの分布荷重の場合には，関数 $f(\xi)$ に対応する式を用い，$x>b>a$ の値に対するたわみや地盤反力の分布は (5.24) により求められる. $x<a<b$ あるいは $a<x<b$ に対しては，上に述べたこれらの場合に対する方法と同様にして扱うことができる.

1・4　一方の側に無限に伸びるはり

はりの端を座標原点にとり，ここに鉛直集中力 P_0 とモーメント M_0 の偶力を加える（図 152）.

このとき問題の解は，次の境界条件における (5.13) によって決定される.

1. 地盤係数法　221

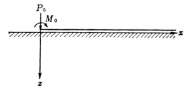

図　152

$x=0$ において
$$M = -Dw''(x) = M_0$$
$$Q = -Dw'''(x) = -P_0$$

(5.13) を微分すると次のようになる.
$$w''(x) = 2A_3\alpha^2 e^{-\alpha x}\sin\alpha x - 2A_4\alpha^2 e^{-\alpha x}\cos\alpha x$$
$$w'''(x) = 2A_3\alpha^3 e^{-\alpha x}(\cos\alpha x - \sin\alpha x)$$
$$+ 2A_4\alpha^3 e^{-\alpha x}(\cos\alpha x + \sin\alpha x)$$

上の境界条件を考慮すると
$$2DA_4\alpha^2 = M_0$$
$$-2DA_3\alpha^3 - 2DA_4\alpha^3 = -P_0$$

となり，これから
$$A_4 = \frac{1}{2\alpha^2 D}M_0 = \frac{2\alpha^2}{kb}M_0$$
$$A_3 = \frac{1}{2\alpha^3 D}P_0 - \frac{1}{2\alpha^2 D}M_0 = \frac{2\alpha}{kb}P_0 - \frac{2\alpha^2}{kb}M_0$$

が得られる．

結局，いま考えている荷重の場合に対するたわみの式 (5.13) は次の形をとる．
$$w(x) = \left(\frac{2\alpha}{kb}P_0 - \frac{2\alpha^2}{kb}M_0\right)e^{-\alpha x}\cos\alpha x + \frac{2\alpha^2}{kb}M_0 e^{-\alpha x}\sin\alpha x$$
$$= \frac{2\alpha}{kb}(P_0 - \alpha M_0)\eta_4 + \frac{2\alpha^2}{kb}M_0\eta_2$$

はりの軸の接線の傾斜角に対する式は
$$w'(x) = -\frac{2\alpha^2}{kb}(P_0 - \alpha M_0)\eta_1 + \frac{2\alpha^3}{kb}M_0\eta_3$$

曲げモーメントに対しては

$$M(x) = -Dw''(x) = -\frac{1}{\alpha}(P_0 - \alpha M_0)\eta_2 + M_0 \eta_4$$

せん断力に対しては

$$Q(x) = -Dw'''(x) = -(P_0 - \alpha M_0)\eta_3 - \alpha M_0 \eta_1$$

である.

荷重が加えられる点，すなわち $x=0$ において

$$\eta_1 = \eta_3 = \eta_4 = 1, \quad \eta_2 = 0$$

であるから，これから

$$w(0) = \frac{2\alpha}{kb}(P_0 - \alpha M_0), \quad M(0) = M_0$$

$$w'(0) = -\frac{2\alpha^2}{kb}(P_0 - 2\alpha M_0), \quad Q(0) = -P_0$$

が得られる.

はりに任意の荷重，たとえば図 153 に示すような荷重が加わる場合，次のような計算法が用いられる．座標原点を考えている半無限ばりの端にとり，x の負の側にはりの両方向に無限の長さになるようにはりをつけ加える．

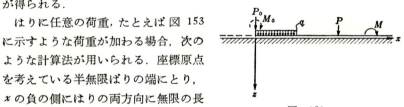

図 153

上述の方法によってこのような無限長さのはりに対して，たわみ図，回転角図，曲げモーメント図およびせん断力図が見出される．したがって，座標原点 ($x=0$) における曲げモーメント $M_1(0)$ とせん断力 $Q_1(0)$ は既知となる．

もし無限長さのはりの座標原点に，鉛直力 P_0 と外部モーメント M_0 をつけ加えるならば，座標原点の（右側の）近傍の断面におけるこれらの荷重による曲げモーメントとせん断力は，

$$M_2(0) = \frac{P_0}{4\alpha} + \frac{M_0}{2}$$

$$Q_2(0) = -\frac{P_0}{2} - \frac{\alpha}{2}M_0$$

に等しいであろう．

実際には，はりは半無限であり，図153に示すように，$x=0$の断面において曲げモーメントとせん断力は0に等しいので，無限長さのはりのこの断面において曲げモーメントとせん断力が0になるように，M_0とP_0の値を選ばなければならない．これから次式が成立する．

$$M_1(0) + \frac{P_0}{4\alpha} + \frac{M_0}{2} = 0$$

$$Q_1(0) - \frac{P_0}{2} - \frac{\alpha}{2}M_0 = 0$$

この連立方程式を解くと，次の結果が得られる．

$$M_0 = -4M_1(0) - \frac{2}{\alpha}Q_1(0)$$

$$P_0 = 4\alpha M_1(0) + 4Q_1(0)$$

結局半無限ばりの問題は，固定荷重のほかに，さらに上に与えられたM_0とP_0の荷重がつけ加えられた無限長さのはりの問題を解くことに帰着する．この場合に得られる解は，もちろん$x>0$の値において有効である．もし半無限ばりの端に外部荷重PとMが加えられた場合，これらの荷重の影響はもっとも簡単な方法——上に導かれた解に対して重ね合わせる方法——によって算定される．

1・5 有限長さのはり

以下に述べる有限長さのはりとスラブの計算法は，クルイロフの方法[108]とプズイレフスキーの初期パラメーター法[107]を組み合わせたものである．

集中力および偶力荷重　最初に，有限長さのはりに外部荷重としていくつかの集中鉛直荷重P_iとモーメントM_iが加えられる場合を考えよう．

はりの座標原点と$x=a_1$の断面の間の区間Ⅰ（図154）を考える．

たわみ$w(x)$，弾性曲線に対する接線の傾斜角$\delta \simeq \tan\delta$，曲げモーメント$M(x)$およびせん断力$Q(x)$の値を求めるため，(5.11)

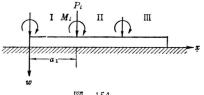

図　154

224   第Ⅴ章　有限剛性構造物底面における反力

の解を用いる.

$$w(x) = A_1Y_1(x) + A_2Y_2(x) + A_3Y_3(x) + A_4Y_4(x)$$

$$\delta(x) = w'(x) = A_1Y_1'(x) + A_2Y_2'(x) + A_3Y_3'(x)$$
$$+ A_4Y_4'(x)$$

$$-\frac{1}{D}M(x) = w''(x) = A_1Y_1''(x) + A_2Y_2''(x) + A_3Y_3''(x)$$
$$+ A_4Y_4''(x)$$

$$-\frac{1}{D}Q(x) = w'''(x) = A_1Y_1'''(x) + A_2Y_2'''(x) + A_3Y_3'''(x)$$
$$+ A_4Y_4'''(x)$$

(5.28)

(5.12) の値を考慮すると, $x=0$ の場合

$$w(0) = A_1$$
$$\delta(0) = \alpha A_2$$
$$-\frac{1}{D}M(0) = \alpha^2 A_3$$
$$-\frac{1}{D}Q(0) = \alpha^3 A^4$$

のようになる.

これから表 13 を参考にして, 第Ⅰ区間に対して (5.28) は

$$w(x) = w(0)Y_1(x) + \frac{1}{\alpha}\delta(0)Y_2(x) - \frac{M(0)}{D\alpha^2}Y_3(x)$$
$$- \frac{Q(0)}{D\alpha^3}Y_4(x)$$

$$\delta(x) = -4\alpha w(0)Y_4(x) + \delta(0)Y_1(x) - \frac{M(0)}{D\alpha}Y_2(x)$$
$$- \frac{Q(0)}{D\alpha^2}Y_3(x)$$

$$-\frac{1}{D}M(x) = -4\alpha^2 w(0)Y_3(x) - 4\alpha\delta(0)Y_4(x)$$
$$- \frac{1}{D}M(0)Y_1(x) - \frac{1}{\alpha D}Q(0)Y_2(x)$$

$$-\frac{1}{D}Q(x) = -4\alpha^3 w(0)Y_2(x) - 4\alpha^2\delta(0)Y_3(x)$$

(5.29)

$$+4\frac{\alpha}{D}M(0)Y_4(x)-\frac{1}{D}Q(0)Y_1(x)$$

となる.

任意定数 A_1, A_2, A_3, A_4, あるいはこれらに対応する $w(0)$, $\delta(0)$, $M(0)$, $Q(0)$ は，第Ⅰの区間および最後の区間に対するそれぞれの式を利用して，境界 $x=0$ および $x=l$ における条件から決定されなければならない (図155). もっともひんぱんに出合う境界の固定条件の可能な場合を表15に示す.

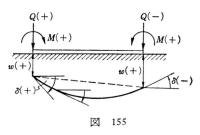

図 155

表 15

例	固定の条件	
	$x=0$ の境界	$x=l$ の境界
1	固定：$w(0)=0$ $\delta(0)=w'(0)=0$	固定：$w(l)=0$ $\delta(l)=w'(l)=0$
2	固定：$w(0)=0$ $\delta(0)=w'(0)=0$	ヒンジ：$w(l)=0$ $M(l)=-Dw''(l)\begin{cases}=0\\=M_l\end{cases}$
3	固定：$w(0)=0$ $\delta(0)=w'(0)=0$	自由：$M(l)=-Dw''(l)\begin{cases}=0\\=M_l\end{cases}$ $Q(l)=-Dw'''(l)\begin{cases}=0\\=P_l\end{cases}$
4	ヒンジ：$w(0)=0$ $M(0)=-Dw''(0)\begin{cases}=0\\=M_0\end{cases}$	ヒンジ：$w(l)=0$ $M(l)=-Dw''(l)\begin{cases}=0\\=M_l\end{cases}$
5	ヒンジ：$w(0)=0$ $M(0)=-Dw''(0)\begin{cases}=0\\=M_0\end{cases}$	自由：$M(l)=-Dw''(l)\begin{cases}=0\\=M_l\end{cases}$ $Q(l)=-Dw'''(l)\begin{cases}=0\\=P_l\end{cases}$
6	自由：$M(0)=-Dw''(0)\begin{cases}=0\\=M_0\end{cases}$ $Q(0)=-Dw'''(0)\begin{cases}\mathbf{=0}\\=P_0\end{cases}$	自由：$M(l)=-Dw''(l)\begin{cases}=0\\=M_l\end{cases}$ $Q(l)=-Dw'''(l)\begin{cases}=0\\=P_l\end{cases}$

たとえば，もっともしばしば出合う例6（両端自由）を考え，左端（$x=0$ の断面）に集中力 P_0 とモーメント M_0，すなわち $M(0)=M_0$ および $Q(0)=-P_0$ が加えられるとする．(5.29) において，$M(0)$ と $Q(0)$ の値を M_0 と $-P_0$ でおきかえる．このときこれらの式に残る未定係数は $w(0)$ と $\delta(0)$ だけであり，これらはさらに境界 $x=l$ における条件から決定される．

最初の区間における左の任意の断面 x には，外部荷重が働かないものとする（図156）．したがって，(5.29) の最初の式から第Ⅰの区間の範囲内でたわみ $w(x)$ は次の形になる．

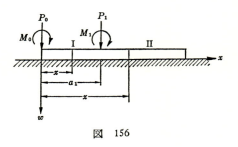

図　156

$$w(x)=F_0(x)+\Phi_1(x) \qquad (5.30)$$

ここに

$$F_0(x)=w(0)Y_1(x)+\frac{1}{\alpha}\delta(0)Y_2(x) \qquad (5.31)$$

および

$$\Phi_1(x)=-\frac{M_0}{D\alpha^2}Y_3(x)+\frac{P_0}{D\alpha^3}Y_4(x) \qquad (5.32)$$

である．

この $F_0(x)$ の項は，パラメーター $w(0)$ と $\delta(0)$ の影響を表わしている．$x=0$ における境界条件が異なる場合，これらのパラメーターは異なってくる．

いま断面 $x=a_1$ に集中力 P_1 とモーメント M_1 が作用すると仮定する．このとき第Ⅰの区間におけるたわみ $w(x)$ に対する式に，$\Phi(x,a_1)$ で表わされる項を加えなければならない．この項は，第Ⅱの区間の任意の断面 x において P_0 と M_0 のほかに P_1 と M_1 の力が加えられているので，この P_1 と M_1 の外力の影響を表わすものである．このように第Ⅱの区間に対してたわみは

$$w(x)=F_0(x)+\Phi_2(x) \qquad (5.33)$$

で表わされる. ここに

$$\Phi_2(x) = \Phi_1(x) + \Phi(x, a_1) \qquad (5.34)$$

である.

　ここで注意しなければならないのは, (5.33) および (5.34) に入ってくる関数 $F_0(x)$, $\Phi_1(x)$ およびその導関数の断面 $x=a_1$ を通過するときの 値が連続的に変化しなければならないということである. 関数 $\Phi(x, a_1)$ については, 特別の検討を加えなければならない.

　関数 $\Phi(x, a_1)$ は, はりの第 I 区間において 0 でなければならないが, その他の区間では 0 以外の数値をとるはずである. さらに, この関数は基本方程式 (5.5) の特解でなければならない. なぜならば, そうでないと第 II 区間における $w(x)$ に対する式は, 基本方程式 (5.5) を満足しないことになる. それと同時に, この関数は第 I 区間と第 II 区間の境界, すなわち $x=a_1$ において次の条件を満足するものでなければならない. a) はりの 連続条件 (はりの 2 つの区間を境界する点の近傍におけるたわみおよび 弾性曲線に対する接線 a_1 の回転角が等しいこと), および b) 静力学的条件 ($x=a_1$ の左側の断面から $x=a_1$ の右側の断面に移行するさい, 曲げモーメントおよびせん断力に M_1 と P_1 の値がつけ加えられること), これらすべての条件は, 次の形に 書き表わすことができる*.

$$\left.\begin{array}{l} w(a_1+0) = w(a_1-0) \\ w'(a_1+0) = w'(a_1-0) \end{array}\right\} \qquad (5.35)$$

$$\left.\begin{array}{l} w''(a_1+0) = w''(a_1-0) - \dfrac{M_1}{D} \\[2mm] w'''(a_1+0) = w'''(a_1-0) + \dfrac{P_1}{D} \end{array}\right\} \qquad (5.36)$$

　ここに, (a_1+0) および (a_1-0) は, $x=a_1$ の断面から右および左に分布する任意の近傍における断面を表わす.

　次の関数をとるならば, これまで述べたすべての条件を満足することが容易に確かめられる.

---

* (原注) $M(a_1+0)=M(a_1-0)+M_1$ および $Q(a_1+0)=Q(a_1-0)-P_1$ なので, これから $-Dw''(a_1+0)=-Dw''(a_1-0)+M_1$ および $-Dw'''(a_1+0)=-Dw'''(a_1-0)-P_1$ が得られる.

228   第V章   有限剛性構造物底面における反力

$$\Phi(x, a_1) = -\frac{M_1}{D\alpha^2} Y_3(x-a_1) + \frac{P_1}{D\alpha^3} Y_4(x-a_1) \qquad (5.37)$$

実際，この場合 $w(x)$ および $w'(x)$ に対する式の中に，関数 $Y_3(x-a_1)$，$Y_4(x-a_1)$，$Y_3'(x-a_1)$，$Y_4'(x-a_1)$ よりなる関数 $\Phi(x, a_1)$ および $\Phi'(x-a)$ が入ってくる．2つの関数 $Y_3'(x-a)$ と $Y_4'(x-a_1)$ は，表 13 により $Y_2(x-a_1)$ と $Y_3(x-a_1)$ で表わされる．(5.12) によりこれらすべての関数は $x=a_1$ において 0 となり，これは連続条件 (5.35) を満足していることになる．

さらに関数 $\Phi(x, a_1)$ を微分し，表 13 を考慮すると次の式を得る．

$$\Phi''(x, a_1) = -\frac{M_1}{D} Y_1(x-a_1) + \frac{P_1}{D\alpha} Y_2(x-a_1)$$

$$\Phi'''(x, a_1) = \frac{4\alpha M_1}{D} Y_4(x-a_1) + \frac{P_1}{D} Y_1(x-a_1)$$

(5.12) によれば，$x=a_1$ における関数 $Y_4(x-a_1)$ と $Y_2(x-a_1)$ は 0 になり，$Y_1(x-a_1)$ は 1 になることが容易にわかる．結局，$x=a_1$ において

$$\Phi''(x, a_1) = -\frac{M_1}{D}$$

および

$$\Phi'''(x, a_1) = \frac{P_1}{D}$$

が得られる．

このことは，断面 $x=a_1$ を越える瞬間に関数 $w(x)$ の 2 次および 3 次導関数が $-M_1/D$ および P_1/D の値だけ変化することを示している．なぜならば，(5.33)，(5.34) における $\Phi(x, a_1)$ 以外の項の導関数は，上に示したように連続的に変化するからである．したがって，(5.37) で選んだ関数 $\Phi(x, a_1)$ の形は，(5.35) および (5.36) の条件を満足している．

以上のことから明らかなように，第Ⅱ区間に対する式として (5.33)，(5.34) および (5.37) を用いることができる．

まったく同様の方法で第Ⅲ区間に対して

$$w(x) = F_0(x) + \Phi_3(x)$$

であることを示すことができる．ここに

$$\Phi_3(x) = \Phi_2(x) + \Phi(x, a_2) = \Phi_1(x) + \Phi(x, a_1) + \Phi(x, a_2)$$

および

$$\Phi(x, a_2) = -\frac{M_2}{D\alpha^2} Y_3(x - a_2) + \frac{P_2}{D\alpha^3} Y_4(x - a_2)$$

である.

i 番目の区間に対しては，上に準じて次のように表わされる.

$$w(x) = F_0(x) + \Phi_i(x) \qquad (5.38)$$

以前と同じように，ここで

$$\left. \begin{array}{l} F_0(x) = w(0) Y_1(x) + \dfrac{1}{\alpha} \delta(0) Y_2(x) \\[3mm] \Phi_i(x) = -\dfrac{1}{D\alpha^2} \sum_0^{i-1} M_i Y_3(x - a_i) + \dfrac{1}{D\alpha^3} \sum_0^{i-1} P_i Y_4(x - a_i) \end{array} \right\} \qquad (5.39)$$

であり，また $a_0 = 0$ とする.

(5.38) から

$$\left. \begin{array}{l} \delta(x) = w'(x) = F_0'(x) + \Phi_i'(x) \\[2mm] M(x) = -D[F_0''(x) + \Phi_i''(x)] \\[2mm] Q(x) = -D[F_0'''(x) + \Phi_i'''(x)] \end{array} \right\} \qquad (5.40)$$

が得られる.

(5.39) を微分し，表 13 の関係を参考にすると 2 次および 3 次導関数に対する式が得られる. これらの式は，将来の説明に役に立つのでここに記載しておく.

$$\left. \begin{array}{l} F_0'(x) = -4\alpha w(0) Y_4(x) + \delta(0) Y_1(x) \\[2mm] F_0''(x) = -4\alpha^2 w(0) Y_3(x) - 4\alpha \delta(0) Y_4(x) \\[2mm] F_0'''(x) = -4\alpha^3 w(0) Y_2(x) - 4\alpha^2 \delta(0) Y_3(x) \end{array} \right\} \qquad (5.41)$$

$$\left. \begin{array}{l} \Phi_i'(x) = -\dfrac{1}{D\alpha} \sum_0^{i-1} M_i Y_2(x - a_i) + \dfrac{1}{D\alpha^2} \sum_0^{i-1} P_i Y_3(x - a_i) \\[4mm] \Phi_i''(x) = -\dfrac{1}{D} \sum_0^{i-1} M_i Y_1(x - a_i) + \dfrac{1}{D\alpha} \sum_1^{i-1} P_i Y_2(x - a_i) \\[4mm] \Phi_i'''(x) = -\dfrac{4\alpha}{D} \sum_0^{i-1} M_i Y_4(x - a_i) + \dfrac{1}{D} \sum_0^{i-1} P_i Y_1(x - a_i) \end{array} \right\} \qquad (5.42)$$

230 第V章 有限剛性構造物底面における反力

このようにしてすべての区間に対する $w(x)$ を組立ててから，決定されずに残っているパラメーター $\delta(0)$ と $w(0)$ の決定へと進む.

表 15 の 6 の場合の条件に従って，境界 $x = l$ に対しては，
$$-Dw''(l) = M_l \quad および \quad -Dw'''(l) = P_l$$
が得られる.

このとき (5.38) を微分して，$w(0)$ および $\delta(0)$ を決定するための 2 つの式からなる連立方程式を得る.

$$-\frac{M_l}{D} = F_0''(l) + \varPhi''(l)$$

$$= w(0)Y_1''(l) + \frac{1}{\alpha}\delta(0)Y_2''(l) + \varPhi''(l)$$

$$-\frac{Q_l}{D} = F_0'''(l) + \varPhi'''(l) = w(0)Y_1'''(l) + \frac{1}{\alpha}\delta(0)Y_2'''(l) + \varPhi'''(l)$$

これらの式に 表 13 に従ってクルイロフ関数の導関数を代入すると次式を得る.

$$Y_3(l)w(0) + \frac{1}{\alpha}Y_4(l)\delta(0) = A$$

$$Y_2(l)w(0) + \frac{1}{\alpha}Y_3(l)\delta(0) = B$$

ここに

$$A = \frac{1}{4\alpha^2}\left[\varPhi''(l) + \frac{M_l}{D}\right] \left.\vphantom{\frac{1}{4\alpha^2}}\right\}$$
$$B = \frac{1}{4\alpha^3}\left[\varPhi'''(l) + \frac{Q_l}{D}\right] \tag{5.43}$$

である.

こうして得た連立方程式を $w(0)$ と $\delta(0)$ に関して解いて

$$w(0) = \frac{AY_3(l) - BY_4(l)}{Y_3^2(l) - Y_2(l)Y_4(l)} \left.\vphantom{\frac{AY_3}{Y_3}}\right\}$$
$$\delta(0) = \alpha\frac{BY_3(l) - AY_2(l)}{Y_3^2(l) - Y_2(l)Y_4(l)} \tag{5.44}$$

を見出す.

$w(0)$ および $\delta(0)$ に対して得た式を (5.39) に入れると，対象にした問

題の完全な解，特にはりのすべての区間に対する関数 $w(x)$ とその導関数の式が得られる．

分布荷重 最後に図 157 に示すように，ある規則 $f(\xi)$ に従って区間 (a, b) に連続的に分布する外部荷重の場合を考える．

区間 (a, b) における $x<b$ の任意の断面に対して，(5.39) において $M_i=0$, $P_i=f(\xi)d\xi$, $a_i=\xi$ とし，和の記号を a から x までの積分でおきかえると，Φ_i のかわりに次の項が得られる．

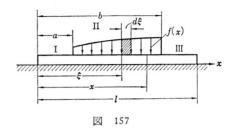

図 157

$$\Phi(x) = \frac{1}{D\alpha^3}\int_a^x f(\xi)Y_4(x-\xi)d\xi \qquad (5.45)$$

たとえば，等分布荷重 $f(\xi)=q$ の場合
$$4D\alpha^4 = kb, \quad Y_1(0)=1$$

および表 13 により
$$\frac{d}{d\xi}Y_1(x-\xi) = 4\alpha Y_4(x-\xi)$$

から
$$\int Y_4(x-\xi)d\xi = \frac{1}{4\alpha}Y_1(x-\xi)$$

なので，
$$\Phi(x) = \frac{q}{D\alpha^3}\int_a^x Y_4(x-\xi)d\xi = \frac{q}{kb}[1-Y_1(x-a)] \qquad (5.46)$$

となる．

$x>b$ の任意の断面に対するたわみの式を作る場合には，
$$\Phi(x) = \frac{1}{D\alpha^3}\int_a^b f(\xi)Y_4(x-\xi)d\xi \qquad (5.47)$$

となる．

232　第V章　有限剛性構造物底面における反力

等分布荷重 $f(\xi)=q$ の場合，この式は次の形になる．

$$\Phi(x)=\frac{q}{D\alpha^3}\int_a^b Y_4(x-\xi)d\xi=\frac{q}{kb}[Y_1(x-b)-Y_1(x-a)] \qquad (5.48)$$

もし等分布荷重が $x=0$ の断面から作用するならば，(5.46) および (5.48) に対して $a=0$ とおいて次式を得る．

$x\leqq b$ の断面に対して

$$\Phi(x)=\frac{q}{kb}[1-Y_1(x)]$$

$x>b$ の断面に対して

$$\Phi(x)=\frac{q}{kb}[Y_1(x-b)-Y_1(x)]$$

もし等分布荷重が多くの分離した区間 (a_n, b_n) に作用するならば，

$$\Phi(x)=\sum\frac{q_n}{kb}[Y_1(x-b_n)-Y_1(x-a_n)] \qquad (5.49)$$

が得られる．

　この場合 $x<a_n$ であれば，P_n 以降の荷重を考慮しなくともよい．もし $x=b_n$ あるいは $x<b_n$ であれば，その x 断面に対して $Y_1(x-b_n)=1$ になる．もし $x>b_n$ であれば，$\Phi(x)$ は (5.49) で導いた式によって決定される．q_n は a_n から b_n までの区間に分布する荷重強さを表わす．

　関数 $\Phi(x)$ を微分し，表 13 を参考にすると，あとで利用できる次の導関数を見出すことができる．

$$\left.\begin{array}{l} \Phi'(x)=-4\dfrac{\alpha}{kb}\sum q_n[Y_4(x-b_n)-Y_4(x-a_n)] \\[2mm] \Phi''(x)=-4\dfrac{\alpha^2}{kb}\sum q_n[Y_3(x-b_n)-Y_3(x-a_n)] \\[2mm] \Phi'''(x)=-4\dfrac{\alpha^3}{kb}\sum q_n[Y_2(x-b_n)-Y_2(x-a_n)] \end{array}\right\} \qquad (5.50)$$

これらの式において $x\leqq b_n$ の場合，$Y_2(x-b_n)=Y_3(x-b_n)=Y_4(x-b_n)=0$ とすべきものである．

これまで述べてきたことから，種々の載荷様式の場合に対する $\Phi(x)$ の式

を表わすことができる．たとえば，図 158 に示すような載荷様式の場合は次のようになる．

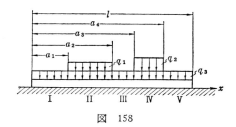

図　158

第Ⅰ区間に対しては，

$$\Phi_{\mathrm{I}}(x)=\frac{q_3}{kb}[1-Y_1(x)]$$

第Ⅱ区間に対しては，

$$\Phi_{\mathrm{II}}(x)=\Phi_{\mathrm{I}}(x)+\frac{q}{kb}[1-Y_1(x-a_1)]$$

第Ⅲ区間に対しては，

$$\Phi_{\mathrm{III}}(x)=\Phi_{\mathrm{I}}(x)+\frac{q_1}{kb}[Y_1(x-a_2)-Y_1(x-a_1)]$$

第Ⅳ区間に対しては，

$$\Phi_{\mathrm{IV}}(x)=\Phi_{\mathrm{III}}(x)+\frac{q_2}{kb}[1-Y_1(x-a_3)]$$

第Ⅴ区間に対しては，

$$\Phi_{\mathrm{V}}(x)=\Phi_{\mathrm{III}}(x)+\frac{q_2}{kb}[Y_1(x-a_4)-Y_1(x-a_3)]$$

である．

　荷重が不連続に分布する場合には，はりのたわみの方程式を積分するさいに材料力学で用いられているクレブシ（A. Clebsch）の仮想荷重による方法が好つごうである．上に導いた $\Phi_{\mathrm{I}}(x)$,……, $\Phi_{\mathrm{V}}(x)$ の式が，図 158 に対応する図 159 の仮想荷重による方法を用いて得られる個々の区間に対する式と正確に一致することは

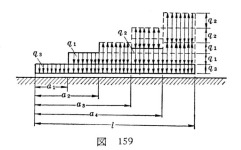

図　159

容易に確かめられる．スラブのすべての区間に対する式 (5.46) を利用すれば，$\Phi(x)$ の式として等分布荷重に対して次式が得られる．

$$\Phi(x) = \sum \frac{q_n}{kb}[1-Y_1(x-a_n)] \tag{5.51}$$

特に，図 159 に対しては次式が得られる．

$$\Phi_V(x) = \frac{1}{kb}\Big\{q_3[1-Y_1(x)] + q_1[1-Y_1(x-a_1)] - q_1[1-Y_1(x-a_2)]$$
$$+ q_2[1-Y_1(x-a_3)] - q_2[1-Y_1(x-a_4)]\Big\}$$

これは上に導いた第 V 区間に対する式と完全に一致する．

(5.51) を微分し，表 13 に示した関係を考慮に入れると，上に導いた (5.50) と類似の導関数に対する式が得られる．

$$\left.\begin{array}{l}\Phi'(x) = \sum \dfrac{4\alpha}{kb} q_n Y_4(x-a_n) \\[6pt] \Phi''(x) = \sum \dfrac{4\alpha^2}{kb} q_n Y_3(x-a_n) \\[6pt] \Phi'''(x) = \sum \dfrac{4\alpha^3}{kb} q_n Y_2(x-a_n)\end{array}\right\} \tag{5.52}$$

仮想荷重の方法は，不連続な不等分布荷重の計算にきわめてつごうがよい (図 160)．この場合 (5.45) を利用し，おのおのの荷重の形に対して対応する $\Phi_i(x)$ をとる．この場合積分範囲はそれぞれに適するものがとられる．

分布荷重が加えられる場合も，集中荷重あるいはモーメントが加えられる場合も，$\Phi_i(x)$ に対応する式はおのおのの区間の範囲内での和がとられる．

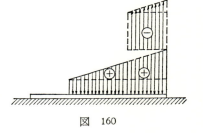

図 160

$\Phi(l)$ を含めてすべての $\Phi_i(x)$ の式を見出すと，(5.43) と (5.44) によりパラメーター $w(0)$ および $\dfrac{1}{\alpha}\delta(0)$ が得られる．これから問題の解は (5.38)，(5.39)，(5.40)，(5.41)，(5.42)，(5.51)，(5.52)，(5.45)

1. 地盤係数法 *235*

および（5.47）の各式で与えられる．

　ある著者は，（5.4）および（5.5）の基本方程式を少し違った形で表わし，基本的な未知関数としてたわみ $w(x)$ ではなく，曲げモーメント $M(x)$ を好んで使っている．これに対応する基本方程式は，たわみの2次導関数が曲げモーメントに比例するので，（5.4）および（5.5）を x について2回微分すれば容易に得られる．境界条件を関数 $M(x)$ およびその導関数で表わし，類似の方法によって関数 $M(x)$ の求める解が得られ，これからたわみ，せん断力およびたわみ角の式も求まる．

　上に述べたように，もしスラブの内部応力や変形に対する式が一般的な形で求められ，十分な精度で関数表として表わされているならば，対象としている問題の解としてたわみ $w(x)$ が与えられても，あるいは曲げモーメント $M(x)$ で与えられても，これらの解は完全に等価である．そうでない場合には，必要とされる計算の精度の立場からみると，曲げモーメントで表わした解のほうが若干すぐれている．例としてスラブの計算を示そう．

　地盤係数を $k=3.0\mathrm{kg/cm^3}=3000\mathrm{ton/m^3}$ とし，はりの弾性係数，ポアソン比，高さおよび幅をそれぞれ $E_p=2\times10^6$ $\mathrm{ton/m^2}$，$\mu_p=0.20$，$h=0.15\mathrm{m}$，$b=1\mathrm{m}$ とする．荷重は図161に示すような形で分布しているものとする．

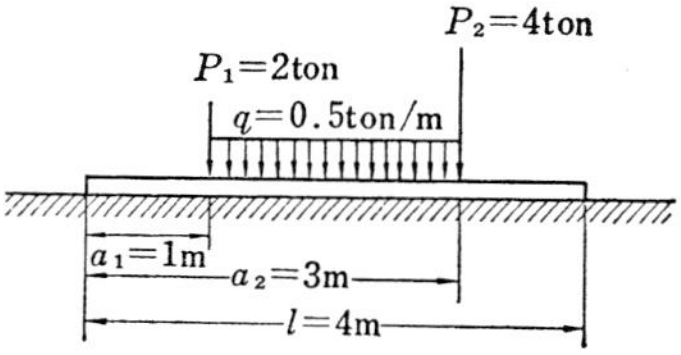

図　161

　与えられた数値により次の値を得る．
はりの慣性モーメントは

$$J_p=\frac{bh^3}{12}=\frac{1\times0.15^3}{12}=0.00028125\mathrm{m^4}$$

はりのたわみ剛性は

$$D=\frac{E_pJ_p}{1-\mu^2_p}=\frac{2\times10^6\times0.00028125}{1-0.2^2}$$
$$=585.94\mathrm{ton\cdot m^2}$$

剛性係数は

$$\alpha=\sqrt[4]{\frac{kb}{4D}}=\sqrt[4]{\frac{3000\times1}{4\times585.94}}=1.064/\mathrm{m}$$

および

236　第Ⅴ章　有限剛性構造物底面における反力

$$\frac{1}{4\alpha^3 D}=\frac{\alpha}{4\alpha^4 D}=\frac{\alpha}{kb}=\frac{1.064}{3000\times 1}=0.00035467\text{m/ton}$$

である.

図 161 により $M_l=Q_l=0$ なので，(5.42)，(5.43)，(5.50) から次式を得る.

$$A=\frac{1}{4\alpha^2}\varPhi''(l)=\frac{1}{4\alpha^2}\frac{1}{D\alpha}[P_1 Y_2(l-a_1)+P_2 Y_2(l-a_2)]$$

$$-\frac{1}{4\alpha^2}\frac{4\alpha^2}{kb}q[Y_3(l-a_2)-Y_3(l-a)]$$

これから付録の 表 XXI により

$$A=0.00035467[2\times(-6.3734)+4\times 1.0185]$$

$$-0.00016667(0.5580+0.3061)=-0.003220$$

が得られ，同様にして

$$B=\frac{1}{4\alpha^3}\varPhi'''(l)=\frac{1}{4\alpha^3}\frac{1}{D}[P_1 Y_1(l-a_1)+P_2 Y_1(l-a_2)]$$

$$-\frac{1}{4\alpha^3}\frac{4\alpha^3}{kb}q[Y_2(l-a_2)-Y_2(l-a_1)]$$

$$=0.00035467[2\times(-12.174)+4\times 0.7850]$$

$$-0.00016667(1.0185+6.3735)=-0.0087509$$

が得られる.

これから (5.44) により

$$w(0)=\frac{A Y_3(l)-B Y_4(l)}{Y_3{}^2(l)-Y_2(l)Y_4(l)}$$

$$=\frac{-0.003220\times(-15.824)-0.0087509\times 4.031}{(-15.824)^2-23.599\times 4.031}=0.00010096\text{m}$$

$$\frac{1}{\alpha}\delta(0)=\frac{B Y_3(l)-A Y_2(l)}{Y_3{}^2(l)-Y_2(l)Y_4(l)}$$

$$=\frac{-0.0087509\times(-15.824)-0.00322\times 23.599}{(-15.824)^2-23.599\times 4.031}=0.00040243\text{m}$$

が見出される.

$w(0)$ および $\delta(0)$ の値を決定すると，任意の断面 x におけるたわみの式を (5.38)，(5.39)，(5.51) に従って次の形で表わすことができる.

$$\frac{\varphi(x)}{kb}=\frac{\varphi(x)}{3000\times 1}=w(x)=w(0)Y_1(x)+\frac{1}{\alpha}\delta(0)Y_2(x)$$

$$+\frac{1}{D\alpha^3}P_1 Y_4(x-1)+\frac{1}{D\alpha^3}P_2 Y_4(x-3)$$

$$+\frac{q}{kb}[1-Y_1(x-1)]-\frac{q}{kb}[1-Y_1(x-3)]$$

$$=0.00010096\,Y_1(x)+0.00040243\,Y_2(x)$$
$$+4\times0.00035467\times2\times Y_4(x-1)+4\times0.00035467\times4\times Y_4(x-3)$$
$$+\frac{0.5}{3000\times1}[1-Y_1(x-1)]-\frac{0.5}{3000\times1}[1-Y_1(x-3)]$$

第Ⅰの区間に対してはこの解の最初の2つの項だけ残り，第Ⅱ区間に対しては第1，第2，第3，第4項が，第Ⅲ区間に対しては得られた解の全部の項が残る．

(5.40)，(5.41)，(5.42)，(5.51) により，たわみ角 $\delta(x)$，曲げモーメント $M(x)$，せん断力 $Q(x)$ の式を見出すことができる．たとえば

$$M(x)=-D[F_0{}''(x)+\varPhi_i{}''(x)]=-D\Big[-4\alpha^2w(0)\,Y_3(x)$$
$$-4\alpha\delta(0)\,Y_4(x)+\frac{1}{D\alpha}P_1Y_2(x-a_1)+\frac{1}{D\alpha}P_2Y_2(x-a_2)$$
$$+\frac{4\alpha^2}{kb}q\,Y_3(x-a_1)-\frac{4\alpha^2}{kb}q\,Y_3(x-a_2)\Big]$$

$$Q(x)=-D[F_0{}'''(x)+\varPhi_i{}'''(x)]=-D\Big[-4\alpha^3w(0)\,Y_2(x)$$
$$-4\alpha^2\delta(0)\,Y_3(x)+\frac{1}{D}P_1Y_1(x-a_1)+\frac{1}{D}P_2Y_1(x-a_2)$$
$$+\frac{4\alpha^3}{kb}q\,Y_2(x-a_1)-\frac{4\alpha^3}{kb}q\,Y_2(x-a_2)\Big] \tag{5.53}$$

である．

異なる区間に対しては，たわみ $w(x)$ の式において採用した項に対応するものをとる．問題の解によって得られる $\varphi(x)$，$M(x)$ および $Q(x)$ の図を図162に示す．

1・6 剛性の変化する帯

水門や乾ドックのような水理構造物を設計するさい，構造物の様式が剛性部分を有する帯の形であらわされる場合にしばしば出合う．例として，両端に剛性部分のある帯の場合を考える（図163a）．

このために，剛性端を中央部から切りはなし，これら相互の間に作用する力を図163bに示すように，M'，M''，Q'，Q'' で表わす．

帯の中央部の長さを l とし，その剛性を以前と同じように D で表わし，ここに外部荷重 P_i，M_i，q_i が図163aに示すように加えられるとする．さらに，長さ d' および d'' の剛性部分に加えられる荷重は（帯の剛性部と中央部を境する断面に加えられる荷重を含めて），静力学的に等価な中央荷重 R'，R'' と

238   第Ⅴ章 有限剛性構造物底面における反力

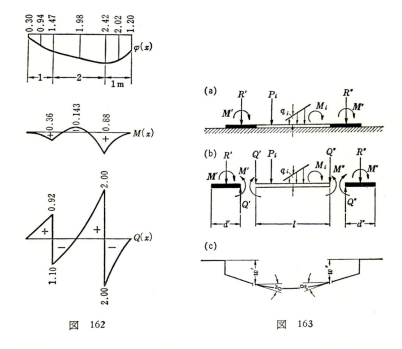

図 162   図 163

モーメントが M', M'' の偶力でおきかえられるとする.

帯の中央部の境界断面のたわみとたわみ角の決定　図163に示す記号に従い, 外力 P_i, M_i および q_i によって帯の中央部の境界断面に生ずるたわみとたわみ角をそれぞれ w_1', w_1'', δ_1', δ_1'' で表わす. ここにたわみおよびたわみ角の右下のインデックス1は, 与えられた外部荷重に対応するものであることを意味している. これらのたわみとたわみ角は, 上に述べた (5.38), (5.39), (5.40), (5.45), (5.47), (5.51), (5.52) によって見出される.

同様にして, インデックス2を付した w_2', w_2'', δ_2', δ_2'' で, 内部力 M', M'', Q', Q'' によって生ずる中央部の帯の境界断面のたわみとたわみ角を表わす. 図163bに示す方向に働く力 $M(0)=M'$, $Q(0)=-Q'$, $M(l)=M''$, $Q(l)=Q''$ によって座標原点, すなわち $x=0$ に対応する中央部の帯の境界に

1. 地 盤 係 数 法　　*239*

おけるたわみ w_2' とたわみ角 δ_2' は，まえに述べた方法と同様に次のように
して決定される．まず，(5.42) および (5.43) により次の関係が得られる．

$$\Phi''(x) = -\frac{1}{D} M' Y_1(x) + \frac{1}{D\alpha} Q' Y_2(x)$$

$$\Phi'''(x) = \frac{4\alpha}{D} M' Y_4(x) + \frac{1}{D} Q' Y_1(x)$$

$$A = \frac{1}{4\alpha^2} \left[-\frac{1}{D} M' Y_1(l) + \frac{1}{D\alpha} Q' Y_2(l) + \frac{M''}{D} \right]$$

$$B = \frac{1}{4\alpha^3} \left[\frac{4\alpha}{D} M' Y_4(l) + \frac{1}{D} Q' Y_1(l) + \frac{Q''}{D} \right]$$

このとき (5.44) から次式が得られる．

$$\begin{aligned}
w_2' = w(0) = \frac{1}{\varDelta} \Bigg\{ & \frac{1}{4\alpha^2} \left[-\frac{1}{D} M' Y_1(l) + \frac{1}{D\alpha} Q' Y_2(l) \right. \\
& \left. + \frac{M''}{D} \right] Y_3(l) - \frac{1}{4\alpha^3} \left[\frac{4\alpha}{D} M' Y_4(l) + \frac{1}{D} Q' Y_1(l) + \frac{Q''}{D} \right] Y_4(l) \Bigg\} \\
= \frac{1}{\varDelta} \Bigg\{ & -\frac{M'}{4\alpha^2 D} \left[Y_1(l) Y_3(l) + 4 Y_4^2(l) \right] + \frac{M''}{4\alpha^2 D} Y_3(l) \\
& + \frac{Q'}{4\alpha^3 D} \left[Y_2(l) Y_3(l) - Y_1(l) Y_4(l) \right] - \frac{Q''}{4\alpha^3 D} Y_4(l) \Bigg\}
\end{aligned}$$

$$\begin{aligned}
\delta_2' = \delta_2(0) = \frac{\alpha}{\varDelta} \Bigg\{ & \frac{1}{4\alpha^3} \left[\frac{4\alpha}{D} M' Y_4(l) + \frac{1}{D} Q' Y_1(l) + \frac{Q''}{D} \right] Y_3(l) \\
& - \frac{1}{4\alpha^2} \left[-\frac{1}{D} M' Y_1(l) + \frac{1}{D\alpha} Q' Y_2(l) + \frac{M''}{D} \right] Y_2(l) \Bigg\} \\
= \frac{1}{\varDelta} \Bigg\{ & \frac{M'}{4\alpha D} \left[4 Y_4(l) Y_3(l) + Y_1(l) Y_2(l) \right] + \frac{Q'}{4\alpha^2 D} \left[Y_1(l) Y_3(l) \right. \\
& \left. - Y_2^2(l) \right] - \frac{M''}{4\alpha D} Y_2(l) + \frac{Q''}{4\alpha^2 D} Y_3(l) \Bigg\}
\end{aligned}$$

ここに

$$\varDelta = Y_3^2(l) - Y_2(l) Y_4(l)$$

である．これから

$$\left. \begin{aligned}
w_2' &= \frac{1}{kb} (-2\alpha^2 \rho_2 M' + 2\alpha \rho_3 Q' + 8\alpha^2 \rho_4 M'' - 4\alpha \rho_5 Q'') \\
\delta_2' &= \frac{1}{kb} (4\alpha^3 \rho_1 M' - 2\alpha^2 \rho_2 Q' - 8\alpha^3 \rho_6 M'' + 8\alpha^2 \rho_4 Q'')
\end{aligned} \right\} \qquad (5.54)$$

240　第 V 章　有限剛性構造物底面における反力

が見出される. ここに

$$\rho_1 = \frac{1}{4\varDelta}\left[Y_1(l)\,Y_2(l) + 4\,Y_3(l)\,Y_4(l)\right]$$

$$\rho_2 = \frac{1}{2\varDelta}\left[Y_1(l)\,Y_3(l) + 4\,Y_4{}^2(l)\right] = -\frac{1}{2\varDelta}\left[Y_1(l)\,Y_3(l)\right.$$
$$\left. - Y_2{}^2(l)\right]$$

$$\rho_3 = \frac{1}{2\varDelta}\left[Y_2(l)\,Y_3(l) - Y_1(l)\,Y_4(l)\right] \qquad (5.55)$$

$$\rho_4 = \frac{1}{8\varDelta}\,Y_3(l)$$

$$\rho_5 = \frac{1}{4\varDelta}\,Y_4(l)$$

$$\rho_6 = \frac{1}{8\varDelta}\,Y_2(l)$$

である.

関数 ρ_1, ρ_2, ……, ρ_6 がパステルナークによって提案された計算法[106] で利用されている類似の関数と恒等的に一致することは容易に確かめられる. したがって, クレッチメル (B. B. Кречмер) の著書[131] で計算されていたものを付録の表 **XXⅢ** に引用しておいたので, これらの関数の値を決定する場合に利用できる. このことを説明するために ρ_1 を検討してみる. (5.55) および (5.10) により次の関係を得る.

$$\rho_1 = \frac{1}{4}\,\frac{Y_1(l)\,Y_2(l) + 4\,Y_3(l)\,Y_4(l)}{Y_3{}^2(l) - Y_2(l)\,Y_4(l)}$$

$$= \frac{1}{4}\left\{\frac{\frac{1}{2}(\sin \alpha l \cos \alpha l \cosh^2 \alpha l + \sinh \alpha l \cosh \alpha l \cos^2 \alpha l)}{\frac{1}{4}\sin^2 \alpha l \sinh^2 \alpha l - \frac{1}{8}(\sin^2 \alpha l \cosh^2 \alpha l - \cos^2 \alpha l \sinh^2 \alpha l)}\right.$$

$$\left. + \frac{4 \cdot \frac{1}{8}(\sinh \alpha l \cosh \alpha l \sin^2 \alpha l - \sin \alpha l \cos \alpha l \cosh^2 \alpha l)}{\frac{1}{4}\sin^2 \alpha l \sinh^2 \alpha l - \frac{1}{8}(\sin^2 \alpha l \cosh^2 \alpha l - \cos^2 \alpha l \sinh^2 \alpha l)}\right\}$$

$$= -\frac{\sin \alpha l \cos \alpha l(\cosh^2 \alpha l - \sinh^2 \alpha l) + \sinh \alpha l \cosh \alpha l(\sin^2 \alpha l + \cos^2 \alpha l)}{2\sin^2 \alpha l \sinh^2 \alpha l - \sin^2 \alpha l \cosh^2 \alpha l + \cos^2 \alpha l \sinh^2 \alpha l}$$

$$= \frac{\dfrac{1}{2}(\sin 2\alpha l + \sinh 2\alpha l)}{\sinh^2 \alpha l(\sin^2 \alpha l + \cos^2 \alpha l) - \sin^2 \alpha l(\cosh^2 \alpha l - \sinh^2 \alpha l)}$$

$$= \frac{\dfrac{1}{2}(\sin 2\alpha l + \sinh 2\alpha l)}{\sinh^2 \alpha l - \sin^2 \alpha l}$$

$$= \frac{\dfrac{1}{2}(\sin 2\alpha l + \sinh 2\alpha l)}{\cosh^2 \alpha l + \cos^2 \alpha l - 2}$$

$$= \frac{\dfrac{1}{2}(\sin 2\alpha l + \sinh 2\alpha l)}{\dfrac{1}{2}(\cosh 2\alpha l + 1) + \dfrac{1}{2}(\cos 2\alpha l + 1) - 2}$$

$$= \frac{\sin 2\alpha l + \sinh 2\alpha l}{\cosh 2\alpha l + \cos 2\alpha l - 2}$$

得られた式は，パステルナークの方法における関数 ρ_1 の式と正確に一致している．同様にして，ρ の残りの関数が一致することも示すことができる．

(5.54) は，帯の他の（右側の）端におけるたわみ w_2'' およびたわみ角 δ_2'' を決定するのにも役立つ．そのために符号の規則を変え，帯の両端におけるたわみとたわみ角が図 164 に示すようになるときにこれらを正とする．さらに，(5.54) において 1 つのダッシュと 2 つのダッシュを互いに取り替えなければならない．その結果，次の式を得る．

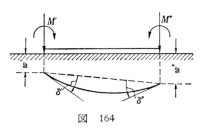

図 164

$$\left.\begin{array}{l} w_2'' = \dfrac{1}{kb}(-2\alpha^2\rho_2 M'' + 2\alpha\rho_3 Q'' + 8\alpha\rho_4 M' - 4\alpha\rho_5 Q') \\[2mm] \delta_2'' = \dfrac{1}{kb}(4\alpha^3\rho_1 M'' - 2\alpha^2\rho_2 Q'' - 8\alpha^3\rho_6 M' + 8\alpha^2\rho_4 Q') \end{array}\right\} \quad (5.56)$$

このように符号の規則を変化させても，帯の右端のたわみ角の符号を除いて，両端のたわみと左端のたわみ角の符号はそのままである．このため中央

部の範囲に加えられる荷重によるたわみとたわみ角を決定する場合，右端の断面のたわみ角の式において符号を逆にとればよい．

帯の区域内に加えられた荷重と帯の端に加えられた力 M', Q', M'', Q'' によって端部に発生するたわみおよびたわみ角の和の値は次の形になる．

左端に対しては，

$$\left.\begin{array}{l} w' = w_2' + w_1' \\ \delta' = \delta_2' + \delta_1' \end{array}\right\} \quad (5.57)$$

右端に対しては，

$$\left.\begin{array}{l} w'' = w_2'' + w_1'' \\ \delta'' = \delta_2'' - \delta_1'' \end{array}\right\} \quad (5.58)$$

帯の剛性部の端の変位の決定　　剛性部に働く図 165 に示した力の作用によって，この部分の両端に発生する鉛直変位と傾斜角 β を決定してみる．この区間に加えられる鉛直力の和を ΣZ，モーメントの和を ΣM で表わす．このとき図 165 により次の関係が成立する．

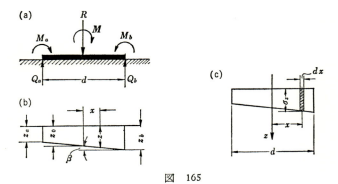

図　165

$$\left.\begin{array}{l} \Sigma Z = R - Q_a - Q_b \\ \Sigma M = M + M_a - M_b + Q_a \dfrac{d}{2} - Q_b \dfrac{d}{2} \end{array}\right\} \quad (5.59)$$

つり合いの方程式を作る．この区間に作用する鉛直力の和は 0 に等しいので，

$$\int_{-\frac{d}{2}}^{+\frac{d}{2}} \sigma_z(x)dx = \Sigma Z \qquad (5.60)$$

の関係を得る．区間の中央に関する力のモーメントの和が0に等しいという条件から，

$$\int_{-\frac{d}{2}}^{+\frac{d}{2}} x\sigma(x)dx = \Sigma M \qquad (5.61)$$

が成立する．

　この区間の剛性は無限に大きいので，その底面は図 165 b に示すように平面であり，底面の種々の点における沈下量 z は次式で決定される．

$$z = z_0 + x \tan \beta \qquad (5.62)$$

ここに，z_0 と β は帯の平均沈下量と傾斜角をあらわし，これらはつり合いの条件から見出される．

　これからまず次の関係を得る（図 165 c）．

$$\sigma_z = kz = k(z_0 + x \tan \beta)$$

この結果から（5.60）および（5.61）は，次の形で表わされる．

$$\int_{-\frac{d}{2}}^{+\frac{d}{2}} k(z_0 + x \tan \beta)dx = kz_0 d = \Sigma Z$$

$$\int_{-\frac{d}{2}}^{+\frac{d}{2}} xk(z_0 + x \tan \beta)dx = \frac{1}{12} kd^3 \tan \beta = \Sigma M$$

これらを解いて次の結果を得る．

$$z_0 = \frac{1}{kd} \Sigma Z$$

$$\tan \beta = \frac{12}{kd^3} \Sigma M$$

また，（5.62）は

$$z = \frac{1}{kd} \Sigma Z + x \frac{12}{kd^3} \Sigma M$$

244　第V章　有限剛性構造物底面における反力

であり，これから剛性帯の端（$x=\pm d/2$）の鉛直変位は次式に等しい．

$$z_{a,\,b}=\frac{1}{kb}\varSigma Z\mp\frac{d}{2}\frac{12}{kd^3}\varSigma M$$

（5.59）を考慮すると，剛性区間の端の鉛直変位とたわみ角に対する式として次式が得られる．

$$\left.\begin{aligned}
z_a&=\frac{1}{kb}(R-Q_a-Q_b)-\frac{6}{kd^2}\left(\boldsymbol{M}+M_a-M_b+Q_a\frac{d}{2}-Q_b\frac{d}{2}\right)\\
z_b&=\frac{1}{kb}(R-Q_a-Q_b)+\frac{6}{kd^2}\left(\boldsymbol{M}+M_a-M_b+Q_a\frac{d}{2}-Q_b\frac{d}{2}\right)\\
\beta&\simeq\tan\beta=\frac{12}{kd^3}\left(\boldsymbol{M}+M_a-M_b+Q_a\frac{d}{2}-Q_b\frac{d}{2}\right)
\end{aligned}\right\}\quad(5.63)$$

有限剛性帯の区間が一方の側にしか剛性区間をもっていない場合には，それに応じて与えられた計算式において M_a と Q_a，あるいは M_b と Q_b を0にしなければならない．

隣りあう区間の結合方程式　帯の異なる区間の境界に加えられる内部力 M および Q は，剛性区間と有限剛性区間を境界するそれぞれの断面において，隣接する区間のたわみおよび傾斜角が等しいという条件から決定される．

図 163 により，これらの条件は図 164 と図 165 の記号を使って次の形に書くことができる．

　a)　帯の左端に対して，

$$w'=z_b\quad および\quad \delta'=\beta\qquad\qquad(5.64)$$

さらに

$$M_a=Q_a=0,\quad M_b=M'\quad および\quad Q_b=Q'$$

であり，

　b)　帯の右端に対して，

$$w''=z_a\quad および\quad \delta''=\beta\qquad\qquad(5.65)$$

さらに

$$M_a=M'',\quad Q_a=Q''\quad および\quad M_b=Q_b=0$$

である．

（5.64）および（5.65）を（5.57），（5.58）および（5.63）に代入す

ると，4つの未知数 M'，M''，Q'，Q'' をもつ4つの連立方程式を得，それらを解くことができる．それから (5.63) により，帯の剛性区間の境界点の沈下量および傾斜角を見出すことができる．

その結果，(5.54) により $w_2'=w_2(0)$ および $\delta_2'=\delta_2(0)$ の値が得られる．これらの値を (5.29)，(5.38)，(5.39)，(5.40) に代入し，また $M(0)=M'$ および $Q(0)=-Q'$ を考慮すれば，中央部の帯の両端に加えられるモーメントおよびせん断力による中央部の任意の断面における $w(x)$，$\delta(x)$，$M(x)$，$Q(x)$ の式を得ることができる．これらの値を帯の中央部に加えられる外部荷重に対応する値に加えると，中央部の任意断面におけるたわみ，たわみ角および内部力の最終的な値が求まる．その後に行なうモーメント図，せん断力図などの作成は容易である．

もし両端の剛性帯の長さが等しく，外部荷重が対称であるならば，問題の解は本質的に簡単になる．この場合，結合条件のうちの一方の端（たとえば左側）に対するものだけに限ることができる．これらの条件は，前と同様に次の形に書かれる．

$$w'=z_b \quad \text{および} \quad \delta'=\beta \qquad (5.66)$$

さらに (5.54)，(5.63) において次の値をとる．

$$M_b=M', \quad Q_b=Q', \quad M'=M'', \quad Q'=Q'', \quad M_a=Q_a=0$$

2つの未知数をもつ2つの連立方程式を解いて，境界の位置における内部力を求め，そのあとで帯の半分の部分に対する $w(x)$，$\delta(x)$，$M(x)$，$Q(x)$ の値を決定する．残り半分の部分の値は，対称条件により対称点に対応する位置の値をとる．

同様の方法により，帯の剛性区間とたわみ性区間の結合位置を切断し，切断部の相互作用を対応する未知の内部力でおきかえ，剛性区間とたわみ性区間に対して立てた方程式を利用すると，隣りあう区間を結合する必要な連立方程式が得られる．これを解くことによって，帯のたわみ性区間と剛性区間の任意の接点に対するすべての未知の値を決定することができる．結合方程式の数は，一般の場合切断数の2倍に等しく，対称の場合その半分になる．

例として剛性端部をもつ帯に，図 166 で示される荷重が加えられる場合の解を検討してみる．

246　第Ⅴ章　有限剛性構造物底面における反力

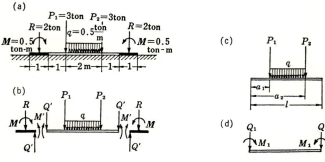

図　166

$k=3.0\text{kg/cm}^3=3000\text{ton/m}^3$, $E_p=2\times10^6\text{ton/m}^2$, $\mu_p=0.2$, $h=0.15\text{m}$, $b=1\text{m}$
とする．

このとき帯の慣性モーメントは，

$$J_p=\frac{bh^3}{12}=0.00028125\text{m}^4$$

帯のたわみ剛性は，

$$D=\frac{E_pJ_p}{1-\mu_p^2}=585.94\text{ton-m}$$

剛性係数は，

$$\alpha=\sqrt[4]{\frac{kb}{4D}}=\sqrt[4]{\frac{3000\times1}{4\times585.94}}=1.064/\text{m}$$

である．

問題を次のようにして解いてゆく．

1.　図 166 の値と (5.42), (5.43), (5.50) から，付録表 XXI を使って次の値を得る．

$$A=\frac{1}{4\alpha^2}\Phi(l)=\frac{1}{4\alpha^2}\frac{1}{D\alpha}[P_1Y_2(l-a_1)+P_2Y_2(l-a_2)]$$

$$-\frac{q}{kb}[Y_3(l-a_2)-Y_3(l-a_1)]=0.00035467[3\times(-6.3734)$$

$$+3\times1.0185]-0.00016667(0.5580+0.3061)=-0.0058417$$

$$B=\frac{1}{4\alpha^3D}[P_1Y_1(l-a_1)+P_2Y_1(l-a_2)]-\frac{q}{kb}[Y_2(l-a_2)$$

$$-Y_2(l-a_1)]=0.00035467[3\times(-12.735)+3\times0.7870]$$

$$-0.00016667\times(1.0185+6.3734)=-0.013437$$

これから (5.44) により次式が得られる.

$$w_1' = w(0) = \frac{AY_3(l) - BY_4(l)}{Y_3{}^2(l) - Y_2(l)Y_4(l)} = \frac{1}{155.27}[-0.0058417 \times$$
$$(-15.824) + 0.013437 \times (-4.031)] = 0.00024658$$

$$\delta_1' = \delta(0) = \alpha \frac{BY_3(l) - AY_2(l)}{Y_3{}^2(l) - Y_2(l)Y_4(l)} = \frac{1.064}{155.27}[-0.013437 \times$$
$$(-15.824) + 0.0058417 \times (-23.599)] = 0.00051239$$

2. さらに対称条件から, (5.54) において $M' = M''$ および $Q' = Q''$ であること
に注意して, この式は次の形になる.

$$w_2' = \frac{1}{kb}[\alpha^2(8\rho_4 - 2\rho_2)M' + \alpha(2\rho_3 - 4\rho_5)Q']$$
$$= \frac{1}{3000 \times 1}\Big\{1.064^2 \times [8 \times (-0.012739) - 2 \times 1.0013]M'$$
$$+ 1.064[2 \times 1.0007 - 4(-0.00649)]Q'\Big\}$$
$$= -0.00079415M' + 0.00071903Q'$$

$$\delta_2' = \frac{1}{kb}[\alpha^3(4\rho_1 - 8\rho_6)M' + \alpha^2(8\rho_4 - 2\rho_2)Q']$$
$$= \frac{1}{3000 \times 1}\Big\{1.064^3[4 \times 1.00139 - 8 \times (-0.018998)]M'$$
$$+ 1.064^2 \times [8 \times (-0.012739) - 2 \times 1.0013]Q'\Big\}$$
$$= 0.0016694M' - 0.00079414Q'$$

ここに, ρ_i は付録の表 XXⅢ の $\alpha x = 1.064 \times 4 = 4.256$ に対する値から決定され
る.

3. (5.57) により中央区間の両端の総合変位を見出すことができる.

$$w' = w_2' + w_1' = -0.00079415M' + 0.00071903Q' + 0.00024658$$
$$\delta' = \delta_2' + \delta_1' = 0.0016694M' - 0.00079414Q' + 0.00051239$$

4. 左の剛性区間の右端の変位の検討に移り, (5.63) により $M_a = Q_a = 0$, $M_b = M'$, $Q_b = Q'$ として次式を得る.

$$z_b = \frac{1}{kb}(R - Q') + \frac{6}{kd^2}\Big(\boldsymbol{M} - M' - Q'\frac{d}{2}\Big) = \frac{1}{3000 \times 1}(2 - Q')$$
$$+ \frac{6}{3000 \times 1^2}(0.5 - M' - 0.5Q') = 0.0016667$$
$$- 0.0013333Q' - 0.002M'$$

$$\beta = \frac{12}{kd^3}\Big(\boldsymbol{M} - M' - Q'\frac{d}{2}\Big) = \frac{12}{3000 \times 1^3}(0.5 - M' - 0.5Q')$$

248   第Ⅴ章　有限剛性構造物底面における反力

$$=0.002-0.004M'-0.002Q'$$

5.　結局，左の区間に対する(5.66)の結合方程式$w'=z_b$，$\delta'=\beta$は次の形になる.

$$-0.00079415M'+0.00071903Q'+0.00024658$$
$$=0.0016667-0.0013333Q'-0.002M'$$
$$0.0016694M'-0.00079414Q'+0.00051239$$
$$=0.002-0.004M'-0.002Q'$$

あるいは

$$0.001205M'+0.0022052Q'=0.0014194$$
$$0.0056694M'+0.0012058Q'=0.0014876$$

6.　連立方程式を解いて

$$M'=0.1181\text{ton-m}$$
$$Q'=0.6222\text{ton}$$

を得る.

7.　ここで得られた M' および Q' を上に導いた w' および δ' に代入すると，次の結果が得られる.

$$w(0)=w'=w_2'+w_1'=-0.00079415\times0.1181$$
$$+0.00071903\times0.6222+0.00024658=0.00060016\text{m}$$
$$\delta(0)=\delta'=\delta_2'+\delta_1'=0.0016694\times0.1181$$
$$-0.00079414\times0.6222+0.00051239=0.00021541$$

8.　$w(0)$ および $\delta(0)$ に対して得られた式を (5.38), (5.39), (5.51) に代入して次式が得られる.

$$w(x)=w(0)\,Y_1(x)+\frac{1}{\alpha}\,\delta(0)\,Y_2(x)-\frac{M_0}{D\alpha^2}\,Y_3(x)$$
$$+\frac{P_0}{D\alpha^3}\,Y_4(x)+\frac{P_1}{D\alpha^3}\,Y_4(x-a_1)+\frac{P_2}{D\alpha^3}\,Y_4(x-a_2)$$
$$+\frac{q}{kb}\,[1-Y_1(x-a_1)]-\frac{q}{kb}\,[1-Y_1(x-a_2)] \qquad (5.67)$$

(5.67) を微分し，表 13 の関係を考慮するか，(5.40), (5.42), (5.52) を利用すると，次の関係が得られる.

$$\left.\begin{aligned}M(x)&=\frac{kb}{\alpha^2}\,w(0)\,Y_3(x)+\frac{kb}{\alpha^3}\,\delta(0)\,Y_4(x)+M_0Y_1(x)\\&\quad-\frac{P_0}{\alpha}\,Y_2(x)-\frac{P_1}{\alpha}\,Y_2(x-a_1)-\frac{P_2}{\alpha}\,Y_2(x-a_2)\\&\quad-\frac{q}{\alpha^2}\,Y_3(x-a_1)+\frac{q}{\alpha^2}\,Y_3(x-a_2)\end{aligned}\right\}$$

1. 地盤係数法　249

$$Q(x) = \frac{kb}{\alpha} w(0) Y_2(x) + \frac{kb}{\alpha^2} \delta(0) Y_3(x) - 4\alpha M_0 Y_4(x) \\ - P_0 Y_1(x) - P_1 Y_1(x-a_1) - P_2 Y_1(x-a_2) \\ - \frac{q}{\alpha} Y_2(x-a_1) + \frac{q}{\alpha} Y_2(x-a_2) \quad\quad (5.68)$$

$$\varphi(x) = kbw(x)$$

(5.68)によって計算した地盤反力，曲げモーメントおよびせん断力の図を図167に示す.

これをもって弾性地盤上のはりを地盤係数法によって解く方法の検討を終る. 残っているのは，この方法で用いられた仮定の検討と，この方法の適用範囲の問題である.

1・7　地盤係数法の適用範囲

地盤係数法を正しく評価し，その適用範囲を明らかにするために，この方法で用いられた仮定を検討してみよう.

帯の底面の各点においてたわみが基礎地盤の沈下に等しいという最初の仮定は，前述したように帯の底面と基礎地盤

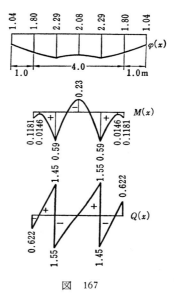

図　167

との間にすきまがないという仮定と等価である. この仮定は，必ずしも現実とは対応していない. もしたとえば，きわめて長くたわみやすいはりに集中荷重が加えられると，実際に荷重の作用点から遠い部分は，これを基礎地盤に押さえつける他の荷重がない限り，図168に示すように基礎地盤から離れる. 理論モデルでこのような分離は起こらないとしているので，分離した部分に対応する場所では，上に述べた無限長さのはり（スラブ）の計算法の場合に得られたように，はりの底面と基礎地盤との間の解として引張り応力が得られる. これは結局現実

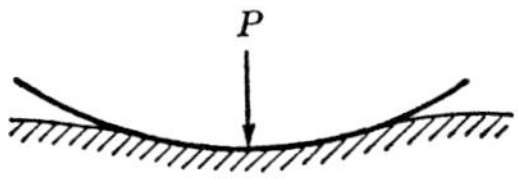

図　168

と矛盾することであるが，力が加えられる点の近くの領域において，たわみ，曲げモーメントおよびせん断力の値に大きな誤差は生じない．はりの構造や強さには，載荷点付近のこれらの値が決定的に重要なので，ある場合に個々の区間で引張り応力が発生しても，それを無視することができる．まして計算に当たって，はりと基礎地盤の間の局部的な分離を考慮すると，計算は著しく複雑になるので，そのようなことは行なわれない．特に，地盤係数法はほかにまだきわめて本質的な欠点をもっているので，このような複雑な計算を行なっても無益である．

断面平面の仮定を利用できるという第2の仮定についての反論は起きない．はりの高さがその長さの $1/4$ ないし $1/6$ より小さい場合，断面平面の仮定は完全に適用しうるものである．はりの高さが大きい場合，たわみやすい地盤に比較して，はりは完全に剛性であるとみなすことができる．これは，はり（帯）の見かけの長さが $al<0.8$ の場合に当たる．

第3の仮定 $\varphi(x)=kw(x)$ は地盤係数法の基本的仮定であり，もっとも重大な反論を呼んでいるものである．この仮定の基本的な欠点は外部荷重が加えられない基礎地盤の表面の点の沈下が0に等しいと考えていることである．この仮定によれば，点 ξ に加えられる力による沈下は，ξ なる1点を除いて基礎地盤のすべての点で0になるという結論が出てくる（図169）．力 P が加えられる点からどんな近傍 ε にある点においてさえ，沈下は0にならねばならない．基礎地盤の性質に関してこのような仮定を行なうと，そのモデルとして互いに連絡のないばねの集まり（図170）を考えるか，あるいは摩擦のない絶対的になめらかな鉛直壁で分離された鉛直柱の集まりを考えることができる．このとき，ある1つのばね，あるいは柱に対する荷重は，このばね

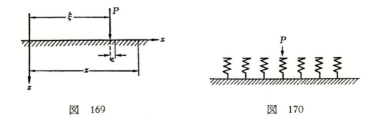

図 169　　　　　　　　　　図 170

あるいは柱の圧縮をひき起こすだけであり，残りすべてのばね（柱）の変形を起こさない．

しかし結局，現実の基礎地盤に荷重を加えると，たとえば図171の示すように，載荷点だけでなく，そこからかなり遠い距離のところまで沈

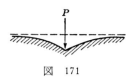

図　171

下が起こるので，基礎地盤に関する上述のような概念は現実と対応しない．

基礎地盤の表面のある区間に等分布荷重を加えた場合，この区間の範囲で沈下量は等しく，この区間外で沈下は0に等しい（図172a）という（5.3）からの結論も現実とは対応しない．なぜなら，実験のデータによると沈下はこの場合載荷帯の範囲で不均等であり，その外側で0にはならない（図172 b）．

地盤係数法によってはり（帯）に加えられた等分布荷重の場合を計算すると，はりの沈下と地盤反力ははりに沿って等分布になる（図173a）．実験データによれば，沈下とたわみは不均等で，最大たわみは，図173bに示すよ

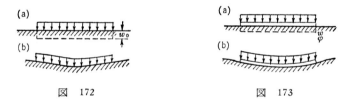

図　172　　　　　　　　図　173

うにはりの中央に生ずる．また，ニージニェ・スビルスク水力発電所の水門スラブの打ち継ぎ部の施工のさいに得られた現場観測の結果も教訓的である．図174に模式的に示すように，底部のスラブだけをコンクリートで連続にしたとき，地盤係数法による計算を行なうと沈下は等分布荷重の場合等分布になるか，両端のほうに荷重が大きい場合には，両端のほうに大きくなるはずである．実際には底部の施工後，図174に縮尺を違えて模式的に示すように，スラブの中央部で沈下が最大になり，両端に向ってスラブは互いに向きを変えた．

図　174

このような相違は本質的に，地盤係数法では図 175 の $a—a$, $b—b$ 面を含めたすべての鉛直面に関して，せん断応力 τ_{xz} が存在しないと仮定していることによるものである．実際には，基礎地盤の側方部分がこのせん断応力で支える作用は，きわめて本質的なものである．

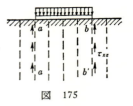

図 175

基礎地盤の沈下が荷重の加えられた点にのみ発生するという現実と合致しない仮定によれば，はりの端の一方の側には荷重があるのに他の側には荷重が分布していない場合，図 172 a に示したように，はりの端において基礎地盤には鉛直の不連続な変位が起こることになる．

その上，地盤係数法を利用すると，隣接して位置する構造物を施工しても，この方法で計算したはりの底部の範囲には，なんらの応力や沈下も発生させないことになる．同様にして，水門ケーソンのようなものを施工するさいの掘削部の充塡（図 176）の場合，構造物の壁に加わる水平圧力を考慮して計算するだけでよいことになる．この方法による計算の場合，構造物の両側の充塡部が自重によって基礎地盤に与える鉛直力を考慮する必要はない．なぜならば第 3 の仮定によれば，これらの鉛直

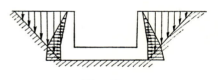

図 176

力は構造物の底部における応力分布に影響を与えないからである．実際には側方上載荷重は，構造物の底面における応力分布および沈下にきわめて大きい影響を与える．

もし地盤係数法を利用するさい，底部の任意点の沈下がその点における荷重だけでなく，隣接点の荷重にも依存していることをなんらかの形で考慮に入れるならば（このことは明らかに地盤係数法の基本概念に反しているが），基礎地盤の同一点の地盤係数は定数でなくなり，構造物の底面の大きさや形，底面の他の点における荷重強さなどに関係してくる．

第 3 の仮定から生ずる地盤係数法のこれら種々の不十分さのために，この計算法は構造物の工事の多くの実際の場合に対応しないものとして，それを

無条件に適用することに対して当然の反対が起こっている．

いま，どのような条件で地盤係数法の第3の仮定が現実のどのような材料と完全に対応するかという問題を考えてみると，このような基礎の例として水を取り上げることができる．たとえば，図177に示すように並んだポンツーンの各底面に対する水圧，あるいは水面をおおって浮んでいる氷床（図178）の底面の任意の点に対する水圧は，アルキメデスの原理によりポンツー

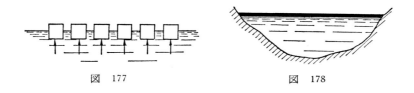

図　177　　　　　　　　　図　178

ンあるいは氷床の考えている点における沈下量に比例する．このように水は，現実に地盤係数法の仮定に対応する基礎の好個の例である．

上に述べたことから，基礎地盤の土の性質が水の性質に近づけば近づくほど，地盤係数法は現実によく対応すると結論づけることができる．すなわち，基礎地盤の土のせん断抵抗が小さければ小さいほど，また極限応力状態の領域が大きければ大きいほど，この方法は現実とよく対応する．したがって，土の粘着力が小さく，構造物の大きさと根入れ深さが小さければ小さいほど，また構造物が基礎地盤に与える平均荷重強さが大きければ大きいほど，地盤係数法の適用範囲は大きくなる．いいかえれば，地盤係数法を根拠あるものとして適用できる条件は，弾性論の解を土に適用する条件と正反対である．

したがって，構造物の底部における応力を決定するさい，基本概念として地盤係数法に対応するものをとるべきか，弾性論に対応するものをとるべきかという問題を立てることは正しくない．2つの概念は，現在の学問の水準ではいずれもその存在価値を有しており，それぞれがその適用範囲をもち，互いに矛盾するものではない．

254　第Ⅴ章　有限剛性構造物底面における反力

2. 線形弾性地盤

2・1 基本概念

この節では，線形弾性地盤の上に乗る有限剛性と有限長さをもつスラブの計算法について，以前に発表した論文[34] [46] [55] に従って述べることにする．剛性が小さいスラブの実用計算の場合の 無限長さの はり（スラブ）の解法については，ここでは取り扱わない．これに関しては特別な 文献[112] [123] で知ることができる．

図 179 a のように，長さ 2 a のスラブに任意の $f(x)$ で分布する荷重と，集中荷重およびモーメントの形の荷重が加わっているとする．

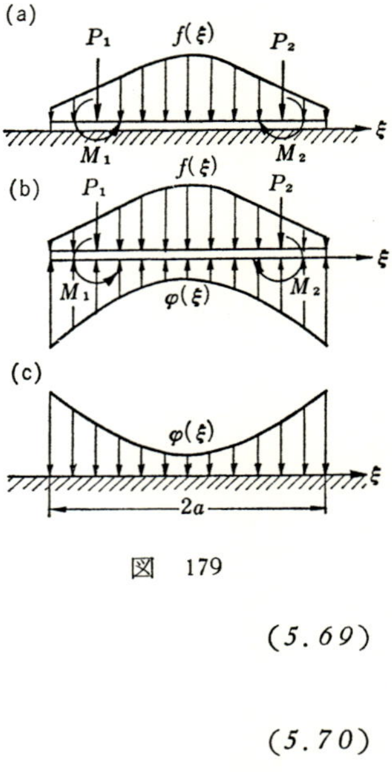

図 179 b および 179 c に示すように，スラブと基礎地盤を分離して考えよう．

地盤係数法の場合にみてきたと同様に，帯の底部に関する地盤 反力を $\varphi(x)$，帯の鉛直たわみを $w_b(x)$，基礎地盤 の 沈下を w_0 とする．さらに地盤 係数法の最初の 2 つの仮定が成立するものとする．すなわち，帯のたわみと基礎地盤の沈下が等しいという仮定，

$$w_0(x) = w_b = w(x) \tag{5.69}$$

および断面平面の仮定，

$$Dw^{\mathrm{IV}}(x) = f(x) - \varphi(x) \tag{5.70}$$

である．ここに，D は以前と同じようにスラブのたわみ剛性，すなわち

$$D = \frac{E_p J_p}{1 - \mu_p^2}$$

を表わす．

ここに，J_p は y 方向に単位幅の帯の慣性モーメントであり，μ_p は帯のポアソン比である．

地盤係数法で用いられた第3の仮定，すなわち
$$\varphi(x) = bkw(x)$$
を今度は捨てる．なぜならば，荷重が加えられた点にだけ沈下が生ずるという仮定は，すでに前に明らかにしたように，多くの場合許容されないものだからである．

したがって，この仮定のかわりに，疑問を生じないような別の仮定を用いる．これは任意の座標 ξ の点の地盤表面に集中力 $P_\xi = 1$ が加えられる場合，座標 x なる基礎地盤の他の点の沈下が 0 でなく，載荷点と沈下量を決めようとする点とのあいだの距離，すなわち図 180 に示す距離 $(x-\xi)$ に依存しているという仮定である．

別のいい方をすれば，荷重 $P_\xi = 1$ による x 点の沈下は距離 $(x-\xi)$ の関数であるということである．すなわち
$$w(x) = K(x-\xi)$$
なる式で表わされる．ここに K は $w(x)$ と $(x-\xi)$ の間の関数関係をあらわす．分布荷重の場合（図 181），荷重 $P_\xi = \varphi(\xi)$ による沈下は次式に等しい．

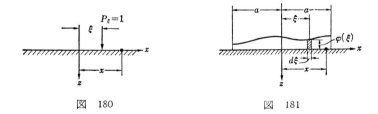

図 180　　　　　　　　図 181

$$w(x) = \varphi(\xi) K(x-\xi) d\xi \tag{5.71}$$

そして，すべての分布荷重による沈下は

$$w(x) = \int_{-a}^{+a} \varphi(\xi) K(x-\xi) d\xi \tag{5.72}$$

に等しい．

(5.71)，(5.72) は，（いくつかの荷重による沈下が個々の荷重による沈下の和に等しいという）重ね合わせの原理，あるいは力の作用の独立性を当然仮定しただけで，基礎地盤の変形性に関するなんらの仮定も用いずに得られたもの

である.

結局，(5.72) を (5.70) に代入して，次の方程式が得られる.

$$D\frac{d^4}{dx^4}\int_{-a}^{+a}\varphi(\xi)K(x-\xi)d\xi = f(x)-\varphi(x) \qquad (5.73)$$

もし帯の基礎地盤に対する理論モデルとして，応力とひずみがフックの法則で結ばれる線形弾性体を考えることができるならば，(5.73) の積分方程式の核といわれている関数 $K(x-\xi)$ の式は，弾性論の平面問題の対応する解から採用される.一方の側が平面で境界される無限媒体に $P_\xi = 1$ なる力が加えられるとき（図 180），境界面の鉛直変位の式は弾性論でよく知られているように[54]

$$K(x-\xi) = w_{P_\xi=1}(x) = -2\frac{(1-\mu_0{}^2)}{\pi E_0}\log|x-\xi| + C \qquad (5.74)$$

で表わされる.ここに，E_0 および μ_0 は基礎地盤の変形係数とポアソン比を表わす.

この式を (5.73) に代入すると，求める関数 φ を決定するための方程式が得られる.

$$-\frac{2(1-\mu_0{}^2)}{\pi}\cdot\frac{D}{E_0}\frac{d^4}{dx^4}\int_{-a}^{+a}\varphi(\xi)\log|x-\xi|d\xi = f(x)-\varphi(x) \qquad (5.75)$$

求める関数 φ はこの方程式を満足するだけでなく，スラブのつり合い方程式をも満足しなければならない（図 182）.すなわち

$$\Sigma Z = \int_{-a}^{+a}\varphi(\xi)d\xi = R \qquad (5.76)$$

$$\Sigma M = \int_{-a}^{+a}\xi\varphi(\xi)d\xi = M_0 \qquad (5.77)$$

である.ここに，R および M_0 は鉛直力の和および座標原点に関するすべての外力のモーメントの和を表わす.

もし帯に加えられる荷重が対称で，座標原点を通るただ1つの合力に帰着され

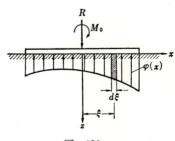

図 182

るならば，地盤反力の分布も対称になり，また $\varphi(\xi)$ は偶関数になる．この場合，方程式 (5.77) は恒等式になって消えてしまう．

　荷重が逆対称であると，すなわち座標原点から右と左で荷重の絶対値が等しく符号が逆の場合，この荷重は 1 つの偶力と等価になり，合力は $R=0$ になる．この場合土の反力分布も逆対称になり，方程式 (5.76) は恒等式になって消えてしまう．

　このように，未知関数 φ は基本方程式 (5.75) と，つり合い方程式 (5.76) および (5.77) のうちの 1 つか両方を満足しなければならない．

　外部荷重が非対称の場合には，普通この荷重を対称部と逆対称部の 2 つに分けるとつごうがよい．対応する対称荷重は前に述べたように次の形になる．

$$P_{is}=\frac{P_i(x_i)+P_i(-x_i)}{2}$$

$$q_{is}=\frac{q_i(x_i)+q_i(-x_i)}{2}$$

$$M_{is}=\frac{M_i(x_i)+M_i(-x_i)}{2}$$

また，逆対称部は次の形になる．

$$P_{iin}=\pm\frac{P_i(x_i)-P_i(-x_i)}{2}$$

$$q_{iin}=\pm\frac{q_i(x_i)-q_i(-x_i)}{2}$$

$$M_{iin}=\pm\frac{M_i(x_i)-M_i(-x_i)}{2}$$

　たとえば図 183 a に示すように，与えられた荷重が $P_i=P$, $q_i=q$ であるとする．このとき

$$P_{is}=\frac{P+0}{2}=\frac{P}{2}, \quad q_{is}=\frac{q+0}{2}=\frac{q}{2}$$

および

$$P_{iin}=\pm\frac{P-0}{2}=\pm\frac{P}{2}, \quad q_{iin}=\pm\frac{q-0}{2}=\pm\frac{q}{2}$$

である．

258　第Ⅴ章　有限剛性構造物底面における反力

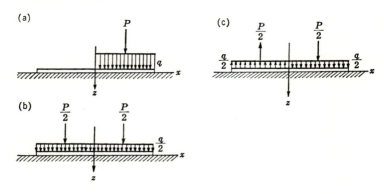

図　183

これらに対応する対称荷重および逆対称荷重を図183bおよび図183cに示す。

問題の解法を述べることにする。まず基本方程式を(5.75)の形ではなく、少し違った形で表わしたほうがつごうがよいことを示す。この場合、任意の点xにおけるたわみ（図184）の式は、剛体としての帯の変位

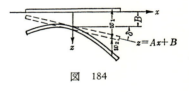

図　184

$$w_1(x) = Ax + B \tag{5.78}$$

と、直線(5.78)から測定されるたわみ $w_2(x)$ の和としてあらわされる。結局、横座標 x の任意の点の変位は次の式で表わされる。

$$w(x) = w_2(x) + Ax + B \tag{5.79}$$

たわみ $w_2(x)$ を決定するさいには、$x=0$ において帯は固定されていると考えることができる。なぜならば、この断面の鉛直変位とたわみ角は、$w_1(x)$ の項で考慮してあるからである。

最初に、$x=0$ の断面で固定されているとして、与えられた外部荷重による任意の断面 x におけるたわみを求める。よく知られているように断面 x のたわみは、与えられた外部荷重から作成されるモーメント図 $M(t)$ の法則に

2. 線形弾性地盤　259

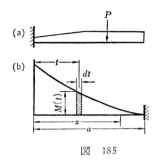

図　185

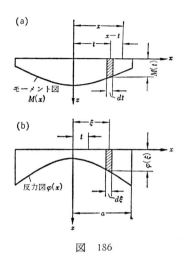

図　186

従って分布する仮想的荷重によって，この断面に生ずる曲げモーメントとして得られる．この場合，モーメント図 $M(t)$ は，図 185 a に示すように，座標原点で帯が固定されているとして決定されるべきものである．

仮想荷重によるモーメントは，図 185 b に示すように，材料力学のよく知られた規則に従って固定部を帯の自由端に移し，点 x に関して決定される．

図 186 a の記号から，強さ $M(t)$ の仮想荷重による荷重要素が $M(t)dt$ に等しく，この要素による点 x に関するモーメントが $(x-t)M(t)dt$ に等しいことを考えると，この微小モーメントを長さに沿って 0 から x まで加え合わせ，これを帯のたわみ剛性で割ったものが，点 x における外部荷重によるたわみになる．

$$-\frac{1}{D}\int_0^x (x-t)M(t)dt \qquad (5.80)$$

まったく同様の方法によって，地盤反力 $\varphi(x)$ によるたわみも決定することができる．図 186 b により，断面 t における曲げモーメントを t から右側に分布する微小力 $\varphi(\xi)d\xi$ に腕の長さ $(\xi-t)$ をかけたすべてのモーメントの和として，t から a まで加え合わせて決定する．結局，力 $\varphi(\xi)$ による断面 t における曲げモーメントは次の形で表わされる．

260   第Ⅴ章　有限剛性構造物底面における反力

$$M[t, \varphi(\xi)] = \int_t^a (\xi - t)\varphi(\xi)d\xi \qquad (5.81)$$

(5.80) の $M(t)$ のかわりに (5.81) で得られた $M[t, \varphi(\xi)]$ を入れると，地盤反力 $\varphi(\xi)$ による点 x におけるたわみの式が求められる.

$$-\frac{1}{D}\int_0^x (x-t)M[t, \varphi(\xi)]dt$$

$$= -\frac{1}{D}\int_0^x (x-t)dt\int_t^{+a} (\xi - t)\varphi(\xi)d\xi \qquad (5.82)$$

(5.80) と (5.82) を加え合わせると，$w_2(x)$ の式が得られ，これと $w_1(x)$ に対する (5.78) を加え合わせると，断面 x における帯のたわみを表わす (5.79) に対応する式として次の形が得られる.

$$w(x) = -\frac{1}{D}\left\{\int_0^x (x-t)M(t)dt + \int_0^x (x-t)M[t, \varphi(\xi)]dt\right\}$$
$$+ Ax + B$$

$$= -\frac{1}{D}\left[\int_0^x (x-t)M(t)dt + \int_0^x (x-t)dt\int_t^{+a} (\xi-t)\varphi(\xi)d\xi\right]$$
$$+ Ax + B \qquad (5.83)$$

ここで (5.69) の仮定により (5.72) と (5.83) とを比較し，$K(x-\xi)$ が (5.74) で表わされることを考慮すると，次の形の基本方程式が得られる.

$$-\frac{2}{\pi}\frac{1-\mu_0{}^2}{E_0{}^2}\int_{-a}^{+a} [\varphi(\xi)\log|x-\xi| + C]d\xi$$

$$= -\frac{1}{D}\left\{\int_0^x (x-t)M(t)dt + \int_0^x (x-t)M[t, \varphi(\xi)]dt\right\} + Ax + B$$

$$= -\frac{1}{D}\left\{\int_0^x (x-t)M(t)dt + \int_0^x (x-t)dt\int_t^{+a} (\xi-t)\varphi(\xi)d\xi\right\} + Ax + B$$

$$(5.84)$$

これから積分記号内を x に関して微分して*，次の関係が見出される．

$$\int_{-a}^{+a}\varphi(\xi)\frac{1}{x-\xi}\,d\xi=\frac{\pi}{2}\frac{E_0}{1-\mu_0^2}\frac{1}{D}\left\{\int_0^x M(t)dt+\int_0^x M[t,\varphi(\xi)]d\xi\right\}$$
$$-A$$

$$=\frac{\pi}{2}\frac{E_0}{1-\mu_0^2}\frac{1}{D}\left(\int_0^x M(t)dt\right.$$

$$\left.+\int_0^x dt\int_t^{+a}(\xi-t)\varphi(\xi)d\xi\right)-A \qquad (5.85)$$

帯の鉛直変位 w_b と基礎地盤表面の鉛直変位 $w_0(x)$ の導関数が，それぞれ帯のたわみ曲線および基礎地盤表面に対する接線の傾斜に等しいことを考慮すれば，次のことがらは容易に確かめられる．すなわち，方程式 (5.85) において左辺の式は横座標 x の点における基礎地盤表面に対する接線の傾斜角の正接の値に比例し，方程式の右辺の項は地盤反力および外部荷重によって形成される帯の軸に対する接線の傾斜角の正接の値に比例する．これらの角は小さいので，近似的にこれらを角そのものに等しいと考えてさしつかえない．

A の値を決めるために，方程式 (5.85) において x の値を 0 とおくと，次の関係が得られる．

$$-A=-\int_{-a}^{+a}\varphi(\xi)\frac{1}{\xi}\,d\xi$$

この式を方程式 (5.58) に代入すると，次の形が得られる．

$$\int_{-a}^{+a}\varphi(\xi)\left(\frac{1}{x-\xi}+\frac{1}{\xi}\right)d\xi=\frac{6k}{a^3}\int_0^x M[t,\varphi(\xi)]d\xi+\frac{6k}{a^3}\int_0^M M(t)dt$$

$$=\frac{6k}{a^3}\int_0^x dt\int_t^{+a}(\xi-t)\varphi(\xi)d\xi+\frac{6k}{a^3}\int_0^x M(t)dt \qquad (5.86)$$

ここに

---

* （原注）方程式の左辺の積分を積分の主値の意味にとるならば，積分記号内を x に関して微分してもよいことを証明することができる．

$$k = \frac{\pi}{12} \frac{E_0 a^3}{(1-\mu_0^2)D} = \frac{\pi}{12} \frac{1-\mu^2_p}{1-\mu_0^2} \frac{E_0}{E_p} \frac{a^3}{J_p} \qquad (5.87)$$

である.

(5.86) の左辺の式および右辺に入ってくる項は，それぞれ上に述べた基礎地盤表面および帯のたわみ軸に対する断面 x および $x=0$ における接線の傾斜の差に比例する値を表わす．

パラメーター k の値は，スラブの剛性を特徴づけるものである．この値が小さければ小さいほど，帯の剛性はその下の基礎地盤に比較して大きくなる．もし k の値が 0.25～0.30 より小さければ，数値計算を行なえばわかるように，基礎地盤に比較して帯が無限に剛であると考えることができ，それに対応する計算法を適用できる．k の値が大きければ，このことは帯の剛性が比較的小さいか，あるいは帯そのものの長さがその高さに比較して大きいかのいずれかを表わしている．$k > 3～4$ のさいに帯に1つの集中荷重が加わる場合は，スラブを「無限長さのはり」とみなすことができる．

(5.86) に

$$J(x) = \int_0^x M(t)dt$$

を代入すると，この式は与えられた外部荷重によるモーメント図の0から x までの区間の面積に等しい．種々の荷重の形に対して，この式を導いてみる．

いま外部荷重が，$\eta_i < x$ の断面に加えられるいくつかの集中荷重 P_i と，$\eta_k > x$ に加えられるいくつかの集中荷重 P_k からなるものとすれば，図 187 により，力 P_i によるモーメント図についての求める面積は，

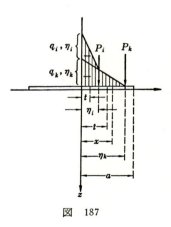

図　187

$$\frac{1}{2}(P_i \eta_i)\eta_i$$

に等しく，力 P_k による 0 から x のまでの区間のモーメント図の面積は，

$$\frac{1}{2}(P_k\eta_k)\eta_k - \frac{1}{2}[P_k(\eta_k-x)](\eta_k-x) = P_k\eta_k x - \frac{1}{2}P_k x^2$$

に等しい.

　与えられたすべての集中荷重によるモーメント図を加え合わせ，モーメントの符号に関する普通の規則を考慮すると，次式が得られる.

$$J(x) = \int_0^x M(t)dt = -\left[\frac{1}{2}\sum P_i\eta_i^2 + \sum P_k\left(\eta_k x - \frac{x^2}{2}\right)\right] \qquad (5.88)$$

　もし外部荷重がスラブの長さに関する分布荷重であるならば，0から x までの区間に分布する荷重 $q(\xi)$ を $q(\xi)_i$ で表わし，x から a までの荷重を $q(\xi)_k$ で表わし，(5.88) に次式を適用する.

$$P_i = q_i(\xi)d\xi \quad および \quad \eta_i = \xi$$
$$P_k = q_k(\xi)d\xi \quad および \quad \eta_k = \xi$$

このとき図 188 により，(5.88) の第1項の和を $b_i{}'$ から $b_i{}''$ までの積分でおきかえ，第2項の和を $b_k{}'$ から $b_k{}''$ までの積分でおきかえ，分布荷重に対して次の式を得る.

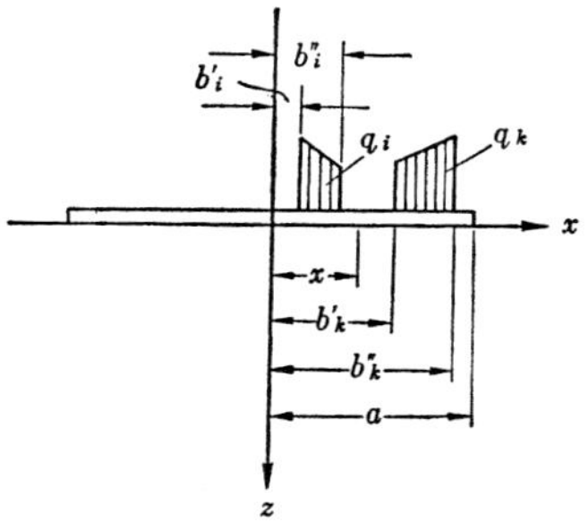

図　188

$$J(x) = \int_0^x M(t)dt = -\left[\frac{1}{2}\int_{b_i'}^{b_i''}\xi^2 q_i(\xi)d\xi + \int_{b_k'}^{b_k''}\left(x\xi - \frac{x^2}{2}\right)q_k(\xi)d\xi\right]$$
$$(5.89)$$

　もし荷重 $q_i(\xi)$ および $q_k(\xi)$ が長さのすべての区間 $(0, x)$ および $(x, +a)$ に関して分布しているならば，このとき，上式は

$$J(x) = \int_0^x M(t)dt = -\left[\frac{1}{2}\int_0^x\xi^2 q_i(\xi)d\xi + \int_x^{+a}\left(x\xi - \frac{x^2}{2}\right)q_k(\xi)d\xi\right]$$
$$(5.90)$$

となる.

　もし外部荷重が $\zeta_i < x$ の断面に加えられるいくつかのモーメント M_i と，$\zeta_k > x$ に加えられるいくつかのモーメント M_k からなるものとすれば，図189により次の関係が得られる.

264 第Ⅴ章 有限剛性構造物底面における反力

$$J(x) = \int_0^x M(t)dt = -\left[\sum M_i \zeta_i + \sum M_k \zeta_k\right] \qquad (5.91)$$

外部荷重がいくつかの集中力，モーメント
および分布荷重からなるならば，

$$J(x) = \int_0^x M(t)dt$$

に必要な式は，個々の荷重の形に対応する式
を加え合わせることによって得られる．

（5.86）の検討にもどって，まず無次元の
変数

$$x = a\bar{x}, \quad \xi = a\bar{\xi}, \quad t = a\bar{t} \qquad (5.92)$$

を導入する．

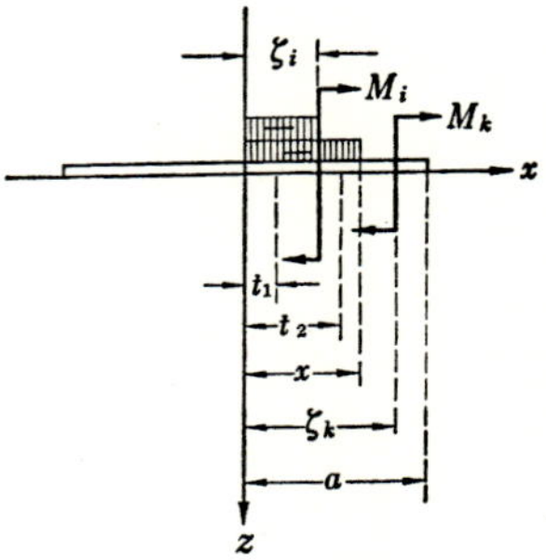

このとき（5.86）は次の形になる．

$$\int_{-1}^{+1} \varphi(\bar{\xi})\left(\frac{1}{\bar{x}-\bar{\xi}} + \frac{1}{\bar{\xi}}\right)d\bar{\xi}$$

$$= 6k\int_0^{\bar{x}} d\bar{t}\int_{\bar{t}}^{+1}(\bar{\xi}-\bar{t})\varphi(\bar{\xi})d\bar{\xi} + \frac{6k}{a^3}J(x) \qquad (5.93)$$

ここに，種々の形の荷重に対する $J(x)$ の式は(5.88)，(5.89)，(5.90)，
(5.91)により次の形になる．

集中荷重に対しては，

$$J(x) = -a^2\left[\frac{1}{2}\sum P_i\bar{\eta}_i{}^2 + \sum P_k\left(\bar{\eta}_k\bar{x} - \frac{\bar{x}^2}{2}\right)\right] \qquad (5.88')$$

分布荷重に対しては，

$$J(x) = -a^3\left[\int_{\bar{b}_i'}^{\bar{b}_i''} \bar{\xi}^2 q_i(\bar{\xi})d\bar{\xi} + \int_{\bar{b}_k'}^{\bar{b}_k''}\left(\bar{x}\bar{\xi} - \frac{\bar{x}^2}{2}\right)q_k(\bar{\xi})d\bar{\xi}\right] \qquad (5.89')$$

あるいは

$$J(x) = -a^3\left[\int_0^{\bar{x}} \bar{\xi}^2 q_i(\bar{\xi})d\bar{\xi} + \int_{\bar{x}}^{+1}\left(\bar{x}\bar{\xi} - \frac{\bar{x}^2}{2}\right)q_k(\bar{\xi})d\bar{\xi}\right] \qquad (5.90')$$

図　189

モーメントに対しては，

$$J(x) = -a\left[\sum M_i \bar{\zeta}_i + \sum M_k \zeta_k\right] \qquad (5.91')$$

である．

さらに簡単にするために，たいていの場合に $\bar{x}$, $\bar{\xi}$, $\bar{t}$ のハイフォンを省略し，実際にはあるものと考えることにする．これは x, t, ξ とある場合に，そのまま考えるかわりに $\bar{x}$, $\bar{t}$, $\bar{\xi}$ の省略したものと考えることである．たとえば $\frac{1}{6}a$, $\frac{1}{3}a$, $\frac{1}{2}a$ などとある場合に，これらを $\frac{1}{6}$, $\frac{1}{3}$, $\frac{1}{2}$ に等しいと考えるのと同様である．したがって，$-a$ から a までの積分範囲は，-1 から $+1$ までの範囲でおきかえられる．変数 $\bar{x}$, $\bar{\xi}$, $\bar{t}$ と変数 x, ξ, t との違いをはっきりと区別する必要のある場合には，ハイフォンをそのままにしておくことにする．

ここで述べたことに従うと，(5.93) は短縮した形で次のように書かれる．

$$J_1(\bar{x}) = 6kJ_2(\bar{x}) + \frac{6k}{a^3} J(x) \qquad (5.94)$$

ここに

$$J_1(\bar{x}) = \int_{-1}^{+1} \varphi(\bar{\xi}) \left(\frac{1}{\bar{x} - \bar{\xi}} + \frac{1}{\bar{\xi}}\right) d\bar{\xi}$$

および

$$J_2(\bar{x}) = \int_0^{\bar{x}} d\bar{t} \int_{\bar{t}}^{+1} (\bar{\xi} - \bar{t}) \varphi(\bar{\xi}) d\bar{\xi}$$

であり，この形はある場合につごうがよい．

いま (5.92) の関係をつり合い方程式 (5.76) および (5.77) に代入すると，次の式が得られる．

$$\int_{-1}^{+1} \varphi(\bar{\xi}) d\bar{\xi} = \frac{R}{a} \qquad (5.95)$$

$$\int_{-1}^{+1} \bar{\xi} \varphi(\bar{\xi}) d\bar{\xi} = \frac{M_0}{a^2} \qquad (5.96)$$

帯の底面に関する地盤反力を決定する問題を解くことは，方程式 (5.93)

を満足し，帯と基礎地盤の表面に対する接線の傾斜角が等しいという条件と，つり合い方程式 (5.95) および (5.96) を満足するような関数 $\varphi(\xi)$ を見出すことに帰着する．

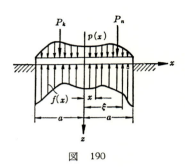

図 190

関数 $\varphi(\xi)$ を決定した後，横座標が x に等しい帯の任意の断面における曲げモーメントの総和 M_x およびせん断力の総和 Q_x は，図 190 により次の式によって決定される．

$$\left.\begin{array}{l} M_x = \displaystyle\int_x^{+a} \varphi(\xi)(\xi-x)d\xi + M(x) \\[2mm] Q_x = -\displaystyle\int_x^{+a} \varphi(\xi)d\xi + Q(x) \end{array}\right\} \qquad (5.97)$$

ここに，$M(x)$ および $Q(x)$ は，断面 x における外部荷重のみによる曲げモーメントおよびせん断力を表わす．

基本方程式 (5.93) は，剛性がきわめて大きいか，あるいは小さい極限の場合でも成立することに注意しよう．実際に，$k=0$ の場合この式は，

$$\int_{-1}^{+1} \varphi(\bar{\xi}) \frac{1}{\bar{x}-\bar{\xi}} d\bar{\xi} = -\int_{-1}^{+1} \varphi(\bar{\xi}) \frac{1}{\bar{\xi}} d\bar{\xi} = \text{const} \qquad (5.98)$$

の形になるが，後に述べることから明らかなように，この式は無限剛性の帯に対する方程式と一致する．

完全にたわみやすい帯の場合には，方程式 (5.86) において各項を $6k/a^3$ で割り，$k \to \infty$ とおく．すると (5.86) は次の形に収束する．

$$\int_0^x dt \int_t^{+a} (\xi-t)\varphi(\xi)d\xi + \int_0^x M(t)dt = 0 \qquad (5.99)$$

(5.81) を考慮すると，(5.99) は次の形で表わされる．

$$\int_0^x M[t, \varphi(\xi)]dt + \int_0^x M(t)dt = 0$$

この式を x に関して微分すると，次式が得られる．

$$M[x, \varphi(\xi)] + M(x) = 0$$
$$Q[x, \varphi(\xi)] + Q(x) = 0$$
$$\varphi(x) + f(x) = 0$$

こうして得た結果は，完全にたわみやすいはりに分布荷重を加える場合，反力図が荷重図の鉛直鏡像になることを示している．このように，$k \to 0$ と $k \to \infty$ の極限の 2 つの場合とも正しいことがわかる．

i) 対 称 荷 重

最初に荷重が対称の場合を考える．関数 φ を次の形で表わす*．

$$\varphi(\xi) = \frac{A}{\sqrt{1-\xi^2}} + \sum_{n=0}^{\infty} C_n \xi^{2n} \qquad (5.100)$$

そして方程式 (5.94)，(5.95)，(5.96) を満足するように，未知定数係数 A および C_n を決定しよう．

(5.94) に関数 φ に対する (5.100) を代入すると，次の関係が容易に確かめられる．

$$J_1(x) = \int_{-1}^{+1} \varphi(\xi) \left(\frac{1}{x-\xi} + \frac{1}{\xi} \right) d\xi$$

$$= \int_{-1}^{+1} \frac{A}{\sqrt{1-\xi^2}} \left(\frac{1}{x-\xi} + \frac{1}{\xi} \right) d\xi + \int_{-1}^{+1} \sum C_n \xi^{2n} \left(\frac{1}{x-\xi} + \frac{1}{\xi} \right) d\xi$$

$-1 < x < +1$ のさいに，

$$A \int_{-1}^{+1} \frac{1}{\sqrt{1-\xi^2}} \left(\frac{1}{x-\xi} + \frac{1}{\xi} \right) d\xi = 0$$

であることを示すことができる．この関係は第Ⅵ章でも確かめられる．すると

$$\int_{-1}^{+1} \xi^{2n-1} d\xi = 0$$

であるから，次の関係を得る．

---

* （原注）以下では前に述べたことに従って，疑問が生じない場合には，記述を簡単にするために x と ξ のハイフォンを省略する．

268   第Ⅴ章　有限剛性構造物底面における反力

$$J_1(x) = \sum C_n \int_{-1}^{+1} \left(\xi^{2n-1} + \frac{\xi^{2n}}{x-\xi} \right) d\xi$$

$$= -\sum C_n \int_{-1}^{+1} \left(\frac{\xi^{2n}-x^{2n}}{\xi-x} + \frac{x^{2n}}{\xi-x} \right) d\xi$$

さらに，

$$J_1(x) = -\sum C_n \int_{-1}^{+1} \left(\xi^{2n-1} + \xi^{2n-2}x + \xi^{2n-3}x^2 + \cdots + \xi x^{2n-2} \right.$$

$$\left. + x^{2n-1} + \frac{x^{2n}}{\xi-x} \right) d\xi$$

$$= -\sum C_n \left[\frac{\xi^{2n}}{2n} + \frac{\xi^{2n-1}}{2n-1}x + \frac{\xi^{2n-2}}{2n-2}x^2 + \cdots + \frac{\xi^2}{2}x^{2n-2} \right.$$

$$\left. + x^{2n-1}\xi + x^{2n}\log|\xi-x| \right]_{-1}^{+1}$$

$$= -\sum_0^\infty C_n \left[2\sum_{i=1,3,5\cdots}^{i=2n-1} \frac{x^i}{2n-i} + x^{2n}\log\frac{1-x}{1+x} \right] \qquad (5.101)$$

であるから，よく知られた展開式

$$\log\frac{1-x}{1+x} = -2\sum_{k=0,1,2\cdots}^\infty \frac{x^{2k+1}}{2k+1} \qquad (5.102)$$

を考慮して次式を得る．

$$J_1(x) = -\sum_0^\infty C_n \left[2\sum_{i=1,3,5\cdots}^{2n-1} \frac{x^i}{2n-1} - 2x^{2n}\sum_{k=0,1,2\cdots}^\infty \frac{x^{2k+1}}{2k+1} \right]$$

$$= 2\sum_0^\infty C_n \left[-\sum_{i=1,3,5\cdots}^{2n-1} \frac{x^i}{2n-i} + \sum_{k=0,1,2\cdots}^\infty \frac{x^{2n+2k+1}}{2k+1} \right]$$

$$= -2\sum_{n=0,1,2\cdots}^\infty C_n \sum_{i=1,3,5\cdots}^\infty \frac{x^i}{2n-i} = -2\sum_{i=1,3,5\cdots}^\infty x^i \sum_{n=0,1,2\cdots}^\infty \frac{C_n}{2n-i}$$

$$(5.103)$$

さらに，次の関係を確かめることができる．

$$J_2(x) = \int_0^x dt \int_t^{+1} \varphi(\xi)(\xi-t)d\xi = \boldsymbol{C}(x) + \int_0^x dt \sum_{n=0,1,2\cdots}^\infty C_n \int_t^{+1} (\xi^{2n+1}$$

$$-t\xi^{2n})d\xi = C(x) + \int_0^x dt \sum_{n=0,1,2\cdots}^\infty C_n \left[\frac{\xi^{2n+2}}{2n+2} - t\frac{\xi^{2n+1}}{2n+1} \right]_t^{+1}$$

$$= C(x) + \int_0^x dt \sum_{n=0,1,2\cdots}^\infty C_n \left(\frac{1}{2n+2} - \frac{t}{2n+1} - \frac{t^{2n+2}}{2n+2} + \frac{t^{2n+2}}{2n+1} \right)$$

$$= C(x) + \sum_{n=0,1,2\cdots}^\infty C_n \int_0^x \left(\frac{1}{2n+2} - \frac{t}{2n+1} - \frac{t^{2n+2}}{2n+2} + \frac{t^{2n+2}}{2n+1} \right) dt$$

$$= C(x) + \sum_{n=0,1,2\cdots}^\infty C_n \left[\frac{x}{2n+2} - \frac{x^2}{2(2n+1)} - \frac{x^{2n+3}}{(2n+2)(2n+3)} \right.$$

$$\left. + \frac{x^{2n+3}}{(2n+1)(2n+3)} \right]$$

$$= C(x) + \sum_{n=0,1,2\cdots}^\infty C_n \left[\frac{x}{2n+2} - \frac{x^2}{2(2n+1)} \right.$$

$$\left. + \frac{x^{2n+3}}{(2n+1)(2n+2)(2n+3)} \right] \qquad (5.104)$$

ここに

$$C(x) = \int_0^{\bar{x}} d\bar{t} \int_{\bar{t}}^{+1} \frac{A}{\sqrt{1-\bar{\xi}^2}} (\bar{\xi} - \bar{t}) d\bar{\xi}$$

$$= A \left(\frac{1+2\bar{x}^2}{4} \sin^{-1}\bar{x} - \frac{\pi\bar{x}^2}{4} + \frac{3}{4} \bar{x}\sqrt{1-\bar{x}^2} \right) \qquad (5.104')$$

である.

$J_1(x)$ と $J_2(x)$ に対する (5.101), (5.104) を (5.94) に代入して次の関係を得る.

$$-\sum_{n=0,1,2\cdots}^\infty C_n \left[2\sum_{i=1,3,5\cdots}^{i=2n-1} \frac{\bar{x}^i}{2n-i} + \bar{x}^{2n} \log \frac{1-\bar{x}}{1+\bar{x}} \right]$$

$$= 6kC(\bar{x}) + 6k \sum_{n=0,1,2\cdots}^\infty C_n \left[\frac{\bar{x}}{2n+2} - \frac{\bar{x}^2}{2(2n+1)} + \frac{\bar{x}^{2n+3}}{(2n+1)(2n+2)(2n+3)} \right]$$

$$+ \frac{6k}{a^3} J(x)$$

あるいは最終的に,

270   第Ⅴ章   有限剛性構造物底面における反力

$$\sum_{n=0,1,2\cdots}^{\infty} C_n \left\{ \sum_{i=1,3,5\cdots}^{i=2n-1} \frac{\bar{x}^i}{2n-i} + \frac{\bar{x}^{2n}}{2} \log \frac{1-\bar{x}}{1+\bar{x}} + 3k \left[\frac{\bar{x}}{2n+2} \right. \right.$$

$$\left. \left. - \frac{\bar{x}^2}{2(2n+1)} + \frac{\bar{x}^{2n+3}}{(2n+1)(2n+2)(2n+3)} \right] \right\} + 3kC(\bar{x}) = -\frac{3k}{a^3} J(x)$$

$$(5.105)$$

ここに，関数 $J(x)$ は荷重の形により $(5.88')$，$(5.89')$，$(5.90')$ あるい
は $(5.91')$ のうちのどれかを用いる.

スラブと基礎地盤表面の接線の傾斜角の正接が等しいということを定めて
いる方程式の検討を終ったので，つり合い方程式 (5.95) に目を向けてみ
る. この式に，関数 $\varphi(\bar{\xi})$ として採用した (5.100) を代入すると，

$$A \int_{-1}^{+1} \frac{d\bar{\xi}}{\sqrt{1-\bar{\xi}^2}} + \int_{-1}^{+1} \sum C_n \bar{\xi}^{2n} d\bar{\xi} = A\pi + \sum C_n \int_{-1}^{+1} \bar{\xi}^{2n} d\bar{\xi}$$

$$= A\pi + \sum C_n \left[\frac{\bar{\xi}^{2n+1}}{2n+1} \right]_{-1}^{+1} = A\pi + 2 \sum \frac{C_n}{2n+1} = \frac{R}{a}$$

あるいは，

$$\sum \frac{C_n}{2n+1} = \frac{R}{2a} - A\frac{\pi}{2} = q - A\frac{\pi}{2} \qquad (5.106)$$

が得られる. ここに q は荷重の平均強さを表わす.

(5.96) は前に示したように，対称荷重の場合恒等式になってしまう.

これからあと考えている問題は，本質的にあまり違いのないいくつかの方
法によって解かれる. 第1の方法で問題を解く場合には $A=C(x)=0$ とお
く. このとき，帯の底面における反力を決定するために必要な未知係数 C_n
に対して，a) つり合い方程式 (5.106) と，b) 方程式 (5.105) が存在す
ることになる. これらの式は帯の範囲，すなわち $-1\leqq x \leqq +1$ の任意の $\bar{x}$ の
値で満足されなければならない.

(5.105) に無数に多くの x の値を与えると，未知数が C_0，C_1，C_2……の
無数の線形代数連立方程式を得る. この連立方程式に，さらに1つのつり合
い方程式 (5.106) をつけ加えると，未知係数 C_i を決定する連立方程式が
得られる. 実際には無限級数 (5.100) のかわりに，関数 φ の式として m 項
（たとえば 5～6 項）からなる多項式の形をとってさしつかえない. このとき

問題を解き, m 個の未知係数 C_i を決定するためには, つり合い方程式 (5.106) のほかに x に定まった値, $\bar{x}_1, \bar{x}_2, \cdots\cdots \bar{x}_{m-1}$ を与えて, (5.105) の型の $(m-1)$ 個の方程式を作ればよい. このようにして得た m 個の連立方程式を解くと, 未知係数 C_i を見出すことができる. これらを (5.100) に代入すると, 求める問題の解が得られる[46)55)]. このような問題の解法を簡単のために「たわみ比較法」という.

図 191 a に種々の荷重に対して, この方法で得た地盤反力図を示す. これらの図によれば, 剛性の大きい ($k \simeq 0.23 \sim 0.30$) 帯の場合, 荷重が対称でさえあれば, 地盤反力の分布は荷重の特性によらないことがわかる.

係数 C_n の数値を決定するには, 若干異なった他の数値解による方法も用いることができる[34)46)]. 方程式 (5.94) に入ってくる関数 $J_1(x)$ に (5.103) を用い, 方程式の左辺と右辺を $\bar{x}$ に関するべき級数に展開する. このとき, このようにして得た方程式の右辺と左辺は, $-1 \leqq x \leqq +1$ のすべての値に対して等しくなければならず, またそのためには, x のすべてのべきの係

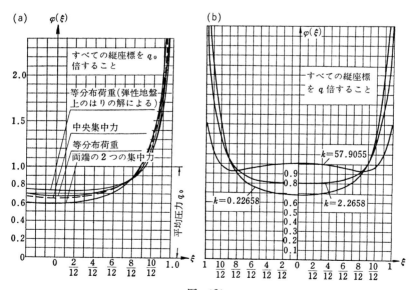

図 191

数が右辺と左辺で等しくなる必要がある．以上のことを考慮に入れると，方程式の右辺と左辺の x の同一のべきの係数を比較して，無限の連立方程式が得られる．この連立方程式につり合い方程式を加え，いくつかの必要な数の連立方程式だけを解くと，すべての未知係数を決定することができる．この第2の方法による解の精度は，第1の方法による解の精度より若干低くなる．

　外部荷重が帯の両端に加えられる力や偶力であったり，帯の全長にわたる任意の連続分布荷重である場合，問題をそれほど複雑にせずに解くことができる[46]．図 191 b に等分布荷重の場合の種々の剛性の帯に対して得られた地盤反力図を示す．

　もし集中荷重やモーメントが帯の中間点に加えられたり，帯の全長にわたる分布荷重でなく，その中の弧立した区間に加えられる分布荷重の場合解は複雑になり，多項式（べき多項式）の形の補助関数が必要になる．これらの関数の係数は，対応する連立方程式を解くことによって得られる．このような場合，地盤反力の分布を決定する未知係数 C_i を得るために，5～6の未知数をもつ2組の連立方程式を解かなければならない．第1のものは上述の補助関数の係数を決定するためのものであり，第2の連立方程式はつり合い方程式を加えて x の同一のべきを比較することによって係数を得るためのものである．

　図 192 に示す地盤反力図と曲げモーメント図は，種々の剛性の帯に集中荷重が加わった場合に

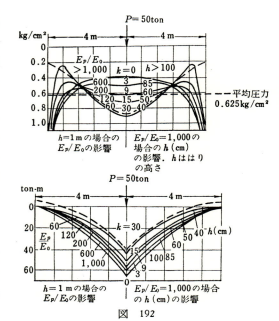

図　192

2. 線形弾性地盤　273

について，この方法で得られたものである[123]．

5個ないし6個の式からなる連立方程式を解くだけでよいようなたわみ比較法による問題の解法を述べよう．

問題の第2の解法は，要するに (5.105) において $C(x)$ の式を $(5.104')$ にとり，$(5.104')$ およびつり合い方程式 (5.106) における A を $\frac{\pi}{2}q$ に等しいと仮定するのである．このとき，上に述べた方法によって未定係数 $C_0, C_1, C_2, \ldots\ldots$ を決定し，帯の底面における応力を若干違った形で得ることができる．この場合第Ⅵ章で述べるように，(5.100) の最初の項は無限剛性の帯の底面における応力分布に対応し，係数が $C_0, C_1, \ldots\ldots$，をもつ級数の各項は，帯が現実に無限剛性でないことからくる補正項になる．本章の3節で述べるはずの方法とともに，1950年にクルビン[115]によって提案されたこのような解法は，必要な精度を保つために5～6項の級数のかわりに2～3項の級数ですますことができるので，計算が著しく短縮される．この方法において未知関数の形を帯の両端 $\xi=\pm 1$（「特異」点）に近づくに従って地盤反力が無限大になるようにとってあるので，このように簡単になるのである．考えている問題に対して「特異点消去」といわれるこの方法はクルビン[115]によって提案され，その後イシコフ（А.Г. Ищков）およびトゥライコフ（А.Н. Тулайков）の論文[128]で利用された．図193に剛性係数の値が $k=1.67$ と $k=3.3$ の帯に中央鉛直荷重が加わった場合に解いた結果を示す．この結果によれば，べき級数の3項まで考慮しても，第2項までとった近似解と大きな差は生じない．このように与えられた問題を解く場合，2つの未知数をも

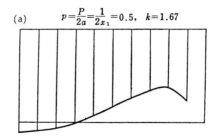

図　193a

つ2つの式からなる連立方程式を解くことによって，十分な精度の解が得られる．

もし方程式 (5.105) および (5.106) において，A の値が未定のままで残っており，係数 $C_0, C_1, C_2, \ldots$ の値と同様にしてこの値を求める場合，(5.100) の最初の項は無限剛性の帯の場合の反力図の値にある定数乗数をかけたものに対応することになり，残りの項は補正項に対応することになる．後者の2つの方法（$A \neq 0$ とおいた）は，解の精度と必要な計算の量からみると，実用的にはほとんど等価である．

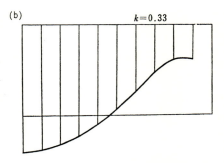

図 193 b

普通の十分大きい剛性をもつ水理構造物を設計する場合，$A \neq 0$ とおいたほうが合理的である．すると非常に計算が簡単になり，特に複雑な静定系において簡単になる．しかし帯が非常にたわみやすい場合，$A = 0$ とおいたほうが合理的なことが知られている．

ii) 逆対称荷重

逆対称荷重の場合，関数 φ を次の形にとる*．

$$\varphi(\xi) = A \frac{\xi}{\sqrt{1-\xi^2}} + \sum_{n=0}^{\infty} C_n \xi^{2n+1}$$

この場合*，

$$J_1(x) = \int_{-1}^{+1} \varphi(\xi) \left(\frac{1}{x-\xi} + \frac{1}{\xi} \right) d\xi$$

$$= \int_{-1}^{+1} \frac{A\xi}{\sqrt{1-\xi^2}} \left(\frac{1}{1-\xi} + \frac{1}{\xi} \right) d\xi + \int_{-1}^{+1} \sum_{n=0}^{\infty} C_n \xi^{2n+1} \left(\frac{1}{1-\xi} + \frac{1}{\xi} \right) d\xi$$

---

*（原注）267 ページの脚注参照

である.

$-1 < x < +1$ において

$$A \int_{-1}^{+1} \frac{\xi}{\sqrt{1-\xi^2}} \left(\frac{1}{x-\xi} + \frac{1}{\xi} \right) d\xi = 0$$

であることを考慮し*，次の関係を得る.

$$J_1(x) = \sum_{n=0}^{\infty} C_n \int_{-1}^{+1} \left(\xi^{2n} - \frac{\xi^{2n+1}}{\xi - x} \right) d\xi$$

$$= \sum_{n=0}^{\infty} C_n \left[\frac{2}{2n+1} - \int_{-1}^{+1} \left(\frac{\xi^{2n+1} - x^{2n+1}}{\xi - x} + \frac{x^{2n+1}}{\xi - x} \right) d\xi \right]$$

$$= \sum_{n=0}^{\infty} C_n \left[\frac{2}{2n+1} - \int_{-1}^{+1} \left(\sum_{i=-1,0,1,2,\cdots}^{2n-1} \xi^{2n-i-1} x^{i+1} \right) d\xi \right.$$

$$\left. - x^{2n+1} \log \frac{1-x}{1+x} \right]$$

$$= \sum_{n=0}^{\infty} C_n \left[\frac{2}{2n+1} - \sum_{i=-1,0,1,2,\cdots}^{2n-1} \frac{x^{i+1}}{2n-i} \left[\xi^{2n-i} \right]_{-1}^{+1} - x^{2n+1} \log \frac{1-x}{1+x} \right]$$

$$= \sum_{n=0}^{\infty} C_n \left[\frac{2}{2n+1} - \frac{2}{2n+1} - \sum_{i=1,3,5\cdots}^{2n-1} \frac{2x^{i+1}}{2n-i} - x^{2n+1} \log \frac{1-x}{1+x} \right]$$

ここで

$$\left[\xi^{2n-i} \right]_{-1}^{+1} = (+1)^{2n-i} - (-1)^{2n-i}$$

の値は，$2n-i$ が偶数の場合 0 になり，$2n-i$ が奇数の場合，すなわち i が奇数の場合 $+2$ に等しくなることを使った．したがって，i に関する和をとる場合，i の奇数の項をとるだけでよい．$i = -1$ に対応する項については，これを総和記号の外に出した.

結局，次の式が得られる.

$$J_1(x) = -\sum C_n \left[2 \sum_{i=1,3,5\cdots}^{2n-1} \frac{x^{i+1}}{2n-i} + x^{2n+1} \log \frac{1-x}{1+x} \right]$$

さらに次の関係を見出すことができる.

---

* （原注）これについては第VI章で証明する.

276   第Ⅴ章　有限剛性構造物底面における反力

$$J_2(x) = C(x) + \int_0^x dt \int_t^{+1} \sum C_n \xi^{2n+1}(\xi - t) d\xi$$

$$= C(x) + \int_0^x dt \sum C_n \int_t^{+1} (\xi^{2n+2} - t\xi^{2n+1}) d\xi$$

$$= C(x) + \int_0^x dt \sum C_n \left(\frac{\xi^{2n+3}}{2n+3} - \frac{\xi^{2n+2}}{2n+2} t \right)_t^{+1}$$

$$= C(x) + \int_0^x dt \sum C_n \left(\frac{1}{2n+3} - \frac{t}{2n+2} - \frac{t^{2n+3}}{2n+3} + \frac{t^{2n+3}}{2n+2} \right)$$

$$= C(x) + \sum C_n \left(\frac{x}{2n+3} - \frac{x^2}{2(2n+2)} - \frac{x^{2n+4}}{(2n+3)(2n+4)} \right. $$
$$\left. + \frac{t^{2n+4}}{(2n+2)(2n+4)} \right)$$

ここに

$$C(x) = \int_0^{\bar{x}} d\bar{t} \int_{\bar{t}}^{+1} \frac{A\bar{\xi}}{\sqrt{1-\bar{\xi}^2}} (\bar{\xi} - \bar{t}) d\bar{\xi}$$

$$= A \left[\frac{1}{6}(1-\bar{x}^2)^{3/2} + \frac{\pi\bar{x}}{4} - \frac{\bar{x}\sin^{-1}\bar{x}}{2} - \frac{\sqrt{1-\bar{x}^2}}{2} + \frac{1}{3} \right]$$

である.

$J_1(x)$ および $J_2(x)$ の式を (5.94) の方程式に代入すると，次の形の基本方程式が得られる.

$$- \sum_{n=0,1,2\cdots}^{\infty} C_n \left[2 \sum_{i=1,3,5\cdots}^{2n-1} \frac{\bar{x}^{i+1}}{2n-i} + \bar{x}^{2n+1} \log \frac{1-\bar{x}}{1+\bar{x}} \right]$$

$$= 6kC(x) + 6k \sum_{n=0}^{\infty} C_n \left[\frac{\bar{x}}{2n+3} - \frac{\bar{x}^2}{2(2n+2)} + \frac{\bar{x}^{2n+4}}{(2n+2)(2n+3)(2n+4)} \right]$$
$$+ \frac{6k}{a^3} J(x)$$

これは，最終的に

$$\sum_{n=0,1,2\cdots}^{\infty} C_n \left\{ \sum_{i=1,3,5\cdots}^{2n-1} \frac{\bar{x}^{i+1}}{2n+i} + \frac{\bar{x}^{2n+1}}{2} \log \frac{1-\bar{x}}{1+\bar{x}} + 3k \left[\frac{\bar{x}}{2n+3} - \frac{\bar{x}^2}{2(2n+2)} \right. \right.$$

$$+\frac{\bar{x}^{2n+4}}{(2n+2)(2n+3)(2n+4)}\Big]\Big\}+3kC(x)=-\frac{3k}{a^3}J(x)$$

となる．この式の右辺に対しては，荷重の形によって対称荷重を検討したさいに導いた $J(x)$ の式を利用できる．

つり合い方程式 (5.96) は次の形になる．

$$\int_{-1}^{+1}\xi\varphi(\xi)d\xi=A\int_{-1}^{+1}\frac{\xi}{\sqrt{1-\xi^2}}\xi d\xi+\int_{-1}^{+1}\xi\sum C_n\xi^{2n+1}d\xi$$
$$=A\frac{\pi}{2}+\sum C_n\int_{-1}^{+1}\xi^{2n+2}d\xi=A\frac{\pi}{2}+\sum C_n\left[\frac{\xi^{2n+3}}{2n+3}\right]_{-1}^{+1}$$
$$=A\frac{\pi}{2}+2\sum\frac{C_n}{2n+3}=\frac{M_0}{a^2}$$

あるいは，

$$\sum\frac{C_n}{2n+3}+A\frac{\pi}{2}=\frac{M_0}{2a^2}$$

係数 C_i は，対称荷重の場合とまったく同様にして決定される．

この計算法の説明を終るにあたって，実際上の計算を簡単に行なうために，$A=0$ の場合についてゴルブノフ-パサドフが作成した表を利用できることを紹介しておく．これらの表を利用すると，すべての基本的な荷重の場合について，容易に曲げモーメント，せん断力および地盤反力を求めることができる．

剛性係数 k の変化の影響をみるために，図 194～196 にスビル河水力発電

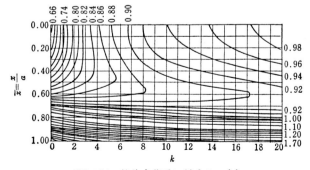

図 194 等分布荷重に対する $\varphi(\bar{x})$

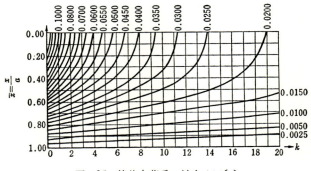

図 195 等分布荷重に対する $M(\bar{x})$

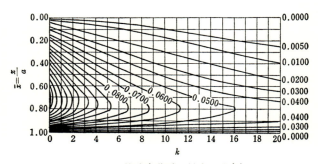

図 196 等分布荷重に対する $Q(\bar{x})$

所設計局が，等分布荷重の場合に k が 0 から 20 までの範囲の値に対する反力図，モーメント図，せん断力図を決めることができるように作成したグラフを引用しておく．使用するさいは，曲線に付してある値をそれぞれ q, baq, ba^2q 倍しなければならない．その後，多くの機関や研究者によって種々の荷重の形や剛性に対する解が得られており，必要な計算がきわめて簡単に行なわれるようになった．

2・2 帯の剛性の変化の影響

図 197 に示すように，完全に剛な部分（黒くぬりつぶした部分）をもってい

2. 線形弾性地盤　279

たり，あるいは帯の高さが不連続か連続的に変化する場合，帯の剛性の変化を考慮することが必要不可欠になる．

剛性の変化を考慮したスラブの計算法を検討するために，(5.86)および(5.105)が基礎地盤表面に対する点 x と $x=0$ における接線の傾斜角の差を表わしていることに注目してみよう．これらの式の左辺は，したがって帯の剛性が一定の場合と同様に，その剛性が変化する場合でも同じことを表わす．

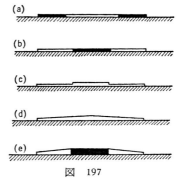

図 197

これらの式の右辺は，$x=0$ の断面においてスラブが固定されているとして，たわみ軸に対する点 x と $x=0$ における接線の傾斜角を表わしている．これらの傾斜角を決定するためには，材料力学でよく知られているように，対応するモーメント図を変化させることによって補正し，帯の全長にわたって慣性モーメントが一定で J に等しいと仮定する．モーメント図を補正するためには，横座標が t の各断面のモーメント図の縦座標を $J(t)/J$ 倍する必要がある．ここに $J(t)$ は，断面 t における実際の慣性モーメントを表わす．これと同様にして，いま考えている帯の剛性が変化する場合には，帯の剛性が関係している k の値がその全長にわたって一定であるとし，断面 t におけるモーメント図の縦座標を $k(t)/k$ 倍する．

結局，帯の剛性が変化する場合の方程式(5.86)は，次の形で表わされる．

$$\int_{-a}^{+a} \varphi(\xi)\left(\frac{1}{x-\xi}+\frac{1}{\xi}\right)d\xi = \frac{6k}{a^3}\int_0^x \frac{k(t)}{k} M[t,\varphi(\xi)]d\xi$$

$$+ \frac{6k}{a^3}\int_0^x \frac{k(t)}{k} M(t)dt \qquad (5.107)$$

(5.92)の関係に従って変数を部分的に変換すると，この式は次のような短縮された形にて書き表わされる．

280   第Ⅴ章   有限剛性構造物底面における反力

$$J_1(\bar{x}) = \frac{6k}{a^3} J_2^*(x) + \frac{6k}{a^3} J^*(x) \tag{5.108}$$

ここに

$$
\left.
\begin{aligned}
J_1(\bar{x}) &= \int_{-1}^{+1} \varphi(\bar{\xi}) \left(\frac{1}{\bar{x} - \bar{\xi}} + \frac{1}{\bar{\xi}} \right) d\bar{\xi} \\[2mm]
J_2^*(x) &= \int_0^x \frac{k(t)}{k} M[t, \varphi(\xi)] d\xi \\[2mm]
J^*(x) &= \int_0^x \frac{k(t)}{k} M(t) dt
\end{aligned}
\right\} \tag{5.109}
$$

である.

つり合い方程式 (5.95) および (5.96) は, この場合でもそのままで変化しない.

未知関数 $\varphi(\xi)$ を対称荷重の場合, あるいは逆対称荷重の場合に,

$$\varphi(\xi) = \frac{A}{\sqrt{1 - \xi^2}} + \sum C_n \xi^{2n}$$

あるいは,

$$\varphi(\xi) = A \frac{\xi}{\sqrt{1 - \xi^2}} + \sum C_n \xi^{2n+1}$$

の形にとり, $J_2^*(x)$ の式に代入する. その後, 与えられた外部荷重と与えられた帯の剛性の変化に応じて関数 $J^*(x)$ を見出す. こうして得た $J_2^*(x)$ および $J^*(x)$ の式を (5.108) に代入すると, (5.94) に類似した式で帯の剛性を考慮に入れた方程式が得られる. その後の解は, 前のとおり x の値に多くの決まった数値を与え, つり合い方程式を考慮して求められる. この方法によって, 任意の法則で剛性が変化する帯に任意の荷重を与える場合の地盤反力の分布を求めることができる.

例として, 図 197 a に示す場合を検討してみよう. ここで, $0 \leqq x \leqq \alpha$ の範囲において k の値は一定で比 $k(t)/k = 1$ とする. $\alpha < x \leqq +a$ の範囲では $k=0$ とし, したがって比 $k(t)/k = 0$ である.

この結果, 方程式 (5.88) は $x \leqq \alpha$ の値に対して普通の形のままであり, 次式で表わされる.

$$\int_{-1}^{+1}\varphi(\bar{\xi})\left(\frac{1}{\bar{x}-\bar{\xi}}+\frac{1}{\bar{\xi}}\right)d\bar{\xi}=\frac{6k}{a^3}\int_0^x M[t,\varphi(\xi)]dt+\frac{6k}{a^3}\int_0^x M(t)dt \tag{5.110}$$

また, $x>\alpha$ の値に対しては次の形をとる.

$$\int_{-1}^{+1}\varphi(\bar{\xi})\left(\frac{1}{\bar{x}-\bar{\xi}}+\frac{1}{\bar{\xi}}\right)d\bar{\xi}=\frac{6k}{a^3}\int_0^\alpha M[t,\varphi(\xi)]dt+\frac{6k}{a^3}\int_0^\alpha M(t)dt \tag{5.111}$$

(5.111) の右辺第1項の積分記号内で表わされる地盤反力による曲げモーメントの式は, 図 198 の記号に従って次の形になる.

$$M[t,\varphi(\xi)]=\int_t^{+a}(\xi-t)\varphi(\xi)d\xi$$

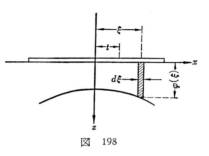

図 198

これから, $x>\alpha$ の区間に対しては次の式が得られる.

$$J_2{}^*(x)=\int_0^\alpha M[t,\varphi(\xi)]dt=\int_0^\alpha dt\int_t^{+a}(\xi-t)\varphi(\xi)d\xi$$

$$=a^3\int_0^{\bar{\alpha}}d\bar{t}\int_{\bar{t}}^{+1}(\bar{\xi}-\bar{t})\varphi(\bar{\xi})d\bar{\xi} \tag{5.112}$$

対称荷重 最初に, 対称荷重を考える. この場合, 地盤反力分布を次の形で求めてみよう.

$$\varphi(\bar{\xi})=\frac{A}{\sqrt{1-\bar{\xi}^2}}+\sum C_n\bar{\xi}^{2n}$$

この式を (5.112) に代入すると, 途中の計算で変数の上部のハイフォンを省略し ($x>\alpha$ に対して), 次の式を求めることができる.

$$J_2{}^*(x)=a^3\int_0^{\bar{\alpha}}d\bar{t}\int_{\bar{t}}^{+1}(\bar{\xi}-\bar{t})\sum_{n=0}^\infty C_n\bar{\xi}^{2n}d\bar{\xi}+a^3\int_0^{\bar{\alpha}}d\bar{t}\int_{\bar{t}}^{+1}(\bar{\xi}-\bar{t})\frac{A d\bar{\xi}}{\sqrt{1-\bar{\xi}^2}}$$

$$=a^3\sum C_n\int_0^{\bar{\alpha}}d\bar{t}\left[\frac{1}{2n+2}(1-\bar{t}^{2n+2})-\frac{\bar{t}}{2n+1}(1-\bar{t}^{2n+1})\right]+a^3 C(\bar{\alpha})$$

282   第Ⅴ章　有限剛性構造物底面における反力

$$= a^3 \sum C_n \left[\frac{1}{2n+2} \left(\alpha - \frac{\alpha^{2n+3}}{2n+3} \right) - \frac{1}{2n+1} \left(\frac{\alpha^2}{2} - \frac{\alpha^{2n+3}}{2n+3} \right) \right] + a^3 C(\bar{\alpha})$$
$$+ a^3 C(\bar{\alpha})$$

$$= a^3 \sum C_n \left[\frac{\bar{\alpha}}{2n+2} - \frac{\bar{\alpha}^2}{2(2n+1)} + \frac{\bar{\alpha}^{2n+3}}{(2n+1)(2n+2)(2n+3)} \right]$$
$$+ a^3 C(\bar{\alpha}) \tag{5.113}$$

ここに

$$C(\bar{\alpha}) = \int_0^{\bar{\alpha}} d\bar{t} \int_{\bar{t}}^{+1} \frac{A}{\sqrt{1-\bar{\xi}^2}} (\bar{\xi} - \bar{t}) d\bar{\xi}$$

$$= A \left(\frac{1+2\bar{\alpha}^2}{4} \sin^{-1}\bar{\alpha} - \frac{\pi\bar{\alpha}^2}{4} + \frac{3}{4} \bar{\alpha} \sqrt{1-\bar{\alpha}^2} \right)$$

である.

　種々の外部荷重が加わる場合の $J^*(x)$ の式を決定するためには，まず $x <$
α の断面に対して $J^*(x)$ が前に導いた $J(x)$ に対する（5.88′），（5.89′）
（5.91′）と完全に一致することに注意しよう．なぜならば，この場合０か
ら x の範囲で比 $k(t)/k = 1$ であり，$t < x$ の値に対してモーメント図の縦座標
は不変だからである．

　図 199にモーメント図の考えている区間の面積

$$J(x) = \int_0^x M(t) dt$$

に等しい部分に細線を引いてある．この図をみると明らかなように，剛性端
部が存在することは，$x < \alpha$ の $J(x)$ の値に影響を与えない.

　たわみ性の部分に加えられる力による $x > \alpha$ の値に対するモーメント図
は，たとえば図 200 a に示すように不変である．したがってこのような外
部荷重の場合，$J(x)$ に対する（5.88′），（5.89′），（5.91′）のインデック
ス i のついた項を利用できる.

　いま外部力が帯の剛性端部の範囲に加えられる場合（図 200 b, c）の $x > \alpha$
の値に対して考えると，たわみ性の区間の範囲におけるモーメント図は変化
しない．剛性端部の範囲においてモーメント図の縦座標は変化し，この区間
において $k(t)/k = 0$ なので，完全剛性端の場合０に等しくなる.

2. 線形弾性地盤   283

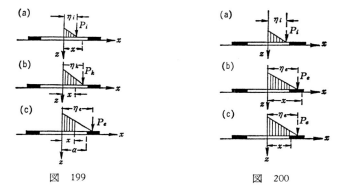

図 199   図 200

剛性端部に作用するすべての外力を各剛性部においてその任意の断面，たとえば剛性区間の中央部に加えられる1つの鉛直合力 P_e と偶力 M_e でおきかえるとつごうがよい．図 201 に従って次の関係を得る．

$$P_e = P_1 + P_n + 2bq$$
$$M_e = -M_1 + P_n d$$

力 P_e および M_e に対応する $J^*(x)$ の値は，次のようにして見出される．図 202 a に示すように，力 P_e による $J^*(x)$ は次のとおりである．

$$J^*(x) = -\left[\frac{1}{2} P_e \eta_e \times \eta_e - \frac{1}{2} P_e (\eta_e - \alpha) \times (\eta_e - \alpha)\right]$$
$$= -P_e \alpha \left(\eta_e - \frac{\alpha}{2}\right) = -a^2 P_e \bar{\alpha} \left(\bar{\eta}_e - \frac{\bar{\alpha}}{2}\right) \quad (5.114)$$

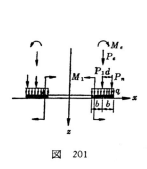   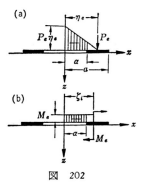

図 201   図 202

284 第 V 章 有限剛性構造物底面における反力

図 202 b に示すようにモーメント M_e による $J^*(x)$ は次のとおりである.

$$J^*(x) = -M_e \alpha = -a M_e \bar{\alpha} \tag{5.115}$$

結局, たわみ性区間の範囲 ($\eta_i < \alpha$, $\zeta_i < \alpha$, $b_i < \alpha$) に加えられる各種の力に対しては, (5.88′), (5.89′), (5.91′) のインデックス i の項を利用し, さらにいま得た (5.114), (5.115) と合わせて, $x > \alpha$ に対する $J^*(x)$ の式として次式が得られる.

$$J^*(x) = -\frac{a^2}{2} \sum P_i \bar{\eta}_i{}^2 - a^3 \int_{\bar{b}_i'}^{\bar{b}_i''} \bar{\xi}^2 P_i(\bar{\xi}) d\bar{\xi} - a \sum M_i \zeta_i$$

$$- a^2 P_e \bar{\alpha} \left(\bar{\eta}_e - \frac{\bar{\alpha}}{2} \right) - a M_e \bar{\alpha} \tag{5.116}$$

このように, 方程式 (5.108) に入ってくる $J^*(x)$ の値を決めるには次のようにする.

1. $x < \alpha$ の値に対しては, (5.88′), (5.89′), (5.91′) を利用する.

2. $x > \alpha$ の値に対しては, (5.116) を利用する.

剛性端部をもった帯に対称荷重が加わった場合の検討をこれで終る.

逆対称荷重　逆対称荷重の場合, $J(x)$ および $J^*(x)$ の式は対称荷重の場合と等しくなる. $J_2^*(x)$ の式は当然変化し, (5.112) に次式を適用すれば得られる.

$$\varphi(\xi) = A \frac{\bar{\xi}}{\sqrt{1 - \bar{\xi}^2}} + \sum C_n \bar{\xi}^{2n+1}$$

結局, 途中の計算において変数の上部のハイフォンを省略して, 次の式が得られる.

$$J_2^*(x) = a^3 \int_0^{\bar{\alpha}} d\bar{t} \int_{\bar{t}}^{+1} (\bar{\xi} - \bar{t}) \sum_{n=0}^{\infty} C_n \bar{\xi}^{2n+1} d\bar{\xi}$$

$$+ a^3 \int_0^{\bar{\alpha}} d\bar{t} \int_{\bar{t}}^{+1} (\bar{\xi} - \bar{t}) \frac{A\bar{\xi}}{\sqrt{1 - \bar{\xi}^2}} d\bar{\xi}$$

$$= a^3 \sum C_n \int_0^\alpha dt \left[\frac{1}{2n+3} (1 - t^{2n+3}) - \frac{t}{2n+2} (1 - t^{2n+2}) \right] + a^3 C(\bar{\alpha})$$

$$= a^3 \sum C_n \left[\frac{1}{2n+3} \left(\alpha - \frac{\alpha^{2n+4}}{2n+4} \right) - \frac{1}{2n+2} \left(\frac{\alpha^2}{2} - \frac{\alpha^{2n+4}}{2n+4} \right) \right]$$

$$+a^3 C(\bar{\alpha})$$
$$=a^3 \sum C_n \left[\frac{\bar{\alpha}}{2n+3} - \frac{\bar{\alpha}^2}{2(2n+2)} + \frac{\bar{\alpha}^{2n+4}}{(2n+2)(2n+3)(2n+4)} \right]$$
$$+a^3 C(\bar{\alpha})$$

ここに

$$C(\bar{\alpha}) = \int_0^{\bar{\alpha}} d\bar{t} \int_{\bar{t}}^{+1} \frac{A\bar{\xi}}{\sqrt{1-\bar{\xi}^2}} (\bar{\xi}-\bar{t}) d\bar{\xi}$$

$$= A \left[\frac{1}{6}(1-\bar{\alpha}^2)^{3/2} + \frac{\pi\bar{\alpha}}{4} - \frac{\bar{\alpha}\sin^{-1}\bar{\alpha}}{2} - \frac{\sqrt{1-\bar{\alpha}^2}}{2} + \frac{1}{3} \right]$$

である

　逆対称荷重に対するこれから先の解き方は，対称荷重の場合の解き方と違わない．

　これまで述べてきた計算法を帯の剛性がほかの任意の法則で変化する場合に応用することは，それほど困難ではない．このためには，(5.109) の第1式，すなわち $J_1(x)$ をそのままにしておき，(5.109) の $J_2{}^*(x)$ および $J^*(x)$ に必要に応じて積分範囲を変えながら適当な $k(t)/k$ の式を導入すればよい．それから先の解は，上に導いた解とまったく同様にして導かれる．

　特に図 197b に対しては，$-\alpha \leqq x \leqq \alpha$ の値で比 $k(t)/k=0$ を考慮して，この範囲の x の値で (5.108) は次の形になる．

$$\int_{-1}^{+1} \varphi(\bar{\xi}) \left(\frac{1}{\bar{x}-\bar{\xi}} + \frac{1}{\bar{\xi}} \right) d\bar{\xi} = 0$$

$x > \alpha$ の値に対しては比 $k(t)/k=1$ であり，方程式 (5.108) は次のように書ける．

$$\int_{-1}^{+1} \varphi(\bar{\xi}) \left(\frac{1}{\bar{x}-\bar{\xi}} + \frac{1}{\bar{\xi}} \right) d\bar{\xi} = \frac{6k}{a^3} J_2{}^*(x) + \frac{6k}{a^3} J^*(x)$$

さらに (5.109)，(5.112) により，いまの場合次の関係が成立する．

$$J_2{}^*(x) = \int_\alpha^x M[t, \varphi(\xi)] d\xi = a^3 \int_{\bar{\alpha}}^{\bar{x}} d\bar{t} \int_{\bar{t}}^{+1} (\bar{\xi}-\bar{t}) \varphi(\bar{\xi}) d\bar{\xi} \qquad (5.117)$$

関数 $\varphi(\xi)$ として，対称荷重あるいは逆対称荷重に応じて偶あるいは奇の

べき級数や多項式を用い，(5.117) において必要な積分を行なうと，考えている場合に対する $J_2^*(x)$ の式を見出すことができる．

図 203 に対応する $J^*(x)$ を求めると，次のようになる．

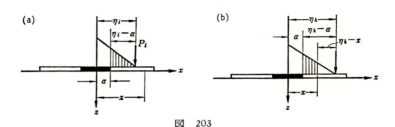

図　203

$$J^*(x) = -\left[P_i(\eta_i-\alpha)\frac{1}{2}(\eta_i-\alpha) + P_k(\eta_k-\alpha)\frac{1}{2}(\eta_k-\alpha)\right.$$
$$\left. - P_k(\eta_k-x)\frac{1}{2}(\eta_k-x)\right]$$
$$= -\left[P_i\frac{(\eta_i-\alpha)^2}{2} + P_k\frac{(\eta_k-\alpha)^2}{2} - P_k\frac{(\eta_k-x)^2}{2}\right]$$

作用する全部の力による類似の式を総和し，(5.92) を考慮すると次の式が得られる．

$$J^*(x) = -a^2\left[\sum P_i\frac{(\bar\eta_i-\bar\alpha)^2}{2} + \sum P_k\frac{(\bar\eta_k-\bar\alpha)^2}{2} - \sum P_k\frac{(\bar\eta_k-\bar x)^2}{2}\right]$$

この式において $P_i = aq_i(\bar\xi)d\bar\xi$, $P_k = aq_k(\bar\xi)d\bar\xi$ と仮定し，$\bar\eta_i$ および $\bar\eta_k$ を $\bar\xi$ でおきかえ，総和を対応する範囲における積分でおきかえると，分布荷重の場合に対する $J^*(x)$ の式が

$$J^*(x) = -\frac{a^3}{2}\left[\int_{\bar\alpha}^{\bar x}(\bar\xi-\bar\alpha)^2 q_i(\bar\xi)d\bar\xi + \int_{\bar x}^{+1}(\bar\xi-\bar\alpha)^2 q_k(\bar\xi)d\bar\xi\right.$$
$$\left. - \int_{\bar x}^{+1}(\bar\xi-\bar x)^2 q_k(\bar\xi)d\bar\xi\right]$$

のように得られる．

同様の方法によって，偶力荷重の場合の $J^*(x)$ の式が次の形を有することを示すことができる．

$$J^*(x) = -a\left[\sum M_i(\zeta_i - \bar{\alpha}) + \sum M_k(\bar{x} - \bar{\alpha})\right]$$

得られた式を $(5.88')\sim(5.91')$ と比較すると，これらの式は $(5.88')$ $\sim(5.91')$ の η_i, η_k, ξ, ζ_i および x の値を $(\eta_i - \alpha)$, $(\eta_k - \alpha)$, $(\xi - \alpha)$, $(\zeta_i - \alpha)$ および $(x - \alpha)$ でおきかえたものであることが容易に確かめられる.

同様の方法によって，別の様式で帯の剛性が変る場合，特に図 197 のその他の図の場合に対する解を検討することができる.

3. 線形弾性地盤に対するチェブィシェフの多項式の応用

クルビン[115) 127)] は上に設定した問題と採用した仮定をそのままにし，別の方法を使った解法を研究した．そのさい彼は地盤反力分布に対応する未知関数の近似的表現として，チェブィシェフの多項式を利用した．この方法によって，特異点を消去しない解にくらべて数値計算の作業が著しく簡単かつ短縮された．クルビンの方法の検討に移る．チェブィシェフの多項式とは，次の形のものを表わす.

$$\left.\begin{aligned}
T_0(x) &= 1 \\
T_1(x) &= \cos(\cos^{-1} x) = x \\
T_2(x) &= \cos(2\cos^{-1} x) = 2x^2 - 1 \\
T_3(x) &= \cos(3\cos^{-1} x) = 4x^3 - 3x \\
T_4(x) &= \cos(4\cos^{-1} x) = 8x^4 - 8x^2 + 1 \\
T_5(x) &= \cos(5\cos^{-1} x) = 16x^5 - 20x^3 + 5x \\
&\quad\cdots\cdots\cdots\cdots\cdots\cdots\cdots\cdots \\
T_n(x) &= \cos(n\cos^{-1} x) = \quad\cdots\cdots\cdots
\end{aligned}\right\} \qquad (5.118)$$

表 16 に 0 から 1 までの範囲における x の種々の値に対するチェブィシェフ関数の値を示す.

まず，これらの多項式のいくつかの性質を検討してみる．多角法の関係

$$\cos(n+1)\theta + \cos(n-1)\theta = 2\cos\theta\cos n\theta$$

から，$\cos\theta = x$ として次の関係を見出すことができる.

$$\cos(n+1)\cos^{-1} x + \cos(n+1)\cos^{-1} x$$
$$= 2\cos\cos^{-1} x \cdot \cos n\cos^{-1} x$$

288　第V章　有限剛性構造物底面における反力

表　16

$T_1(x)=x$	$T_2(x)=2x^2-1$	$T_3(x)=4x^3-3x$	$T_4(x)=8x^4$ $-8x^2+1$	$T_5(x)=16x^5$ $-20x^3+5x$	$T_6(x)=32x^6$ $-48x^4+18x^2-1$
0	-1.00000	0	$+1.00000$	0	-1.00000
0.1	-0.98000	-0.29600	$+0.92080$	$+0.48016$	-0.82477
0.2	-0.92000	-0.56800	$+0.69280$	$+0.84512$	-0.35475
0.3	-0.82000	-0.79200	$+0.34480$	$+0.99888$	$+0.25453$
0.4	-0.68000	-0.94400	-0.07520	$+0.88384$	$+0.78227$
0.5	-0.50000	-1.00000	-0.50000	$+0.50000$	$+0.00000$
0.6	-0.28000	-0.93600	-0.84320	-0.07584	$+0.75219$
0.7	-0.02000	-0.72800	-0.99920	-0.67088	$+0.05997$
0.8	$+0.28000$	-0.35200	-0.84320	-0.99712	-0.77209
0.9	$+0.62000$	$+0.21600$	-0.23120	-0.63216	-0.90669
1.0	$+1.00000$	$+1.00000$	$+1.00000$	$+1.00000$	$+1.00000$

あるいは

$$T_{n+1}(x)=2xT_n(x)-T_{n-1}(x) \quad (n=1,2,3\cdots) \tag{5.119}$$

いま変数 $x=\cos\theta$ を $\theta=\cos^{-1}x$ でおきかえ，$m\neq n$ とすると，

$$\int_{-1}^{+1}\frac{T_n(x)T_m(x)}{\sqrt{1-x^2}}dx=\int_{\pi}^{0}\frac{\cos(n\cos^{-1}x)\cos(m\cos^{-1}x)}{\sin\theta}(-\sin\theta\,d\theta)$$

$$=\int_0^{\pi}\cos n\theta\cos m\theta d\theta=0 \tag{5.120}$$

の関係が得られる．

この条件を満足する関数 $T_n(x)$ および $T_m(x)$ は，$1/\sqrt{1-x^2}$ の重みをもって互いに直交するといわれる．もし $m=n$ であれば，次の関係が容易に確めかられる．

$$\int_{-1}^{+1}\frac{T_0{}^2dx}{\sqrt{1-x^2}}=\int_{\pi}^{0}\frac{1(-\sin\theta d\theta)}{\sin\theta}=\pi \tag{5.121}$$

および

$$\int_{-1}^{+1}\frac{T_n{}^2(x)dx}{\sqrt{1-x^2}}=\int_0^{\pi}\cos^2 n\theta d\theta=\frac{\pi}{2} \quad (n=1,2,3\cdots) \tag{5.122}$$

さらに次の関係が証明される[127]．

3. 線形弾性地盤に対するチェビシェフの多項式の応用 289

$$J_n = \int_{-1}^{+1} \frac{T_n(\xi)}{\sqrt{1-\xi^2}} \log|\xi-x| d\xi = -\frac{\pi}{n} T_n(x) \qquad (5.123)$$

これから $-1 \leqq x \leqq +1$ の範囲で次の関係が成立する.

$$J_0 = \int_{-1}^{+1} \frac{1}{\sqrt{1-\xi^2}} \log|\xi-x| d\xi = A = \text{const} \qquad (5.124)$$

　この積分に必要な計算は非常に複雑なので，ここでは行なわない．しかし
(5.123) の関係は，これから説明する方法にとって本質的な意義を有して
いるものである．

　今後，これまで用いてきた記号を変えて，実際の横座標の長さを $\bar{x}$, $\bar{\xi}$ で
表わし，これと帯の長さの半分 a との比を x, ξ で表わしたほうがつごうが
よい．このときの関係は，明らかに次のとおりである．

$$\left.\begin{array}{c} x = \dfrac{\bar{x}}{a} \\[2mm] \xi = \dfrac{\bar{\xi}}{a} \end{array}\right\} \qquad (5.125)$$

　(5.125) の関係によって，$\bar{x}$ および $\bar{\xi}$ の入ってくる式において，多くの
場合これらの値を ax および $a\xi$ でおきかえることにする．すると，関数
$f(\bar{x})$ の記号を $f(ax)$ あるいは $f(x)$ でおきかえることができる．微分する
さいには，次の関係を考慮に入れる．

$$\frac{d}{d\bar{x}}\phi(x) = \frac{d}{d(ax)}\phi(x) = \frac{1}{a}\frac{d}{dx}\phi(x)$$

　同様にして，積分を行なったり積分範囲を決定したりする場合にも，相対
的横座標への変換を考えなければならない．

　(5.74) および (5.125) の関係により，基礎地盤表面の点 $\bar{x}$ の鉛直変
位は，次の形で表わされる．

$$w_0(x) = -\frac{2(1-\mu_0^2)}{\pi E_0} \int_{-a}^{+a} \varphi(\bar{\xi}) \log|\bar{x}-\bar{\xi}| d\bar{\xi} + \text{const}$$

$$= -\frac{2(1-\mu_0^2)a}{\pi E_0} \int_{-1}^{+1} \varphi(\xi) \log|x-\xi| d\xi + \text{const} \qquad (5.126)$$

290 第Ⅴ章 有限剛性構造物底面における反力

　帯の底面の応力を決定する問題を解くためにチェビシェフの多項式を応用する場合，底面における地盤反力分布を表わす関数として，

$$\varphi(\xi) = \sum_{n=0}^{\infty} C_n \xi^n \qquad (5.127)$$

の形のかわりに，次の形のものを求めてみる．

$$\varphi(\xi) = \frac{1}{\sqrt{1-\xi^2}}[A_0 + A_1 T_1(\xi) + A_2 T_2(\xi) + \cdots]$$

$$= \frac{1}{\sqrt{1-\xi^2}}\left[A_0 + \sum_{n=1}^{\infty} A_n T_n(\xi)\right] = \sum_{n=0}^{\infty} \frac{A_n T_n(\xi)}{\sqrt{1-\xi^2}} \qquad (5.128)$$

ここに，A_0，A_1，A_2，$\cdots$はこれから決定しなければならない未知係数を表わす．

　このとき，(5.126) から次の式を得る．

$$w_0(x) = -\frac{2(1-\mu_0{}^2)a}{\pi E_0}\int_{-1}^{+1}\frac{1}{\sqrt{1-\xi^2}}\left[A_0 + \sum_{n=1}^{\infty} A_n T_n(\xi)\right]$$

$$\times \log|x-\xi|d\xi + \mathrm{const} \qquad (5.129)$$

これから (5.123) および (5.124) の関係を考慮すると，$-1 \le x \le +1$ で (5.124) により係数 A_0 の入ってくる項の積分は定数になるので，次の関係が得られる．

$$w_0(x) = \frac{2(1-\mu_0{}^2)a}{E_0}\sum_{n=1}^{\infty}\frac{A_n}{n} T_n(x) + \mathrm{const} \qquad (5.130)$$

　(5.130) の係数 A_n は，つり合い方程式および帯のたわみと基礎地盤の沈下が等しいという条件から決定されるべきものである．

　つり合い方程式は，(5.128) および (5.125) により次の形に書かれる．

$$\int_{-a}^{+a}\varphi(\bar{\xi})d\bar{\xi} = a\int_{-1}^{+1}\varphi(\xi)d\xi = R$$

$$\int_{-a}^{+a}\bar{\xi}\varphi(\bar{\xi})d\bar{\xi} = a^2\int_{-1}^{+1}\xi\varphi(\xi)d\xi = M$$

あるいは

3. 線形弾性地盤に対するチェブィシェフの多項式の応用　291

$$\int_{-1}^{+1} \varphi(\xi)d\xi = \sum_{n=0}^{\infty} A_n \int_{-1}^{+1} \frac{T_n(\xi)}{\sqrt{1-\xi^2}}\, d\xi = \frac{R}{a} \qquad (5.131)$$

$$\int_{-1}^{+1} \xi\varphi(\xi)d\xi = \sum_{n=0}^{\infty} A_n \int_{-1}^{+1} \frac{\xi T_n(\xi)}{\sqrt{1-\xi^2}}\, d\xi = \frac{M}{a^2} \qquad (5.132)$$

である．ここに，R，Mは鉛直外力，外力のモーメントの和である．

(5.131) における積分記号の内部で積 $1\cdot T_n(\xi)=T_0(\xi)\cdot T_n(\xi)$ なので，チェブィシェフ関数の直交性により，$T_0^2(\xi)$ に対応する初項を除きすべての項は0になる．結局 (5.121) により，次の関係が得られる．

$$A_0\pi = \frac{R}{a}$$

これから

$$A_0 = \frac{R}{\pi a} \qquad (5.133)$$

が出てくる．

(5.132) における積分記号の内部で積 $\xi T_n(\xi)=T_1(\xi)T_n(\xi)$ である．このため $T_1^2(\xi)$ に対応する第2項を除き，すべての項は0になる．結局 (5.122) により次の関係が得られる．

$$A_1\frac{\pi}{2} = \frac{M}{a^2}$$

これから

$$A_1 = \frac{2M}{\pi a^2} \qquad (5.134)$$

が出てくる．

こうして得た A_0 および A_1 の値を $\varphi(\xi)$ の式に代入すると，次の式が得られる．

$$\varphi(\xi) = \frac{R}{\pi a}\frac{1}{\sqrt{1-\xi^2}} + \frac{2M}{\pi a^2}\frac{\xi}{\sqrt{1-\xi^2}} + \frac{1}{\sqrt{1-\xi^2}}\sum_{n=2}^{\infty} A_n T_n(\xi) \quad (5.135)$$

これから，(5.135) を第Ⅶ章の (6.15) および $(6.15')$ と比較すると，(5.135) の最初の2項は完全剛性の帯の底面における地盤反力分布に対応していることがわかる．$n=2$ から始まる残りの項は，たわみ性の帯の反力

292   第Ⅴ章   有限剛性構造物底面における反力

分布と完全剛性の反力分布の相違による補正項である.

（5.135）の係数 A_2, A_3, … は 帯のたわみと基礎地盤の沈下が等しい.すなわち $w_b = w_0 = w$ という条件から, 帯のたわみ軸の方程式（5.70）を利用して決定される.（5.128）を考慮すると, 次の関係が得られる.

$$D \frac{d^4}{d\bar{x}^4} w(\bar{x}) = \frac{D}{a^4} \frac{d^4}{dx^4} w(x) = f(x) - \varphi(x)$$

$$= f(x) - \sum_{n=0}^{\infty} A_n \frac{T_n(x)}{\sqrt{1-x^2}} \tag{5.136}$$

ここに

$$D = \frac{E_p h^3}{12(1-\mu_p{}^2)}$$

であり, インデックス p は帯の係数であることを表わす.

4 回積分のさい得られる結果に 3 次のべきを越えない任意の多項式の組合わせが加わることを考慮に入れると, 材料力学および本章の 1 節で知られている初期パラメーター法により次の式を得る.

$$\frac{D}{a^4} w(x) = C_1 \frac{x^3}{6} + C_2 \frac{x^2}{2} + C_3 x + C_4 + \sum P_i \frac{(x-x_i)^3}{6a}$$

$$+ \sum M_i \frac{(x-x_i)^2}{2a^2} + F_q(x) - \frac{1}{6} \sum_{n=0}^{\infty} A_n F_n(x) \tag{5.137}$$

ここに, 関数 $F_q(x)$ および $F_n(x)$ はそれぞれ

$$F_n{}^{\text{IV}}(x) = 6 \frac{T_n(x)}{\sqrt{1-x^2}} \quad (n=0, 1, 2 \cdots\cdots)$$

および

$$F_q{}^{\text{IV}}(x) = f(x) = \sum q_i$$

なる微分方程式の特解である. さらに q_i は, 分布荷重の $x=x_i$ における断面で始まる部分に対応している.

$\sum P_i \frac{(x-x_i)^3}{6}$ および $\sum M_i \frac{(x-x_i)^2}{2}$ の項は, 断面 $x=x_i$ に加えられる集中荷重 P_i およびモーメント M_i に対応するものである. 関数 $F_n(x)$ は, $ax^3 + bx^2 + cx + d$ の項までは正確に決定される. なぜならば, 係数 a, b, c, d の任意の変化は, 種々の特定の問題の境界条件から決定される 積 分 定 数 C_1, C_2, C_3, C_4 を適当に変化させて補正されるからである. これにもとづい

3. 線形弾性地盤に対するチェビシェフの多項式の応用　293

て (5.137) の P_i および M_i の入ってくる項を希望により書いてもよいし，省略してもよい.

以下に文献[126]から，種々の n の値に対する関数 $F_n(x)$ の式と，その1次〜3次導関数の式を引用しておく．また，付録の表 XXIV〜XXVII に，これらの関数およびその導関数の種々の x の値に対する数値を示す.

$$F_0(x) = \left(x^2 + \frac{3}{2}\right) x \sin^{-1} x + \frac{1}{3}\left(2 + \frac{11}{2}x^2\right)\sqrt{1-x^2} - \frac{2}{3}$$

$$F_1(x) = -\frac{3}{2}\left(x^2 + \frac{1}{4}\right)\sin^{-1} x - \frac{1}{8}(2x^2 + 13)x\sqrt{1-x^2} + 2x$$

$$F_2(x) = \frac{3}{4} x \sin^{-1} x - \frac{1}{20}(2x^4 - 9x^2 - 8)\sqrt{1-x^2} - \frac{2}{5}$$

$$F_3(x) = \frac{2}{5} x - \frac{1}{8} \sin^{-1} x - \frac{1}{120}(8x^4 - 26x^2 + 33)x\sqrt{1-x^2}$$

$$F_4(x) = \frac{2}{35}\left[(1-x^2)^3\sqrt{1-x^2} - 1\right]$$

$$F_5(x) = \frac{2}{35} x\left[(1-x^2)^3\sqrt{1-x^2} - 1\right]$$

$$F_6(x) = \frac{2}{315}\left[(1-x^2)^3(10x^2 - 1)\sqrt{1-x^2} + 1\right]$$

$$F_7(x) = \frac{2}{105} x\left[(1-x^2)^3(4x^2 - 1)\sqrt{1-x^2} + 1\right]$$

$$F_8(x) = \frac{1}{1155}\left[(1-x^2)^3(56x^4 - 24x^2 + 1)\sqrt{1-x^2} - 1\right]$$

$$F_9(x) = \frac{1}{3465} x\left[(1-x^2)^3(448x^4 - 280x^2 + 30)\sqrt{1-x^2} - 30\right]$$

$$\cdots\cdots\cdots\cdots\cdots\cdots\cdots\cdots\cdots\cdots\cdots\cdots\cdots\cdots\cdots\cdots$$

$$F_0'(x) = \frac{3}{2}(1 + 2x^2)\sin^{-1} x + \frac{9}{2} x\sqrt{1-x^2}$$

$$F_1'(x) = 2 - 3x\sin^{-1} x - (x^2 + 2)\sqrt{1-x^2}$$

$$F_2'(x) = \frac{3}{4}\sin^{-1} x - \frac{1}{4}(2x^2 - 5)x\sqrt{1-x^2}$$

$$F_3'(x) = \frac{2}{5}\left[1 - (1-x^2)^2\sqrt{1-x^2}\right]$$

294　第Ⅴ章　有限剛性構造物底面における反力

$$F_4{}'(x) = -\frac{2}{5}\, x(1-x^2)^2\sqrt{1-x^2}$$

$$F_5{}'(x) = \frac{2}{35}\big[(1-8x^2)(1-x^2)^2\sqrt{1-x^2}-1\big]$$

$$F_6{}'(x) = \frac{2}{315}\, x(3-10x^2)(1-x^2)^2\sqrt{1-x^2}$$

$$F_7{}'(x) = \frac{2}{105}\big[(1-x^2)^2(-40x^4+20x^2-1)\sqrt{1-x^2}+1\big]$$

$$F_8{}'(x) = \frac{2}{105}\, x(1-x^2)^2(-56x^4+40x^2-5)\sqrt{1-x^2}$$

$$F_9{}'(x) = \frac{1}{1155}\big[(1-x^2)^2(-1792x^6+1680x^4-360x^2+10)\sqrt{1-x^2}-10\big]$$

···

$$\frac{1}{6}F_0{}''(x) = x\sin^{-1}x+\sqrt{1-x^2}$$

$$\frac{1}{6}F_1{}''(x) = -\frac{1}{2}(\sin^{-1}x+x\sqrt{1-x^2}$$

$$\frac{1}{6}F_2{}''(x) = \frac{1}{3}(1-x^2)\sqrt{1-x^2}$$

$$\frac{1}{6}F_3{}''(x) = \frac{1}{5}\, x(1-x^2)\sqrt{1-x^2}$$

$$\frac{1}{6}F_4{}''(x) = \frac{1}{15}(6x^2-1)(1-x^2)\sqrt{1-x^2}$$

$$\frac{1}{6}F_5{}''(x) = \frac{1}{105}(-80x^3-10x^2+26x+1)(1-x^2)\sqrt{1-x^2}$$

$$\frac{1}{6}F_6{}''(x) = \frac{1}{105}(80x^4-48x^2+3)(1-x^2)\sqrt{1-x^2}$$

$$\frac{1}{6}F_7{}''(x) = \frac{1}{21}(24x^4-20x^2+3)x(1-x^2)\sqrt{1-x^2}$$

$$\frac{1}{6}F_8{}''(x) = \frac{1}{63}(112x^6-120x^4+30x^2-1)(1-x^2)\sqrt{1-x^2}$$

$$\frac{1}{6}F_9{}''(x) = \frac{1}{90}(256x^6-336x^4+120x^2-10)(1-x^2)x\sqrt{1-x^2}$$

···

3. 線形弾性地盤に対するチェブィシェフの多項式の応用　*295*

$$\frac{1}{6}F_0'''(x) = \sin^{-1} x$$

$$\frac{1}{6}F_1'''(x) = -\sqrt{1-x^2}$$

$$\frac{1}{6}F_2'''(x) = -x\sqrt{1-x^2}$$

$$\frac{1}{6}F_3'''(x) = \frac{1}{3}(1-4x^2)\sqrt{1-x^2}$$

$$\frac{1}{6}F_4'''(x) = (1-2x^2)x\sqrt{1-x^2}$$

$$\frac{1}{6}F_5'''(x) = -\frac{1}{5}(16x^4-12x^2+1)\sqrt{1-x^2}$$

$$\frac{1}{6}F_6'''(x) = -\frac{1}{3}(16x^4-16x^2+3)x\sqrt{1-x^2}$$

$$\frac{1}{6}F_7'''(x) = \frac{1}{7}(1-24x^2+80x^4-64x^6)\sqrt{1-x^2}$$

$$\frac{1}{6}F_8'''(x) = (1-10x^2+24x^4-16x^6)x\sqrt{1-x^2}$$

$$\frac{1}{6}F_9'''(x) = -\frac{1}{9}(1-40x^2+240x^4-448x^6+256x^8)\sqrt{1-x^2}$$

....

今後 C_1, C_2, C_3, C_4 の値を決定するのにつごうのよいように，関数 F_n とその導関数の特別な値をいくつか示しておく．

$$
\left.
\begin{aligned}
F_n(0) &= F_n'(0) = F_1''(0) = F_3''(0) = F_5''(0) = \cdots F_0'''(0) \\
&= F_2'''(0) = F_4'''(0)\cdots = 0 \\[4pt]
\frac{1}{6}F_0''(0) &= 1 \qquad\quad \frac{1}{6}F^{\mathrm{IV}}(0) = 1 \\[4pt]
\frac{1}{6}F_0''(\pm 1) &= \frac{\pi}{2}, \quad \frac{1}{6}F_1''(\pm 1) = \mp\frac{\pi}{4} \\[4pt]
\frac{1}{6}F_n''(\pm 1) &= 0 \qquad\qquad (n=2,3,\cdots) \\[4pt]
\frac{1}{6}F_0'''(\pm 1) &= \pm\frac{\pi}{2}
\end{aligned}
\right\}
\qquad (5.138)
$$

$$\frac{1}{6}F_n'''(\pm 1)=0 \qquad (n=1,2,3,\cdots)$$

説明を簡単にするために，いくつかの特別な場合の解を述べる．

3・1 等分布荷重

等分布荷重を考えると（図 204），$P_i=M_i=0$ であり，関数 F_q は

$$F_q{}^{\text{IV}}(x)=q$$

である．これから，特解は

$$F_q(x)=\frac{qx^4}{24}$$

となる．

地盤反力は対称となるから，(5.137) においてチェビシェフの偶多項式だけが残り，その結果次の式が得られる．

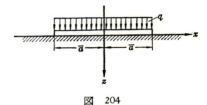

図 204

$$w(x)=\frac{a^4}{D}\left[C_1\frac{x^3}{6}+C_2\frac{x^2}{2}+C_3x+C_4+\frac{qx^4}{24}-\frac{1}{6}\sum_{n=0}^{\infty}A_{2n}F_{2n}(x)\right] \qquad (5.139)$$

$\bar{x}$ に関して微分すると，帯のたわみ軸の傾斜角 δ の正接，モーメントおよびせん断力の式を得る．

$$\tan\delta=\frac{dw}{d\bar{x}}=\frac{1}{a}\frac{dw}{dx}=\frac{a^3}{D}\left[C_1\frac{x^2}{2}+C_2x+C_3+\frac{qx^3}{6}\right.$$
$$\left.-\frac{1}{6}\sum_{n=0}^{\infty}A_{2n}F'_{2n}(x)\right]$$

$$M(x)=-D\frac{d^2w}{d\bar{x}^2}=-D\frac{1}{a^2}\frac{d^2w}{dx^2}$$
$$=-a^2\left[C_1x+C_2+\frac{qx^2}{2}-\frac{1}{6}\sum_{n=0}^{\infty}A_{2n}F''_{2n}(x)\right]$$

$$Q(x)=-D\frac{d^3w}{d\bar{x}^3}=-D\frac{1}{a^3}\frac{d^3w}{dx^3}$$
$$=-a\left[C_1+qx-\frac{1}{6}\sum_{n=0}^{\infty}A_{2n}F_{2n}'''(x)\right] \qquad (5.140)$$

3. 線形弾性地盤に対するチェブィシェフの多項式の応用 297

ここに，曲げモーメントの式中の負号は材料力学の規則によって帯の凸部が
z 軸の正方向に向く曲げモーメントの場合に使用する．

積分定数 C_i は，次の境界条件から決定される．

1. $Q(0)=0$ 2. $\tan \delta(0)=0$
3. $M(\pm 1)=0$ 3. $Q(\pm 1)=0$

最初の 3 つの境界条件の値を (5.140) に代入し，(5.133) および (5.138) を考慮すると次の関係が得られる．

$$0=C_1$$
$$0=C_3$$
$$0=C_2+\frac{q}{2}-\frac{\pi}{2}\cdot\frac{2qa}{\pi a}$$

これから

$$C_2=\frac{q}{2} \qquad\qquad (5.141)$$

が得られる．

このような方法によって，$Q(\pm 1)=0$ の条件が恒等的に満足されることは容易に確かめられる．

任意定数 C_4 を消去するために，$w(x)$ の式のかわりに任意の点 x と座標原点 $x=0$ の変位の差をとる．

$$\bar{w}(x)=w(x)-w(0)$$

この式は，(5.139) および (5.138) の値により次の形で表わされる．

$$\bar{w}(x)=\frac{a^4}{D}\left[\frac{qx^2}{4}+\frac{qx^4}{24}-\frac{1}{6}\sum_{n=0}^{\infty}A_{2n}F_{2n}(x)\right] \qquad (5.142)$$

これから

$$\left.\begin{array}{l}
\tan \delta=\dfrac{a^3}{D}\left[\dfrac{qx}{2}+\dfrac{qx^3}{6}-\dfrac{1}{6}\displaystyle\sum_{n=0}^{\infty}A_{2n}F'_{2n}(x)\right] \\[3mm]
M(x)=-a^2\left[\dfrac{q}{2}+\dfrac{qx^2}{2}-\dfrac{1}{6}\displaystyle\sum_{n=0}^{\infty}A_{2n}F''(x)\right] \\[3mm]
Q(x)=-a\left[qx-\dfrac{1}{6}\displaystyle\sum_{n=0}^{\infty}A_{2n}F'''(x)\right]
\end{array}\right\} \qquad (5.143)$$

298　第Ⅴ章　有限剛性構造物底面における反力

が得られる.

　これらの式において，係数 A_0 がつり合いの条件から知られるので，未定のものは $n=1, 2, \cdots$ の値の係数 A_{2n} だけとなる. もしたとえば，チェビシェフの多項式を用いる未知関数 $\varphi(x)$ を $n=0, 1, 2$ の値に対応する項で表わすならば，未知係数は A_2 および A_4 の 2 つだけとなる.

　これらの係数を決定するためには，帯のたわみと基礎地盤の沈下を比較しなければならない. 基礎地盤の沈下が代数多項式であるチェビシェフの多項式で表わされることを考慮すると，関数 $F_n(x)$ の式もべき級数か多項式の形で表わされるはずである. したがって，x の同一べきの係数を比較することができるはずである. この目的のためにマクローリンの展開を行ない，まえに導関数とともに導いた式のうち，いまの場合に必要な $F_0(x)$，$F_2(x)$，$F_4(x)$ だけを展開すると次式を得る.

$$
\left.
\begin{aligned}
F_0(x) &= 3x^2 + \frac{1}{4}x^4 + \frac{1}{120}x^6 + \cdots \\[6pt]
F_2(x) &= x^2 - \frac{1}{4}x^4 + \frac{1}{40}x^6 - \cdots \\[6pt]
F_4(x) &= -\frac{1}{5}x^2 + \frac{1}{4}x^4 - \frac{1}{8}x^6 + \cdots
\end{aligned}
\right\}
\tag{5.144}
$$

このとき $\overline{w}(x)$ の式は次の形で表わされる.

$$
\begin{aligned}
\overline{w}(x) &= \frac{a^4}{D}\left[\frac{qx^2}{4} + \frac{qx^4}{24} - \frac{1}{6}A_0\left(3x^2 + \frac{1}{4}x^4\right)\right.\\
&\qquad \left. -\frac{1}{6}A_2\left(x^2 - \frac{1}{4}x^4\right) - \frac{1}{6}A_4\left(-\frac{1}{5}x^2 + \frac{1}{4}x^4\right)\right]\\
&= \frac{a^4}{6D}\left[\left(\frac{3q}{2} - 3A_0 - A_2 + \frac{1}{5}A_4\right)x^2 + \frac{1}{4}(q - A_0 + A_2 - A_4)x^4\right]
\end{aligned}
\tag{5.145}
$$

　対称荷重に対する基礎地盤の沈下の式は，(5.130) および (5.118) により次の形で表わされる.

$$
w_0(x) = \frac{2(1-\mu_0^2)a}{E_0}\left[\frac{A_2}{2}(2x^2-1) + \frac{A_4}{4}(8x^4-8x^2+1)\right] + \text{const}
$$

これから

$$w_0(0) = \frac{2(1-\mu_0{}^2)a}{E_0}\left[-\frac{A_2}{2}+\frac{A_4}{4}\right]+\text{const}$$

および

$$\overline{w}_0(x) = \frac{2(1-\mu_0{}^2)a}{E_0}\left[2A_4x^4+(A_2-2A_4)x^2\right] \qquad (5.146)$$

が得られる.

$\overline{w}(x)$ および $\overline{w}_0(x)$ に対する (5.145) および (5.146) を比較し，x の同一べきの係数を等しいとおいて，係数 A_2, A_4 を決定するための方程式が得られる.

$$\frac{a^4}{6D}\left(\frac{3q}{2}-3A_0-A_2+\frac{1}{5}A_4\right) = \frac{2(1-\mu_0{}^2)a}{E_0}(A_2-2A_4)$$

$$\frac{a^4}{6D}\frac{1}{4}(q-A_0+A_2-A_4) = \frac{2(1-\mu_0{}^2)a}{E_0}2A_4$$

ここで

$$k = \frac{a^4}{6D}\Big/\frac{2(1-\mu_0{}^2)}{E_0}a = \frac{a^3E_0(1-\mu^2{}_p)}{h^3E_p(1-\mu_0{}^2)} \qquad (5.147)$$

とおいて次式を得る.

$$-A_2(1+k)+A_4\left(2+\frac{k}{5}\right) = -k\left(\frac{3q}{2}-3A_0\right) = 3kq\left(\frac{2}{\pi}-\frac{1}{2}\right)$$

$$A_2\frac{k}{4}-A_4\left(\frac{k}{4}+2\right) = -\frac{k}{4}(q-A_0) = -\frac{kq}{4}\left(1-\frac{2}{\pi}\right)$$

この連立方程式を解いて，求める係数として，

$$A_4 = \frac{qk}{\pi}\cdot\frac{k(2.5\pi-8)+\pi-2}{0.8k^2+7k+8}$$

$$A_2 = \frac{k+8}{k}A_4-q\left(1-\frac{2}{\pi}\right)$$

を得る.

終局，地盤反力分布を次の形で表わすことができる.

$$\varphi(x) = \frac{1}{\sqrt{1-x^2}}\left[\frac{2}{\pi}q+A_2T_2(x)+A_4T_4(x)\right] \qquad (5.148)$$

モーメントおよびせん断力の値は，(5.143) によって簡単のために $F_{2n}{}''(x)$, $F_{2n}{}'''(x)$ の数値表を利用して求められる.

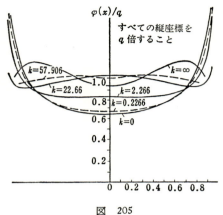

図　205

図 205 に剛性係数 k の種々の値に対する地盤反力図を示す．これをみると明らかなように，帯の剛性が小さい（$k \to \infty$）場合，(5.148) は近似多項式の項数が不足なので，誤差が著しく大きい．

3・2　集中荷重および不連続対称荷重

図 206 に示すような荷重が帯に加わる場合を考えよう．(5.139) により区間 I，すなわち $0 \leqq x \leqq t$ に対して次のように書ける．

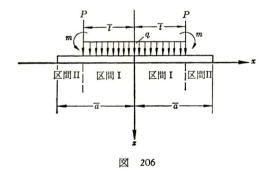

図　206

3. 線形弾性地盤に対するチェブィシェフの多項式の応用　　301

$$w_{\mathrm{I}}(x)=\frac{a^4}{D}\left[C_1\frac{x^3}{6}+C_2\frac{x^2}{2}+C_3x+C_4+\frac{qx^4}{24}-\frac{1}{6}\sum_{n=0}^{\infty}A_{2n}F_{2n}(x)\right]$$

$$(5.149)$$

区間 II に対しては，(5.137) により次の式を得る．

$$w_{\mathrm{II}}(x)=\frac{a^4}{D}\left[C_1\frac{x^3}{6}+C_2\frac{x^2}{2}+C_3x+C_4+\frac{qx^4}{24}-\frac{q(x-t)^4}{24}\right.$$

$$\left.+\frac{P(x-t)^3}{6a}-m\frac{(x-t)^2}{2a^2}-\frac{1}{6}\sum_{n=0}^{\infty}A_{2n}F_{2n}(x)\right]\quad(5.150)$$

積分定数 C_1，C_3 は，$x=0$ における

$$w'(0)=0\quad および\quad Q(0)=0$$

の条件から得られる．これから明らかに $C_1=C_3=0$ である．

　帯の相対的たわみを考えれば，定数 C_4 を消去できる．積分定数 C_2 は，(5.150) を 2 回微分し，

$$D\frac{d^2}{d\bar{x}^2}w_{\mathrm{II}}(x)=\frac{D}{a^2}\frac{d^2}{dx^2}w_{\mathrm{II}}(x)=-M_{\mathrm{II}}(x)$$

の関係を考慮すると得られる．さらに，$x=1$ において，曲げモーメント $M_{\mathrm{II}}(1)=0$ の条件から，

$$M_{\mathrm{II}}(1)=-a^2\left[C_2+\frac{qx^2}{2}-\frac{q(x-t)^2}{2}+\frac{P(x-t)}{a}-\frac{m}{a^2}\right.$$

$$\left.-\frac{1}{6}\sum_{n=0}^{\infty}A_{2n}F_{2n}{}''(x)\right]_{x=1}=0$$

を得，これから

$$C_2=A_0\frac{\pi}{2}-\frac{q}{2}+\frac{q(1-t)^2}{2}-\frac{P(1-t)}{a}+\frac{m}{a^2}$$

となる．

　つり合いの条件から (5.133) により，$\bar{t}=at$ を考慮して次の式を得る．

$$A_0=\frac{2P+2q\bar{t}}{\pi a}=\frac{2P}{\pi a}+\frac{2qt}{\pi}$$

したがって，

$$C_2=\frac{Pt}{a}+\frac{qt^2}{2}+\frac{m}{a^2}$$

である．

302 第V章 有限剛性構造物底面における反力

得られた積分定数を (5.149), (5.150) に代入した後, $\bar{w}_\mathrm{I}(x)$, $\bar{w}_\mathrm{II}(x)$ の式を求める. $q=m=0$ の場合, これらの式は次の形になる.

$$\left.\begin{aligned}
\bar{w}_\mathrm{I}(x) &= w_\mathrm{I}(x) - w_\mathrm{I}(0) = \frac{a^4}{6D}\left[\frac{3Pt}{a}x^2 - \sum_{n=0}^{\infty}A_{2n}F_{2n}(x)\right] \\
\bar{w}_\mathrm{II}(x) &= w_\mathrm{II}(x) - w_\mathrm{I}(0) = \frac{a^4}{6D}\left[\frac{P}{a}(x^3+3t^2x-t^3)\right. \\
&\quad \left. - \sum_{n=0}^{\infty}A_{2n}F_{2n}(x)\right]
\end{aligned}\right\} \quad (5.151)$$

2 つの区間に対して得た帯のたわみ $\bar{w}(x)$ の互いに異なった式を簡単に解くために, 近次的に次のような 1 つの共通な式で表わす.

$$\widetilde{\bar{w}}(x) \simeq \frac{a^4}{6D}\left[d_4x^4 + d_2x^2 - \sum_{n=0}^{\infty}A_{2n}F_{2n}(x)\right] \quad (5.152)$$

係数 d_4 および d_2 は, 以下の条件にもとづく最小自乗法によって決定される. すなわち, たわみ, $\bar{w}_\mathrm{I}(x)$, $\bar{w}_\mathrm{II}(x)$ の式における最初の項と, たわみ $\widetilde{\bar{w}}(x)$ の式に入ってくるこれらの項をおきかえた両区間に共通な 近似項との平均自乗偏差が最小になる条件である. 別のいい方をすれば, 最小積分の条件

$$J = \int_0^1 \left[(d_4x^4 + d_2x^2) - \phi(x)\right]^2 dx = \min$$

である. ここに

$$\phi(x) = \begin{cases} +3tx^2\dfrac{P}{a} & 0 \leqq x \leqq t \\[2mm] +(x^3+3t^2x-t^3)\dfrac{P}{a} & t \leqq x \leqq 1 \end{cases} \quad (5.153)$$

である.

d_2 および d_4 を求めるために, 積分 J を d_2 および d_4 に関して微分し, 0 とおく.

$$\frac{\partial J}{\partial d_4} = 2\int_0^1 \left[(d_4x^4 + d_2x^2) - \phi(x)\right]x^4 dx = 0$$

3. 線形弾性地盤に対するチェビシェフの多項式の応用　303

$$\frac{\partial J}{\partial d_2} = 2\int_0^1 \left[(d_4 x^4 + d_2 x^2) - \phi(x)\right]x^2 dx = 0$$

これから，(5.153) を考慮して次の関係を得る．

$$\int_0^t \left[(d_4 x^4 + d_2 x^2) - 3tx^2 \frac{P}{a}\right]x^4 dx + \int_t^1 \left[(d_4 x^4 + d_2 x^2)\right.$$

$$\left. - (x^3 + 3t^2 x - t^3)\frac{P}{a}\right]x^4 dx = 0$$

$$\int_0^t \left[(d_4 x^4 + d_2 x^2) - 3tx^2 \frac{P}{a}\right]x^2 dx + \int_t^1 \left[(d_4 x^4 + d_2 x^2)\right.$$

$$\left. - (x^3 + 3t^2 x - t^3)\frac{P}{a}\right]x^2 dx = 0$$

あるいは必要な積分を行なって，

$$\frac{d_4}{9} t^9 + \frac{d_2}{7} t^7 - \frac{3}{7}\frac{P}{a} t^8 + \frac{d_4}{9}(1 - t^9) + \frac{d_2}{7}(1 - t^7)$$

$$- \frac{P}{a}\left[\frac{1}{8}(1 - t^8) + \frac{3}{6} t^2(1 - t^6) - \frac{1}{5} t^3(1 - t^5)\right] = 0$$

$$\frac{d_4}{7} t^7 + \frac{d_2}{5} t^5 - \frac{3}{5}\frac{P}{a} t^6 + \frac{d_4}{7}(1 - t^7) + \frac{d_2}{5}(1 - t^5)$$

$$- \frac{P}{a}\left[\frac{1}{6}(1 - t^6) + \frac{3}{4}(t^2 - t^6) - \frac{1}{3}(t^3 - t^6)\right] = 0$$

を得る．これから

$$\frac{d_4}{9} + \frac{d_2}{7} - \frac{P}{a}\left(\frac{1}{8} + \frac{1}{2} t^2 - \frac{1}{5} t^3 + \frac{1}{280} t^8\right) = 0$$

$$\frac{d_4}{7} + \frac{d_2}{5} - \frac{P}{a}\left(\frac{1}{6} + \frac{3}{4} t^2 - \frac{1}{3} t^3 + \frac{1}{60} t^6\right) = 0$$

を得る．

こうして得た未知数 d_4，d_2 に関する連立方程式を解いて次の解を得る．

$$\left.\begin{aligned}
d_2 &= \frac{P}{4a}\left(\frac{35}{24} + \frac{105}{4} t^2 - \frac{56}{3} t^3 + \frac{49}{12} t^6 - \frac{9}{8} t^8\right) \\
d_4 &= \frac{P}{4a}\left(\frac{21}{8} - \frac{63}{4} t^2 + \frac{84}{5} t^3 - \frac{21}{4} t^6 + \frac{63}{40} t^8\right)
\end{aligned}\right\} \qquad (5.154)$$

(5.152) に関数 $F_0(x)$, $F_2(x)$, $F_4(x)$ の展開式 (5.144) を代入し，4次を越えないべきだけをとると次式を得る．

$$\widetilde{\widetilde{w}}(x) \simeq \frac{a^4}{6D}\left[\left(d_2 - 3A_0 - A_2 + \frac{1}{5}A_4\right)x^2 + \frac{1}{4}(4d_4 - A_0 + A_2 - A_4)x^4\right] \quad (5.155)$$

ここに，d_2 および d_4 の値は (5.154) から既知である．

(5.155) と (5.146) の x の同一のべきの係数を比較し，こうして得られる2つの未知数をもつ2つの式からなる連立方程式を解き，次の値を見出す．

$$A_4 = \frac{5k^2(d_2 + 4d_4 - 4A_0) + 5k(4d_4 - A_0)}{4k^2 + 35k + 40}$$

$$A_2 = A_0 - 4d_4 + \frac{8+k}{k}A_4$$

得られた d_2, d_4, A_0, A_2, A_4 の式を (5.152) に代入すると，問題の求める解が得られる．特殊な例を解いた結果から作成したモーメント図などを図207に示す．

3・3 逆対称荷重

帯の両端に大きさが等しく，方向が反対の2つの力 P が加えられる場合を考える（図208）．この場合，チェブィシェフの多項式の奇数項だけをとり，$x<1$ の任意の値で外部荷重が0から x まで存在しない，すなわち $P_i = m_0 = q = 0$ であることを考慮に入れると，帯のたわみの式を (5.137) から次の形で表わすことができる．

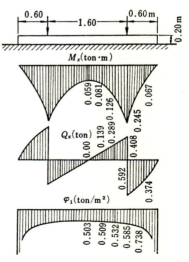

図 207

3. 線形弾性地盤に対するチェブィシェフの多項式の応用

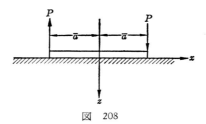

図 208

$$w(x) = \frac{a^4}{D}\left[C_1\frac{x^3}{6} + C_2\frac{x^2}{2} + C_3 x + C_4 - \frac{1}{6}\sum_{n=0}^{\infty}A_{2n+1}F_{2n+1}(x)\right] \quad (5.156)$$

ここに，係数 A_1 は (5.134) を考慮すると次式に等しくなる．

$$A_1 = \frac{2M}{\pi a^2} = \frac{4P}{\pi a}$$

(5.156) を微分すると，(5.140) と類似の関係を得る．

$$\left.\begin{array}{l} \tan\delta = \dfrac{a^3}{D}\left[C_1\dfrac{x^2}{2} + C_2 x + C_3 - \dfrac{1}{6}\sum_{n=0}^{\infty}A_{2n+1}F_{2n+1}'(x)\right] \\[2mm] M(x) = -a^2\left[C_1 x + C_2 - \dfrac{1}{6}\sum_{n=0}^{\infty}A_{2n+1}F_{2n+1}''(x)\right] \end{array}\right\} \quad (5.157)$$

境界条件 $w(0)=0$ および $M(0)=0$ を (5.156), (5.157) に代入し，(5.138) を考慮すると $C_2=C_4=0$ が得られる．$Q(1)=P$ の条件から，

$$Q(x) = -a\left[C_1 - \frac{1}{6}\sum_{n=0}^{\infty}A_{2n+1}F_{2n+1}'''(x)\right]$$

の関係を考慮し，$C_1=-P/a$ を得る．帯の両端において $M(\pm 1)=0$ の条件は，自動的に満足される．

定数 C_3 は，$x=0$ における基礎地盤の変形した表面に対する接線の傾斜角が，帯のたわみ軸に対する接線の傾斜角に等しいという条件から決定される．

C_3 の値を決定するために，(5.130) により次の関係を使う．

$$w_0(x) = \frac{2(1-\mu_0^2)a}{E_0}\sum_{n=0}^{\infty}\frac{1}{2n+1}A_{2n+1}T_{2n+1}(x) + \text{const}$$

306   第V章   有限剛性構造物底面における反力

$T_n(x)$ に対する (5.118) により,

$$\frac{d}{dx}T_{2n+1}(x)=\frac{(2n+1)\sin[(2n+1)\cos^{-1}x]}{\sqrt{1-x^2}}$$

であるから,

$$\sin(2n+1)\frac{\pi}{2}=(-1)^n$$

を使って,$x=0$ において次の関係を得る.

$$\tan\delta=\frac{dw_0}{d\bar{x}}=\frac{1}{a}\frac{dw_0}{dx}=\frac{2(1-\mu_0{}^2)}{E_0}\sum_{n=0}^{\infty}A_{2n+1}\left|\frac{\sin[(2n+1)\cos^{-1}x]}{\sqrt{1-x^2}}\right|_{x=0}$$

$$=\frac{2(1-\mu_0{}^2)}{E_0}\sum_{n=0}^{\infty}(-1)^nA_{2n+1} \qquad (5.158)$$

(5.157) により,

$$\tan\delta=w'(0)=\frac{a^3}{D}C_3 \qquad (5.159)$$

を考慮し,(5.158) と (5.159) を比較すると,次の関係が得られる.

$$C_3=\frac{2(1-\mu_0{}^2)}{E_0a^3}D\sum_{n=0}^{\infty}(-1)^nA_{2n+1}$$

結局,(5.156) により得られた C_1, C_2, C_3, C_4 および前に導いた D, k の式を考慮して次式を得る.

$$w(x)=\frac{a^4}{6D}\left[-\frac{Px^3}{a}+\frac{x}{k}\sum_{n=0}^{\infty}(-1)^nA_{2n+1}-\sum_{n=0}^{\infty}A_{2n+1}F_{2n+1}(x)\right]$$

$$=\frac{a^4}{6D}\left[-\frac{Px^3}{a}+\frac{x}{k}A_1-\frac{x}{k}A_3+\frac{x}{k}A_5-\cdots-A_1F_1(x)\right.$$

$$\left.-A_3F_3(x)-A_5F_5(x)-\cdots\right]$$

関数 $F_{2n+1}(x)$ をべき級数に展開し,x の5次のべき,すなわち $n=2$ の項までをとると,(5.144) に似た式が得られる.

$$F_1(x)=-x^3+\frac{1}{20}x^5-\cdots$$

$$F_3(x)=\frac{1}{3}x^3-\frac{3}{20}x^5+\cdots$$

$$F_5(x) = -\frac{1}{5}x^3 + \frac{1}{4}x^5 - \cdots$$

このとき，帯のたわみ $w(x)$ に対する近似式は，次の形で表わされる．

$$w(x) \simeq \frac{a^4}{6D}\left[\frac{x}{k}(A_1 - A_3 + A_5) + \left(A_1 - \frac{1}{3}A_3 + \frac{1}{5}A_5 - \frac{P}{a}\right)x^3\right.$$
$$\left. + \frac{1}{4}\left(-\frac{1}{5}A_1 + \frac{3}{5}A_3 - A_5\right)x^5 + \cdots\right] \qquad (5.160)$$

基礎地盤の沈下に対する式は，逆対称問題であることを考えて (5.118) を用いると，(5.130) によって次の近似式で表わされる．

$$w_0(x) \simeq \frac{2(1-\mu_0{}^2)a}{E_0}\left[A_1 x + \frac{1}{3}A_3(4x^3 - 3x) + \frac{1}{5}A_5(16x^5 - 20x^3 + 5x)\right]$$
$$= \frac{2(1-\mu_0{}^2)a}{E_0}\left[x(A_1 - A_3 + A_5) + \left(\frac{4}{3}A_3 - 4A_5\right)x^3 + \frac{16}{5}A_5 x^5\right]$$
$$\qquad (5.161)$$

(5.160) および (5.161) の x の同一のべきの係数を比較し，$a^4/6Dk = 2(1-\mu_0{}^2)a/E_0$ であることから，x の最初のべきに含まれる項がいまの場合省略されることを考慮すると，2つの未知数をもつ2つの式からなる連立方程式が得られる．これを解いて，結局次の解を得る．

$$A_5 = \frac{P}{a}\frac{(32-9\pi)k^2 - 16k}{\pi(32k^2 + 48k + 256)}$$

$$A_3 = \frac{5k+64}{3k}A_5 + \frac{4}{3\pi}\frac{P}{a}$$

こうして得た A_1, A_3, A_5, C_1, C_2, C_3, C_4 の値を代入すると，求める問題の解が見出される．

曲げモーメントおよびせん断力の式は，次の式から求められる．

$$M(x) = -D\frac{1}{a^2}\frac{d^2w}{dx^2} = a^2\left[\frac{P}{a}x + \frac{1}{6}\sum_0^\infty A_{2n+1}F_{2n+1}''(x)\right]$$

$$Q(x) = -D\frac{1}{a^3}\frac{d^3w}{dx^3} = a\left[\frac{P}{a} + \frac{1}{6}\sum_0^\infty A_{2n+1}F_{2n+1}'''(x)\right]$$

3・4 剛性端部をもつ帯

例として，図 209 に示すような帯に対する荷重の場合を考えよう．最初

に，両端区間の剛性が無限大の値でなく D_1 に等しいと仮定する．地盤反力の分布は，帯の中央部においても両端区間においても，(5.128) と同一の式で表わされ，対称であるから次の形に書かれる．

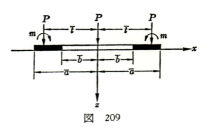

図 209

$$\varphi(\xi) = \sum_{n=0}^{\infty} \frac{A_{2n} T_{2n}(\xi)}{\sqrt{1-\xi^2}} \qquad (5.162)$$

このとき (5.137) の P_i と M_i が入る項を落として，帯の中央区間に対しては次式で表わすことができる．

$$\left.\begin{aligned}
w_1(x) &= \frac{a^4}{D}\left[C_1\frac{x^3}{6} + C_2\frac{x^2}{2} + C_3 x + C_4 - \frac{1}{6}\sum A_{2n}F_{2n}(x)\right] \\
\tan\delta_1(x) &= \frac{a^3}{D}\left[C_1\frac{x^2}{2} + C_2 x + C_3 - \frac{1}{6}\sum A_{2n}F_{2n}'(x)\right] \\
M_1(x) &= -a^2\left[C_1 x + C_2 - \frac{1}{6}\sum A_{2n}F_{2n}''(x)\right] \\
Q_1(x) &= -a\left[C_1 - \frac{1}{6}\sum A_{2n}F_{2n}'''(x)\right]
\end{aligned}\right\} \qquad (5.163)$$

同様にして，両端区間に対しては次式で表わすことができる．

$$\left.\begin{aligned}
M_2(x) &= -a^2\left[C_1' x + C_2' - \frac{1}{6}\sum A_{2n}F_{2n}''(x)\right] \\
Q_2(x) &= -a\left[C_1' - \frac{1}{6}\sum A_{2n}F_{2n}'''(x)\right]
\end{aligned}\right\} \qquad (5.164)$$

中央区間と両端区間の結合条件から，$x=b$ において次の関係が得られる．

$$Q_1 = Q_2, \quad M_1 = M_2, \quad \tan\delta_1 = \tan\delta_2, \quad w_1 = w_2$$

最初の条件から $C_1 = C_1'$，2番目の条件から $C_2 = C_2'$ が求まる．したがって，(5.164) において C_1' および C_2' のダッシュを落とすことができる．

帯の両端に大きさが等しく，方向が逆の2つの力 P を加える．すると，剛性区間の端点に上から下へ向く力 P と，モーメントが

$$m + P(a-\bar{l}) = m + Pa(1-\bar{t})$$

の偶力が加わったと考えることができる.

$x=+1$ の帯の端において，モーメントが $m+Pa(1-t)$ に等しいという条件から，(5.164) により (5.138) の関係を考慮して次の式が得られる.

$$m+Pa(1-t)=-a^2\left(C_1+C_2-\frac{\pi}{2}A_0\right) \qquad (5.165)$$

定数 C_1 および C_3 は，$x=0$ において傾斜角が $\delta=0$ およびせん断力が $Q=-P/2$ という条件から見出される. したがって (5.163) の第2式，第4式から，(5.138) の関係を考慮して次の式を得る.

$$0=C_3$$

$$-\frac{P}{2}=-aC_1 \quad \text{あるいは} \quad C_1=\frac{P}{2a}$$

このとき (5.165) から (5.133) の関係を考慮して次式が得られる.

$$m+Pa(1-t)=-a^2\left(\frac{P}{2a}+C_2-\frac{\pi}{2}\frac{3P}{\pi a}\right)$$

これから

$$C_2=-\frac{m}{a^2}+\frac{Pt}{a}$$

である.

C_1，C_2，C_3 を決定すると，中央区間，すなわち $0\leqq x\leqq b$ における相対的なたわみと接線の傾斜角の式を次の形で表わすことができる.

$$\bar{w}_1(x)=w_1(x)-w_1(0)$$

$$=\frac{a^4}{6D}\left[\frac{P}{2a}x^3-3\frac{m}{a^2}x^2+3\frac{Pt}{a}x^2-\sum_0^\infty A_{2n}F_{2n}(x)\right]$$

$$\tan\delta_1(x)=\frac{a^3}{6D}\left[\frac{3P}{2a}x^2+6\frac{Pt}{a}x-6\frac{m}{a^2}x-\sum_0^\infty A_{2n}F_{2n}'(x)\right]$$

両端区間 $b\leqq x<1$ に対して，相対的なたわみは次式に等しい.

$$\bar{w}_2(x)=\bar{w}_1(b)+(x-b)\tan\delta_1(b)$$

$$=\frac{a^4}{6D}\left\{\left[\frac{P}{2a}b^3+\frac{3Pt}{a}b^2-\frac{3m}{a^2}b^2-\sum_{n=0}^\infty A_{2n}F_{2n}(b)\right]\right.$$

$$\left.+(x-b)\left[\frac{3P}{2a}b^2+\frac{6Pt}{a}b-\frac{6m}{a^2}b-\sum_{n=0}^\infty A_{2n}F_{2n}'(b)\right]\right\}$$

310   第Ⅴ章　有限剛性構造物底面における反力

例として，次の数値を考える．

$$a = 27.0\text{m}, \qquad b = \frac{\bar{b}}{a} = 0.7, \qquad t = \frac{\bar{t}}{a} = 0.89$$

$$P = 200\text{ton}, \qquad m = 1100\text{ton} \cdot \text{m}, \qquad k = 0.4672$$

このとき中央区間 $0 \le x \le b$ に対して次式を得る．

$$\bar{w}_1(x) = \frac{a^4}{6D}\left[3.70370x^3 + 15.22632x^2 - \sum_{n=0}^{n=2} A_{2n}F_{2n}(x)\right] \tag{5.166}$$

両端区間のたわみの式を作るために，2番目の区間の方程式に入ってくる総和の式の第3項までをとる．関数 $F_{2n}(x)$, $F'_{2n}(x)$ の表を利用し，次の式を得る．

$$\sum_{n=0}^{n=2} A_{2n}F_{2n}(0.7) = 1.53109A_0 + 0.43306A_2 - 0.05173A_4$$

$$\sum_{n=0}^{n=2} A_{2n}F'_{2n}(0.7) = 4.55248A_0 + 1.08395A_2 - 0.05200A_4$$

このとき $b \le x \le 1$ の値に対して次式を得る．

$$\bar{w}_2(x) = \frac{a^4}{6D}\big[8.73126 - 1.53109A_0 - 0.43306A_2 + 0.05173A_4$$
$$+ (x - 0.7)(26.76129 - 4.55248A_0 - 1.08395A_2 + 0.05201A_4\big] \tag{5.167}$$

つり合い方程式から次の関係を得る．

$$A_0 = \frac{3P}{\pi a} = \frac{600}{27\pi} = 7.07355\text{ton/m}$$

係数 A_2 および A_4 の決定に移る．以前と同様に（5.166）における級数の項を3個しかとらない場合，接触条件

$$\bar{w}(x) = \bar{w}_0(x)$$

がすべての x の値に対して正確には満足されないことに注意しなければならない．係数 A_2 および A_4 は，前に述べたように，接触条件を近似的に満足させるような最小積分の条件にもとづく最小自乗法によって決定される．しかしこの方法は労力を要するので，著しく簡単かつ十分正確な結果が得られる「平均法」を用いたほうがよい．このために異なった x の値に対して，たと

えば次の形の10個の関係を書き出す.

$$\bar{w}(x_i) = \bar{w}_0(x_i), \qquad x = 0.1, \quad 0.2, \cdots 1.0$$

ここで $x_i < b$ の値に対しては（5.166）で, $x_i > b$ の値に対しては（5. 167）の式で計算する.

この10個の関係を2～3個のグループに分ける. いまの場合, 2つのグループに分けるだけで十分である. 最初のグループは6個の方程式（0.1から0.6までの x の値に対して）からなり, 2番目のグループは4個の方程式（0.7から1.0までの x の値に対して）からなる. 各グループに入ってくるすべての方程式を辺々加え合わせる. その結果, 次の2つの方程式を得る.

$$\frac{2(1-\mu_0{}^2)a}{E_0}\left[(A_2-2A_4)0.91+2A_4\times 0.2275\right]$$

$$=\frac{a^4}{6D}\left[-4.22804-0.85484A_2+0.13316A_4\right]$$

$$\frac{2(1-\mu_0{}^2)a}{E_0}\left[(A_2-2A_4)2.94+2A_4\times 2.3058\right]$$

$$=\frac{a^4}{6D}(-11.66052-2.38262A_2+0.23812A_4)$$

いま,

$$\frac{a^4}{6D} : \frac{2(1-\mu_0{}^2)a}{E_0} = k$$

の値が0.4672に等しいことを考慮し, こうして得た2つの未知数をもつ2つの連立方程式を解くと, 次の結果が得られる.

$$A_2 = -1.26938 \text{ ton/m}$$
$$A_4 = 0.21947 \text{ ton/m}$$

A_0, A_2, A_4 に対して得た値を（5.166）および（5.167）に代入すると, 求める問題の解が得られる.

曲げモーメントおよびせん断力は, 次の式で決定される.

$$M(x) = -a^2\left[\frac{P}{2a}x+\frac{Pt}{a}-\frac{m}{a^2}-\sum_{n=0}^{n=2}A_{2n}\frac{1}{6}F''_{2n}(x)\right]$$

$$Q(x) = -a\left[\frac{P}{2a}-\sum_{n=0}^{n=2}A_{2n}\frac{1}{6}F'''_{2n}(x)\right]$$

312   第Ⅴ章　有限剛性構造物底面における反力

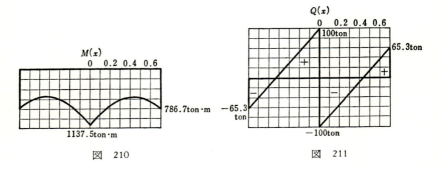

図　210　　　　　　　　　　　図　211

図 210 および図 211 に，いま検討している特別な場合についての曲げモーメントとせん断力を示す．図 212 には $w(x)$ および $w_0(x)$ の曲線を示す．この図から明らかなように，接触条件に関する解の誤差は無視できるぐらい小さい．

クルビンが研究したチェビシェフの多項式を未知関数の近似として用いる解法は，平面問題の場合に適用されるだけでなく，たとえば円形スラブや長方形スラブのいくつかの場合の3次元問題にも適用される[126]．

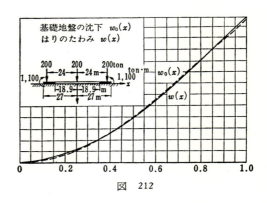

図　212

4.　計算パラメーターの決定法

本章の最後に，構造物の底面における接地圧を決定するために必要な，地盤の変形性の計算パラメーターに関する問題について，若干の簡単な考察を行なう．

もし，地盤が変形性の異なる土の層からなっていたり，地盤の深さに従って変形性が変化する場合，線形弾性地盤の考えによって計算するさいに必要な変形係数 E_0 の計算値を決定するには次の方法がよい．

まず最初に，層別和法かあるいはこれに似た他の方法，たとえばエゴロフ[72]が提案した式

$$S_{mn} = \frac{S_c + 2S_e}{3}$$

によって，構造物の平均沈下量を計算する．上式において S_c および S_e は，それぞれ載荷面の中央および端点の沈下量をあらわす．

その後，構造物の同様の平均沈下量を同じエゴロフの研究[72]で述べられているような，鉛直変位に弾性論の式を適用した間接的な方法を利用して決定する．この場合地盤は均質で，沈下を表わす式に入ってくる変形係数 E_0 の値は，すべての地層に対して等しいと考えるが，まだ決定されているわけではない．結局平均沈下量 Δh_{mn} の値は，いまの場合実際に圧縮が関係する深さに等しい厚さの地層の圧縮量と同じであり，次の形で表わされる．

$$\Delta h_{mn} = \frac{\Phi}{E_0}$$

ここに，Φ は地盤の変形係数 E_0 に無関係なある関数である．

S_{mn} の値と Δh_{mn} の値を比較して，次の関係を得る．

$$S_{mn} = \frac{\Phi}{E_0} \quad \text{あるいは} \quad E_0 = \frac{\Phi}{S_{mn}}$$

この値 E_0 は，地盤の平均変形係数といわれ，線形弾性地盤の方法によって計算を行なう場合に利用される．

地盤係数の考えで計算を行なう場合には，構造物底面における平均接地圧 σ_{mn} を決定する．その後，地盤係数の値を次の式から求める．

$$k = \frac{\sigma_{mn}}{S_{mn}}$$

均質な地盤に対して予備的な計算を行なう場合には，必ずしも完全に満足されるものではないが，以下に示す参考データから E_0 と k の値を採用する．

表に示した均質な地盤に対するいくつかの地盤係数 k の値は，コルニェビ

314　第Ⅴ章　有限剛性構造物底面における反力

ッツ（Э. Ф. Корневиц），エンデル（Г. В. Эндер）の著書「弾性地盤上のはりの計算の公式」（1932）から引用したものである.

　下表に示す種々の種類の土に対する変形係数 E_0 の値は，ボゴスロフスキー（Н. Н. Богословский），アベレフ（Ю. М. Абелев）のデータによるもので，ゴルブノフ–パサドフの著書[123] から引用したものである.

表 17　地盤係数 k の値

地盤の一般的性質	土　の　名　称	k　（kg/cm³）
密実度の小さい土	漂砂，処女飽和砂，海成軟弱化粘土	0.1〜0.5
中程度に密な土	締ったバラスト砂，飽和れき，湿った粘土	0.5〜5
密　な　土	密に締った砂，密に締ったれき，砕石，砂利，湿度の小さい粘土	5〜10
きわめて密な土	人工的に締め固めた砂質粘土，固い粘土	10〜20
固　い　土	割れ目の多い軟岩，石灰岩，砂岩，凍土	20〜100
岩　　石	きわめて固い岩石	100〜1500
人　工　地　盤	く　い　基　礎	5〜15
建　設　材　料	れ　ん　が	400〜500
	野　石　積	500〜600
	コンクリート	800〜1500
	鉄筋コンクリート	800〜1500

4. 計算パラメーターの決定法　　315

表 18　土の変形係数 E_0 の値

土 の 種 類			変形係数 E_0 (kg/cm²)	
			密 な 土	中程度に密な土
A 砂 質 土	れき質～粗粒砂，含水比に無関係		480	360
	中粒砂，含水比に無関係		420	310
	細粒砂	a）　含水比小	360	250
		b）　含水比大～飽和	310	190
	シルト質砂	a）　含水比小	210	175
		b）　含水比大	175	140
		c）　飽　和	140	50
B 粘 性 土	砂質ローム，間げき比 $e=0.5$		固 体 状 態	塑 性 状 態
			160	90
	砂質ローム，間げき比 $e=0.7$		125	50
	粘　　土		590～160	160～40
	ロ　ー　ム		390～160	160～40

表 19　レス質土の変形係数の値

	含水比の範囲 (%)	間げき比の範囲 (%)	E_0 (kg/cm²)
レ　　ス	10～17	47～48	225～320
レス質ローム	6～8	46～48	220～280
〃	8～14	47～49	190～220
〃	12～18	43～45	100～400
〃	22～25	40～45	100～240
〃	22～25	45～48	80～150
〃	25～30	40～45	70～130
〃	25～30	45～48	45～95

　最後に注意しておきたいことは，文献のなかでよくみかける地盤係数 k によって地盤の平均変形係数を求める方法や，逆の方法を用いるべきでないということである．しかし，深度によって変形性が変らない地盤の場合には，次の近似的関係が成立する．

$$k = \frac{\sigma_{mn}}{\varPhi} E_0$$

第 Ⅵ 章
剛性構造物底面における応力

変形性が基礎地盤に比較して小さく，完全剛性とみなしうるような構造物の底面における応力を決定するために，現在は中心圧縮および偏心圧縮に対する材料力学の公式が用いられたり，あるいは地盤係数法の計算法や，構造物の基礎地盤を線形弾性体と考えて解く方法が利用されている．

1. 剛性構造物の底面における応力のもっとも簡単な決定法

1・1 偏心圧縮公式

剛性構造物の底面における応力のもっとも簡単な決定法は，偏心圧縮の公式を用いることである．

平面問題の場合，図 213 により構造物底面における任意の点の応力は，材料力学でよく知られている．

$$\sigma(x) = \frac{P}{a} + \frac{M_y x}{J_y} = \frac{P}{a} + \frac{P e_x x}{1 \cdot \frac{a^3}{12}} = \frac{P}{a}\left(1 + \frac{12 e_x x}{a^2}\right) \tag{6.1}$$

から決定される．また最大および最小応力は端点 $x = \pm\frac{a}{2}$ で表われ，次の式で与えられる．

$$\sigma\left(\pm\frac{a}{2}\right) = \frac{P}{a}\left(1 \pm \frac{6 e_x}{a}\right) \tag{6.2}$$

ここに，Pは構造物の単位幅あたりの力を表わし，ton/m などの単位で示される．

3次元問題の場合，図 214 の記号により底面の任意の点における応力は次式に等しい．

$$\sigma(x, y) = \frac{P}{ab}\left(1 + \frac{12 e_x x}{a^2} + \frac{12 e_y y}{b^2}\right) \tag{6.3}$$

1. 剛性構造物の底面における応力のもっとも簡単な決定法　317

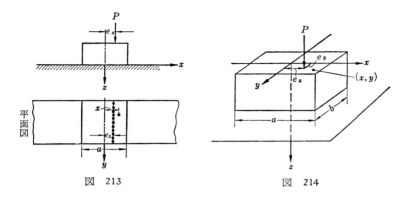

図 213　　　　　　　　　図 214

また $x=\pm\dfrac{a}{2}$, $y=\pm\dfrac{b}{2}$ の点において,

$$\sigma\left(\pm\frac{a}{2},\ \pm\frac{b}{2}\right)=\frac{P}{ab}\left(1\pm\frac{6e_x}{a}\pm\frac{6e_y}{b}\right) \tag{6.4}$$

である.

1・2　地盤係数の値が一定で，地盤表面が平面の場合の地盤係数法

剛性構造物の底面における応力を地盤係数法によって決定するために，次の基本的な仮定を採用する．

1. 基礎地盤の各点において，沈下 $w(x)$ とこの点の土に対する圧力 $\sigma(x)$ との関係は，$\sigma=kw(x)$ で表わされる．ここに，k は与えられた土に対して一定とした地盤係数を表わす．

2. 平面問題で構造物が完全に剛性の場合，底面の任意の点の沈下 $w(x)$ は，図 215 および図 216 a に示すように x の線形関数である．すなわち

$$w(x)=z_0+x\tan\delta$$

で表わされる.

これらの仮定から，

$$\sigma(x)=k(z_0+x\tan\delta) \tag{6.5}$$

が出てくる．ここに，z_0 および δ の値はつり合いの条件から決定されるべ

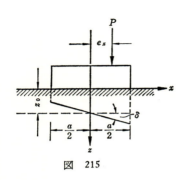
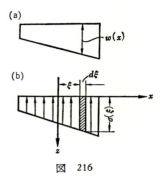

図 215   図 216

きものである．図 216 b により次の関係を得る．

$$\sum Z = -\int_{-\frac{a}{2}}^{+\frac{a}{2}} \sigma(\xi)d\xi + P = -k\int_{-\frac{a}{2}}^{+\frac{a}{2}} (z_0 + \xi \tan \delta)d\xi + P = 0$$

$$\sum M = -\int_{-\frac{a}{2}}^{+\frac{a}{2}} \xi\sigma(\xi)d\xi + Pe_x = -k\int_{-\frac{a}{2}}^{+\frac{a}{2}} \xi(z_0 + \xi \tan \delta)d\xi + Pe_x = 0$$

これから，積分を行なって次の関係を得る．

$$z_0 = \frac{P}{ka}$$

$$\tan \delta = 12\frac{Pe_x}{ka^3}$$

したがって，(6.5) は次の形になる．

$$\sigma(x) = k\left(\frac{P}{ka} + 12x\frac{Pe_x}{ka^3}\right) = \frac{P}{a}\left(1 + \frac{12e_x x}{a^2}\right)$$

これは偏心圧縮の公式による計算法に対応する (6.1) と正確に一致する．

3次元問題の場合，仮定1に類似の関係として，

$$\sigma(x,y) = kw(x,y)$$

の形を用いる．ここに，$\sigma(x,y)$ および $w(x,y)$ は点 (x,y) における応力

と基礎地盤表面の沈下を表わす.

剛体の底面の点の沈下の式は，3次元問題の場合次の形を有する.

$$w(x,y) = z_0 + x \tan \delta + y \tan \beta$$

これらの式を比較して次の関係を得る.

$$\sigma(x,y) = k(z_0 + x \tan \delta + y \tan \beta) \quad (6.6)$$

ここに z_0, δ, β の値は，図 214 および 図 217 に示す記号により，つり合いの条件

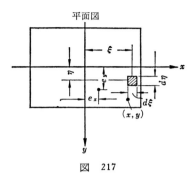

図 217

$$\sum Z = -\int_{-\frac{a}{2}}^{+\frac{a}{2}} \int_{-\frac{b}{2}}^{+\frac{b}{2}} k(z_0 + \xi \tan \delta + \eta \tan \beta) d\xi d\eta + P = 0$$

$$\sum M_y = -\int_{-\frac{a}{2}}^{+\frac{a}{2}} \int_{-\frac{b}{2}}^{+\frac{b}{2}} k\xi(z_0 + \xi \tan \delta + \eta \tan \beta) d\xi d\eta + Pe_x = 0$$

$$\sum M_x = -\int_{-\frac{a}{2}}^{+\frac{a}{2}} \int_{-\frac{b}{2}}^{+\frac{b}{2}} k\eta(z_0 + \xi \tan \delta + \eta \tan \beta) d\xi d\eta + Pe_y = 0$$

から決定される.

積分して次の式を得る.

$$z_0 = \frac{P}{kab}$$

$$\tan \delta = \frac{12 Pe_x}{kba^3}$$

$$\tan \beta = \frac{12 Pe_y}{kab^3}$$

これから (6.6) は次の形になる.

$$\sigma(x,y) = k(z_0 + x \tan \delta + y \tan \beta)$$

$$= \frac{P}{ab}\left(1 + \frac{12Pe_x x}{a^2} + \frac{12e_y y}{b^2}\right)$$

こうして得た結果によれば，3次元問題に対する地盤係数法も偏心圧縮公式を適用したと同一の結果に導くことがわかる．このように，剛性構造物の底面における応力を決定するために偏心圧縮の公式を適用することは，地盤係数の値が一定の場合に地盤係数法を適用することと等価である．

1・3 地盤係数の値が変化し，地盤表面が平面の場合の地盤係数法

ある特殊な場合には，たとえば図218aに示すように，剛性構造物が岩石のような圧縮性の小さい地層の上にある層厚の変化する圧縮性の大きい地層上に位置することがある．

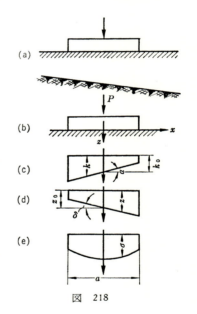

図 218

この場合地盤係数法による計算を適用するには，図 218cに示すように構造物底面の種々の点で地盤係数が変化すると考えなければならない．すなわち，地盤係数は座標 x に依存していると考えるのである．これは次の形に書かれる．

$$k = k(x)$$

地盤係数が x の線形関数であるというもっとも簡単な仮定を採用し，次の形で表わす．

$$k = k_0\left(1 + n\frac{x}{a}\right) \quad (6.7)$$

ここに，k_0 および n は任意の点における地盤係数の値を特徴づけるパラメーターであり，a は底面の長さである．

基本的な関係

$$\sigma(x) = kw(x) \quad (6.8)$$

から，地盤に対する荷重が等しいと，地盤係数の値が小さいとき沈下量は大

きくなり，またその逆も成立することが容易に確かめられる．これから明らかなように，完全に剛な構造物に，図 218 b に示すような中心鉛直力 P（たとえば ton/m で表わされる）が加えられると，このような地盤では沈下は等しく起こらず，図 218 d に示すような具合に起こる．底面の異なる点における沈下は，このとき，次の式で表わされる．

$$w(x) = z_0 + x \tan \delta \qquad (6.9)$$

これから (6.7), (6.8), (6.9) により，2 次放物線の形の地盤反力図（図 218 e）が得られる．

$$\sigma(x) = k_0 \left(1 + n \frac{x}{a}\right)(z_0 + x \tan \delta)$$

パラメーター z_0 および δ は，つり合いの条件から決定される．実際に図 219 の記号により，z 軸方向のすべての力は次の式で表わされる．

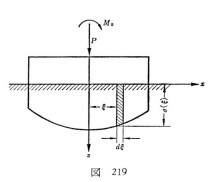

図 219

$$\sum Z = -\int_{-\frac{a}{2}}^{+\frac{a}{2}} \sigma(\xi) d\xi + P = -k_0 \int_{-\frac{a}{2}}^{+\frac{a}{2}} \left(1 + n \frac{\xi}{a}\right)(z_0 + \xi \tan \delta) d\xi + P = 0$$

すべての力の点 $x = 0$ に関するモーメントは次式に等しい．

$$\sum M = -\int_{-\frac{a}{2}}^{+\frac{a}{2}} \xi \sigma(\xi) d\xi + M_0 = -k_0 \int_{-\frac{a}{2}}^{+\frac{a}{2}} \xi \left(1 + n \frac{\xi}{a}\right)(z_0 + \tan \delta) d\xi + M_0 = 0$$

ここに，M_0 は構造物の単位幅あたりの外力によるモーメントであって，kg・m/m のような単位で表わされる．

積分して次の式を得る．

$$z_0 + \frac{na}{12} \tan \delta = \frac{P}{ak_0}$$

$$z_0 + \frac{a}{n} \tan \delta = \frac{12 M_0}{na^2 k_0}$$

z_0 および $\tan \delta$ について解いて，次の解を得る．

$$\tan \delta = -\frac{12Pn}{k_0 a^2} \cdot \frac{\left(1 - \frac{12e}{an}\right)}{(12 - n^2)}$$

および

$$z_0 = +\frac{12P}{k_0 a} \cdot \frac{\left(1 - \frac{ne}{a}\right)}{(12 - n^2)}$$

ここに

$$e = \frac{M}{P}$$

である.

結局，沈下の式として次の形を得る.

$$w(x) = \frac{12P}{ak_0(12-n^2)}\left[\left(1 - \frac{ne}{a}\right) - \frac{nx}{a}\left(1 - \frac{12e}{an}\right)\right]$$

沈下 $w(x)$ の式を得れば，(6.7) を考慮して (6.8) の関係から $\sigma(x)$ が次の形であることが容易にわかる.

$$\sigma(x) = \frac{12P}{a(12-n^2)}\left(1 + n\frac{x}{a}\right)\left[\left(1 - \frac{ne}{a}\right) - \frac{nx}{a}\left(1 - \frac{12e}{an}\right)\right]$$

これは $k(x) = k_0 = \text{const}$ のとき，すなわち $n=0$ のとき普通の形になる.

$$\sigma(x) = \frac{P}{a}\left(1 + \frac{12ex}{a^2}\right)$$

同様にして，地盤係数の値が変化する場合の剛性構造物底面の応力に対する3次元問題の式も容易に求められる．しかし，これらの計算とその結果は非常に煩雑になるので，ここではそれを導かないことにする．地盤係数が線形の形で変化するのではなく，何かほかの様式で変化するとして行なう計算も困難ではない．

もし構造物の基礎地盤底面のある区間の範囲において土の変形性があ

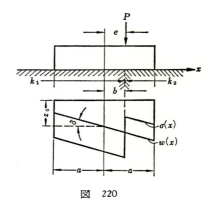

図 220

1. 剛性構造物の底面における応力のもっとも簡単な決定法　　*323*

る値をとり，他の区間の範囲では別の値をとるならば，たとえば図 220 に示すように $x<b$ で地盤係数が k_1 に等しく，$x>b$ で k_2 に等しいという具合に，これらの区間ごとに地盤係数の値が異なることになる．この場合に反力図を決定することは，特に平面問題の場合にはそれほど困難ではない．

構造物が剛性であるから沈下図 $w(x)$ は直線となり，その方程式は図 220 に示す記号により次の形で表わされる．

$$w(x)=z_0+x\tan\delta$$

この式から，地盤反力図は次の方程式によって決定される．

$$\begin{array}{ll}x<b \text{ の場合} & \sigma_1(x)=k_1(z_0+\xi\tan\delta)\\x>b \text{ の場合} & \sigma_2(x)=k_2(z_0+\xi\tan\delta)\end{array}\Bigg\}\qquad(6.10)$$

パラメーター z_0 および $\tan\delta$ は，以下のつり合い方程式から決定される．

$$\sum Z=\int_{-a}^{b}\sigma_1(\xi)d\xi+\int_{b}^{+a}\sigma_2(\xi)d\xi=k_1\left(z_0\xi+\frac{\xi^2}{2}\tan\delta\right)\Big|_{-a}^{b}$$

$$+k_2\left(z_0\xi+\frac{\xi^2}{2}\tan\delta\right)\Big|_{b}^{+a}=z_0[a(k_1+k_2)+b(k_1-k_2)]$$

$$+\frac{1}{2}\tan\delta(b^2-a^2)(k_1-k_2)$$

$$=P$$

$$\sum M=\int_{-a}^{b}\xi\sigma_1(\xi)d\xi+\int_{b}^{a}\xi\sigma_2(x)d\xi=k_1\left(z_0\frac{\xi^2}{2}+\frac{\xi^3}{3}\tan\delta\right)\Big|_{-a}^{b}$$

$$+k_2\left(z_0\frac{\xi^2}{2}+\frac{\xi^3}{3}\tan\delta\right)\Big|_{b}^{+a}=\frac{1}{2}z_0(b^2-a^2)(k_1-k_2)$$

$$+\frac{1}{3}\tan\delta[a^3(k_1+k_2)+b^3(k_1-k_2)]$$

$$=Pe$$

この連立方程式を z_0，$\tan\delta$ について解くと，(6.10) により地盤反力分布が求められる．応力図における飛躍は，いうまでもなく地盤係数の不連続によっている（図 220）．

324 第VI章 剛性構造物底面における応力

2. 弾性論の解の適用

剛性構造物の底面における応力分布を弾性論の解によって決定する問題を検討するに当たって，前と同様に構造物の底面が平面であると仮定する．構造物としては，剛性壁か剛性板を考える．構造物は基礎地盤に比較して非常に剛性であると考えているので，平面問題の場合底面の点の鉛直変位図は，長方形か台形になるはずであり，$w_0(x) = Ax + B$ なる式によって決定される．3次元問題の場合，鉛直変位図は座標軸に対して任意の傾きを有する平面のままになっており，次式で決定される．

$$w_0(x) = Ax + By + C$$

1885年にブーシネスク[64]は，線形弾性地盤上にのる円形や楕円形の無限剛性板に中心鉛直力が加えられる場合の解を発表した．剛性の帯や円形の板に中心荷重や偏心荷重が加えられた場合の解は，1928〜1940年に順次サドウスキー(M. A. Sadowsky)[133]，フローリン[55]，アブラモフ(В. М. Абрамов)[134]，エゴロフ[85]，ガスチェフ (В. А. Гастев)[135] などの論文に発表された．剛性板の底面における接地圧に関する最近の研究の中で注目すべき ものとしては，ガーリン(Л. А. Галин)[136]，シタエルマン(И. Я. Штаерман)[137]，ロミーゼ(Б. М. Ломизе)[138]，ベジアシブリ(А. И. Бегиашвили)[139] などの研究がある．

2・1 平 面 問 題

土に対する垂直圧力を決定するさい，構造物底面の摩擦力を無視できるとする．このとき (5.72) および (5.74) により，構造物底面の応力を決定するために次の条件を得る．E, μ は地盤の変形係数，ポアソン比である．

$$\left.\begin{array}{l} z = 0 \quad \text{において} \quad \tau_{xz} = 0 \\[4pt] z = 0 \quad \text{および} \quad -a \leqq x \leqq +a \quad \text{において} \\[4pt] \quad -\dfrac{2(1-\mu^2)}{\pi E} \displaystyle\int_{-a}^{+a} \varphi(\xi) \log|x-\xi|\, d\xi = Ax + B \\[8pt] z = 0, \quad x < -a, \quad x > +a \quad \text{において} \quad \varphi(\xi) = 0 \end{array}\right\} \qquad (6.11)$$

ここに，係数 A, B は加えられた荷重の特性に関係する定数である．

2. 弾性論の解の適用

a) もし構造物に中心鉛直荷重 P が加えられるならば，図 221 により対称条件から $A=0$ である．

この場合，つり合い方程式は次の形を有する．

$$\int_{-a}^{+a} \varphi(\xi) d\xi = P \quad (6.12)$$

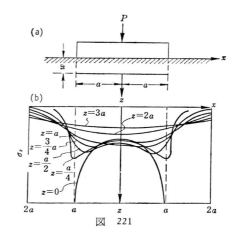

図 221

(6.11) の条件およびつり合い方程式 (6.12) を満足する地盤反力の解は，次の形を有する．

$$\sigma(x) = \varphi(x) = \frac{P}{\pi\sqrt{a^2-x^2}} = \frac{2}{\pi} q \frac{1}{\sqrt{1-\bar{x}^2}} \quad (6.13)$$

ここに

$$\bar{x} = \frac{x}{a} \quad \text{および} \quad q = \frac{P}{2a}$$

である．

この解は，1928年にサドウスキー[133]によって得られたものである．しかし後に示すように，(6.13) の解はブーシネスクの解[64]から得られる．

(6.13) の x を ξ でおきかえ，これを方程式 (6.11) に代入すると，簡単な変換を行なった後剛性帯の場合の $-1 < \bar{x} < +1$ に対して次の関係が得られる．

$$\frac{d}{dx}\int_{-1}^{+1} \frac{1}{\sqrt{1-\bar{\xi}^2}} \log|\bar{x}-\bar{\xi}| = \int_{-1}^{+1} \frac{1}{\sqrt{1-\bar{\xi}^2}} \frac{1}{\bar{x}-\bar{\xi}} d\bar{\xi} = \text{const}$$

$\bar{x}=0$ の場合は次の関係になる．

$$\int_{-1}^{+1} \frac{1}{\sqrt{1-\bar{\xi}^2}} \left(-\frac{1}{\bar{\xi}}\right) d\bar{\xi} = \text{const}$$

これから剛性帯の底面の範囲，すなわち $-1<\bar{x}<+1$ で次の関係が導かれる．

$$\int_{-1}^{+1} \frac{1}{\sqrt{1-\bar{\xi}^2}} \left(\frac{1}{\bar{x}-\bar{\xi}} + \frac{1}{\bar{\xi}}\right) d\bar{\xi} = 0 \quad (6.14)$$

326 第Ⅵ章 剛性構造物底面における応力

同様にして (6.14) を利用し，次の関係を証明することができる.

$$\int_{-1}^{+1} \frac{\bar{\xi}}{\sqrt{1-\bar{\xi}^2}}\left(\frac{1}{\bar{x}-\bar{\xi}}+\frac{1}{\bar{\xi}}\right)d\bar{\xi}=0 \tag{6.14'}$$

(6.14) および (6.14') は，第Ⅴ章において有限剛性の帯を検討したときに利用した.

帯の底面に沿った載荷による基礎地盤内の応力の式は，(6.13) により次の形になる[115].

$$\sigma_x=\frac{2q}{\pi}\left\{\left[\frac{1}{m}-\frac{z^2(2c-m)}{m^3}\right]\sqrt{\frac{m+c}{2}}-\frac{z|x|(2c+m)}{m^3}\sqrt{\frac{m-c}{2}}\right\}$$

$$\sigma_z=\frac{2q}{\pi}\left\{\left[\frac{1}{m}+\frac{z^2(2c-m)}{m^3}\right]\sqrt{\frac{m+c}{2}}+\frac{z|x|(2c+m)}{m^3}\sqrt{\frac{m-c}{2}}\right\}$$

$$\tau_{xz}=\frac{2q}{\pi}\left[\frac{xz(2c-m)}{m^3}\sqrt{\frac{m+c}{2}}-\frac{z^2(2c+m)}{m^3}\frac{|x|}{x}\sqrt{\frac{m-c}{3}}\right]$$

ここに

$$c=1-x^2+z^2$$
$$m=\sqrt{c^2+d^2}$$
$$d=-2xz$$

である.

底面における反力図 $\varphi(x)$，および種々の深さの水平断面における応力 σ_z の図を図 221 b に示す.

(6.13) の解は，有限剛性（絶対剛性でなく）の帯に不均等にどのような規則で分布荷重が加えられたとき，任意の剛性に対して帯のすべての断面において曲げモーメントが0に等しくなるかという問題を解く場合にも重要である.

もし外部荷重が

$$f(x)=\frac{P}{\pi\sqrt{a^2-x^2}} \tag{6.15}$$

に等しいとすれば，任意の剛性の帯，すなわち任意の k に対して $\varphi(x)=f(x)$ の解は，方程式 (5.75) を満足することが容易に確かめられる. 実際にこの場合，方程式 (5.75) の右辺は $\varphi(x)=f(x)$ なので0となり，左辺は

4次微分記号以下の式が定数を表わすので，

$$\frac{d^4}{dx^4}\int_{-a}^{+a}\frac{P}{\pi\sqrt{a^2-x^2}}\log|x-\xi|d\xi=0$$

が成立して 0 になる．

$\varphi(x)=f(x)$ の場合，つり合い方程式が満足されることはまったく明らかである．

以上のことから，ある一定の剛性の帯に (6.15) に従って分布する荷重が加わるならば，帯の任意の断面において曲げモーメントは0になることがわかる．この事実によって，たわみ，したがって曲げモーメントを減少させたい場合，基礎地盤が十分な近似で線形弾性体として表わされるならば，図222 は示すように構造物の両端のほうにある付加荷重を加える．

b) もし構造物に図 223 a に示すような形でモーメント M_0 の偶力が加わるならば，方程式 (6.11) において $A\neq0$ としなければならない．一方，逆対称条件から $B=0$ である．つり合い方程式は，この場合構造物に作用するすべての力の座標原点に関するモーメントの和が 0 に等しいという条件

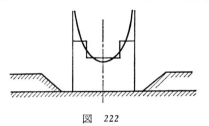
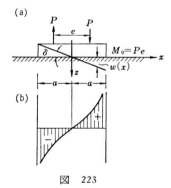

図 222　　　　　　　図 223

$$\int_{-a}^{+a}\xi\varphi(\xi)d\xi=M_0$$

に帰着する．

この問題の解は，1936年に初めて次の形で発表された[55]．

$$\varphi(x)=\frac{2M_0}{\pi a^2}\frac{x}{\sqrt{a^2-x^2}} \qquad (5.15')$$

および
$$\tan \delta = \frac{4(1-\mu^2)}{E\pi a^2} M_0$$

ここに，δ は構造物（の単位幅）にモーメント M_0 の偶力が加えられたために，構造物の底面が傾斜する角度をあらわす．

基礎地盤中の応力は，次の形を有する[115]．

$$\sigma_x = \frac{2M_0 x}{\pi a^2 m} \sqrt{\frac{m+c}{2}} - \frac{z}{m}\left(\frac{m+2c}{m^2}+1\right)\frac{|x|}{x}\sqrt{\frac{m-c}{2}}$$

$$\sigma_z = \frac{2M_0 x}{\pi a^2 m} \sqrt{\frac{m+c}{2}} + \frac{z}{m}\left(\frac{m+2c}{m^2}-1\right)\frac{|x|}{x}\sqrt{\frac{m-c}{2}}$$

$$\tau_{xz} = -\frac{2M_0}{\pi a^2}\frac{z(2c-m)}{m^3}\sqrt{\frac{m+c}{2}}$$

ここに，m および c は中心鉛直荷重の場合と同一の意味である．

帯の底面における応力図の形を図 223 b に示す．

c) 中心力および偶力に対する解によって，偏心距離が $e = M_0/P$（図 224 a），すなわち $M_0 = Pe$ のところに加えられる偏心力 P に対する解が得られる．これまでの解を重ね合わせて次の解を得る．

$$\varphi(x) = \frac{P}{\pi\sqrt{a^2-x^2}} + \frac{2Pe}{\pi a^2}\frac{x}{\sqrt{a^2-x^2}}$$
$$= \frac{P}{\pi\sqrt{a^2-x^2}}\left(1 + 2\frac{ex}{a^2}\right) \quad (6.16)$$

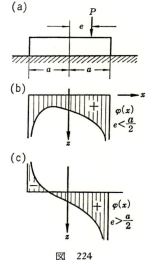

図 224

$e < a/2$ の場合，この解は図 224 b に示す図に対応する．$e > a/2$ の場合，これは図 224 c に示す図に対応する．

$e = a/2$ の場合(6.16)は $e = a/2$ で $x \to -a$ の場合 0 に収束するので，端点 $x = -a$ における応力は 0 になる．これは次の式から出てくる．

$$\lim_{x \to -a} \frac{1+\dfrac{x}{a}}{\sqrt{a^2-x^2}} = \frac{1}{a} \lim_{x \to -a} \sqrt{\frac{a+x}{a-x}} \to 0$$

このように線形弾性地盤の場合，構造物の底面に引張り応力が発生しないためには，加えられる偏心力が構造物の底面の中心からその幅の $1/4$ を越えないようにしなければならない．偏心圧縮公式を用いたり，同じことではあるが地盤係数の値が一定であるとして地盤係数法を用いた場合，引張り応力が発生しない位置は $1/6$ までである．

もし偏心距離が $e > a/2$ であると，帯の一方の端の側（図 225 a）に引張り応力が発生する．しかし，構造物は基礎地盤に固着されていないので，現実とは対応しない．実際には，図 225 b に示すようにすきまができる．

すきまができることを考慮に入れた解は，アブラモフによって与えられた．その考えは次のようなものである．もし幅 $2a$ の帯に偏心距離 e で力 P を加えてすきまが発生し（その模式的な図を図 226 に示す），帯と基礎地盤の接触面が $2a_1$ に減少したとすれば，接触面の中心を通る軸 z_1 に関する力 P の偏心距離 e_1 は $e_1 = e - (a - a_1)$ に等しい．すきまの端，すなわち $x = -a_1$ において，応力は 0 でなければならない．この条件は，$e_1 = a_1/2$ すなわち $e - (a - a_1) = a_1/2$ の場合にのみ満足される．これから a_1 は，$a_1 = 2(a - e)$ に等しくなければならない．

帯の幅 $2a_1$ の区間における応力分布は $e_1 = a_1/2$ を考慮して次の式から決定される．

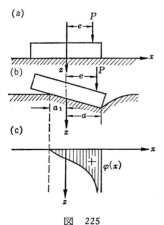

図 225

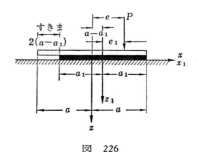

図 226

$$\varphi(x_1) = \frac{P}{\pi} \frac{1}{\sqrt{a_1{}^2 - x_1{}^2}} \left(1 + 2 \frac{e_1 x}{a_1{}^2}\right)$$
$$= \frac{P}{\pi a_1} \sqrt{\frac{a_1 + x_1}{a_1 - x_1}}$$

対応する図を図 225 c に示す.

d) 多くの場合，構造物の外側に加えられる荷重は大きな意味をもっている．いま，帯の外側の地盤表面に側方に無限に広がる等分布荷重 s が加えられ（図 227 a），帯そのものには中心鉛直力 $P=2aq$ が加えられているとする．ここに，q は地盤反力が等分布であるとした場合の地盤反力強さをあらわす．

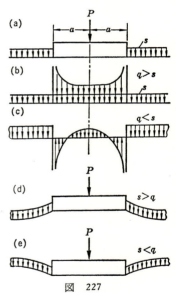

図 227

地盤の全表面に等分布する荷重 s （図 227 b）が地盤の異なる点において沈下に差を生じさせないことはまったく明らかである．すなわちこのような荷重の場合，地盤表面は平面のままである．したがってこの場合，荷重 s が地盤に直接加えられているか，荷重の平均強さが s に等しいとして，1個あるいは数個の剛性帯を通してある区間に加えられるかは，本質的に重要な問題ではない．このように，帯の外側の荷重 s と帯の範囲において基礎地盤に加えられる荷重 $P_1 = 2as$ による圧力は，基礎地盤表面の任意の点において s に等しい応力 σ_z（あるいは σ）を生じさせる．

剛性帯を通して加えられる外部荷重の残りの部分，すなわち $P-P_1=2a(q-s)$ は，帯の底面に沿って前に述べた地盤反力を発生させる．等分布荷重 s および力 $(P-P_1)$ によって発生する応力を重ね合わせると次の式を得る．

$$\varphi(x) = s + \frac{2a(q-s)}{\pi \sqrt{a^2 - x^2}}$$

2. 弾性論の解の適用

もし $q>s$ ならば，地盤表面は 図 227 e に示すような形になり，応力図は図 227 b に示すような形になる．

もし $q<s$ ならば，地盤表面および土に対する圧力図は，それぞれ図 227 d，227 c に示すような形になる．しかし基礎地盤と構造物底面の間の引張り応力は，前にも述べたように不可能なので，これらの図が仮想的なものであることに注意しなければならない．

実際には，図 228 a に示すようなすきまが帯の両端に形成され，表面 $z=0$ における応力図は図 228 b に示すような形になる．この場合の解はアブラモフによって次の形で与えられた．

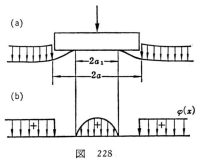

図 228

$$\varphi(x) = \frac{2s}{\pi} \tan^{-1} \sqrt{\frac{a_1^2 - x^2}{a^2 - a_1^2}}$$

ここに，$|x| \leq a_1$ であり，さらに a_1 は次の方程式から決定される．

$$\frac{2s}{\pi} \int_{-a_1}^{+a_1} \tan^{-1} \sqrt{\frac{a_1^2 - x^2}{a^2 - a_1^2}} \, dx = P$$

この解も前に述べた $e>a/2$ に偏心荷重が加えられた場合の解と同様に，アブラモフが1937年に発表したものである．

側方上載荷重がある長さにだけ加えられたり，不均等に分布したりする場合については，著者[46]，クルビン[126]，ロミーゼ[138] などによって研究された．

e) 構造物が互いに連結のない 2 ないし 3 列の剛性の帯からなるとみなされる場合には，ロミーゼの解[138] が適用できる．これは1940年に発表され，ニージニェ・スビルスク水力発電所の設計のさいに水力発電所設計局レニングラード支所において利用された．

2列に並んだ剛性帯に対して，図 229 a によりロミーゼは次の解を得た．

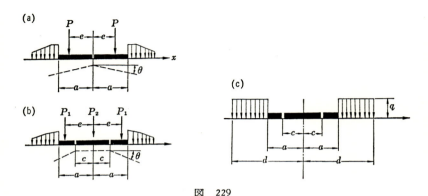

図 229

$$\varphi(x) = \frac{2}{\pi} \left[\frac{P - \dfrac{a}{\pi} A}{\sqrt{a^2 - x^2}} - \frac{A}{\pi} \log \frac{a - \sqrt{a^2 - x^2}}{|x|} \right] + \Omega(x)$$

ここに

$$A = \frac{\pi}{a} \left[\left(2 - \frac{\pi e}{a} \right) P + \frac{\pi}{a} \int_0^a \Omega(x) x\, dx \right]$$

である.

3 列の帯に対しては，図 229 b の記号により，

$$\varphi(x) = \frac{2P_1 + P_2 - \dfrac{2}{\pi} \sqrt{a^2 - c^2}\, A}{\pi \sqrt{a^2 - x^2}} - \frac{A}{\pi^2} \log \frac{(\sqrt{a^2 - c^2} - \sqrt{a^2 - x^2})^2}{|c^2 - x^2|} + \Omega(x)$$

$$A = \frac{(e - c) P_1 - \dfrac{1}{\pi} \left[\sqrt{a^2 - c^2} - c \cos^{-1} \dfrac{c}{a} \right] (2P_1 + P_2) - \int_c^a \Omega(x)(x - c)\, dx}{\dfrac{1}{\pi^2} \left[2c^2 \log \dfrac{c}{a} - (a^2 - c^2) \right]}$$

2 列および 3 列の帯に対する解に入ってくる $\Omega(x)$ の項は，側方上載荷重の影響を表わすものである．構造物の両側の長さの限られた範囲に加えられる等分布対称上載荷重に対しては，図 229 c の記号によればこの式は次の形

を有している.

$$\Omega(x) = \frac{2q}{\pi}\left[\frac{d-a-\sqrt{d^2-a^2}}{\sqrt{a^2-x^2}} + \tan^{-1}\sqrt{\frac{d^2-a^2}{a^2-x^2}}\right]$$

$$\int_0^a \Omega(x)x\,dx = \frac{2q}{\pi}\left[-\frac{\pi(d^2-a^2)}{4} + a(d-a) - \frac{a}{2}\sqrt{d^2-a^2} \right.$$
$$\left. + d^2\tan^{-1}\sqrt{\frac{d-a}{d+a}}\right]$$

$$\int_c^a \Omega(x)(x-c)\,dx = \frac{q}{\pi}\left[\frac{\pi(a-c)^2}{2} - \sqrt{(d^2-a^2)(a^2-c^2)} \right.$$
$$+ 2(d-a)\left(\sqrt{a^2-c^2} - c\cos^{-1}\frac{c}{a}\right) - (d^2+c^2)\tan^{-1}\frac{\sqrt{a^2-c^2}}{\sqrt{d^2-a^2}}$$
$$\left. + 2cd\tan^{-1}\frac{d\sqrt{a^2-c^2}}{c\sqrt{d^2-a^2}}\right]$$

3列の帯の場合の側方上載荷重の影響は，これらの式において $c \neq 0$, $c \neq a$ とおいて得られる．2列の帯の場合には，これらの式で $c=0$ とおく．1列の帯の場合には $c=a$ とおく．

ロミーゼのこれらの解は，しばしば水門や乾ドックの計算のさいに用いられる*.

もし互いにある距離をおいて分布している2つの剛性帯が，(傾斜せずに) 内部へ変位すると仮定するならば，その底面における応力分布は図230に示す記号に従い，シタエルマンの解[137]を用いて決定できる．

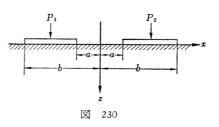

図 230

$$\varphi(x) = \pm \frac{\frac{\pi b}{2k(x)}(P_1-P_2) - (P_1+P_2)x}{\pi\sqrt{(x^2-a^2)(b^2-x^2)}}$$

---

*（原注）図229a, 229bに示す傾斜角 θ は，A に対する式を用い，$\tan\theta = \dfrac{2(1-\mu^2)}{\pi E}A$ の関係から決定される.

ここに $k(x)$ は係数が k の第1種完全楕円積分を表わし,任意の k に対するその値は,文献[151] の表によって決定される.また,k の値は次のとおりである.

$$k=\sqrt{1-\frac{a^2}{b^2}}$$

正号は $x<0$ に対してとり,負号は $x>0$ に対してとる.

このシタエルマンの研究を用いて,そのほかの特殊な場合の剛性帯の底面における応力分布に関する解も得ることができる.

2・2 3 次 元 問 題

構造物底面におけるせん断応力を考えない場合,3次元問題の構造物底面における応力の決定は,次の条件を満足する関数 $\varphi(x,y)$ を見出すことに帰着する (図 231).

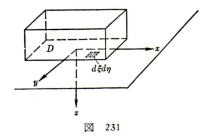

図　231

構造物底面の領域 D の内部における $z=0$ で,

$$w(x,y)=\frac{1-\mu^2}{\pi E}\iint_D \frac{\varphi(\xi,\eta)d\xi d\eta}{[(x-\xi)^2+(y-\eta)^2]^{3/2}}=Ax+By+C$$

である.ここに,係数 A,B,C は荷重を受けた構造物の底面の状態を表わす係数であり,E,μ は地盤の変形係数,ポアソン比である.

構造物底面の領域 D の外部における $z=0$ の面で,応力は $\varphi(x,y)=0$ である.

さらに,以下のつり合い方程式を満足しなければならない.

$$\iint_D \varphi(\xi,\eta)d\xi d\eta=P$$

$$\iint_D \xi\varphi(\xi,\eta)d\xi d\eta=My$$

$$\iint_D \eta\varphi(\xi,\eta)d\xi d\eta=Mx$$

2. 弾性論の解の適用

このようにして立てられた問題のうちで解が存在しているのは，底面が楕円か円の場合についてだけである．

楕円形の底面に中心鉛直力 P が加わる場合の解はブーシネスクによって求められている[64]．その解は次の形で表わされる（図 232）．

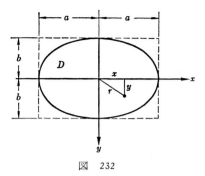

図 232

$$\varphi(x, y) = \frac{P}{2\pi ab\sqrt{1 - \left(\dfrac{x}{a}\right)^2 - \left(\dfrac{y}{b}\right)^2}}$$

特殊な場合として構造物底面が円であると，すなわち $a = b = R$ の場合 $x^2 + y^2 = r^2$ であることを考慮し，剛性構造物の底面における垂直応力は次の形で表わされる．

$$\varphi(r) = \frac{P}{2\pi R\sqrt{R^2 - r^2}}$$

円形の底面をもつ剛性構造物に偏心荷重 P が加わる場合の解は，エゴロフによって次の形で与えられた[85]（図 233）．

$$\varphi(r) = \frac{1 + 3\dfrac{er}{R^2}\cos\beta}{2\pi R\sqrt{R^2 - r^2}} P$$

$$w(r) = \frac{1 - \mu^2}{2ER}\left(\frac{3}{2}\frac{er}{R^2}\cos\beta + 1\right)P$$

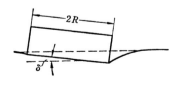
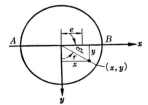

図 233

336　第VI章　剛性構造物底面における応力

$$\delta = \frac{3}{4} \frac{1-\mu^2}{ER^3} Pe$$

$\beta = 0$ および $r = x$ の場合，すなわち AB 線上の点において応力は次式に等しい．

$$\varphi(r) = \frac{P}{F} \frac{1 + 3\dfrac{xe}{R^2}}{2\sqrt{1 + \left(\dfrac{x}{R}\right)^2}}$$

ここに F は底面の面積を表わす．

偏心圧縮公式によれば，この応力は次式に等しい．

$$\varphi(r) = \frac{P}{F}\left(1 + 4\frac{ex}{R^2}\right)$$

これらの式からわかるように，$e > 0$ でかつ以下の条件を満足する場合，点 $x = -R$ における応力は 0 になる．

　　　弾性論の解を適用した場合は $e = R/3$

　　　偏心圧縮公式を適用した場合は $e = R/4$

このように，剛性構造物の底面が円の場合，底面に引張り応力が発生しない最大偏心距離は，弾性論の解を適用した場合に偏心圧縮公式の場合の $R/4$ から $R/3$ まで増大する．

円形底部をもつ剛性構造物の基礎地盤内部における応力は次式で決定される．

$$\sigma_z = \frac{P}{2\pi R^2} \frac{\left(\dfrac{z}{R}\right)^3}{(AB)^3}\left[\frac{3er\cos\beta}{R^2}(A+4B^2) + 4B^2(B^2+1) - A(B^2-1)\right]$$

ここに

$$A^2 = \left[\left(\frac{z}{R}\right)^2 + \left(\frac{r}{R}\right)^2 - 1\right]^2 + 4\left(\frac{z}{R}\right)^2$$

$$2B^2 = \left(\frac{z}{R}\right)^2 + \left(\frac{r}{R}\right)^2 - 1 + A$$

である．

もし力が中心に加えられるならば，すなわち偏心距離が $e = 0$ であると，

$$\sigma_z = \frac{P}{2\pi R^2} \frac{\left(\dfrac{z}{R}\right)^3}{(AB)^3} [4B^2(B^2+1) - A(B^2-1)]$$

となる.

図 234 a に種々の深さにおける σ_z の応力図を示す. 図 234 b には $e=R/3$ の場合の σ_z の等応力線を示す. 図 234 c には中心に力が加えられる場合の σ_z の等応力線を示す.

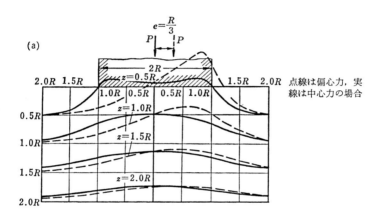

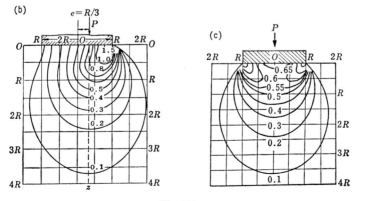

図 234

楕円板に対する解において $P=2a2bq$ とおき，b の値を無限大にして極限をとると，前に述べた剛性帯に対する解が得られることは興味深い．

$$\varphi(x) = \lim_{b\to\infty} \frac{4abq}{2\pi ab\sqrt{1-\left(\dfrac{x}{a}\right)^2 - \left(\dfrac{x}{b}\right)^2}} = \frac{2}{\pi}\frac{q}{\sqrt{1-\left(\dfrac{x}{a}\right)^2}} = \frac{P}{\pi\sqrt{a^2-x^2}}$$

ここに

$$P = 2aq$$

である．

構造物の底面が長方形の場合に，閉じた形での解は存在しない．したがって底面の形が長方形であったり，さらに複雑な形である場合，接地圧を決めるためには数値解法にたよらざるを得ない[140) 141)]．

2・3 剛性構造物の底面におけるせん断応力が底面の垂直応力分布に与える影響

もし剛性構造物底面におけるせん断応力が，基礎地盤内のどの点においても構造物による垂直応力下での土の極限せん断抵抗を越えないならば，剛性構造物底面のすべての点（図 235）において，鉛直変位 $w(x)$，水平変位 $u(x)$，さらに垂直応力 $\varphi(x)$ およびせん断応力 $\psi(x)$ は，次の条件を満足しなければならない．

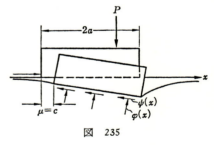

図 235

$z=0$ および $-a \leqq x \leqq +a$ において
$$w(x) = Ax + B, \quad u(x) = C = \text{const}$$
$z=0$ で $x \leqq -a$ および $x \geqq +a$ であるならば，
$$\varphi(x) = \psi(x) = 0 \tag{6.17}$$

ここに A，B，C は定数である．

これらの条件を満足する方程式を立てるために，(4.10) および (4.16) において x を $(x-\xi)$，P を $\varphi(\xi)d\xi$，Q を $\psi(\xi)d\xi$ でおきかえてから対応す

る区間で積分すると，基礎地盤に対する荷重 $\varphi(x)$ および $\psi(x)$ による変位の式として次の形を得る．

$$w(x) = -\frac{1-\mu^2}{E} \cdot \frac{2}{\pi}\int_{-a}^{+a}\varphi(\xi)\log|x-\xi|\,d\xi$$

$$+\frac{(1+\mu)(1-2\mu)}{2E}\left[\int_{-a}^{x}\psi(\xi)d\xi - \int_{x}^{+a}\psi(\xi)d\xi\right]+D_1$$

および

$$u(x) = -\frac{1-\mu^2}{E} \cdot \frac{2}{\pi}\int_{-a}^{+a}\psi(\xi)\log|x-\xi|\,d\xi$$

$$-\frac{(1+\mu)(1-2\mu)}{2E}\left[\int_{-a}^{x}\varphi(\xi)d\xi - \int_{x}^{+a}\varphi(\xi)d\xi\right]+D_2$$

ここに D_1, D_2 は任意定数である．

$x=a\bar{x}$, $\xi=a\bar{\xi}$ とおき，変数 x, ξ を $\bar{x}$, $\bar{\xi}$ でおきかえ，簡単にするために上のハイフォンを省略する．このとき，

$$w(x)-w(0) = -\frac{1-\mu^2}{E} \cdot \frac{2a}{\pi}\int_{-1}^{+1}\varphi(\xi)\log\frac{|x-\xi|}{|\xi|}\,d\xi$$

$$+\frac{(1+\mu)(1-2\mu)a}{E}\int_{0}^{x}\psi(\xi)d\xi$$

$$u(x)-u(0) = -\frac{1-\mu^2}{E} \cdot \frac{2a}{\pi}\int_{-1}^{+1}\psi(\xi)\log\frac{|x-\xi|}{|\xi|}\,d\xi$$

$$+\frac{(1+\mu)(1-2\mu)a}{E}\int_{0}^{x}\varphi(\xi)d\xi \qquad (6.18)$$

を得る．

(6.17) の条件から次の関係が生ずる．

$$z=0 \quad \text{および} \quad -1\leqq x \leqq +1 \quad \text{において}$$
$$w(x)-w(0)=Ax, \quad u(x)-u(0)=0$$

これから，(6.18) と比較して次の関係を見出す[46) 55)]．

第VI章 剛性構造物底面における応力

$$\left.\begin{array}{l}\int_{-1}^{+1}\varphi(\xi)\log\frac{|x-\xi|}{|\xi|}d\xi-k\int_{0}^{x}\phi(\xi)d\xi=Ax\\[2mm]\int_{-1}^{+1}\phi(\xi)\log\frac{|x-\xi|}{|\xi|}d\xi-k\int_{0}^{x}\varphi(\xi)d\xi=0\end{array}\right\} \quad (6.19)$$

ここに

$$k=\frac{\pi}{2}\frac{1-2\mu}{1-\mu}$$

方程式 (6.19) のほかに，未知関数 $\varphi(\xi)$, $\phi(\xi)$ は，対応するつり合い方程式を満足させなければならない．

1. 剛性帯に中心鉛直力が加わる場合（図 236 a），

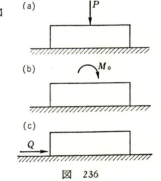

図 236

$$\sum Z=a\int_{-1}^{+1}\varphi(\xi)d\xi-P=0$$

$$\sum X=a\int_{-1}^{+1}\phi(\xi)d\xi=0$$

$$\sum M=a^{2}\int_{-1}^{+1}\xi\varphi(\xi)d\xi=0$$

2. 帯に偶力が加わる場合（図 236 b），

$$\sum M=a^{2}\int_{-1}^{+1}\xi\varphi(\xi)d\xi-M_{0}=0$$

$$\sum X=a\int_{-1}^{+1}\phi(\xi)d\xi=0$$

$$\sum Z=a\int_{-1}^{+1}\varphi(\xi)d\xi=0$$

3. 底面のレベルに加えられる帯に対する水平力荷重の場合（図 236 c），

$$\sum X=a\int_{-1}^{+1}\phi(\xi)d\xi-Q=0$$

$$\sum Z = a \int_{-1}^{+1} \varphi(\xi) d\xi = 0$$

$$\sum M = a^2 \int_{-1}^{+1} \xi \varphi(\xi) d\xi = 0$$

それぞれの場合に対して，

$$\varphi(\xi) = \sum C_n \xi^{2n} \qquad および \qquad \psi(\xi) = \sum D_n \xi^{2n+1}$$

$$\varphi(\xi) = \sum C_n \xi^{2n+1} \qquad および \qquad \psi(\xi) = \sum D_n \xi^{2n+1}$$

$$\varphi(\xi) = \sum C_n \xi^{2n+1} \qquad および \qquad \psi(\xi) = \sum D_n \xi^{2n}$$

をとると，これらの関数 $\varphi(\xi)$，$\psi(\xi)$ は方程式 (6.19) およびそれぞれのつり合い方程式を満足することがわかる．これらの証明は，地盤係数の仮定を用いずに弾性基礎地盤上のはりを検討した場合に述べた方法を適用すればできる．$\varphi(\xi)$ および $\psi(\xi)$ のこれらの式は，1936年に初めて得られた[55]．これらの式において $P = 2aq_0$，$Q = 2aq_0$ とおいたときのグラフを図 237，238，239 に示す．1937年にアブラモフは問題の規定をそのままにしておいて，いまの場合に対して閉じた形の解を得た．たとえば，中心鉛直力の場合に対するアブラモフの解は次の形を有している[134]．

$$\varphi(x) = \frac{2(1-\mu)}{\sqrt{3-4\mu}} \cdot \frac{P}{\pi \sqrt{a^2-x^2}} \cos\left[\frac{1}{2\pi} \log(3-4\mu) \log \frac{a-x}{a+x}\right]$$

$$\psi(x) = \frac{2(1-\mu)}{\sqrt{3-4\mu}} \cdot \frac{P}{\pi \sqrt{a^2-x^2}} \sin\left[\frac{1}{2\pi} \log(3-4\mu) \log \frac{a-x}{a+x}\right]$$

アブラモフの解によって，前述の近似解は十分高い精度をもっていることが確かめられた．

これまで述べてきたすべての解からわかるように，底面における垂直（あるいはせん断）応力を決定するさい，地盤のせん断（あるいは垂直）反力の影響はきわめて少ないので無視できる．このことは，図 237，238，239 の関数 $\varphi(\xi)$，$\psi(\xi)$ のグラフをみれば容易に確かめられる．

ある論文，たとえばシタエルマンの論文[137]などでは，底面における ($z=0$) 垂直応力とせん断応力の関係は，f が摩擦係数を表わすとして，$\tau_{xz} = f\sigma_z$ の関係にあるという考えをとっている．せん断応力のこの値は極限でなければ不可能であり，底面のすべての点においてせん断応力が極限応力に等しいと

第VI章 剛性構造物底面における応力

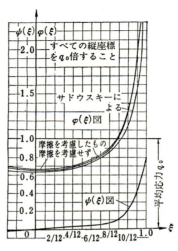

図 237

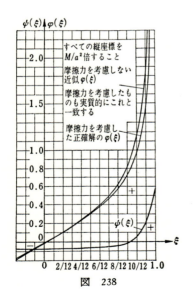

図 238

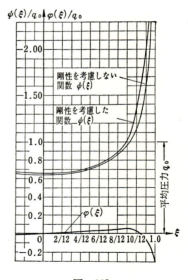

図 239

いう仮定をおかなければこの考えは成立しないが，これは現実と合致しない．このことは，$x=0$ の断面付近において垂直応力 σ_z が十分大きな値であるのに，せん断応力 τ_{xz} は 0 に近いことから明らかである．

2・4 シタエルマンの計算モデル

剛性板の平面問題を検討するさい，シタエルマンは地盤係数と弾性論のモデルを一般化して新しい計算モデルを提案した．

基礎地盤の表面に変位を発生させるようなある垂直荷重が加えられたとし，シタエルマンは基礎地盤全体の変形として弾性論の式から決定される．

$$w(x) = -\frac{2(1-\mu^2)}{E\pi} \int_{-a}^{+a} \varphi(\xi)\log|x-\xi|\,d\xi + C$$

に，基礎地盤表面の局部的な変形の結果発生する 2 次的変位をつけ加えることを提案した．この 2 次的変位は，基礎地盤表層の構造によって決定される．彼は，この変位を地盤係数法によって $w(x)=k\varphi(x)$ として考えることを提案した．その結果，荷重 $\varphi(x)$ による基礎地盤表面の点の総合変位は次の形になる．

$$w(x) = k\varphi(x) - \frac{2(1-\mu^2)}{E\pi} \int_{-a}^{+a} \varphi(\xi)\log|x-\xi|\,d\xi + C$$

この場合，剛性帯の底面における応力分布は，次の第 2 種フレドホルム積分方程式

$$\varphi(x) - \lambda \int_{-a}^{+a} \varphi(\xi)\log|x-\xi|\,d\xi = Ax + B \qquad (6.20)$$

を解くことに帰着する．ここに

$$\lambda = \frac{2(1-\mu^2)}{E\pi k}$$

であり，また $A,\ B$ は，個々の問題の特殊条件から決定される任意定数である．

方程式 (6.20) はシタエルマンの論文[137]で解かれている．この解を得るには，第 V 章 2 節で用いた簡略化した実用的な解法を利用することもできる．たとえば，求める関数を加えられる荷重によって未定係数をもつ偶べき

級数か奇べき級数の形で表わし，たわみ比較法などによって容易に未定係数を決めることができる．

中心鉛直力の場合について，

$$c = \lambda \pi a = \frac{2a(1-\mu^2)}{kE}$$

として，種々の c の値に対してシタエルマンが得た結果を図 240 に示す．

(6.20) からわかるように，このような計算モデルの場合，c の値が有限であると端点応力も有限になる．$c = \lambda = 0$ の場合は地盤係数法に対応するか，帯の剛性が無限大であると偏心圧縮法に対応する．$c = \infty$ すなはち $k = 0$ の場合は，線形弾性地盤（弾性論）の方法に対応する．c が有限の値の場合は，弾性体と地盤係数法の適用できる媒体の混合した性質を有する地盤に対応する．

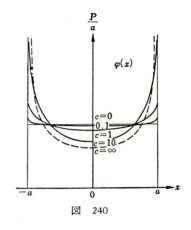

図 240

このモデルは，疑いもなくより一般的なものとして，したがって現実をよりよく反映するものとして，きわめて興味あるものである．したがって，このモデルは絶対剛性板（帯）の計算の場合だけでなく，第Ⅴ章1節および2節で述べた方法を一般化したものとして，有限剛性のスラブ（帯）の計算の場合にも適用できる．しかしながら，類似した性格の k と E の値を実験的に決定する方法は，現在のところ未だよく研究されていない．

3. 極限応力領域が基礎の底面における圧力分布に与える影響

底面における応力の決定は，構造物の構造計算や設計のさい大きな意義を有している．したがって，計算に用いた方法を実験的に検証し，その方法の適用範囲を明らかにする問題はきわめて重要である．設計の段階では，普通弾性地盤上のはりやスラブの計算にしばしば方法の適用範囲やそこで用いられている仮定を考慮せずに，地盤係数法の仮定，底面における地盤反力の線形分布の仮定などにもとづく方法が用いられている．モデル化の条件が成立

3. 極限応力領域が基礎の底面における圧力分布に与える影響

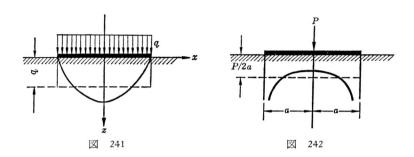

図 241 図 242

しなかったり，実験が正しく行なわれなかったり，底面積の小さい剛性板の底面に沿う応力分布を直接測定した結果から正しくない結論や一般化を導いたりするので，次のような見解がきわめて広くゆきわたっている．すなわち，粘着性のある土（岩石や粘土）が，ある程度まで弾性論の解に近い鞍状の応力分布（図 242）を特徴としているのに対し，粒状（砂質）土は常に，放物線形の応力分布（図 241）だけを特徴とするという見解である．

このような見解が正しくないことは明らかである．構造物底面における応力分布は，土の種類やその定量的特性（単位体積重量，内部摩擦角，粘着力（付着力）など）に関係しているだけでなく，底面の形状や荷重の大きさにも関係している．同一の土でも条件が異なると，板や構造物の底面における応力図の形は異なってくる[46]．

このような観点より，剛性板に 0 から十分な大きさまで荷重をしだいに増大させていったとき，基礎地盤に対する圧力図がどのように変っていくかという問題は興味がある．そのさい粒状の土の場合には，相隣る 2 つの荷重段階の差が十分小さく，$0.05〜0.10 kg/cm^2$ を越えない程度のものでなければならない．残念ながら，このような十分に綿密な実験的研究は，現在までほとんど行なわれていない．

さらに注意しなければならないことは，用いられる機器やその配置法によって，しばしば板の底面に測定機を設置する場合でも，地盤の内部にうめ込む場合でも，求める応力分布にかなり著しいゆがみが起こるということである．この事実は，測定機の剛性が，通常板の剛性や基礎地盤の剛性（変形性）

と異なることからも明らかである．測定機の剛性が大きい場合，その周辺に応力の集中が起こり，その剛性が小さい場合は逆になる．したがって，測定機の型の選定や特にその配置法は，きわめて本質的な意義をもっている．これまで行なわれている実験でも，これらの問題は必要な程度の考慮が払われてはいない．

したがって，以下に述べる考えは，これまで行なわれた実験によって確かめられてはいるが，その量も質も不十分なので，ある程度まで予察的なものであり，将来綿密な実験を行なって確かめる必要のあるものである．

種々の計算法を評価する問題の最初として，基礎地盤内部や特に板や構造物の底面における応力分布が，土の極限応力状態領域の発達程度に基本的に依存しているという，すでに何度か取り上げた仮定を検討してみる．

粘着性のある土の場合，荷重が十分小さく極限応力状態領域の大きさが板あるいは構造物の底面にくらべて小さいと，底面における応力分布は弾性論の解に十分近い．結局，底面の周辺付近における局部的滑動（土粒子の応力状態のより低い領域への移動）のため，周辺付近の応力図の縦座標が急激に減少するので，応力図の縦座標が無限大になったり，きわめて大きな値になることはない．しかし，圧力分布図は全体として上述の条件で鞍状の形になり，このことは多くの実験的研究によって確かめられている．図 243 にファーバー (O. Faber)[143] が求めた剛性粘土上にある直径 30cm の板の底面における

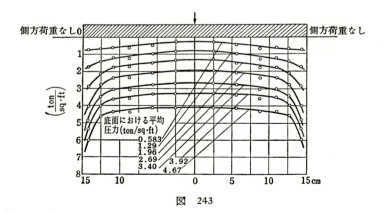

図 243

3. 極限応力領域が基礎の底面における圧力分布に与える影響

応力図を示す.

　さらに荷重を増大させるに従い，極限応力状態領域(すなわち板の底面周辺付近に起こる局部的滑動)はしだいに増大する．そして，底面の中央部における応力が基礎の周辺におけるより急速に増大するので，応力図はしだいに鞍状でなくなり，放物線状あるいは図 244 に示すように鐘状の形にさえなる．荷重が大きくなり，地盤の極限支持力に近づくと，極限応力状態の領域はもっとも発達し，この領域自体によって圧力図の形の変化は規制される．実験データによれば，極限の図形は図 245 に示すような三角形に近い形になる．十分な塑性をもたない土の場合，ある面に沿って剝離の形でぜい性破壊が起こる．

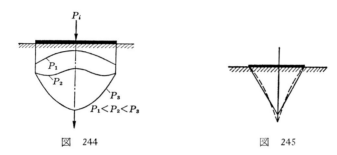

図 244　　　　　　　　　図 245

　粘着力のない砂質土の場合，極限状態領域は粘性土の場合よりきわめて急速に，すなわち著しく小さい荷重で発達し，これに応じて底面の応力図も変化する．したがって同一の荷重，同一の根入れ深さの構造物でも，砂質土の場合の鞍状の形からのずれや，放物状あるいは鐘状の形への移行は著しく強く表われる．特に，もし板あるいは構造物が砂質地盤の表面におかれると，任意の荷重で局部的な滑動のため底面の両端部応力は 0 になり，応力図は構造物や板が大きくない場合典型的な放物線形になる．このことは，多くの実験的研究[47][74][144][145]によって確かめられており，一部を図 246 に示す．根入れのある構造物の場合，荷重が十分小さかったり構造物が大きいと，応力図は鞍状の形になり[145][146][147]，これは荷重が増大するに従って放物線形になる．このことは，図 247 に示すプレス (H. Press) の実験結果[146]からも

348   第VI章　剛性構造物底面における応力

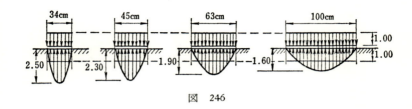

図　246

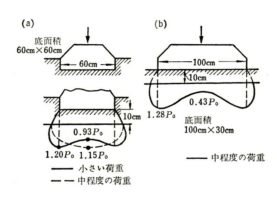

図　247

　明らかである．構造物あるいは板が小さく，平均荷重が十分大きく，かつ根入れが小さい場合，砂質土の圧力図は放物線形になる．
　巨大な水理構造物を建設するさいの極限状態領域の相対的大きさは，多くの場合小さい．このとき地盤に対する圧力図は，底面の端における極限状態領域の影響を考慮するある種の補正を行ない，対応する弾性論の解による図をもとに決定される．
　たとえば，土粒子のすべてのつり合い状態が可能なのは，土に対する圧力の図が構造物の全底面での極限状態に対応する圧力図を越えないときだけであるという仮定を採用するならば，板あるいは構造物の底面における近似的な圧力分布は，次のようなきわめて簡単な考えにもとづいて明らかにすることができる．

3. 極限応力領域が基礎の底面における圧力分布に与える影響

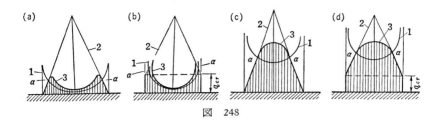

図 248

いま極限応力状態領域がまったく存在しない場合に対応する，つまり線形弾性体の理論の解に対応する底面における基本応力図(1)(図 248)に，極限状態に対応する図(2)を加える．すると後者は，基本図をある部分 α だけ切断する．土粒子の移動過程はすでに終了したとして，両端の α 付近において最終的な圧力図(3)の縦座標は，極限図(2)の縦座標を越えることができないと考える．そうでないと，土粒子の移動は継続するはずだからである．一方，つり合い条件が守られているためには，最終応力図(3)の全面積が図(1)の全面積，すなわち外部荷重の合力と等しくなければならない．

したがって，応力図(3)の両交点の間にはさまれる中央部の縦座標は，図(1)の縦座標にくらべてそれだけ増大しなければならない．図 248 の a，b の図は，構造物による平均荷重値と構造物の底面積との比が十分小さい場合，この考えにもとづいて得た底面における圧力分布図(3)を示したものである．図 b において，両端の縦座標は側方上載荷重の値に依存しており，粘着性のある土の場合には，粘着力の値，あるいは粘着性に等価な等方圧縮応力 $\sigma_c = c \cot \phi$ にも関係している．上述の比は平均荷重が小さい場合か，荷重値が中程度でも載荷面積が大きい場合に小さくなる．図 248 の c および d 図は，外部荷重の平均強さと構造物の底面積との比が十分大きい場合に相当し，載荷板による通常の土の試験条件に対応する．この比が中程度の値の場合には，当然中間の形の図が得られる．

この比がある有限の値でさらに外部荷重が増大すると，圧力図は極限図と一致する．このときさらに任意に荷重を増大させると，両側に対称に滑動するさいに起こる板の交互の沈下に対応する土粒子の一般的な移動が起こる．

350   第Ⅵ章   剛性構造物底面における応力

土粒子のこのような移動や，板の沈下および土のふくれ上りによって起こる側方上載荷重のある程度の増大の結果，つり合い状態が再び成立する．新しい極限状態が成立してからさらに荷重を増加させると，新しい急激な板の沈下が起こる．

荷重の増加が底面の応力分布に及ぼす影響を検討したところで，再度強調しなければならないのは，巨大な水理構造物や工業構造物を建設するほとんどの場合，荷重の平均強さと載荷面積の比は十分小さく，その結果，これらの場合に対しては，鞍状の図がほとんど特徴的であるということである．また，これらの場合に少しばかり極限図の形が変化しても，最終的な図にほとんど影響を与えない．このことは上述の a，b 図からも明らかである．さらに，切断部分 α が小さいので，中央区間における図の増大は特別重要でない．したがって中央部の図の面積を増大させるには，中央部につけ加えられる図の面積が切断部の面積に最終的に等しくなってさえいれば，基本図の縦座標に比例するように増大させてもさしつかえない．

塑性変形領域の影響を考慮して構造物底面における修正応力図を決定するこの種の簡単な方法は，以上述べたことにもとづいて，極限応力図を三角形あるいは台形とみなして行なうのである．圧力図を修正するこの方法は近似的で仮定を含んでいる[34]ので，極限図を見出すにも，基礎地盤の極限支持力の近似公式（たとえばベルゼッツキー（С. И. Белзецкий）の公式，ゲルセバノフの公式など）のうちから任意のものを利用してよい．

もし砂質地盤に対してベルゼッツキーの極限荷重 P_{cr} の公式[148]

$$P_{cr} = \frac{\gamma B^2}{2} \frac{1 - \tan^4\left(\dfrac{\pi}{4} - \dfrac{\phi}{2}\right)}{\tan^5\left(\dfrac{\pi}{4} - \dfrac{\phi}{2}\right)} + \frac{\gamma t B}{\tan^4\left(\dfrac{\pi}{4} - \dfrac{\phi}{2}\right)}$$

を用いると，これは

$$P_{cr} = \frac{1}{2} C_1 B^2 + C_2 B$$

の形で表わされ，極限図は 図 249 により帯の両端で応力が C_2，対称軸で $C_1 B + C_2$ に等しいことを考えて容易に描くことができる．

この場合に得られる端点の圧力は，通常ゲルセバノフ－プズイレフスキー

3. 極限応力領域が基礎の底面における圧力分布に与える影響

の公式による極限応力より若干大きい．この公式は，帯の端点において塑性変形が発生する瞬間の限界荷重を与えるので，上のことはまったく当然である．実際に，もし周辺に対する現実の荷重が極限応力を越え（側方上載荷重および粘着力がある場合の），帯の端に分布する閉じた塑性領域が存在しても，

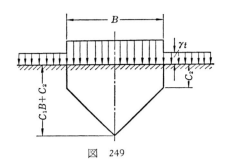

図 249

帯の端における圧力の増大はある程度可能である．

したがって，限界荷重が極限応力を越えるような解が得られても特に問題はない．

しかし慎重を期すために，もし板の辺における圧力の減少が構造物中に働く応力を増大させるならば，現実の応力としては若干大きくとってよいことを考慮して，帯の端における応力として次の極限応力を採用する．

$$q_{cr} = \frac{\pi(\gamma t + \sigma_c)}{\cot\phi + \phi - \frac{\pi}{2}} + \gamma t$$

極限図の端部における応力を極限応力に等しいとする場合，構造物の対称軸における極限図の中心縦座標を決定するには，極限支持力の公式から任意のものを利用できる．

粘性土で，十分に根入れ深さが大きく平均荷重が小さい場合，すなわち比較的塑性変形領域が小さく，したがって弾性論の解からのずれが本質的でない場合，さらに簡単にするために，極限図を作成することもせず，基本図をある水平線で切りとり，その部分だけ応力が極限応力を越えているとすることができる．この場合つり合いが保たれているために，残りの図の部分の縦座標は，それだけ大きくならなければならない．

底面における応力図の面積が極限応力図の面積より著しく小さい場合，極限図の中央の縦座標をごく簡略に決定したり，あるいは端部の区間を水平線で切断しても，最終的な応力図に本質的な影響は与えない．まして構造物中

に曲げモーメントを発生させる応力には，まったく影響を与えない．結局，端点における応力の値の影響は著しく大きくなる．

前に述べたように，構造物が砂質土の表面に位置する場合端点の応力は0になり，構造物の幅が小さいと放物線の図になる．幅が大きくなると，極限図は 図 250 の直点線のようになる．曲線の点線は，無限剛性の帯に平均荷重強さが 5 kg/cm² の荷重が加わった場合の弾性論の解に対応する．図 250 の連続曲線は，底面の端部における極限応力状態を考慮して修正した圧力図である．こうして得た図形は，帯の中央部において弾性論の解とほとんど違いがなく，載荷面の小さい場合に特徴的な放物線形にはならない．

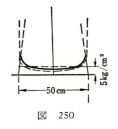

図 250

これまで述べてきた圧力図を決定する近似的な方法（これは砂質土の場合にも，粘性土の場合にも適用できる）は，極限応力状態領域の大きさがきわめて小さい場合にのみ許容されるきわめてあらい近似であると考えなければならない．この方法を適用して得た結果は実験データ[143)145)146)147)]と矛盾しないので，現実とかなりよく一致しているのであろう．

極限応力状態の領域が著しく発達する場合には，上に述べた方法によって修正するとしても弾性論の解を適用することを避けるべきである．このような場合には，地盤係数法か偏心圧縮公式を用いたほうがよい．

極限状態領域の発達が著しいある場合には，放物線図を利用したほうがつごうがよい．

得られた計算データと自然における直接の測定結果を比較することは，どうしても必要不可欠である．その場合，直接の観測は大きさの小さい板やモデル（もちろん必要なモデル化の条件が満たされている）について行なうだけでなく，特に実際の構造物下での観測が必要である．この点についていえば，土質力学は現在のところ十分な量の確実なデータを有していない．自然の応力測定のよく知られた例の1つとして，ルドウィグシャフェン付近のライン河にかかる橋脚の底面における観測がある[147)]（図 251）．直接測定した応力と弾性論によって計算した応力がよく一致するのは，底面積がきわめて大きい

だけでなく，その根入れ位置がきわめて深いため，端部における極限荷重が十分大きいからである．もちろんこの場合，施工法（ケーソン）の影響がある程度きいていることは否定できないが，それが決定的で唯一の重要性をもっていると考えるのは正しくない．

この節の内容を要約するにあたって，特に再度強調したいことは，基礎の底面における種々の応力分布が土の種類だけでなく，基本的に極限応力状態領域の発達の程度に依存しているということである．この点で土の種類，あるいはもっと正確には，土の性質と定量的特性は，この領域の発達程度を決定する要素の一部に過ぎない．したがって砂質土の

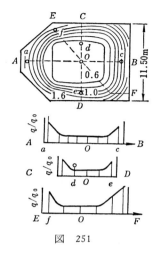

図 251

場合，土に対する圧力図が鞍状になりえないという見解や，基礎の端部において土に対する圧力が根入れ基礎の場合でさえ常に0に等しいという見解は正しくない．

4. 構造物の浮力の影響

構造物の沈下量を決定したり，構造物に加えられる水平力や鉛直力の作用による底面でのせん断に対する安定性の問題を研究したりするためには，構造物から基礎地盤の土の骨格に伝えられる荷重を決定することが必要である．水位が構造物底面の下にある場合，すべての荷重は完全に土の骨格に伝えられる．もし水位が構造物底面より上にあるならば，アルキメデスの原理によって，構造物によって排除される水の重さだけ構造物はその重さを失なう．これは構造物の底面に，それが排除した水の重さに等しい構造物の浮力といわれる荷重が下から上向きに加わることに等しい．これはまた，構造物の底面で下から上向きに作用する水圧荷重が構造物底面に働いていることと等価である．浮力といわれる水のこの圧力は，上に述べたように構造物を浮

き上がらせる力であり，土の骨格に対する荷重を減少させ，その結果構造物の沈下は少なくなるが，その安定条件は普通悪化する．したがって，浮力の値を決定することは，水理構造物を設計するさい本質的に重要になる．

底面における浮力を決定する場合，3つの基本的な場合がある．構造物の底面が地下水位より下にあるとして，構造物の両側の地表面上あるいは地表面下にある水位が等しい場合（図252a, b）と異なる場合（図252c）に分けることができる．図のいずれの場合でも，構造物底面には上述の浮力による水圧が構造物を浮かせる力として下から上向きに作用する．

浮力を決定するには，2つの基本的な方法が用いられる．浮力を考えて土に対する構造物の圧力を決定する場合，すなわち土の骨格の反力を決定する場合，最初の方法は，浮力が反作用力ではなく作用力であることを考慮し，浮力を構造物に働く作用力の中に入れてしまうのである．

第2の方法は，最初に浮力を考慮せずに土に対する圧力（地盤反力）図を決定し，その後にこのように

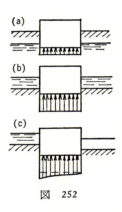

図 252

して求めた地盤反力図から浮力図を差し引くのである．したがってこの方法を用いる場合，底面に対する水圧は反作用の概念になり，正しい考え方とはいえない．

土に対する圧力図および浮力図が直線であれば，減算図法とよぶことのできる第2の方法は，原理的には正しくないけれども，正しい結果を導く．図が直線になるのは，構造物の両側における水位が等しいという条件のもとで，絶対剛性の構造物による土に対する圧力図を決定するために中心圧縮あるいは偏心圧縮公式を用いる場合である．

図が直線になる場合，2つの方法が等価であることをみるために，第2の方法，すなわち減算図法によって水中に沈下している剛性構造物に偏心力が加わっている場合を検討してみる（図253a）．偏心圧縮公式によって端点応力を

$$\sigma_{\substack{\max \\ \min}} = \frac{P}{b}\left(1 \pm \frac{6e}{b}\right)$$

の式から決定し，図 253 b に示す図を描く．この図から縦座標が $u = \gamma_w t$ に等しい図 253 c の浮力図を差し引いて，結局図 253 d に示す図が得られる．その端点における値は，次式で表わされる．

$$\sigma_{\substack{\max \\ \min}} = \frac{P}{b}\left(1 \pm \frac{6e}{b}\right) - u$$

もし浮力を考慮した底面における応力分布を最初の方法で決定するならば，浮力を作用力の中に加えなければならない．このことを検討するために同じ構造物を考え，浮力を含めたすべての作用力（地盤反力を除く）を加えてみる．すなわち，外力 P と下から上に向く水圧 u である．これらの力を1つの合力になおすと，その結果は1つの中心力

$$N = P - ub$$

とモーメント

$$M = Pe$$

あるいは偏心距離が

$$e' = \frac{M}{N} = \frac{Pe}{N}$$

であるような1つの偏心力 N に帰着される．

いま偏心圧式公式によって地盤反力を決定すると，上で得た N および e' を考慮し，土に対する圧力図の端点値は次の式から決定される（図 255）．

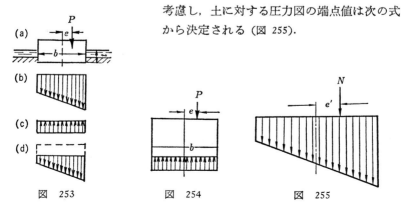

図 253　　　図 254　　　図 255

356　第Ⅵ章　剛性構造物底面における応力

$$\sigma_{\substack{max \\ min}} = \frac{N}{b}\left(1 \pm \frac{6e'}{b}\right) = \frac{N}{b} \pm \frac{6Ne'}{b^2} = \frac{P}{b} - u \pm \frac{6Pe}{b^2}$$

$$= \frac{P}{b}\left(1 \pm \frac{6e}{b}\right) - u$$

　この結果は第2の方法，すなわち減算図法で得られた結果と正確に一致する．

　第2の例として，基礎地盤上に位置する構造物の底面における応力分布が，現実との十分な近似で弾性論の解によって決定される場合を考える．もしこの場合，構造物に中心鉛直力が加わるならば，構造物の底面における応力 σ_z の分布は，(6.13) によって決定され，

$$\sigma_z = \varphi(x) = \frac{P}{\pi\sqrt{a^2 - x^2}}$$

で表わされる．このグラフを図 256 に示す．
$x=0$ の断面におけるこの曲線の縦座標は次式に等しい．

$$\sigma = \frac{P}{\pi a} = \frac{2}{\pi} q$$

ここに

$$q = \frac{P}{2a}$$

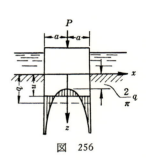

図　256

である．

　構造物の両側で水位は，浮力図の直線が $u = 0.8q$ になるような位置にあるとする．このとき第2の方法を用い，この図を土に対する圧力（地盤反力）σ_z の図から差し引くと，その結果として次式で表わされる縦細線の部分の図（図 256）が得られる．

$$\sigma' = \frac{P}{\pi\sqrt{a^2 - x^2}} - 0.8q$$

　構造物の中央区間で土に対する負の圧力（引張り応力）が現われ，両端の区間においてのみ土に対する正の圧力（圧縮応力）が現われる．中心軸において応力は次式に等しい．

$$\sigma'_{x=0} = \frac{2}{\pi} q - 0.8q = 0.67q - 0.8q = -0.13q$$

4. 構造物の浮力の影響

減算図法を用いた結果が正しくないことは明らかである．

最初の方法を用いた場合に得られる結果は，問題が起こらない．これを明らかにするために，まず構造物に加わる作用合力Nを決定する（図 257）．地盤反力は当然その合力がNに等しく，方向が反対でなければならない．力Nの値は

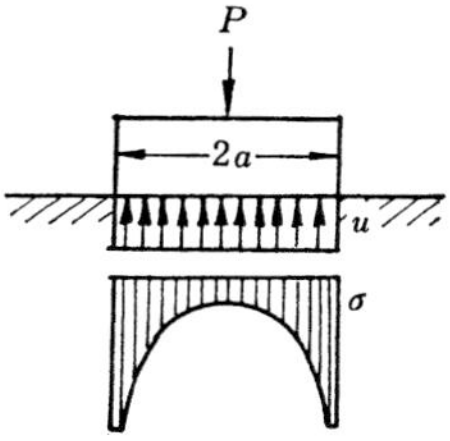

$$N = P - 2au$$

である．これから，土に対する圧力分布は次式で決定される（図 257）．

$$\sigma = \frac{P - 2au}{\pi\sqrt{a^2 - x^2}} = \frac{2a}{\pi}\frac{q - u}{\sqrt{a^2 - x^2}}$$

この式によれば，$u < q$ の場合，構造物の全底面で土に対する圧力は正になるだけである．

今度は，剛性構造物の上流部と下流部で水位が異なっている場合を考える（図 258）．この場合，構造物底面における浮力$u(x)$は曲線形の図になる．このとき，構造物に働くすべての力は，偏心力P，底面に作用する水平力Qおよび合成浮力Wで表わされる．これらの力は，偏心距離e'をもつ1つの偏心力Nに帰着する．そしてこれらの値は，次の方程式から見出すことができる．

$$N = P - W$$

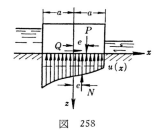

図 257

図 258

$$e' = \frac{M}{N} = \frac{1}{N}\left[Pe - \int_{-a}^{+a}\xi u(\xi)d\xi\right]$$

ここに，Mは底面の中央に関する力Pおよび$u(\xi)$のモーメントの和を表わす．

このとき，浮力を考慮した土に対する圧力を決定するために，偏心圧縮公式を使うと次式を得る．

$$\sigma_{\substack{\max\\\min}} = \frac{N}{2a}\left(1 \pm \frac{6e'}{2a}\right)$$

弾性論の解を用いると，(6.16) により次式を得る．

$$\sigma = \frac{N}{\pi\sqrt{a^2-x^2}}\left(1+\frac{2e'x}{a^2}\right)$$

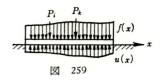

図 259

さらに，圧縮性地盤上の弾性スラブを計算する場合の浮力の算定の問題を若干検討してみる（図 259）．計算は普通用いられている

 a) 地盤係数法 b) 弾性論

の方法のどちらかで行なわれる．

浮力を考慮する場合には，荷重分布として外部荷重 $f(x)$ を計算に使うのではなく，$u(x)$ を浮力による荷重として，荷重

$$F(x) = f(x) - u(x)$$

を用いなければならない．

このように考えると，浮力を考慮せずに地盤反力を決定し，その後得られた図から浮力を差し引くという浮力を考える第 2 の方法は浮力図が曲線になる場合原理的に適用されないことは明らかである．

さらに，構造物の地下水位以下と以上の部分の間に特殊の絶縁がない場合，基礎地盤も構造物も同様に完全に飽和しているか，不飽和状態の空げきをもつ多孔質媒体であることに注意してみよう．静水圧の条件においては，構造物を不透水性と考え，底面における圧力が水位からその位置までの深さによるとして浮力を決めても，構造物の重量を水中単位重量を考慮して決定しても，構造物の浮力を考慮した基礎地盤に対する荷重は等しくなる．

実際に，もし構造物の底面が不透水性であるとするならば，図 260 の記号により構造物のみかけの重量 Q として次の関係を得る．

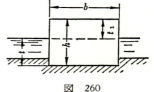

図 260

$$Q' = Q - bt\gamma_w = (bt_1\gamma_n^{con} + bt\gamma_{sat}^{con}) - bt\gamma_w$$

$$= bt_1\gamma_n^{con} + bt(\gamma_n^{con} - \gamma_w) = bt_1\gamma_n^{con} + bt\gamma'^{con}$$

ここに，γ_n^{con} および γ_{sat}^{con} はそれぞれ水位より上および下のコンクリートの

単位重量，γ'^{con} は水中のコンクリートの単位重量を表わす．

この結果は，浮力を厚さ t のコンクリートの層に加えられる物体力と考えて得られる結果と一致する．このように，浮力を算定するこれら 2 つの方法を等価であると考えるとができる．コンクリートの間げき中を水位から上 h_c だけ上昇する毛管上昇を考えた場合でも，同様の結果が得られる．

浮力の影響を説明するために，次の例を紹介する．ある構造物が，その両側で底面より上に，たとえば 1m 上に水位があるように水に沈んでいるとする．もし水位を両側で 6m 上まで上昇させたとすると，完全に浮力を受ける場合，構造物の底面に働く水圧は $0.5\mathrm{kg/cm^2}$ だけ増加し，それに応じて土の骨格に対する構造物の圧力は減少する．当然これによって基礎地盤の弾性回復が生じ，構造物は若干浮上し，基礎地盤の間げき率は少し増大し，それに応じてせん断抵抗は減少する．これらの現象を考慮することは，設計の場合に本質的な意義を有している．

構造物の両側で水位が等しい場合と異なり，上流部と下流部で水位が違う場合，構造物の材料の透水性を考慮すると，基礎地盤の土が透水性で構造物材料が不透水性であると仮定した結果にくらべて，多くの場合本質的に新たな異なった結果が得られる．

鉄筋コンクリートの水理構造物が粘性土の上に位置する場合，コンクリートの透水係数が普通 $10^{-6}\sim10^{-8}\mathrm{cm/sec}$ の範囲にあるのに対し，種々の粘性土の透水係数は $10^{-4}\sim10^{-10}\mathrm{cm/sec}$ の範囲，たとえば砂質ロームで $10^{-4}\sim10^{-6}\mathrm{cm/sec}$，ロームで $10^{-5}\sim10^{-8}\mathrm{cm/sec}$，粘土で $10^{-7}\sim10^{-10}\mathrm{cm/sec}$ であることを考慮しなければならない．

$10^{-4}\sim10^{-5}\mathrm{cm/sec}$ より大きい透水係数をもつ土に対しては，基礎地盤の土に比較して構造物は完全に不透水性であるとみなすことができる．

基礎地盤の土の透水係数が $10^{-5}\mathrm{cm/sec}$ より小さい場合，基礎地盤に比較して構造物が不透水性であると考えることはできない．構造物の透水性が基礎地盤の透水性より大きい場合（粘土地盤の場合）さえある．

このことに関連して注意しなければならないのは，浸透流による構造物の浮力は絶対不透水の底面に対する水圧によって起こるのではなく，基礎地盤と構造物からなる不均質媒体中の浸透流によって構造物に加わる体積浸透力

の作用によるものであるということである.

　構造物の範囲での損失水頭が大きければ大きいほど,構造物の浮力は大きくなる.

　したがって,基礎地盤の透水性に比較して構造物の透水性が大きければ大きいほど,構造物の範囲での相対的な損失水頭は小さいので,構造物の浮力は小さくなる.

　体積浸透力の(構造物の範囲における)鉛直成分による構造物の浮力は,構造物の底平面において水圧図の分布則に従って底面に加えられる鉛直力と静的に等価であることを証明できる.

　したがって,構造物の浮力を決定することは,基礎地盤と構造物からなる不均質媒体中において,その透水性を特徴づける透水係数を考慮してポテンシャルおよび圧力を決定し,底面のレベルにおける水圧図を描くことに帰着する.

　図 261〜265 に透水係数の比が種々の場合に,電気・流体力学相似法によって求めた2つの構造(矢板のついた水平エプロンと矢板のない水平エプロン)に対する等ポテンシャル線と,底面における水圧図を表わす浮力図を示す.

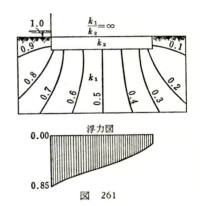

図　261

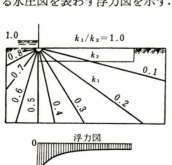

図　262

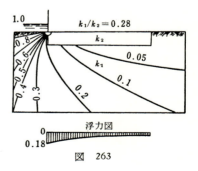

図　263

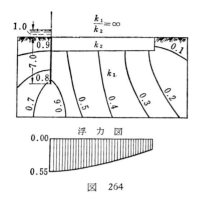
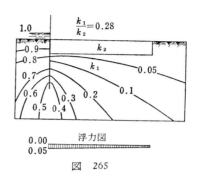

図 264　　　　　　　　　図 265

プトコ (Т. Ф. Путко)[149] によって行なわれたこれらの実験によれば，基礎地盤の透水係数を k_1，構造物の透水係数を k_2 として，比 k_1/k_2 が減少するに従って浮力図は急激に小さくなることがわかる．プトコ[149] が 図 261～265 に示す曲線を作成するさいに，比 k_1/k_2 の値をほかにいろいろ変えて描いた 図 266 a および 図 266 b もきわめて興味深い．図 266 の曲線によって明らかなように，比 k_2/k_1 の値が大きい場合，浮力 (合力)W の値は，構造物が完全に不透水であるとした場合 ($k_2/k_1=0$) の浮力に比べて $1/10$ も小さくなる．

構造物の範囲におけるきわめて複雑な形の浸透流の研究はかなり困難なので，浮力を決定する上述の方法は構造物の設計のさいにまだ十分用いられていない．しかしこの方法や上に述べた考えを知ったり，あるいは上に引用した研究結果を知っておくことは望ましいことである．なぜならばこれらのことを知っていると，粘土地盤上のコンクリート構造物の条件において普通に使われている浮力の値は，かなり過大視されていることがわかるからである．

最後に，現在のところ種々の意見がわかれている 1 つの問題に触れることにする．ある研究者は，異なる土の固体粒子間の接触が非常に小さく，「点状」接触 (図 267) とみなすことができる場合にのみ，土は完全に浮力を受け (第Ⅳ章，1 節)，そして上に述べたように構造物も完全に浮力を受けると

第VI章　剛性構造物底面における応力

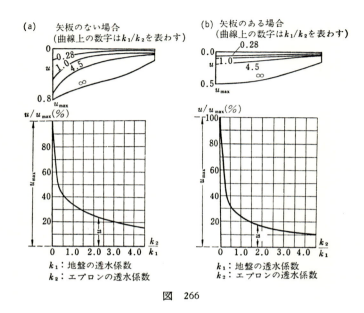

図　266

図　267　　　　　　　　図　268

みなしうると考えている．
　もし固体粒子間の接触や固体粒子と構造物底面との接触が十分大きく（図268），また異なる固体粒子を結ぶ膠着結合が形成されているならば，このような接触面には浮力が伝えられないので，土および構造物は不完全な浮力しか受けない．これらの場合，このような見解をもっている人達の意見によれば，構造物を浮かせようとする浮力にある係数 $\alpha<1$ を乗じなければならない．この係数の値は，実験によって決定されるべきものである．
　他の研究者（たとえばテルツァーギ，ゲルセバノフなど）は，$\alpha=1$ からの可能

なずれは，粘性土の場合でさえきわめて小さい（$\alpha = 0.95 \sim 0.98$）ので $\alpha = 1$ とし，実質的に完全に浮力を受けていると考えている．

これ以上この問題に詳しく立ち入らないが，著者はたびたび雑誌や会議でこの問題に触れていることに注意しておこう．現在もっとも普通な意見は，次のようなものである[52]．

1. 砂やれき，そのほか十分粗粒な土の場合，土自身もその上に作られる構造物も完全な浮力を受ける（$\alpha = 1$）．

2. 粘性土の場合には，なんらかの膠着結合があってもなくても，現存する実験データによれば完全な浮力に等しいか，それに近い値の浮力を受けると考えるべきである．したがって，現在のところ水理構造物を設計するには，完全な浮力に等しい浮力を考えるべきである（$\alpha = 1$）．

3. 岩石質の基礎地盤の場合，コンクリートでも完全に近い浮力が生じることを考慮し，このような地盤上のコンクリート構造物を設計するには，接触面すなわち構造物の底面において完全な浮力に等しい値を考えるべきである（$\alpha = 1$）．

4. 係数 α の値が 1 より小さいとして，岩石質地盤の上に築造した水理構造物が事故もなしに存在している事実は，違った種類の明らかでない係数の貯えがあるためであり，これの評価に特別の注意をさく必要がある．このことに関連して，この安全率の値がどの程度期待されるかということと，その計算法を改めて検討しなければならない．

これまで述べてきたことがらは，この領域における現在の知識の水準に相応なものではあるが，この事態をさらに正確にしてゆくためには，以下のことが必要である[53]．

1. 土の強さ（せん断抵抗）さらにはその変形性は，土木に関係する範囲で，実質的に間げき水の静水圧の値に無関係であると考えること．しかし，この考えの適用限界をさらに詳しく検討する必要もある．

2. 薄膜の厚さ，圧力，温度，塩分組成，その他の要素との関連において，薄い接触における水の性質の研究を続けること．そのさい，密な粘土の場合における浮力の問題を特に研究する必要がある．これらの研究は，次のような判断にとって必要不可欠である．すなわち，もし密な粘土の間げきに

364 第VI章 剛性構造物底面における応力

粘着水が存在するだけで，自由水はまったくないか，「粘着水に固定された」
形で存在するだけならば，表面（構造物の外面）に沿って接触部の不透水性を
保持したまま，構造物の両側の水位を同時に上昇させても，おそらく浮力は
増大しないであろう．しかし，もし水中に沈んでいるコンクリート構造物
が，底面だけ不透水性の場合でさえ，実質的に完全に水中に浮いているよう
ならば，構造物の下位にある土は，この場合構造物に圧力を与えず，土自身
も浮力を受けていないにもかかわらず，このコンクリート構造物を浮き上が
らせようとしている物体力は，底面における完全な浮力と等価である．結
局，この場合も完全に浮力を受けているか，仮定的に $\alpha=1$ としなければな
らない．

このような判断は，綿密な実験によって検証しなければならない．

3. 膠着結合のある土における結合の性質，結合面積，結合強さを実験
的に研究すること．十分に強固な膠着結合をもっている場合，基礎地盤から
荷重を取り除いても土の膨張現象が起こらないならば，浮力が増大しても構
造物の本質的な浮上は生じないし，強さが基本的に膠着結合強さにもとづく
とすれば，基礎地盤の強さも変化しない．しかし，膠着結合が破壊しなくて
も，骨格の弾性変形のために，あるきわめてわずかな浮上は常に観察され
る．

このような場合に，構造物の浮力に関する問題や浮力自身の問題は，構造
物の底面におけるせん断条件の研究の観点から基本的に重要であるし，岩石
質地盤の条件でも，おそらくかなりの程度までこれに類似した問題が重要に
なるであろう．

もし膠着結合の強さが大きくなく，水位の上昇によって結合が破壊される
ようならば，浮力の変化の影響はおそらく非膠着性の土の条件に近いであろ
う．

5. 剛性構造物の底面が平面でない場合の地盤反力

ある場合には，平面的に不均質な地盤上に施工される剛性構造物の条件に
おいて，折れ曲った形の底面の応力を決定するという問題を扱かわなければ

5. 剛性構造物の底面が平面でない場合の地盤反力　　365

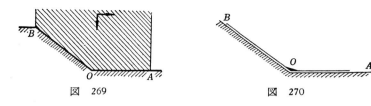

図　269　　　　　　　　　　図　270

ならない．図 269 に示すような構造物で，基礎地盤の変形性が OA 区間と OB 区間で等しくなく，一方の区間のみ，あるいは両方の区間で連続的に変化するような場合がある．

このような種類のきわめて複雑な場合には，地盤係数法の概念にもとづくようなかなり単純な解にたよらなければならない．そのさい必要に応じて，構造物の底面の種々の点で地盤係数が変化すると考える．以下の記述をはっきりさせるために，基礎地盤の変形性は水平区間で一定で，傾斜区間の範囲で連続的に変化し，O から B に向って減少するか増大すると考える．

図 270 に示すような折れ曲った形の帯を検討する．この帯を折れ曲り点 O で切断し，それぞれの平面区間に働く内部力を M_0, H_0, Q_0 でおきかえて別々に検討する（図 272, 273）．

最初に水平区間 OA （図 271）を検討し，この部分がこれに加えられる荷重の影響によって，最初点 O が O_1 にくるように並進移動し，その後，辺 OA は角 α だけ向きを変えるとする．このとき辺 OA の並進運動によって任意の点 a は最初 a_1 に移動し，辺 OA が角 α だけ回転した後にその最終位置 a_{11} にくる．

点 a の x 軸方向の変位を

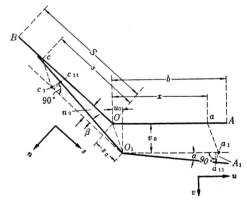

図　271

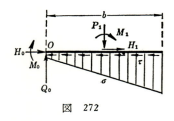

図 272

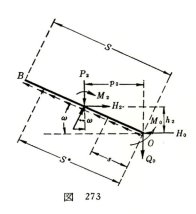

図 273

δ_x で表わし，z 軸方向のそれを δ_z であらわす．このとき図 271 に示す記号により，

$$\delta_x = u_0 + x\cos\alpha - x$$
$$\delta_z = v_0 + x\sin\alpha$$

である．

地盤係数法との類似により，地盤反力 σ, τ が変位 δ_x, δ_z に比例するとし，「地盤係数」に類似の比例係数を $k_z(x), k_x(x)$ で表わすと，次式を得る．

$$\left.\begin{array}{l} \sigma = k_z(x)\delta_z = k_z(x)(v_0 + x\sin\alpha) \\ \tau = k_x(x)\delta_x = k_x(x)(u_0 + x\cos\alpha - x) \end{array}\right\} \quad (6.21)$$

もし地盤係数が，たとえば1次法則で変化するならば，

$$k_z(x) = k_z{}^0\left(1 + \frac{x}{b}n\right)$$

および

$$k_x(x) = k_x{}^0\left(1 + \frac{x}{b}m\right)$$

となる．ここに，$k_x{}^0, k_z{}^0, m, n$ は1次式のある係数を表わし，x および b は 図 271 に示すとおりである．

さらに，水平区間の全領域で地盤係数が一定であるとする．

$$k_z(x) = k_z$$
$$k_x(x) = k_x$$

辺 OA には外部力 P_1, M_1, H_1 が加えられるとし，O 断面には内部力 H_0, M_0, Q_0 が働くと仮定する．

このとき，OA 区間のつり合い条件（図 272）から次の式を得る．

$$\sum X = H_0 + H_1 - k_x \int_0^b (u_0 + x \cos \alpha - x)dx = 0$$

$$\sum Z = Q_0 - P_1 + k_z \int_0^b (v_0 + x \sin \alpha)dx = 0$$

$$\sum M_{x=0} = M_0 + M_1 + \frac{P_1 b}{2} - k_z \int_0^b (v_0 + x \sin \alpha)xdx = 0$$

積分して次の関係が得られる.

$$H_0 + H_1 - k_x \left(u_0 b + \cos \alpha \cdot \frac{b^2}{2} - \frac{b^2}{2} \right) = 0$$

$$Q_0 - P_1 + k_z \left(v_0 b + \frac{b^2}{2} \sin \alpha \right) = 0$$

$$M_0 + M_1 + \frac{P_1 b}{2} - k_z \left(\frac{v_0 b^2}{2} + \frac{b^3}{3} \sin \alpha \right) = 0$$

これらの方程式を $\sin \alpha$, v_0, u_0 に関して解いて次式を得る.

$$
\left.
\begin{aligned}
\sin \alpha &= \frac{12}{b^3 k_z} \left(M_0 + M_1 + \frac{1}{2} bQ_0 \right) = \frac{12}{b^3 k_z} M_{x=b/2}^{ex.f} \\
v_0 &= -\frac{6}{b^2 k_z} \left(M_0 + M_1 + \frac{2}{3} bQ_0 - \frac{b}{6} P_1 \right) \\
&= -\frac{6}{b^2 k_z} M_{x=2b/3}^{ex.f} \\
u_0 &= \frac{H_0 + H_1}{bk_x} + \frac{b}{2}(1 - \cos \alpha)
\end{aligned}
\right\}
\qquad (6.22)
$$

ここに, 外力のモーメント $M^{ex.f}$ は時計まわりを正とする.

(6.22) を (6.21) の関係に代入すると, 与えられた M_0, Q_0, H_0, P_1, M_1, H_1 における地盤反力 σ, τ を決定できる. 特に, σ に対する式は次の形で表わされる.

$$\sigma = \frac{6}{b^2} \left[-M_{x=2b/3}^{ex.f} + x\frac{2}{3} M_{x=b/2}^{ex.f} \right]$$

また τ に対する式は, $1 - \cos \alpha = 2 \sin^2 \frac{\alpha}{2}$ の値が $\sin \alpha$ にくらべて 2 次項で小さいので無視すると, 次の形で表わされる.

$$\tau = \frac{H_0 + H_1}{b}$$

368   第Ⅵ章　剛性構造物底面における応力

次に傾斜区間の検討に移る（図 273）．辺 OB は最初並進的に変位し，その後角 β だけ向きを変えるとする．このとき，任意の点 c は最初 c_1 に変位し，その後 c_{11} にくる．その変位は，次の形で表わされる．

$$\delta_s = s_0 + s - s \cos \beta$$
$$\delta_n = n_0 - s \sin \beta$$

ここに用いた記号は 図 271 に従っている．

地盤係数に類似の係数 k_n, k_s は，s の変化とともに1次的に 変化 するとし，応力 σ, τ は次の形で表わされる．

$$\left.\begin{aligned}
\sigma &= k_n(n_0 - s \sin \beta) = k_n{}^0\left(1 + \frac{s}{S}\,n\right)(n_0 - s \sin \beta) \\
\tau &= k_s(s_0 + s - s \cos \beta) = k_s{}^0\left(1 + \frac{s}{S}\,m\right)\left(s_0 + 2s \sin^2 \frac{\beta}{2}\right)
\end{aligned}\right\} \quad (6.23)$$

つり合いの条件から（図 273），次の式が得られる．

$$\sum X = H_0 - H_2 - k_n{}^0 \sin \omega \int_0^S \left(1 + \frac{s}{S}\,n\right)(n_0 - s \sin \beta)ds$$

$$+ k_s{}^0 \sin \omega \int_0^S \left(1 + \frac{s}{S}\,m\right)\left(s_0 + 2s \sin^2 \frac{\beta}{2}\right)ds = 0$$

$$\sum Y = Q_0 + P_2 - k_n{}^0 \cos \omega \int_0^S \left(1 + \frac{s}{S}\,n\right)(n_0 - s \sin \beta)ds$$

$$- k_s{}^0 \sin \omega \int_0^S \left(1 + \frac{s}{S}\,m\right)\left(s_0 + 2s \sin^2 \frac{\beta}{2}\right)ds = 0$$

$$\sum M = - M_0 + H_2 h_2 - P_2 p_2 + M_2 + k_n{}^0 \int_0^S \left(1 + \frac{s}{S}\,n\right)(n_0 - s \sin \beta)sds = 0$$

積分して次の関係を得る．

$$- k_n{}^0 \sin \omega \cdot S\left(1 + \frac{n}{2}\right)n_0 + k_s{}^0 \cos \omega \cdot S\left(1 + \frac{m}{2}\right)s_0$$

$$+ k_n{}^0 \sin \omega \cdot S^2\left(\frac{n}{3} + \frac{1}{2}\right)\sin \beta + k_s{}^0 \cos \omega \cdot S^2\left(1 + \frac{2}{3}\,m\right)\sin^2 \frac{\beta}{2}$$

$$+ H_0 - H = 0 \quad\quad\quad (6.24)$$

5. 剛性構造物の底面が平面でない場合の地盤反力　369

$$
-k_n{}^0 \cos \omega \cdot S\left(1+\frac{n}{2}\right)n_0 - k_s{}^0 \sin \omega \cdot S\left(1+\frac{m}{2}\right)s_0
$$

$$
+k_n{}^0 \cos \omega \cdot S^2\left(\frac{1}{2}+\frac{n}{3}\right)\sin \beta - k_s{}^0 \sin \omega \cdot S^2\left(1+\frac{2m}{3}\right)\sin^2\frac{\beta}{2}
$$

$$
+Q_0+P_2=0 \tag{6.25}
$$

$$
k_n{}^0 S^2\left(\frac{1}{2}+\frac{n}{3}\right)n_0 - k_n{}^0 S^3\left(\frac{1}{3}+\frac{n}{4}\right)\sin \beta
$$

$$
-M_0+H_2h_2-P_2p_2+M_2=0 \tag{6.26}
$$

これらの方程式を $\sin \beta$, n_0, s_0 に関して解いて次式を得る.

$$
\sin \beta = \frac{12}{k_n{}^0 S^3\left(1+n+\dfrac{n^2}{6}\right)}\left\{\left(1+\frac{n}{2}\right)(H_2h_2-M_0-P_2p_2+M_2)\right.
$$

$$
\left.+S\left(\frac{1}{2}+\frac{n}{3}\right)\left[(Q_0+P_2)\cos \omega+(H_0-H_2)\sin \omega\right]\right\}
$$

$$
=\frac{12}{k_n{}^0 S^3\left(1+n+\dfrac{n^2}{6}\right)}\left\{\left(1+\frac{n}{2}\right)M_{s=0}^{ex.f}\right.
$$

$$
\left.+\left(\frac{1}{2}+\frac{n}{3}\right)\left[M_{s-S}(Q_0,H_0)+2M_{s-S}(P_2,H_2)\right]\right\} \tag{6.27}
$$

$$
n_0 = \frac{12}{k_n{}^0 S\left(1+n+\dfrac{n^2}{6}\right)}\left\{\frac{1}{S}\left(\frac{1}{2}+\frac{n}{3}\right)(H_2h_2-M_0-P_2p_2+M_2)\right.
$$

$$
\left.+\left(\frac{1}{3}+\frac{n}{4}\right)\left[(Q_0+P_2)\cos \omega+(H_0-H_2)\sin \omega\right]\right\}
$$

$$
=\frac{12}{k_n{}^0 S^2\left(1+n+\dfrac{n^2}{6}\right)}\left\{\left(\frac{1}{2}+\frac{n}{3}\right)M_{s=0}^{ex.f}\right.
$$

$$
\left.+\left(\frac{1}{3}+\frac{n}{4}\right)\left[M_{s-S}(Q_0,H_0)+2M_{s-S}(P_2,H_2)\right]\right\} \tag{6.28}
$$

$$
s_0 = -\frac{(H_0-H_2)\cos \omega-(Q_0+P_2)\sin \omega}{S\left(1+\dfrac{m}{2}\right)k_s{}^0}-S\frac{1+\dfrac{2m}{3}}{1+\dfrac{m}{2}}\sin^2\frac{\beta}{2}
$$

$$
\tag{6.29}
$$

370　第Ⅵ章　剛性構造物底面における応力

s_0 の式の第2項は，前に述べたと同様の理由により省略できる．

n_0, s_0, $\sin \beta$ の式を (6.23) に代入すると，応力 σ, τ の式が得られる．なお係数 $k_n{}^0$ の値は，σ の最終的な式に入ってこない．係数 $k_s{}^0$ は τ の式に入ってくる．しかしもし小さな値 $\sin^2 \dfrac{\beta}{2}$ を無視すると，τ の式にこの係数は入らない．

M_0, H_0, Q_0 の値が与えられているか0であるとすると，上に得た関係にもとづいて水平あるいは傾斜した地盤上に位置する構造物の個々の構成部分に対する地盤反力分布を求めることができる．これらの解は，折れ曲った形の底面がたとえば工事上の事情で施工継ぎ手で2つの部分に分けられている剛性構造物の計算にも利用される．

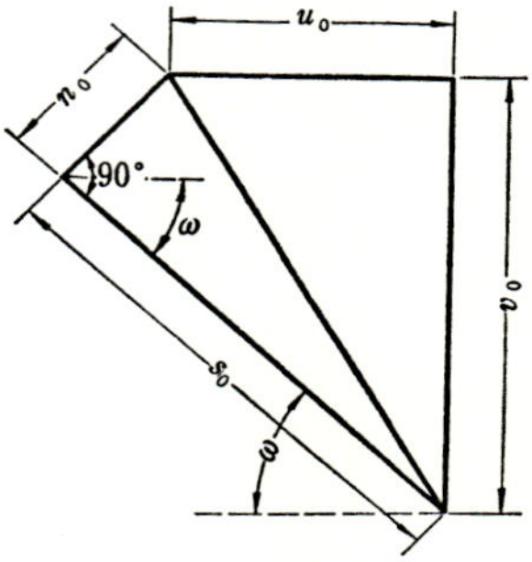

底部と傾斜部がヒンジで結合されている場合，結合条件により変位 u_0, v_0, s_0, n_0 は，次の幾何学的関係で結ばれている（図274）．

$$\left.\begin{array}{l} u_0 = s_0 \cos \omega - n_0 \sin \omega \\ v_0 = s_0 \sin \omega + n_0 \cos \omega \end{array}\right\} \qquad (6.30)$$

図　274

このようなヒンジ結合の場合，(6.30) に (6.22)，(6.28)，(6.29) を代入し，M_0 が与えられているか0に等しいとすると，(6.30) の連立方程式を解いて Q_0, H_0 を得る．このとき，Q_0, H_0, M_0 を (6.22)，(6.28)，(6.29) に代入すると変位 u_0, v_0, n_0, s_0 が得られる．$\sin \alpha$ および $\sin \beta$ の値，すなわち2つの区間が傾斜する角は，M_0 が与えられているか0に等しいことを考慮し，(6.22) の最初の式および (6.27) から決定される．変位の値を決定すると，(6.21) および (6.23) によって応力 σ, τ が両方の区間で決定される．

2つの区間が剛性結合の場合，(6.30) の関係にもう1つの関係，すなわち，

$$\alpha = \beta \quad \text{あるいは} \quad \sin \alpha = \sin \beta \qquad (6.31)$$

をつけ加えなければならない．

この場合，(6.22)，(6.27)，(6.28)，(6.29) を (6.30)，(6.31) の

5. 剛性構造物の底面が平面でない場合の地盤反力　　*371*

関係に代入し，H_0, M_0, Q_0 に関する連立方程式を解いて，その後得られた
これらの値を方程式 (6.22), (6.27), (6.28), (6.29) に代入すると，
変位 u_0, v_0, n_0, s_0 および角 α, β が決定される．これらの値を見出し，こ
れらを (6.21), (6.23) の関係に代入すると，構造物底面における求める
応力が得られる．

　もし傾斜区間で地盤係数がこの区間の上端に近づくにつれて増大するよう
な 1 次法則に従って変化するならば，上に導いた式において n および m が正
で 1 より大きい値*，すなわち $0 \leqq m < \infty$，$0 \leqq n < \infty$ の範囲内の値と考えな
ければならない．もし傾斜区間で，上端に近づくに従って減少するような 1
次法則で地盤係数が変化するならば，m および n は負で絶対値が 1 より小さ
い値，すなわち $-1 \leqq m < 0$，$-1 \leqq n \leqq 0$ の範囲内の値と考えなければならな
い．例として，平面でない構造物底面における垂直応力を決定する問題を検
討してみる．この場合，工事上の事情で構造物は水平部分と傾斜部分の接合
部で完全に接断されており，個々の 2 つの部分は加えられる荷重の作用によ
って，切断部においてなんらの内部力も発生させず，お互いに無関係に変位
できるとする．この場合を「工事中の状態」とよぶ．さらに，「工事中の状
態」に対応した荷重による構造物の 2 つの部分の沈下と相互の変位が終了し
た後，構造物の個々の部分は切断部において剛に結合され，平面でない底面
をもつ 1 つの剛体をなす構造物は，たとえば貯水池の水位上昇による水平，
鉛直水圧や，構造物の重量による付加荷重などの形で，ある付加荷重が加え
られるとする．この場合の荷重を付加活荷重とよぶ．このような荷重によっ
て結合部に生ずる応力は，一時的な継ぎ手なしに一体の構造物として建造し
た場合に発生する応力より小さいことは，まったく明らかである．工事中の
状態の応力と付加活荷重を加え合わせると，使用状態の応力が得られる．構
造物内の応力を低下させるために一時的な継ぎ手を作る工法は，たとえばナ
ルバ水力発電所建設のさいに用いられた．必要な場合に底面における応力分
布を調整し，構造物内の内力を減少させるために，一時的な施工継ぎ手を作
る工法は技術的に合理的であり，多くの場合きわめて経済的でもある．

---

　*（訳註）この部分の「1 より大きい」は不要で，m, n が正だけでよいように思われる．実
　　際，次に $0 \leqq m < \infty$，$0 \leqq n < \infty$ となっている．

〔例〕 構造物の幾何学的なディメンションは，次の値であるとする（図 275）。

$S = 26.96$ m
$b = 35.8$ m
$p_2 = 8.98$ m
$h_2 = 10.1$ m
$\sin \omega = 0.749$
$\cos \omega = 0.663$

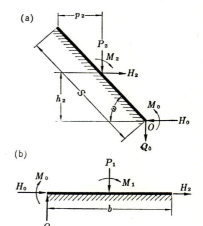

さらにいまの条件で点 O，すなわち $s=0$ における地盤係数は，それぞれ

$k_n(0) \approx k_z$ および $k_s(0) = k_x$

に等しいと考えられるとする。

最初に，工事中の場合，

$M_0 = H_0 = Q_0 = 0$
$H_1 = 0, \quad M_1 = -2130 \text{ ton} \cdot \text{m}$
$P_1 = 990 \text{ ton}$
$H_2 = 0, \quad M_2 = 882 \text{ ton} \cdot \text{m}, \quad P_2 = 664 \text{ ton}$

として構造物の両底面における垂直応力を決定する。

水平部分の底面における応力は $(6.21), (6.22), (6.23)$ によって求めることができる。しかし水平部分の領域で地盤係数を不変と考えているので，偏心圧縮公式を用いた結果と同じものが得られる。

$$\sigma_{\substack{\max \\ \min}} = \frac{990}{35.8}\left(1 \pm \frac{6 \times 2.15}{35.8}\right) = \begin{cases} 37.4 \text{ ton/m}^2 = 3.74 \text{ kg/cm}^2 \\ 17.5 \text{ ton/m}^2 = 1.75 \text{ kg/cm}^2 \end{cases}$$

ここに

$$e = \frac{M}{P} = -\frac{2130}{990} = -2.15 \text{ m}$$

である。

工事中における傾斜部底面における垂直応力は，$k_n{}^0 = 228 \text{ ton/m}^3$ とし，地盤係数は，たとえば傾斜部の上端で下端より10倍大きい，すなわち $n=9$ と仮定すれば得られる。このとき，$(6.27), (6.28)$ によって次の関係を得る（図 276）。

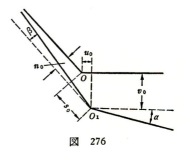

図 276

5. 剛性構造物の底面が平面でない場合の地盤反力 *373*

$$\sin\beta = \frac{12}{228\times26.96^3\left(1+9+\frac{81}{6}\right)}\left[\left(1+\frac{9}{2}\right)(-664\times8.93+882)\right.$$

$$\left.+26.96\left(\frac{1}{2}+\frac{9}{3}\right)664\times0.633\right]=0.00158$$

$$n_0 = \frac{12}{228\times26.96\left(1+9+\frac{81}{6}\right)}\left[\frac{1}{26.96}\left(\frac{1}{2}+\frac{9}{3}\right)(-664\times8.93+882)\right.$$

$$\left.+\left(\frac{1}{3}+\frac{9}{4}\right)664\times0.663\right]=0.0398$$

傾斜部の底面における垂直応力 σ が 0 になる位置 S^* を決定してみよう（図273）．この値を決定するためには (6.23) を用い，次の関係を得る．

$$0=228\left(1+\frac{S^*}{26.96}\times9\right)(0.0398-0.00158S^*)$$

得られた方程式を S^* について解いて $S^*=25.02$m を得る．この結果によれば，傾斜部の上部の長さ $S-S^*=26.96-25.02=1.94$m には構造物と底面の間に引張り応力が発生する．構造物の底面と基礎地盤の表面の間に引張り応力が存在することは現実に不可能なので，この長さに沿ってすきまが形成され，傾斜部の長さは $S-S^*=1.94$ だけ減少することになる．したがって，傾斜部における垂直応力を決定するためには，実用上の目的に対して十分な精度で，(6.27)，(6.28) において残りの数値をそのままにし，$S=26.96$m を $S^*=25.02$m でおきかえて再計算することができる．

再計算の結果，次の値が得られる．

$$\sin\beta=0.00154,\quad n_0=0.0385$$

次いで (6.23) の第1式から垂直応力を決定することは困難でない．

最終的に得られる垂直応力の値は，次のとおりである．

$s=0$m において $\quad\sigma=228\times0.0385=8.78\ \text{ton/m}^2=0.88\ \text{kg/cm}^2$

$s=6.74$m $\quad\sigma=228\left(1+\frac{6.74}{25.02}\times9\right)(0.0385-6.74\times0.00154)$

$\qquad\qquad\qquad=22\ \text{ton/m}^2=2.2\ \text{kg/cm}^2$

$s=13.48$m $\quad\sigma=2.4\ \text{kg/cm}^2$

$s=20.32$m $\quad\sigma=1.32\ \text{kg/cm}^2$

$s=25.02$m $\quad\sigma=0\ \text{kg/cm}^2$

(6.29) によって s_0 を決定し，(6.23) の第2式からせん断応力 τ の分布を見出すことができる．

図 277a，277bに，工事中の状態に対応する構造物底面の各点における垂直応

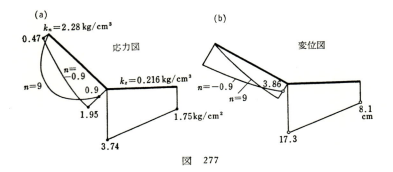

図 277

力図と垂直変位図を示す．ただし $k_z=216\text{ton}/\text{m}^3$ として計算してある．

もし，地盤係数が傾斜部の上端に近づくにしたがって減少し，たとえばその減少が数値的に下端の $1/10$ になるならば，$n=-0.9$ にとらなければならない．この場合，類似の方法によって

$$\sin \beta = -0.0043 \quad \text{および} \quad n_0 = 0.086$$

を得る．

この場合，$S=26.92\text{m}$ において垂直応力の値は正，すなわち圧縮応力になるので，S^* の値を決定する必要はない．

(6.23) によって次の値を得る．

$s=0\text{m}$ において $\sigma=228(1-0)\times 0.086=19.5\text{ ton}/\text{m}^2=1.95\text{ kg}/\text{cm}^2$

$s=6.74\text{m}$ $\sigma=228\left(1-\dfrac{6.74}{26.96}\times 0.9\right)(0.086+6.74\times 0.0043)$

$\qquad\qquad\qquad =20.2\text{ ton}/\text{m}^2=2.02\text{ kg}/\text{cm}^2$

$s=13.48\text{m}$ $\sigma=1.8\text{ kg}/\text{cm}^2$

$s=20.32\text{m}$ $\sigma=1.3\text{ kg}/\text{cm}^2$

$s=26.92\text{m}$ $\sigma=0.47\text{ kg}/\text{cm}^2$

図 277a，277b に，$n=-0.9$ の場合の，傾斜部における垂直応力図と垂直変位図も示す．底面の各点の全地盤反力および全変位を得るには，(6.21)，(6.23) で決定されるせん断応力および接線方向変位と垂直応力および垂直変位を底面の各点で幾何学的に合成しなければならない．もし底面におけるせん断応力が存在したり，底部に沿って垂直応力，したがって地盤係数* が一定でないならば，全地盤反

---

*（訳註）垂直応力が一定ということと地盤係数が一定ということは一般に同義ではないので，ここで「垂直応力，したがって」の部分は誤りであろう．

力の方向は底面の各点で異なっている．地盤係数が一定の場合は，今回の例の構造物底面の水平部分で生じているように，全応力の方向は構造物底面のすべての点で一定である．

さて，使用状態における付加荷重の影響の検討に移る．この場合，構造物の2つの部分は剛に結合されているので，

$$M_0 \neq 0, \quad H_0 \neq 0, \quad Q_0 \neq 0$$

である．

さらに次の数値を仮定する．

$$H_1 = -80.7 \text{ ton}, \quad M_1 = -730 \text{ ton·m}, \quad P_1 = -233 \text{ ton}$$
$$H_2 = 306 \text{ ton}, \quad M_2 = 613 \text{ ton·m}, \quad P_2 = 32.6 \text{ ton}$$

水平部分に対しては，(6.22) の関係の中に入ってくる量に数値を代入して，次の関係を得る．ただし $h_z = 216 \text{ton/m}^3$, $k_x = 228 \text{ton/m}^3$ としてある．

$$\sin\alpha = 1.21 \times 10^{-6}(M_0 + 18.65 Q_0 - 730)$$
$$v_0 = -2.17 \times 10^{-5}(M_0 + 24.864 Q_0 + 719.3)$$
$$u_0 = \frac{H_0 + H_1}{bk_x} = \frac{H_0 - 80.7}{8280.6}$$

傾斜部分に対しては，(6.27)〜(6.29) の関係に入ってくる量に数値を代入し，さらに $n = m = 9$, $S^* = 25.02$ とすると次の関係を得る．

$$\sin\beta = 1.4425 \times 10^{-7}(-5.5M_0 + 58.059 Q_0 + 65.59 H_0 + 618)$$
$$n_0 = 9.0307 \times 10^{-5}(-0.13988 M_0 + 1.7127 Q_0 + 1.9349 H_0 - 58.20)$$
$$s_0 = -\frac{(H_0 - H_2)\cos\omega - (Q_0 + P_2)\sin\omega}{S^*\left(1 + \dfrac{m}{2}\right)k s^0}$$
$$= \frac{-0.663 H_0 + 0.749 Q_0 + 227.3}{31099.86}$$

(6.31) の角が等しいという条件，あるいは $\sin\alpha = \sin\beta$ の条件から次式を得る．

$$1.21 \times 10^{-6}(M_0 + 18.65 Q_0 - 730) = 1.4425 \times 10^{-7}(-5.5M_0 + 58.059 Q_0 + 65.59 H_0 + 618)$$

これからそれぞれ計算を行なって次の式になる．

$$1.8334 M_0 + 11.021 Q_0 - 9.4614 H_0 - 848.35 = 0 \qquad (6.32)$$

水平変位が等しいという (6.30) の条件

$$u_0 = s_0 \cos\omega - n_0 \sin\omega$$

から次の関係を得る．

376　第VI章　剛性構造物底面における応力

$$\frac{H_0-80.7}{8280.6}=\frac{-0.663H_0+0.749Q_0+227.3}{31099.86}\times 0.663$$
$$-9.0307\times 10^{-5}(-0.13988M_0+1.7127Q_0+1.9349H_0$$
$$-58.20)\times 0.749$$

これから必要な計算を行なって次式を得る.

$$0.9461M_0-9.9883Q_0-26.577H_0+1852.79=0 \qquad (6.33)$$

鉛直変位が等しいという (6.30) の条件,

$$v_0=s_0\sin\omega_0+n_0\cos\omega$$

から次の関係を得る.

$$-2.17\times 10^{-5}(M_0+24.864Q_0+719.3)$$
$$=0.749\times\frac{(-0.633H_0+0.749Q_0+227.3)}{31099.86}$$
$$+9.0307\times 10^{-5}(-0.13988M_0+1.7127Q_0+1.9349H_0-58.2)\times 0.663$$

これから必要な計算を行なって次式を得る.

$$1.1025M_0+60.295Q_0+9.9842H_0+1594.4=0 \qquad (6.34)$$

こうして得た (6.32), (6.33), (6.34) からなる連立方程式を M_0, Q_0, H_0 について解いて次の答えを得る.

$$H_0=169.67\text{ ton}, \quad Q_0=-88.76\text{ ton}, \quad M_0=1894.4\text{ ton}\cdot\text{m}$$

得られた M_0, Q_0, H_0 の値を v_0, n_0, s_0, β に対する (6.22), (6.27), (6.28), (6.29) に代入すると,次の値が得られる.

$$v_0=-0.008m, \quad n_0=-0.0133m, \quad s_0=-0.0015m$$
$$\sin\alpha=\sin\beta=-0.00055$$

これらの値を見出してしまえば,構造物の底面における垂直応力を決定することは容易である.

実際に,水平部分に対しては次の値を得る.

$x=0$ において　$\sigma=216\times(-0.008)=-0.17\text{ kg/cm}^2$

$x=37.3\text{m}$　　$\sigma=216[(-0.008)+37.3\times(-0.0005)]$
$$=-0.57\text{ kg/cm}^2$$

傾斜部分に対しては次の値を得る.

$s=0$ において　$\sigma=228\times(-0.0133)=-0.3\text{ kg/cm}^2$

$s=6.74\text{m}$　　$\sigma=228\times\left(1+\frac{6.74}{25.02}\times 9\right)[-0.0133+6.74(-0.00055)]$
$$=-0.74\text{ kg/cm}^2$$

$s=13.48\text{m}$　　$\sigma=-0.78\text{ kg/cm}^2$

$s=20.2\text{m}$　　$\sigma=-0.41\text{ kg/cm}^2$

5. 剛性構造物の底面が平面でない場合の地盤反力

$s=25.02\mathrm{m}$ $\sigma=0.11 \mathrm{kg/cm^2}$

もし傾斜部の上端で地盤係数が下端より $1/10$ 小さくなると仮定すれば，$n=-0.9$ にとらなければならない．計算は上に述べたものとまったく同様である．

図 278a，278b に示す図は，工事中の状態に対する図と使用中における付加荷重による図を重ね合わせて得た $n=0.9$ の場合の底面に垂直な応力と変位の図である．すなわち使用状態に対応する図である．

工事中の状態に対する図は，傾斜部に対して $S=26.96\mathrm{m}$ のかわりに $S^{*}=25.02\mathrm{m}$ を使って決定してあるので，使用状態における付加荷重に対する計算を行なう場合にも，S のかわりに S^{*} を使っていることに注意しなければならない．その結果，傾斜部の上端における応力が 0 でなく $0.11\mathrm{kg/cm^2}$ になり，このことは活荷重に対して S^{*} の値をとることが計算上若干の誤差を生むことを示している．

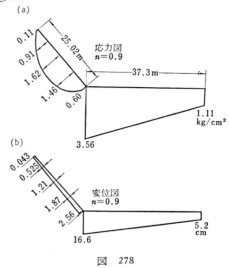

図 278

この点に関しては，次のような判断を行なうべきである．

1. もし計算に傾斜部の全長を用いた場合，工事中の状態における応力と使用状態における付加荷重による応力の和が上端において正ならば，すなわち $\sigma \geq 0$ ならば，この部分の長さを短くとる（すなわち S を S^{*} でおきかえる）必要はない．

2. もし計算に傾斜部の全長を用いた場合，上述の応力が上端において負ならば，実際の長さ S を全荷重による総和応力が上端で 0 になるような条件から決めた S^{*} でおきかえなければならない．

このためには，工事中の状態による応力と使用状態における付加荷重による応力の上端における和を両方の式で S を未定のまま計算し，その後傾斜部の上端における総和応力が 0 になるような S の値 S^{*} を求める．

S^{*} の近似的な値は，

$$\sigma = k n^0 \left(1 + \frac{s}{S}n\right)(n_0^{*} - \sin\beta^{*} \cdot S^{*}) = 0$$

の式から決定され，これから

$$S^* = \frac{n_0^*}{\sin \beta^*}$$

となる．ここに

$$n_0^* = n_0' + n_0''$$
$$\sin \beta \simeq \sin \beta' + \sin \beta''$$

である．

また n_0', $\sin \beta'$ は工事中の状態に対応する値を表わし，n_0'', $\sin \beta''$ は使用状態における付加荷重に対応する値である．ただし，両方の場合とも傾斜部の全長を S にとるものとする．

もしこのような方法で計算を行なっても，S を S^* でおきかえて再計算して得た総和応力が $s=S^*$ において 0 にならずに正になるならば，S^* の値が不正確でいくらか小さ過ぎることを示している．しかし，もし傾斜部の上端において得られる正の応力の数値が十分小さい（たとえば 0.10kg/cm² を越えない）ならば，S^* の不正確さを無視できる．

6. 水理構造物のアンカーエプロンにおける地盤反力および内力

アンカーエプロン（図 279）は，太い縦の鉄筋で補強された長さ 15～30m，厚さ 50～75cm の鉄筋コンクリートのスラブで，構造物の本体にこの鉄筋でアンカーされ，水平荷重（水圧，土圧など）が存在する場合の滑動に対する安定を増大させる役割をする．エプロンと構造物本体の底部の下には，構造物

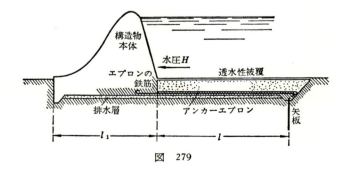

図 279

6. 水理構造物のアンカーエプロンにおける地盤反力および内力　*379*

下流部に連続する排水層を設置する．このために，下から上向きに働くエプロンに対する水圧は，構造物下流部の圧力と等しい．エプロンに働く水圧と土圧の和 P からエプロンの底部に働く下から上向きの水圧 W を引いたものは，エプロンを基礎地盤に圧しつけ，エプロンが受けもつことのできる構造物本体からの極限水平力の値を決定する．

エプロンの必要な長さは，構造物がエプロンとともに全体として滑動することに対する安全率，

$$F=\frac{Q\tan\phi+(P-W)\tan\phi}{H} \qquad (6.35)$$

が，設計基準で決められているある値，たとえば $F=1.30\sim1.40$ を下まわらないという条件から決定される．ここで Q はダム本体の浮力を受けた重さを表わし，H は構造物を滑動させようとする全水平力の和を，P は自重と上からの水圧を含めたエプロンに対する全鉛直力の和を，W は下からエプロンの底面に働く水圧の和を，ϕ は基礎地盤の土の内部摩擦角を，それぞれ表わす．

さらに，エプロンの鉄筋コンクリートの底面や，エプロンの下の底面に沿った排水層でせん断抵抗が小さいので，そのどちらかで滑動が起こることが予想される．

最初の場合には，下にある排水層の重量を力 P に加えず，摩擦角は排水層の材料（砂）の内部摩擦角に等しいとする．

第2の場合には，浮力を受けた排水層の重量を力 P に含め，せん断抵抗は排水層の下にある基礎地盤の土のせん断抵抗に等しいとする．第2の場合の計算において土がきわめて弱い場合，土の粘着力の一部を考慮したほうがつごうはよいが，安全を期して土の粘着力を無視する．計算に粘着力を入れる場合には，工事中に基礎地盤表面の土の構造がかく乱されるので，計算に入れる粘着力が（垂直応力が存在する場合の）粘着力の回復部分の値を越えてはならない．

構造物の基礎地盤が飽和塑性粘土やロームからなる場合，エプロンに働く圧縮荷重の作用による土の圧縮は，貯水池の水位が上昇した瞬間に終るのではないことに注意しなければならない．したがって，エプロンの変位は底面

に沿って起こるのではなく，深くなるに従って圧縮の程度は小さくなってゆくが，表面からある深さにある下位の地層とともに変位するのである．このような場合の構造物の安定性は，基礎地盤の長期にわたる圧密過程を考慮した計算によって検討しなければならない．

アンカーエプロンの構造の静力学的計算における基本的問題は，極限状態 (T_{cr}) および使用状態 (T_{us}) においてエプロンが受ける力 T を決定し，基礎地盤の土との接触面における摩擦反力 $\tau(x)$ の分布を決定することである．これらの力は，エプロンの任意の断面における引張り力 $N(x)$ の値を決定し，鉄筋の計算を行なう場合に必要不可欠である．

極限つり合い状態に対してこれらを決定することは困難ではない．実際この場合，エプロンを圧縮する荷重 ($P-W$) がその長さに沿って均等に分布するとして，エプロンの応力状態を決定する量は次の形で表わされる (図 280).

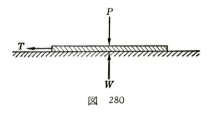

図 280

$$T_{cr}=(P-W)\tan\phi$$

$$\tau_{cr}(x)=\frac{T_{cr}}{l}$$

$$N_{cr}(x)=T_{cr}\left(1-\frac{x}{l}\right)$$

$$A(x)=\frac{T_{cr}}{R}\left(1-\frac{x}{l}\right)$$

ここに，T_{cr}, τ_{cr}, $N_{cr}(x)$ は，それぞれエプロンが受けもつ極限力，底面における極限摩擦力の強さ，エプロンによって支えられている構造物との結合部からの任意の距離 x のエプロン断面における極限内力，を表わす．また，$A(x)$ は距離 x の断面において必要な鉄筋の断面積であり，R はエプロンの鉄筋の許容応力である．

極限条件における T_{cr} によってエプロンは基礎地盤に対して滑動を起こすので，すなわち破壊の段階に入るので，全体の構造が同じ強さであるべきであるとの考えによれば，R_y をエプロンの鉄筋の降伏限界として $R=R_y$ にと

ったほうが正しい．しかし，鉄筋にいくらかの余裕を残しておきたい場合には，$R = 0.8 R_y$ としてもよい．

使用状態においてエプロンが受けもつ力，応力状態，エプロンの変形性などを決定することや，さらに構造物の個々の要素の相対的変位を決定し，また小さい荷重から極限破壊にいたる全体のせん断力の増大にともなって構造物の底面における摩擦力の分布がどのように変化するかについての概念や破壊段階に関する計算は，当然不十分である．

設計機関では，使用中にエプロンが受けもつ力を水平力がエプロンとダム本体の間でその長さに比例して配分されるという仮定にもとづいて決定している．

これによれば，

$$T_{us} = H \frac{l}{l_1 + l} \tag{6.36}$$

である．ここに，Hは使用中の構造物が受ける全体のせん断力を表わし，lはエプロンの長さ，l_1は構造物の残りの部分，たとえばダム本体と水たたきの長さを表わす．エプロンの底面に沿う摩擦せん断力 $\tau(x)$ の分布は，この場合も破壊の段階における計算でも等分布であるとする．

しかしこのような仮定が正しいのは，等分布鉛直荷重の場合で，極限つり合い状態に対してのみ適用できるクーロンの関係 $\tau_{cr} = q \tan \phi$ が成立する状態である．すなわち破壊の段階において当てはまることであって，極限状態からかなり遠い条件では現実とはまったく対応しない．極限状態から遠い条件において (6.36) の関係は，任意にエプロンを伸ばすとそれが受けもつ力がその長さに比例して増大するということを意味し，明らかに正しくない．

したがって，この仮定はまったく便宜的なものであり，現実とは対応しない．エプロンの長さ l が十分大きいと，任意のある長さでほとんど全水平力 H がエプロンによって受けもたれてしまうということになる．

したがって，構造物が全体として極限状態からかなり遠い条件において，使用状態に用いることのできるアンカーエプロンの計算法を研究する実際的な必要がある．ある場合には，構造物の基礎地盤を線形弾性体とみなし，エプロンを線形弾性体の上にのる完全に伸長しやすい帯と考えてエプロンの底

382 第Ⅵ章 剛性構造物底面における応力

面における摩擦反力分布，エプロンに受けもたれる内力およびエプロンの任意の断面における引張り応力を弾性論の方法によって決定することができる[46].

しかし，引張り応力に対する抵抗をほとんど有しない非常に弱い土や非粘着性の土の場合で，比較的大きい極限応力状態領域が発生しうる条件においては，このような計算モデルは適当でない．

アンカーエプロンは，普通まさにこのようなきわめて弱い土の場合に用いられることを考えると，計算モデルとして線形弾性体をアンカーエプロンの問題を検討するさいの基本とみなすことはできない．したがってこの目的のためには，地盤係数法に似た方法を用いるほうが適している[150].

地盤係数法による計算法の基本的仮定として，よく知られているように $\sigma = kw$ の関係を用いる．ここに，σ および w は基礎地盤の任意の点における応力および沈下量を表わし，k は地盤係数とよばれる比例係数である．このような基礎地盤は，前にも述べたように，構造物の底面の範囲に直接広がっている弾性棒かスプリングの集合とみなすことができる．

考えている問題，すなわち構造物底面における摩擦力によるせん断荷重の場合は，次のようにとることができる．

$$\tau(x) = -k_h u(x) \qquad (6.37)$$

ここに，$\tau(x)$ は座標原点からの距離が x の点におけるせん断強さを表わし，$u(x)$ はこの点における対応する水平変位，k_h は地盤係数に似た係数で，せん断に対する地盤係数とよぶべきものである．このような基礎地盤は，構造物の底面と一致する点およびその下位の変形を受けない地盤とが長さ 0 の弾性棒か糸でつながれており，その伸長は有限で，それに作用する内力に比例すると考えるものを表わしている．

（6.37）の仮定の信頼性は，地盤係数法において用いられている類似の仮定の信頼性と似たようなものであるが，地盤係数法の場合よりあらゆる場合に信頼度は大きい．

この仮定は当然，極限つり合いの状態が存在しないエプロンの底面の区間にのみ適用できる．極限つり合いの状態にある区間では，（6.37）の関係を $\tau = \tau_{cr} = q \tan \phi$，あるいは $\tau = \tau_{cr} = q \tan \phi + c'$ でおきかえなければならない．

ここに c' は回復する粘着力を表わす.

もしエプロンの全長にわたって極限つり合いの状態にあるならば,この場合は前に述べた極限状態に関する計算に対応する.したがって,以下の記述で極限応力状態はエプロンの全長にわたって存在しないか,その一部にしか存在しないと仮定する.

6・1 エプロンの全長にわたって極限応力状態が存在しない場合

最初に,エプロンの全長にわたって極限応力状態が存在しないという仮定を用いる.

さらに,エプロン内部の引張り力が鉄筋によって受けもたれるという仮定も用いる.別の言葉でいえば,コンクリートの中に割れ目が形成されるために,使用条件においてさえその引張り抵抗値は本質的なものでないので,コンクリートの引張り抵抗を無視するのである.ついでに注意しておくと,割れ目を結合しているコンクリートの引張り抵抗を算定することは,特別に困難なことではない.

N で座標 x のエプロンの断面における引張り力を表わし,σ で同じ断面において鉄筋に働く垂直応力,E と A でエプロン鉄筋の弾性係数と断面積を表わす.

このとき,エプロンの長さ dx の要素のつり合い条件から,図 281 の記号によって,次の関係を得る.

$$dN + \tau dx = 0$$

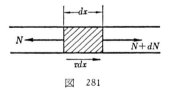

図 281

あるいは

$$\tau = -\frac{dN}{dx} \qquad (6.38)$$

$N = \sigma A$ の関係を考慮し,さらに相対伸びが

$$\varepsilon = \frac{du}{dx} = \frac{\sigma}{E}$$

に等しいこと,したがって

$$\sigma = E \frac{du}{dx}$$

384　第VI章　剛性構造物底面における応力

であることを考慮し，次の関係を得る.

$$\tau = -\frac{dN}{dx} = -\frac{dA\sigma}{dx} = -\left(A\frac{d\sigma}{dx} + \sigma\frac{dA}{dx}\right)$$

$$= -\left(AE\frac{d^2u}{dx^2} + E\frac{du}{dx}\frac{dA}{dx}\right)$$

結局 (6.37) の関係を考慮して，次の方程式を得る.

$$\frac{d^2u}{dx^2} + \frac{1}{A}\frac{dA}{dx}\frac{du}{dx} - \frac{k_h}{EA}u = 0 \tag{6.39}$$

この方程式を適当な境界条件，すなわち

$x=0$ において

$$\left.\begin{array}{l}\sigma = \dfrac{T}{A} \quad \text{あるいは} \quad \dfrac{du}{dx} = \dfrac{T}{EA}\\[2em] \sigma = 0 \quad \text{あるいは} \quad \dfrac{du}{dx} = 0\end{array}\right\} \tag{6.40}$$

$x=l$ において

を用いて解いて，エプロンの全長にわたって極限つり合い状態がない場合のエプロンの応力状態を決定する.

　以下にエプロンの長さに沿う基本的な配筋の場合についての検討を行なう.

鉄筋が等分布の場合　　エプロンの長さに沿って鉄筋の断面積が一定として，すなわち $A = \mathrm{const}$ とおいて，方程式 (6.39) は次の形になる.

$$\frac{d^2u}{dx^2} - \frac{k_h}{EA}u = 0 \tag{6.41}$$

　いま

$$\alpha^2 = \frac{k_h}{EA}$$

とおく. するとよく知られているように[129]，(6.41) の一般解は次の形で表わされる.

$$u = C_1 \sinh \alpha x + C_2 \cosh \alpha x \tag{6.42}$$

これから u の x に関する 1 次微分は

$$\frac{du}{dx} = C_1\alpha \cosh \alpha x + C_2\alpha \sinh \alpha x \tag{6.43}$$

6. 水理構造物のアンカーエプロンにおける地盤反力および内力　　*385*

この (*6.43*) を考慮し，$\sinh 0 = 0$，$\cosh 0 = 1$と (*6.40*) の条件から次式を得る.

$$C_1\alpha = \frac{T}{EA}$$

$$C_1\alpha \cosh \alpha l + C_2\alpha \sinh \alpha l = 0$$

これから任意定数 C_1, C_2 を決定すると，(*6.42*) の解は次の形になる.

$$u = -\frac{T}{\alpha EA}\frac{\cosh \alpha(l-x)}{\sinh \alpha l} \tag{6.44}$$

このとき，

$$\tau(x) = -k_h u = \alpha T \frac{\cosh \alpha(l-x)}{\sinh \alpha l} \tag{6.45}$$

および

$$N(x) = T - \int_0^x \tau(x)dx = T\frac{\sinh \alpha(l-x)}{\sinh \alpha l} \tag{6.46}$$

となる.

　得られた結果によると，もしエプロンが全然伸張することができないならば，すなわち $\alpha = 0$ とおけるならば，その底面における摩擦力の分布は等分布，すなわち $\tau(x) = \dfrac{T}{l}$ になり，任意の断面 x における力は $N(x) = \dfrac{T}{l}(l-x)$ に等しくなる.

　エプロンによって受けもたれる内力 T を決定するには，アンカーエプロンが付属している構造物本体の幾何学的の広がりが きわめて 大きいので (たとえば水たたきをもったダム本体,水力発電所の設備など)，エプロンそのものの変形にくらべて本体の変形は，通常無視できることを考慮に入れなければならない.すなわち，構造物本体は伸長しないと考えるのである.このとき，構造物本体の底面の範囲における摩擦力の分布は，上で用いた計算の前提のもとで等分布になる.

　構造物本体を表わすすべての量の右下に 1 のインデックスをつけることにする.

　このとき図 282, (*6.37*) の関係および (*6.44*) によって，これらの式において $x = 0$ とおき，構造物本体とエプロンの両者の結合部における変位

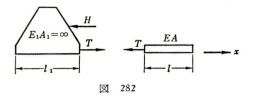

図 282

が等しいという条件は次の形になる.

$$-\frac{1}{k_h}\frac{H-T}{l_1}=-\frac{T}{\alpha EA}\coth \alpha l$$

これからエプロンが受けもつ力は,

$$T=\frac{H}{1+\alpha l_1 \coth \alpha l} \qquad (6.47)$$

に等しい.

得られた (6.47) を上に導いた (6.44)～(6.46) に入れると,考えている問題の完全な解が得られる.

得られた (6.47) の結果を検討すればわかるように,極限において次の結果が得られる.

$$\left.\begin{array}{ll} l_1\to\infty & T\to 0 \\ \alpha\to 0 & T\to \dfrac{l}{l+l_1}H \\ \alpha\to\infty & T\to 0 \end{array}\right\} \qquad (6.48)$$

極限の場合にこれらの結果が正しいことは明らかである.また極限状態にない場合,すなわち $\tau(x)<\tau_{cr}$ において (6.36) は,構造物本体もアンカーエプロンも絶対非圧縮性,絶対非伸張性の場合にのみ正しい.

三角形状に配筋されている場合　鉄筋の断面積がエプロンの長さに沿って三角形図で変化すると考えると,すなわち

$$A=A_0\left(1-\frac{x}{l}\right)$$

とすれば,方程式 (6.39) は次の形になる.

$$\frac{d^2u}{dx^2}-\frac{1}{l-x}\frac{du}{dx}-\frac{k_h l}{EA_0}\frac{1}{l-x}u=0 \qquad (6.49)$$

6. 水理構造物のアンカーエプロンにおける地盤反力および内力 387

いま

$$a^2 = \frac{k_h l}{EA_0} \qquad (6.50)$$

とおいて変数変換

$$t = 2a\sqrt{l-x}$$

を行ない,

$$\frac{dt}{dx} = -\frac{a}{\sqrt{l-x}}, \quad \frac{d^2t}{dx^2} = -\frac{1}{2} a \frac{l}{\sqrt{(l-x)^3}}$$

$$\frac{du}{dx} = \frac{du}{dt} \frac{dt}{dx} = -\frac{a}{\sqrt{l-x}} \frac{du}{dt}$$

$$\frac{d^2u}{dx^2} = \frac{d}{dx}\left(\frac{du}{dt}\right)\frac{dt}{dx} + \frac{du}{dt}\frac{d^2t}{dx^2} = \frac{d^2u}{dt^2}\left(\frac{dt}{dx}\right)^2 + \frac{du}{dt}\frac{d^2t}{dx^2}$$

$$= \frac{a^2}{l-x}\frac{d^2u}{dt^2} - \frac{1}{2}\frac{a}{\sqrt{(l-x)^3}}\frac{du}{dt}$$

の関係を考慮すれば, 方程式(6.49)は次の形になる.

$$\frac{d^2u}{dt^2} + \frac{1}{t}\frac{du}{dt} - u = 0$$

数学の教科書[129]で明らかなように, この方程式の一般解は次の形で表わされる.

$$u = C_1 I_0(t) + C_2 K_0(t)$$

ここに, $I_0(t)$, $K_0(t)$ は純虚数変数*による0階のベッセル関数を表わし, その値は適当な表になっている[151].

変数をxにもどすと次式になる.

$$u = C_1 I_0(2a\sqrt{l-x}) + C_2 K_0(2a\sqrt{l-x}) \qquad (6.51)$$

$x \to 0$ において $K_0(x)$ が無限大になることが導かれている. アンカーエプロンの端 $x = l$ において変位 u は有限でなければならないので, 定数 C_2 は0でなければならない. さらによく知られているように,

$$\frac{d}{dx} I_0(x) = I_1(x)$$

である. ここに, $I_1(x)$ は純虚数変数* の1階のベッセル関数であり, この

* (訳註) 純虚数変数ではなく, 普通の虚数変数のように思われる.

388　第VI章　剛性構造物底面における応力

値も表になっている[151].

したがって，$C_2 = 0$ および

$$\frac{du}{dx} = -C_1 \frac{a}{\sqrt{l-x}} I_1(2a\sqrt{l-x}) \qquad (6.52)$$

を考慮すると，$x = 0$ における境界条件から

$$\varepsilon = \frac{du}{dx} = -C_1 \frac{a}{\sqrt{l}} I_1(2a\sqrt{l}) = \frac{T}{EA_0}$$

が得られ，(6.50) の関係を考慮して次の定数値を見出す．

$$C_1 = -\frac{Ta}{k_h\sqrt{l}} \frac{1}{I_1(2a\sqrt{l})}$$

結局，求める解は次の形になる．

$$u = -\frac{1}{k_h}\tau(x) = -\frac{Ta}{k_h\sqrt{l}} \frac{I_0(2a\sqrt{l-x})}{I_1(2a\sqrt{l})} \qquad (6.53)$$

これから

$$N(x) = A\sigma = A_0 \frac{l-x}{l} E \frac{du}{dx} = T\sqrt{\frac{l-x}{l}} \frac{I_1(2a\sqrt{l-x})}{I_1(2a\sqrt{l})}$$

である．

前と同様に，$a = 0$ において

$$\tau(x) = \frac{T}{l} \quad \text{および} \quad N(x) = T\frac{l-x}{l}$$

が得られる．

エプロンによって受けもたれる力は，エプロンの長さに沿って鉄筋の断面積が一定の場合に述べたと同じようにして，

$$u_{x=0} = -\frac{H-T}{k_h l_1} = -\frac{Ta}{k_h\sqrt{l}} \frac{I_0(2a\sqrt{l})}{I_1(2a\sqrt{l})}$$

から求められる．

この方程式をTについて解いて，次の式が得られる．

$$T = \frac{H}{1 + \dfrac{al_1}{\sqrt{l}} \dfrac{I_0(2a\sqrt{l})}{I_1(2a\sqrt{l})}}$$

この場合もこの式は l_1 および a の極限値で上述の (6.48) になる．

6. 水理構造物のアンカーエプロンにおける地盤反力および内力　　389

台形状に配筋されている場合　　断面 $x=0$ において鉄筋の断面積が A_0+A_1 に等しく，断面 $x=l$ において A_1 に等しいとすると，次の関係がある.

$$A=A_1+A_0-A_0\frac{x}{l}$$

このとき方程式（6.39）は次の形になる.

$$\frac{d^2u}{dx^2}-\frac{1}{l\dfrac{A_0+A_1}{A}-x}\frac{du}{dx}-\frac{k_h l}{A_0 E}\frac{1}{l\dfrac{A_0+A_1}{A_0}-x}u=0$$

いま

$$a^2=\frac{k_h l}{A_0 E},\quad b^2=l\frac{A_1+A_0}{A_0}$$

とおき変数変換

$$t=2a\sqrt{b^2-x}$$

を行なうと次の方程式を得る.

$$\frac{d^2u}{dt^2}+\frac{1}{t}\frac{du}{dt}-u=0$$

これから前と同じように，次の形の一般解を得ることができる.

$$u=C_1 I_0(t)+C_2 K_0(t)$$

あるいは

$$u=C_1 I_0(2a\sqrt{b^2-x})+C_2 K_0(2a\sqrt{b^2-x})$$

微分して次の関係を得る.

$$\frac{du}{dx}=-C_1\frac{a}{\sqrt{b^2-x}}I_1(2a\sqrt{b^2-x})+C_2\frac{a}{\sqrt{b^2-x}}K_1(2a\sqrt{b^2-x})$$

前と同様にして，（6.40）の境界条件から，$C_1=BT$, $C_2=DT$ を得る. ここに

$$B=\frac{a}{k_h b\left[-I_1(2ab)+\dfrac{I_1(2a\sqrt{b^2-l})}{K_1(2a\sqrt{b^2-l})}K_1(2ab)\right]}$$

$$D=B\frac{I_1(2a\sqrt{b^2-l})}{K_1(2a\sqrt{b^2-l})}$$

エプロンによって受けもたれる力は，次の条件

$$u_{x=0} = -\frac{H-T}{k_h l_1} = T[BI_0(2ab) + DK_0(2ab)]$$

から

$$T = \frac{H}{1 - k_h l[BI_0(2ab) + DK_0(2ab)]}$$

である.

異なる配筋方法がアンカーの受けもつ力,エプロンの底面に沿う摩擦力の分布および鉄筋の引張り力におよぼす影響を比較するために,以下に等分布の配筋と三角形状の配筋の場合についてリャボシルィク(В. Ф. Рябошлык)が行なった計算結果[152]を示す.なお各ディメンションは次のとおりである.

$l_1 = 90$ m, $l = 27$ m, $E = 2 \times 10^6$ kg/cm^2, $k_h = 0.5$ kg/cm^3
$H = 407$ ton/m, $A = A_0 = 30$ cm^2/m

最初の例で,エプロンによって受けもたれるすべての力は $T = 44.47$ ton であり,第2の例で $T = 40.62$ ton であるが,一方,(6.36)によればこの値は $T = 93.92$ ton である.このことから,エプロンの伸長性の算定がきわめて大きな意味を有していることがわかる.しかし,エプロンと構造物本体との結合部における鉄筋の断面積が同じで伸長性を考慮した場合,エプロンの長さに沿う配筋法の相違は,エプロンが受けもつ力の値に本質的な影響を与えない.

図283,284に2つの配筋の場合に対するエプロンの底面に沿う摩擦力図とエプロンの長さに沿う引張り力を示す.この結果によれば,エプロンの長

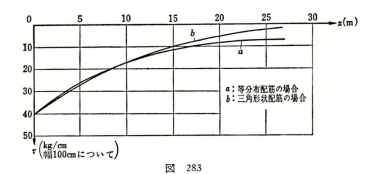

図　283

6. 水理構造物のアンカーエプロンにおける地盤反力および内力

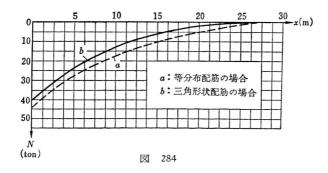

図 284

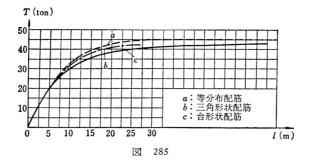

図 285

さによる配筋の差は，摩擦力図にも引張り力図にも本質的な影響を与えない．

図 285 にエプロンによって受けもたれる力とエプロンの長さの関係を示す．この図によれば，エプロンの長さが増大するとそれが引き受ける力をある長さの範囲までは増大させるが，その範囲を越えるとそれ以上エプロンの長さを増大させても，構造物を使用している条件においてエプロンが受けもつ力を増大させるという点からは有効でない．

得られた結果からわかるように，使用条件におけるエプロンの応力状態を研究するためには，もっとも簡単な等分布の配筋か三角形状の配筋に対する解によって計算を行なうべきであって，エプロンの長さに沿ってもっと複雑な配筋法に対する計算を行なうべきではない．

6・2 エプロンの一部に極限応力状態が存在する場合

上に述べたアンカーエプロンの計算法は，その全長にわたって極限つり合いの状態が発生している区間がない場合，すなわち $\tau(x) < \tau_{cr}$ の場合にのみ用いられる．エプロンの伸長性を考慮すると摩擦力は，エプロンと構造物本体との結合部において最大値に達するので，上の条件は $\tau(0) < \tau_{cr}$ の条件になる．

これから，エプロンの長さに沿って等分布に配筋された場合のこの条件は，(6.45), (6.47) の関係において $x=0$ とし，次の形で表わされる．

$$\frac{\alpha \cosh \alpha l}{\sinh \alpha l} \cdot \frac{H}{1+\alpha l_1 \coth \alpha l} = \frac{\alpha H}{\alpha l_1 + \tanh \alpha l} < \tau_{cr} \qquad (6.54)$$

配筋が三角形状の場合，この条件は次の形になる．

$$\frac{aH}{a l_1 + \sqrt{l}\ \dfrac{I_1(2a\sqrt{l})}{I_0(2a\sqrt{l})}} < \tau_{cr} \qquad (6.55)$$

配筋の方法に応じて計算を行なって (6.54)，あるいは (6.55) の条件が満たされない場合，エプロンの全長のある部分に極限つり合いの状態が起こっている．

エプロンに対する鉛直荷重がその長さに沿って等分布であるとし，図286 のように考えている構造物を3つの部分に分ける．

1) **構造物本体** この部分で変形を無視できるので摩擦力の分布は等分布である．さらに摩擦力の強さは，極限値より小さいと仮定する．すなわち $\tau_1 < \tau_{1cr}$ である．

2) **極限つり合いの状態に達しているエプロンの部分** 極限状態にな

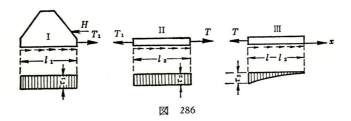

図 286

っているので，ここでの摩擦力の分布も等分布であり，その強さは極限値 $\tau_2{}^{cr}$ に等しい．すなわち $\tau_2=\tau_2{}^{cr}$ である．

3) 極限つり合いの状態に達していないエプロンの部分．

第 I 部分および第 II 部分のつり合い条件から，次の関係を得る．

$$H=T_1+l_1\tau_1 \tag{6.56}$$

$$T_1=T+l_2\tau_2 \tag{6.57}$$

第 II および第 III 部分を分けている境界において，明らかに $\tau_3=\tau_2{}^{cr}$ が成立し，これから（6.45）あるいは（6.53）の関係を考慮して次式を得る．

$$\tau_3=\tau_2=\Phi T \tag{6.58}$$

ここに，（座標原点を第 II および第 III 部分の結合点におくとして），等分布配筋の場合

$$\Phi=\alpha \coth \alpha(l-l_2)$$

$$\alpha^2=\frac{k_h}{EA} \tag{6.59}$$

であり，また三角形状配筋の場合

$$\Phi=\frac{a}{\sqrt{l-l_2}}\frac{I_0(2a\sqrt{l-l_2})}{I_1(2a\sqrt{l-l_2})}=\alpha\frac{I_0[2a(l-l_2)]}{I_1[2a(l-l_2)]} \tag{6.60}$$

$$\alpha^2=\frac{k_h}{EA_0} \quad \text{および} \quad a^2=\frac{k_h(l-l_2)}{EA_0}=\alpha^2(l-l_2)$$

である．

さらに，極限状態に達していない第 I および第 III 部分に対して のみ，$\tau=-k_hu$ の関係を利用することができることを考え，第 I と第 II 部分の結合点の変位から第 II と第 III 部分の結合点の変位を引いた差は，第 II 部分の伸びに等しいという条件から，次の関係を得る．

$$\frac{1}{k_h}\frac{H-T}{l_1}-\frac{\tau_2}{k_h}=\int_0^{l_2}\frac{T_1-\tau_2x}{EA(x)}dx \tag{6.61}$$

（6.56），（6.57），（6.58），（6.61）からなる連立方程式を解いて，未知数 τ_1，T_1，T，l_2 の値を決定することができる．実際に未知数 τ_1，T_1，T を消去して，未知数 l_2 を決定するための次の形の 1 つの方程式を得る．

394 第VI章 剛性構造物底面における応力

$$\frac{1}{\Phi} = \frac{\dfrac{H}{\tau_2} - l_1 - l_2 - \dfrac{k_h}{E} l_1 l_2 \displaystyle\int_0^{l_2} \frac{dx}{A(x)} + \frac{k_h}{E} l_1 \int_0^{l_2} \frac{x}{A(x)} dx}{1 + \dfrac{k_h}{E} l_1 \displaystyle\int_0^{l_2} \frac{dx}{A(x)}}$$

等分布の配筋，すなわち $A = A_0 = \mathrm{const}$ の場合次式になる.

$$\frac{1}{\Phi} = \frac{1}{2}\left[\frac{\dfrac{2H}{\tau_2} - (2l_1 + l_2)}{1 + \alpha^2 l_1 l_2} - l_2\right] \tag{6.62}$$

また三角形状の配筋，すなわち

$$A(x) = A_0 \frac{l - x}{l}$$

の場合は次のとおりである.

$$\frac{1}{\Phi} = \frac{\dfrac{H}{\tau_2} - l - l_1 - \alpha^2 l l_1 l_2}{1 - \alpha_1 l l_1 \log \dfrac{l - l_2}{l}} + l - l_2 \tag{6.63}$$

これらの方程式において，未知数 l_2 を等分布配筋の場合エプロンの長さと l_2 が，

$$y = \alpha(l - l_2) \tag{6.64}$$

の関係で結ばれている y でおきかえ，三角形状の配筋の場合，

$$y = 2\alpha(l - l_2) \tag{6.65}$$

の関係の y でおきかえると，(6.59) の関係を考慮して，方程式 (6.62) は次の形になる.

$$\tanh y = \frac{\alpha}{2}\left[\frac{\dfrac{2H}{\tau_2} - 2l_1 - l + \dfrac{y}{\alpha}}{1 + \alpha^2 l_1 \left(l - \dfrac{y}{\alpha}\right)} - l + \frac{y}{\alpha}\right] = \frac{\alpha}{2} S(y) \tag{6.66}$$

また (6.60) の関係を考え，方程式 (6.63) は次の形になる.

$$\frac{I_1(y)}{I_0(y)} = \alpha\left[\frac{\dfrac{H}{\tau_2} - l - l_1 - \alpha^2 l l_1\left(l - \dfrac{y}{2\alpha}\right)}{1 - \alpha^2 l l_1 \log \dfrac{y}{2\alpha l}} + \frac{y}{2\alpha}\right] = \alpha S^*(y) \tag{6.67}$$

方程式 (6.66) あるいは (6.67) を満足する y の値を解析的に決定する

ことはきわめて困難である．したがって，これらの値を決定するにはグラフによる方法を用い，種々の y の値に対して，

第 1 の場合　　$z = \tanh y$ と $z = \dfrac{\alpha}{2} S(y)$

第 2 の場合　　$z = \dfrac{I_1(y)}{I_0(y)}$ と $z = \alpha S^*(y)$

の曲線を描き，その交点の y の値を求める．

　方程式（6.66）あるいは（6.67）を満足する y の値を決定すると，l_2 の値は次式から決定される．

$$l_2 = l - \frac{y}{\alpha}$$

あるいは

$$l_2 = l - \frac{y}{2\alpha}$$

これによって極限つり合いの状態にある区間の長さが決定された．

　この値から T は，方程式（6.58）

$$T = \frac{\tau_2}{\phi}$$

によって決定される．T_1 と τ_1 の値は方程式（6.57），（6.56）を利用して決定される．

$$\tau_1 = \frac{H - T_1}{l_1}$$

　このように混合問題を検討するさい，構造物の本体は極限つり合いの状態にないと仮定した．しかし，構造物本体の範囲において鉛直荷重は通常著しく大きいので，極限状態が普通生じている．

　もしこのような事情になると，すなわち $\tau_1 = \tau_1{}^{cr}$ であると，（6.56）の方程式のかわりに次式が得られる．

$$T_1 = H_1 - \tau_1{}^{cr} l_1$$

　また T と l_2 の値を決定するために，2 つの方程式（6.57），（6.58）からなる連立方程式が残るだけであり，これから T を消去して次の関係を得る．

$$\frac{1}{\phi} = \frac{T_1}{\tau_2} - l_2$$

396   第VI章　剛性構造物底面における応力

未知数 l_2 を (6.64) あるいは (6.65) の関係によっておきかえ，(6.59)，(6.60) の関係を考慮すると次式を得る．

$$\tanh y = \alpha \left(\frac{T_1}{\tau_2} - l + \frac{y}{\alpha} \right) \qquad (6.68)$$

あるいは

$$\frac{I_1(y)}{I_0(y)} = \alpha \left(\frac{T_1}{\tau_2} - l + \frac{y}{2\alpha} \right) \qquad (6.69)$$

(6.68) あるいは (6.69) の関係から，上と同じグラフによる解法で y の値を決定すると，l_2 の値が見出される．それから T の値は，方程式 (6.58) によって求められる．

これでエプロンの一部が極限つり合いの状態にある場合の検討を全部終る．

計算を行なうために必要不可欠な基礎地盤の特性 k_h は，構造物を施工する前の水平すべりの観察結果や，十分大きい特殊なモデルによって決定される．さらに，リャボシルィクの仮定[152]によれば，k_h の値は近似的に文献の中にある地盤係数の値 k，弾性せん断係数 G の値，弾性係数 E の値[153]から，これらの係数が比例するという条件のもとで次式により決定できる．

$$k_h = k \frac{G}{E}$$

ある場合には，アンカーエプロンの計算のさいの基礎地盤の計算モデルとして，線形弾性体を利用するとつごうのよいことが知られている．このとき，アンカーエプロンを線形弾性地盤の表面に乗り，その一方の端に水平力を受けている完全にたわみ性の帯で表わすことができる．基礎地盤の計算モデルとして線形弾性体を用い，アンカーエプロンを表わす帯の伸長性が一定とした場合と，変化するとした場合についての解を著者は求めている[46]．アンカ

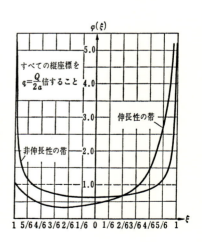

図　287

6. 水理構造物のアンカーエプロンにおける地盤反力および内力   *397*

ーエプロンの底面に沿うせん断応力の分布の 特徴を 図 287 に示す． 比較の
ためにこの図に，伸長性のない帯の場合に対応する図も示す．後者の場合に
対して，

$$\tau(\xi) = \varphi(\xi) = \frac{2}{\pi} q \frac{1}{\sqrt{1-\xi^2}}$$

であることが証明できる[46]．

　しかし，上に導いた地盤係数法に似た方法で得た解は，境界条件の影響に
よってエプロンの端で応力が増大し，これが実際には必ずしも確からしくは
ないので，多くの場合現実に対する近似にすぎない．

文　　献

1. Саваренский Ф. П., Инженерная геология, ГОНТИ, 1939.
   サバレンスキー，エフ．ペー．，土木地質学，国立科学技術連合出版所，1939.
2. Инженерно-геологические исследования для гидроэнергетического строительства, Изд. МЭС, 1950.
   水力発電所建設のための土木地質学，ソ連電力省出版所，1950.
3. Саваренский Ф. П., Гидрогеология, ГОНТИ, 1939.
   サバレンスキー，エフ．ペー．，水理地質学，国立科学技術連合出版所，1939.
4. Попов И. В., Инженерная геолоия, Гос. изд. геол. лит., 1951.
   ポポフ，イ．ペー．，土木地質学，国立地質文献出版所，1951.
5. Герсеванов Н. М. и Польшин Д. Е., Теоретические основы механики грунтов, Стройиздат, 1948.
   ゲルセバノフ，エヌ．エム．，ポリシン，デー．イェー．，土質力学の理論的基礎，国立建設文献出版所，1948.
6. Флорин В. А., Вопросы развития механики грунтов. Совещание о путях развития механики грунтов, Изд. Ленинградского отделения ВНИТО Строителей, 1950.
   フローリン，ペー，アー．，土質力学発展の諸問題．土質力学を発展させる方法に関する会議，全ソ建設技術研究協会レニングラード支部出版所，1950.
7. Цытович Н. А., Механика грунтов, Стройиз ат, 1951.
   ツィトービッチ，エヌ．アー．，土質力学，国立建設文献出版所，1951.
8. Охотин В. В., Грунтоведение, Издание Военно-транспортной академии, 1940.
   オホーチン，ベー，ベー．，土質学，軍事輸送アカデミー出版，1940.
9. Цытович Н. А., Механика грунтов и ее место среди естественно-исторических и инженерных наук, Совещание о путях развития механики грунтов, Изд. Ленинградского отделения ВНИТО Строителей, 1950.
   ツィトービッチ，エヌ．アー．，土質力学およびそれが自然・歴史科学および工学の中でしめる位置，土質力学を発展させる方法に関する会議，全ソ建設技術研究協会レニングラード支部出版所，1950.
10. Лебедев А. Ф., Почвенные и грунтовые воды, Сельхозгиз, 1936

レベジェフ，アー，エフ．，土壌水および地下水，農業出版所，1936.

11. Сергеев Е. М., Общее грунтоведение, изд. МГУ, 1952.

セルゲーフ，イェー．エム．，一般土質学，モスクワ大学出版部，1952.

12. Бабков В. Ф., Быковский Н. И., Гербурт-Гейбович А. В. и Тулаев А. Я., Грунтоведеиие и механика грунтов, Дориздат, 1936.

バウコフ，ベー．エフ．，ブィコフスキー，エヌ．イ．，ゲルブルトーゲイボビッチ，アー．ベー．，トゥラーエフ，アー．ヤー．，土質学および土質力学，道路技術文献出版所，1936.

13. Денисов Н. Я. и Ребиндер П. А., О коллоидно-химической природе связности глинистых пород, ДАН СССР, т. 54, No. 6, 1946.

デニソフ，エヌ．ヤー．，レビンジェル，ベー．アー．，粘土質岩の粘着性のコロイド化学的性質について，ソ連科学アカデミー報告，vol. 54, No. 6, 1946.

14. Денисов Н. Я., О природе деформаций глинистых пород, Издат, Министерства Речного Флота СССР, 1951.

デニソフ，エヌ．ヤー．，粘土質岩の変形性について，ソ連河川運輸省出版所，1951.

15. Иванов Н. Н., Пономарев П. Н., Строительные свойства грунтов, Дориздат, 1932.

イワノフ，エヌ．エヌ．，ポノマリョフ，ベー．エヌ．，土の工学的性質，道路技術文献出版所，1932.

16. Приклонский В. А., Грунтоведение, Госгеолтехиздат, 1949, 1955.

プリクロンスキー，ベー．アー．，土質学，国立地質学・測地学・資源保護科学技術文献出版所，1949, 1955.

17. Terzaghi K., Erdbaumechanik, 1925 ; К. Терцаги, Строительная механика грунта, Госстройиздат, 1933 (ロシア語訳).

18. Польшин Д. Е., О средних значениях удельного веса частиц основных видов грунтов, Сборник «Основания и фундаменты», No. 11, Стройвоенмориздат, 1948.

ポリシン，デー．イェー．，土の基本的な種類の土粒子比重の平均値について，《地盤と基礎》論文集，No. 11, 海軍工兵出版所，1948.

19. Гольдштейн М. Н., Механические свойства грунтов, Издательство литературы по строительству и архитектуре, 1952.

ゴールドシュタイン，エム．エヌ．，土の力学的性質，建設・建築文献出版所，1952.

20. Дерягин Б. В., Что такое трение? Издательство АН СССР, 1952.
ジェリャーギン，ベー．ベー．，摩擦とはなにか？ ソ連科学アカデミー出版所，1952.

21. Маслов Н. Н., Прикладная механика грунтов, Машстройиздат, 1949.
マスロウ，エヌ．エヌ．，応用土質力学，機械製作出版所，1949.

22. Ничипорович А. А., Сопротивление связных грунтов сдвигу при расчете гидротехнических сооружений на устойчивость, Стройиздат, 1948.
ニチポロビッチ，アー．アー．，水理構造物の安定計算のさいの粘着性土のせん断抵抗，国立建設文献出版所，1948.

23. Darcy H., Les fontaines publiques de la ville de Dijon, 1856.

24. Чертоусов М. Д., Гидравлика, Специальный курс, Госэнергоиздат, 1957.
チェルトウソフ，エム．デー．，水力学，特別教程，国立エネルギー科学技術出版所，1957.

25. Веселовский В. М., Осадки сооружений во времени, Стройиздат, 1940.
ベセロフスキー，ベー．エム．，時間の経過による構造物の沈下，国立建設文献出版所，1940.

26. Павловский Н. Н., Теория движения грунтовых вод под гидротехническими сооружениями, Изд. Научно-мелиорационного института, 1922, Собрание сочинений т. Ⅱ, Изд. Академии наук, 1956.
パブロフスキー，エヌ．エヌ．，水理構造物下における地下水の運動理論，自然改造研究所出版局，1922，選集，vol. 2，科学アカデミー出版所，1956 に収録.

27. Роза С. А., Осадки гидротехнических сооружений на глинах с малой влажностью, «Гидротехническое строительство», No. 9, 1950.
ローザ，エス．アー．，低含水比粘土上の水理構造物の沈下，《水力建設》，No. 9，1950.

28. Ломизе Г. М., Основные закономерности электроосмотической фильтраций и электроуплотнение глинистых грунтов, Труды совещания по инженерно-геологическим свойствам горных пород, т. 1, Изд. АН СССР, 1956.
ロミーゼ，ゲー．エム．，電気浸透の基本法則と粘性土の電気締め固め，岩石の土木地質的性質に関する会議論文集，vol. 1，ソ連科学アカデミー出版所，1956.

文　献　*401*

29. Casagrande L., Electro-osmosis, Proc. 2 nd Int. Conf. SMFE, vol. 1, 1948, その他この会議の多くの論文.

30. Рельтов Б. Ф. и Новиков А. В., О применении электроосмоса в качестве средства борьбы с прилипанием вязких грунтов к рабочим поверхностям строймеханизмов, Известия ВНИИГ, т. 28, 1940.

レリトフ，ベー．エフ．，ノビコフ，アー．ベー．，建設機械に対する粘着性のある土の付着防止法としての電気浸透の応用，全ソ水理工学技術研究所報告，vol. 28, 1940.

31. Флорин В. А., Протокол совещания по вибропогружению щпунтов на Куйбышевгидрострое, 1952.

フローリン，ベー．アー．，クイブィシェフ水力建設における矢板の振動打込みに関する会議議事録，1952.

32. Гольдштейн М. Н., Новый метод укрепления лёссовидных грунтов, Проект и стандарт, No. 12, 1937.

ゴールドシュタイン，エム．エヌ．，レス質土の新しい土質安定法，設計と規格，No. 12, 1937.

33. Герсеванов Н. М., Основы динамики грунтовой массы, Стройиздат, 1934. и 1937.

ゲルセバノフ，エヌ．エム．，土塊の動力学の基礎，国立建設文献所出版所，1934, 1937.

34. Флорин В. А., К расчету сооружений на слабых грунтах, Сборник No. 2, Гидроэнергопроекта, 1937.

フローリン，ベー．アー．，弱い土の上の構造物の計算について，水力発電所設計局論文集，No. 2, 1937.

35. Rendulic, Ein Grundgesetz der Tonmechanik und sein experimenteller Beweis, Bautechnik, 1937, No. 31-32.

36. Bernatzik W., Baugrund und Physik, 1947.

37. Coulomb C., Application des règles de maximis et minimis à quelques problémes de statique relatifs a l'architecture. Memoires de savants étrangers de l'Academie des sciences de Paris, 1773.

38. Папкович П. Ф., Теория упругости, Оборонгиз, 1939.

パプコビッチ，ペー．エフ．，弾性論，国立国防科学技術文献出版所，1939.

39. Герсеванов Н. М., Опыт применения теории упругости к определению допускаемых нагрузок на грунт на основе экспериментальных работ,

402 文　献

Труды Московского института инженеров транспорта, вып. XV, 1930.
ゲルセバノフ，エヌ．エム．，実験にもとづく土の許容荷重の決定に対する弾性
論の適用の試み，モスクワ運輸技術研究所紀要，XV集，1930.

40. Березанцев В. Г., Осесимметричная задача теории предельного равновесия сыпучей среды, Гостехиздат, 1952.
ベレザンツェフ，ベー．ゲー．，粒状体の極限つり合い理論の軸対称問題，国立
技術・理論文献出版所，1952.

41. Боткин А. И., Исследование напряженного состояния в сыпучих и связных грунтах, Известия ВНИИГ, No. 24, 1939.
ボトキン，アー．イ．，非粘着性土および粘着性土の応力状態の研究，全ソ水理
工学技術研究所報告，No. 24, 1939.

42. Флорин В. А., Одномерная задача уплотнения сжимаемой пористой ползучей земляной среды, Известия АН СССР, ОТН, No. 6, 1953.
フローリン，ベー．アー．，圧縮性の開げきの多いクリープ性地盤の1次元圧密
問題，ソ連科学アカデミー通報，技術部門，No. 6, 1953.

43. Флорин В. А., Одномерная задача уплотнения земляной среды с учетом старения, нелинейной ползучести и разрушения структуры, Известия АН СССР, ОТН, No. 9, 1953.
フローリン，ベー．アー．，時間効果，非線形クリープ，構造破壊を考慮した地
盤の1次元圧密問題，ソ連科学アカデミー通報，技術部門，No. 9, 1953.

44. Месчян С. Р., К вопросу ползучести связных грунтов, Известия АН Армянской ССР, т. 7. No. 6, 1954.
メスチャン，エス．エル．，粘着性土のクリープの問題について，ソ連科学アカ
デミー通報，vol. 7, No. 6, 1954.

45. Арутюнян Н. Х., Некоторые вопросы теории ползучести, Гостехтеориздат, 1952.
アルチューニャン，エヌ．ハー．，クリープ理論のいくつかの問題，国立技術・
理論文献出版所，1952.

46. Флорин В. А., Расчеты оснований гидротехнических сооружений, Стройиздат, 1948.
フローリン，ベー．アー．，水理構造物の基礎地盤の計算，国立建設文献出版所，
1948.

47. Kögler F. und Scheidig A., Baugrund und Bauwerk, Berlin, 1939—1940,
その他雑誌 "Bauteknik", "Bauingenieur", 1926—1934 中の多くの論文.

文　　献　*403*

48. Strohschneider, Elastische Druckverteilung, Sitzungsberichte der Kais. Acad. der Wiss. in Wien, vol. 71, 1912.

49. Покровский Г. И., Центробежное моделирование, ОНТИ, 1935.

ポクロフスキー，ゲー．イ．，遠心モデル化，科学技術連合出版所，1935.

50. Головин А.Я., Равновесие тяжелой упругой полуплоскости с непрямо-линейнои границей, Информационный бюллетень Ленинградското политехнического института, No. 8, 1957.

ゴロビン，アー．ヤー．，直線でない境界を有する重量のある弾性半平面のつり合い，レニングヲード工業専門学校研究報告，No. 8, 1957.

51. Горбунов-Посадов М. И., Шехтер О. Я. и Кофман В. А., Давление грунта на жесткий заглубленный фундамент и свободные деформации котлована, Труды НИИ оснований и фундаментов, Сборник No. 24, 1954.

ゴルブノフ-パサドフ，エム．イ．，シェフテル，オー．ヤー．，コフマン，ベー．アー．，剛性基礎の根入れに対する土圧と掘込みの自由変形，地盤および基礎技術研究所紀要，No. 24, 1954.

52. Резолюция и сборник докладов совешания по противодавлению на гидротехнические сооружения, Ленинградское правление НТО Строи-тельной промышленности, 1958.

水理構造物に対する浮力に関する会議の結論および 報告集，全ソ建設工業科学技術協会レニングラード支部，1958.

53. Flamant, Comptes rendus, t. 114, Paris, 1892.

54. Тимошенко С. П., Теория упругости, ОНТИ, 1934 (ロシア語訳).

Timoshenko, S. P., Theory of Elasticity, McGraw-Hill, 1934.

55. Флорин В. А., К расчету сооружений на слабых грунтах, сборник No. 1, Гидроэнергопроекта, вып. I, 1936.

フローリン，ベー．アー．，弱い土の上の構造物の計算について，第 I 集，水力発電所設計局論文集，No. 1, 1936.

56. Колосов Г. В., Применение комплексных диаграмм и теории функций комплексной переменной к теории упругости, ОНТИ, 1935.

コロソフ，ゲー．ベー．，弾性論に対する複素平面および複素変数関数論の応用，科学技術連合出版所，1935.

57. Горбунов-Посадов М. И., Пластические деформации в грунте под жестким фундаментом, НИИ оснований и фундаментов, Сборник

404 文　献

трудов No. 13, Машстройиздат, 1949.

ゴルブノフ－パサドフ，エム．イ．，剛性構造物下の土の中の塑性変形，地盤および基礎技術研究所紀要，No. 13，機械製作出版所，1949.

58. Huang Wen-Hsi, Chang Wen Chin, Yi Choong-Cheng, Settlement Analisis of Soil Foundations of Hydraulic Structures, Peking, 1957.

59. Michell I. H., Proc. London Math. Soc., vol. 34, 1902.

60. Польшин Д. Е., Определение напряжений в грунте при загрузке части его поверхности, Труды ВИОС, Основания и фундаменты, Сборник No. 1, 1933.

ポリシン，デー．イェー．，土の表面に載荷した場合の土中の応力の決定，全ソ土木構造物基礎研究所紀要，《地盤と基礎》論文集，No. 1, 1933.

61. Флорин В. А., Применение метода ЭГДА к определению напряженного состояния в основании сооружения, Сборник Гидроэнергопроекта No. 7, Госэнергоиздат, 1941.

フローリン，ベー．アー．，構造物基礎地盤中の応力状態の決定に対する電気・流体力学相似法，水力発電所設計局論文集，No. 1、国立エネルギー科学技術出版所，1941.

62. Кошляков Н. С., Основные дифференциальные уравнения математической физики, ОНТИ, 1936.

コシリャーコフ，エス．エス．，数理物理学の基本的微分方程式，科学技術連合出版所，1936.

63. Головин А. Я., Некоторые задачи о равновесии упругой плоскости и упругой полуплоскости, Труды Ленинградского политехнического института, No. 196, 1958.

ゴロビン，アー．ヤー．，弾性平面および弾性半平面のつり合いに関するいくつかの問題，レニングラード工業専門学校紀要，No. 196, 1958.

64. Boussinesq I., Application des potentiels a l'etude de l'èquilibre et du mouvement des solides élastiques, Paris, 1885.

65. Жемочкин Б. Н., Теория упругости, Стройвоенмориздат. 1948.

ジェモーチキン，ベー．エヌ．，弾性論，海軍工兵出版所，1948.

66. Филоненко-Бородич М. М., Теория упругости, Гостехиздат, 1947.

Filonenko-Borodich, M. M., Theory of Elasticity, Dover Pub., 1965 （英訳）.

Filonenko-Borodich, M. M., Elastizitätstheorie, VEB Fachbuchverlag

文　献　　*405*

Leipzig, 1967 (独訳).

67. Глушков Г. И., Определение горизонтальных напряжений в грунте, Гидротехническое строительство, No. 3, 1954.

グルシコフ, ゲー. イ., 土中の水平応力の決定, ≪水力建設≫, No. 3, 1954.

68. Ляв А., Математическая теория упругости, ОНТИ, 1935 (ロシア語訳).

Love, A. E. H., The mathematical Theory of Elasticity, Cambridge (Dover Pub.), 1927.

69. Короткин В. Г., Объемная задача для упруго-изотропного полупространства, Съорник Гидроэнергопроекта No. 4, 1938.

コロトキン, ベー. ゲー., 等方弾性半空間に対する3次元問題, 水力発電所設計局論文集, No. 4, 1938.

70. Гольдштейн М. Н., Механика грунтов, Справочник «Инженерные сооружения», Машстройиздат, 1950.

ゴールドシュタイン, エム. エヌ., 土質力学, ≪工業構造物≫ 便覧, 機械製作出版所, 1950.

71. Steinbrenner, Bodenmechanik und neuzeitlicher Strassenbau symposium by 24 authors, Berlin, 1936.

72. Егоров К. Е., Методы расчета конечных осадок фундаментов, Сборник трудов No. 13, НИИ Оснований и фундаментов, 1949.

エゴロフ, カー. イェー., 基礎の最終沈下の決定, 地盤および基礎技術研究所紀要, No. 13集, 1949.

73. Newmark N. M., Influence Charts for the Computation of Stresses in Elastic Foundations, Univ. Illinois Eng. St. Bull. Ser, 338, 1942.

74. Tschebotarioff G. P., Soil Mechanics, Foundations and Earth Structures, 1952.

75. Melan E., Der Spannungzustand der durch eine Einzelkraft im Innern beanspruchten Halbscheibe, Zeitschrift für augewandte Mathematik und Mechanik, B. 12, H. 6, 1932.

76. Mindlin R., Physics, N 5, 1936. Mindlin R. and Cheng D. Journal of Applied Physics, 21. N 9, 1950.

77. Biot M., Effect de certaines discontinuitès du sous-sol sur la rèpartition des pressions dues a une charge, Travaux, No. 41, 1936.

78. Melan E., Die Druckverteilung durch eine elastische Schicht, Beton u.

Eisen H. 7/8, 1919.

79. Filon, L. N. G., Phil. Trans. Roy, Sos. London, 1904.

80. Marguerre, Druckverteilung durch eine elastische Schichte auf starrer rauher Unterlage, Ingenieur—Archiv. B. 11, 1931.

81. Егоров К. Е., Распределение напряжений и перемещений в двуслойном основании ленточного фундамента. Труды НИС Треста глубинных работ, сборник No. 10, 1939.

エゴロフ,カー.イェー.，帯状基礎の下の2層地盤における応力と変位の分布，深部作業トラスト技術研究局，論文集 No. 10, 1939.

82. Marguerre K., Spannungsverteilung und Wellenausbreitung in der Kontinuierlich gestützten Platte. Ingenieur Archiv, H. 4, vol. 4. 1933.

83. Шапиро Г. С., О распределении напряжений в неограниченном слое, Прикладная математика и механика, т. 8, 1944.

シャピロ，ゲー，エス.，無限に広がる地層中の応力分布，応用数学および力学，vol. 8, 1944.

84. Горбунов-Посадов М. И., Осадки фундаментов на слое грунта, подстилаемом скальным основанием, Стройиздат, 1946.

ゴルブノフーパサドフ，エム．イ．，岩石質基盤上の土層におかれる基礎の沈下，国立建設文献出版所，1946.

85. Егоров К. Е., Распределение напряжений з основании жесткого ленточного фундамента. Распределение напряжений и перемещений в основании круглого жесткого фундамента, Сборник трудов лаборатории оснований и фундаментов НИС Фундаментстроя No. 9, 1938.

エゴロフ，カー．イェー.，剛性帯状基礎の地盤内における応力分布．剛性円形基礎の地盤内における応力と変位の分布，基礎建設技術研究所地盤・基礎実験所紀要，No. 9, 1938.

86. Раппопорт Р. М., Задача Буссинеска для слоистого упругого полупространства, Труды Ленинградского политехнического института No. 5, 1948.

ラッポポルト，エル．エム．，層状弾性半空間に対するブーシネスクの問題，レニングラード工業専門学校紀要，No, 5. 1948.

87. Лехницкий С. Г., Некоторые случаи плоской задачи теории упругости анизотропного тела, Сборник «Экспериментальные методы определения напряжений и деформаций в упругих и пластическик зонах»,

ОНТИ, 1935.

レフニッツキー，エス．ゲー．，非等方体弾性論の 2 次元問題のいくつかの例，
《弾性領域および塑性領域における応力とヒズミの実験による決定法》論文集，
科学技術連合出版所，1935.

88. Степанов А. В., Причины особенностей разрушения упруго-анизотро-
    пных тел, Известия АН СССР, серия физическая, т. 14, No. 1, 1950.
    ステパーノフ，アー．ベー．，弾性非等方体の破壊特性の成因，ソ連科学アカデ
    ミー通報，物理学シリーズ，vol. 14, No. 1, 1950.

89. Савин Г. Н., Напряжения в анизотропном массиве при заданной
    нагрузке на поверхности (плоская задача), Вестник инженеров и
    техников, No. 3, 1940.
    サービン，ゲー．エヌ．，表面に荷重が加えられた場合の非等方体中の応力（平
    面問題），技術者および技手通報，No. 3, 1940.

90. Wolf K., Ausbreitung der Kraft in der Halbebene und im Halbraum
    bei anisotropen Material, Zeitschrift fur angwandte Mathematik und
    Mechanik, H. 5, B. 15, 1935.

91. Шейдиг А., Новейшие исследования грунтов, Гостехиздат, 1931.
    Scheidig, A., 土の最近の研究，国立技術・理論文献出版所．

92. Канал Москва-Волга, Геотехника, Стройиздат, 1940.
    モスクワ－ボルガ運河，土質工学，国立建設文献出版所，1940.

93. Красников Н. Д., Диссертация на соискание ученой степени канди-
    дата технических наук, Ленинградский политехнический институт,
    1956.
    クラスニコフ，エヌ．デー．，工学修士申請論文，レニングラード工業専門学校，
    1956.

94. Иванов Н. Н., К постановке технических испытаний грунта, Сборник
    ЦУМТ, Трансиздат, 1926.
    イワノフ，エヌ．エヌ．，土の実験の技術的装置について，地方運輸中央管理局
    論文集，運輸文献出版所，1926.

95. Fröhlich O. K., Druckverteilung im Baugrunde, Wien, 1934, Фрелих О.
    К., Распределение давления в грунте, Изд. Наркомхоза РСФСР, 1938
    (ロシア語訳).

96. Герсеванов Н. М., Общий метод теории упругости. Определение
    напряжений в грунте при заданной нагрузке на поверхности, Труды

ВИОС, Основания и фундаменты, сборник I-й, 1933.

ゲルセバノフ，エヌ．エム．，弾性論の一般的方法．表面に荷重が加えられたときの土中の応力分布，全ソ土木構造物基礎研究所紀要，≪地盤と基礎≫論文集，No. 1, 1933.

97. Флорин В. А., Теория уплотнения земляных масс, Стройиздат, 1948.
フローリン，ベー．アー．，土層の圧密理論，国立建設文献出版所，1948.

98. Миняев П. А., О распределении напряжений в сыпучих грунтах, Известия Томского технологического института, т. 34, 1914.
ミニャーエフ，ベー．アー．，粒状土中の応力分布について，トムスク工芸専門学校報告，vol. 34, 1914.

99. Пузыревский Н. П., Расчеты фундаментов, Издание Института путей сообщения, 1923, Теория напряженности землистых грунтов, сборник ЛИИПС, вып. XCIX, 1929.
プズイレフスキー，エヌ．ペー．，基礎の計算，交通研究所出版物，1923，土体の応力理論，レニングラード交通技術研究所論文集，No. XCIX , 1929.

100. Яропольский И. В., О применимости теории упругости к расчету естественных оснований, Сборник ЛИИПС, вып. XCIX, 1929.
ヤロポリスキー，イ．ベー．，自然の基礎地盤の計算に対する弾性論の適用性，レニングラード交通技術研究所論文集，No. XCIX, 1929.

101. Строительные нормы и правила, часть II, 1954.
建設基準および規則，第 II 部，1954.

102. Zimmermann H., Berechung des Eisenbahn Oberbanes. Berlin, 1888.

103. Winckler E., Die Lehre von Elastizität und Festigkeit, 1867.

104. Тимошенко С. П., Курс теории упругости, т. 2, 1916.
チモシェンコ，エス．ペー．，弾性論教程，第 2 巻，ペトログラード，1916.

105. Кейити Хаяси, Теория расчета балки на упругом основании, Гостехиздат, 1930 (ロシア語訳).
林桂一, Theorie des Trägers auf elastischer Unterlage und ihre Anwendung auf den Tiefbau nebst einer Tafel des Kreis-und Hyperbel Funktionen, J. Springer, Berlin, 1921.

106. P. L. Pasternak, "Die baustatische Theorie biegefester Balken und Platten auf elastischer Bettung". Beton und Eisen, H. 9, 10, 1926.

107. Пузыревский Н. П., Фундаменты, Госстройиздат, 1934.
プズイレフスキー，エヌ．ペー．，基礎，国立建設文献出版所，1934.

文　献　409

108. Крылов А. Н., О расчете балок, лежаших на упругом основании, издание АН СССР, 1930.

クルイロフ，アー．エヌ．，弾性板地盤上に乗るはりの計算について，ソ連科学アカデミー出版，1930.

109. Дутов Г. Д., О расчете балок на упругом основании, Кубуч, 1929.

ドゥートフ，ゲー．デー．，弾性地盤上のはりの計算について，学生生活向上委員会，1929

110. Проктор Г. Э., Об изгибе балок, лежащих на сплошном упругом основании без гипотезы Винклера-Циммермана, дипломная работа в Петроградском технологическом институте, 1922.

プロクトール，ゲー．エー．，連続弾性地盤上に乗るはりのたわみのウィンクラー－チンメルマンの仮定なしの計算，ペトログラード工芸専門学校卒業論文，1922.

111. Prager W. Zeitschrift für angewandte Mathematik und Mechanik, H. 1, B. 2, 1928.

112. Герсеванов Н. М. и Мачерет Я. А., К вопросу о бесконечно длинной балке на упругой почве, нагруженной силой, Гидротехническое строительство, No. 10, 1935, Сборник трудов, No. 8, НИС Фундаментстроя, 1937.

ゲルセバノフ，エヌ．エム．，マチェレェート，ヤー．アー．，弾性土壌上の載荷された無限長さのはりの問題について，水力建設，No. 10, 1935, 基礎建設技術研究所紀要，No. 8, 1937.

113. Горбунов-Посадов М. И., Расчет балки на упругом основании в условиях плоской задачи теории упругости, Сборник No. 8, трудов НИС Фундаментстроя, 1937.

ゴルブノフ－パサドフ．エム．イ．，弾性論の平面問題の条件における弾性地盤上のはりの計算，基礎建設技術研究所紀要，No. 8 集，1937.

114. Жемочкин Б. Н., Плоская задача расчета бесконечно длинной балки на упругом основании. Расчет балок на упругом полупространстве и полуплоскости, Военно-инженерная академия им. В. В. Куйбышева, 1937.

ジェモチキン，ベー．エヌ．，弾性地盤上の無限長さのはりの計算の 2 次元問題，弾性半空間および半平面上のはりの計算，クイブィシェフ名称軍事技術アカデミー，1937.

410 文 献

115. Клубин П. И., Расчет балочных плит на упругом основании, Сборник научноисследовательских работ No.13, 1950.

クルビン，ベー．イ．，弾性地盤上のスラブの計算，研究論文集，No. 13, 1950.

116. Borowicka H., Influence of Rigidity of a Circular Foundation Slab over the Contact Surface, Proc. 1st Int. Conf. SMFE vol. 2, 1936.

117. Жемочкин Б. Н., Расчет круглых плит на упругом основании, Военно-инженерная академия им. В. В. Куйбышева, 1938.

ジェモチキン，ベー．エヌ．，弾性地盤上の円形板の計算，クイブィシェフ名称軍事技術アカデミー，1938.

118. Горбунов-Посадов М. И., Балки и прямоугольные плиты, лежащие на основании, принимаемом за упругое полупространство, Доклады Академии наук СССР, т. XXIV, No. 5, 1939.

ゴルブノフ-パサドフ，エム．イ．，弾性半空間とみなしうる地盤上に乗るはりおよび長方形板，ソ連科学アカデミー報告，vol. XXIV, No. 5, 1939.

119. Горбунов-Посадов М. И., Расчет балок и плит на упругом полупространстве, Прикл. мат. и мех., т. IV, вып. 3, 1940.

ゴルブノフ-パサドフ，エム．イ．，弾性半空間上のはりとスラブの計算，応用数学および力学，vol. IV, No. 3, 1940.

120. Горбунов-Посадов М. И., Плиты на упругом основании, Госстройиздат, 1941.

ゴルブノフ-パサドフ，エム．イ．，弾性地盤上のスラブ，国立建設文献出版所，1941.

121. Горбунов-Посадов М. И., Балки и плиты на упругом основании, Машстройиздат, 1949.

ゴルブノフ-パサドフ，エム．イ．，弾性地盤上のはりとスラブ，機械製作出版所，1949.

122. Кузнецов В. И., Балка на сплошном упругом основании, Трансжелдориздат, 1938.

クズネッツォフ，ベー．イ．，連続弾性板上のはり，国立鉄道運輸出版所，1938

123. Горбунов-Посадов М. И., Расчет конструкций на упругом основании, Издат. литературы по строительству и архитектуре, 1953.

ゴルブノフ-パサドフ，エム．イ．，弾性地盤上の構造物の計算，建設・建築文献出版所，1953.

124. Жемочкин Б. Н. и Синицын А. П., Практические методы расчета

文　　献　　*411*

фундаментных балок и плит на упругом основании без гипотезы Винклера, Стройиздат, 1947.

ジェモチキン，ベー．エヌ．，シニツィン，アー．ベー．，弾性地盤上のはりとスラブ基礎のウィンクラーの仮定なしの実用計算法，国立建設文献出版所，1947.

125. Кузнецов В. И., Упругое основание, Стройиздат, 1952.

クズネッツォフ，ベー．イ．，弾性基礎地盤，国立建設文献出版所，1952.

126. Клубин П. И., Диссертация на соискание ученой степени доктора Техн. наук «Балки и плиты на упругом основании», Институт механики АН СССР, Москва, 1952.

クルビン，ペー．イ．，工学博士申請論文「弾性地盤上のはりとスラブ」，ソ連科学アカデミー力学研究所，モスクワ，1952.

127. Клубин П. И., Расчет балочных и круглых плит на упругом основании, Инженерный сборник ИМ АН СССР, т. XII, 1952.

クルビン，ペー．イ．，弾性地盤上のスラブおよび円形板の計算，ソ連科学アカデミー力学研究所技術論文集，vol. XII, 1952.

128. Ишкова А. Г., Тулайков А. Н., Некоторые задачи об изгибе пластин, лежащих на упругом полупространстве, Инженерный сборник ИМ АН СССР, т. 23, 1956.

イシコーワ，アー．ゲー．，トゥライコフ，アー．エヌ．，弾性半空間の上に乗る板のたわみに関するいくつかの問題，ソ連科学アカデミー力学研究所技術論文集，vol. 23. 1956.

129. Смирнов В. И., Курс высшей математики, Гостехтеориздат, 1952.

スミルノフ，ベー．イ．，高等数学教程，共立出版，東京，1958（和訳）.

130. Лунин Б. С., Балки постоянного поперечного сечения, лежащие на упругом основании, КУБУЧ, 1933.

ルーニン，ベー．エス．，弾性地盤上に乗る一定断面のはり，学生生活向上委員会，1933.

131. Кречмер В. В., Расчеты и проектирование плоских железобетонных фундаментов, Стройиздат, 1936.

クレッチメル，ベー．ベー．，鉄筋コンクリート平面基礎の計算と設計，国立建設文献出版所，1936.

132. Горбунов-Посадов М. И., Таблицы для расчета балок на упругом основании, Госстройиздат, 1939.

ゴルブノフ-パサドフ，エム．イ．，弾性地盤上のはりの計算表，国立建設文献出版所，1939.

133. Sadowsky M. A., Zweidimensionale Probleme der Elastizitätstheorie, Zeitschrift für Angewandte Mathematik und Mechanik, B. 8, 1928.

134. Абрамов В. М., Проблема контакта упругой полуплоскости с абсолютно жестким фундаментом при учете сил трения. ДАН СССР, т. XVII, No. 4, 1937.

アブラモフ，ベー．エム．，摩擦力を考慮した弾性半平面と絶対剛性基礎の接触問題，ソ連科学アカデミー報告，vol. XVII, No. 4. 1937.

135. Гастев В. А., О напряжениях в упругой среде, ограниченной плоскостью при нагрузке бесконечно-жесткой стенкой, сборник ЛИИЖТ, No. 127, 1937.

ガスチェフ，ベー．オー．，平面で境界された弾性体の上の無限剛性壁に載荷された場合の応力について，オブラーツォフ名称レニングラード鉄道運輸技術専門学校論文集，No. 127, 1937.

136. Галин Л. А., Контактные задачи теории упругости, Гостехтеориздат, 1953.

ガーリン，エリ．アー．，弾性論の接触問題，国立技術・理論文献出版所，1953.

137. Штаерман И. Я., Контактная задача теории упругости, Гостехиздат, 1949.

シタエルマン，イ．ヤー．，弾性論の接触問題，国立技術・理論文献出版所，1949.

138. Ломизе Б. М., Расчет жестких ленточных фундаментов, Гидротехническое строительство, No. 10, 1947.

ロミーゼ，ベー．エム．，剛性帯状基礎の計算，水力建設，No. 10, 1947.

139. Еегиашвили А. И., Решение задачи давления системы жестких профилей на прямолинейную границу упругой полуплоскости, ДАН, т. XXVII, No. 9, 1946.

ベジアシブリ，アー．イ．，弾性半平面の直線に加わる剛性板の系の圧力の問題の解，ソ連科学アカデミー報告，vol. XXVII, No. 9, 1946.

140. Клубин П. И., Диссертация на соискание ученой степени кандидата техн. наук. ЛПИ, 1936.

クルビン，ペー．イ．，工学修士申請論文，レニングラード工業専門学校，1936.

文　献　*413*

141. Короткин В. Г., Приближенное решение объемной задачи о жестком фундаменте, Труды Ленинградского индустриального института, No. 3, 1938.

コロトキン, ベー. ゲー., 剛性基礎に関する3次元問題の近似解, レニングラード工芸専門学校紀要, No. 3, 1938.

142. Привалов И. И., Интегральные, уравнения, ОНТИ, 1935.

プリバロフ, イ. イ., 積分方程式, 科学技術連合出版所, 1935.

143. Faber O., Pressure Distribution under Bases and Stability of Foundations, Struc. Eng., 1933.

144. Липовецкая Т. Ф., Экспериментальные исследования распределения напряжений по подошве жестких штампов, расположенных на песчаном основании, Известия ВНИИГ, т. 49, 1953.

リポベッツカヤ, テー. エフ., 砂質地盤の上に乗る剛性板の底面における応力分布の実験的研究, 全ソ水理工学技術研究所報告, vol. 49, 1953.

145. Родштейн А. Г., Диссертация на соискание ученой степени кандидата теун. наук, ВОДГЕО, 1950.

ロードシタイン, アー. ゲー., 工学修士申請論文, 全ソ給水・運河・水理構造物・土木水理地質研究所, 1950.

146. Press, Druckverteilung im Boden unter starren und elastischen Grundplatten, Zentrablatt der Bauverwaltung. H. 41, 1934.

147. Burger, Der Bau der neuen Reinbrücke bei Ludwigshafen, Mannheim, Die Bautechnik, H. 38, 1931, H. 45, 1932.

148. Белзецкий С. И., Несколько слов по вопросу о глубине заложения фундаментов, Известия собрания инженеров путей сообщения, No. 4, 1910.

ベルゼッツキー, エス. イ., 基礎の根入れ深さの問題について, 交通技術者会議報告, No. 4, 1910.

149. Путко Т. Ф., Дипломная работа, Ленинградский политехнический институт, 1946.

プトコ, テー. エフ., 卒業論文, レニングラード工業専門学校, 1946.

150. Флорин В. А., Расчет анкерных понуров, Отчет ЛПИ для Гидропроекта, 1949.

フローリン, ベー. アー., アンカーエプロンの計算, 水力発電所設計局に対するレニングラード工業専門学校の報告書, 1949.

414　文　献

151. Сегал Б. И. и Семендяев К. А., Пятизначные математические таблицы, Изд. АН СССР, 1950.
　　セガール，ベー．イ．，セメンジャーエフ，カー．アー．，　5桁数表，ソ連科学アカデミー出版所，1950.

152. Рябошлык В. Ф., Дипломная работа, 1949. Диссертация на соискание ученой степени кандидата техн. наук, Ленинградский политехнический институт, 1951.
　　リャボシルィク，ベー．エフ．，卒業論文，1949．工学修士申請論文，レニングラード工業専門学校，1951.

153. Баркан Д. Д., Динзмика оснований и фундаментов, Стройвоенмориздат, 1948.
　　Barkan, D. D., Dynamics of Bases and Foundations, McGraw Hill, 1962.
　　（英訳）.

154. Кофман В. А., О распределении напряжений и деформаций от действия вертикальной силы внутри грунта, «Труды Научно-исследовательского института оснований и фундаментов», сборник No. 30, Госстройиздат, 1956.
　　コフマン，ベー．アー．，土の内部の鉛直力の作用による応力分布と変形について，地盤および基礎技術研究所紀要，　No. 30，国立建設文献出版所，1956.

付　　　録

表 I～表XXVII

416 付　録

表 I　鉛直荷重による応力 σ_z を決定するための影響線

$$\phi_0(\xi) = -\frac{2}{\pi}\,\frac{z^3}{(\xi^2+z^2)^2}$$

ξ＼z	$\frac{1}{12}$	$\frac{1}{6}$	$\frac{1}{2}$	1	2	3	4	6	10
0	−7.6394	−3.8197	−1.2732	−0.6366	−0.3185	−0.2122	−0.1592	−0.1061	−0.0637
1/6	−0.3056	−0.9549	−1.0313	−0.6027	−0.3139	−0.2109	−0.1586	−0.1059	−0.0637
2/6	−0.0264	−0.1528	−0.6103	−0.5157	−0.3013	−0.2071	−0.1570	−0.1055	−0.0635
3/6	−0.0056	−0.0382	−0.3183	−0.4074	−0.2820	−0.2009	−0.1543	−0.1046	−0.0633
4/6	−0.018	−0.0132	−0.1650	−0.3051	−0.2573	−0.1927	−0.1507	−0.1035	−0.0631
5/6	−0.0007	−0.0057	−0.0892	−0.2217	−0.2311	−0.1829	−0.1462	−0.1021	−0.0628
1	−0.0004	−0.0028	−0.0509	−0.1591	−0.2037	−0.1719	−0.1410	−0.1005	−0.0624
1/6	−0.0002	−0.0015	−0.0307	−0.1142	−0.1772	−0.1601	−0.1352	−0.0985	−0.0620
2/6	−0.0001	−0.0009	−0.0194	−0.0825	−0.1526	−0.1480	−0.1290	−0.0964	−0.0615
3/6	−0.0001	−0.0006	−0.0127	−0.0603	−0.1304	−0.1358	−0.1223	−0.0940	−0.0609
4/6		−0.0004	−0.0087	−0.0446	−0.1109	−0.1239	−0.1155	−0.0914	−0.0602
5/6		−0.0003	−0.0061	−0.0335	−0.0940	−0.1125	−0.1087	−0.0888	−0.0590
2		−0.0002	−0.0044	−0.0255	−0.0796	−0.1017	−0.1019	−0.0859	−0.0589
1/6		−0.0001	−0.0033	−0.0196	−0.0674	−0.0917	−0.0951	−0.0830	−0.0581
2/6		−0.0001	−0.0025	−0.0153	−0.0571	−0.0823	−0.0886	−0.0801	−0.0573
3/6		−0.0001	−0.0019	−0.0121	−0.0485	−0.0739	−0.0823	−0.0770	−0.0564
4/6		−0.0001	−0.0015	−0.0097	−0.0413	−0.0662	−0.0762	−0.0740	−0.0555
5/6			−0.0012	−0.0078	−0.0352	−0.0593	−0.0706	−0.0709	−0.0546
3			−0.0009	−0.0064	−0.0301	−0.0531	−0.0652	−0.0679	−0.0536
1/6			−0.0008	−0.0052	−0.0259	−0.0475	−0.0601	−0.0649	−0.0526
2/6			−0.0006	−0.0043	−0.0223	−0.0425	−0.0554	−0.0620	−0.0516
3/6			−0.0005	−0.0036	−0.0193	−0.0381	−0.0511	−0.0591	−0.0505
4/6			−0.0004	−0.0031	−0.0167	−0.0341	−0.0470	−0.0562	−0.0495
5/6			−0.0004	−0.0026	−0.0145	−0.0306	−0.0432	−0.0535	−0.0484

付　録　*417*

（続　き）

ξ ＼ z	$\frac{1}{12}$	$\frac{1}{6}$	$\frac{1}{2}$	1	2	3	4	6	10
4			−0.0003	−0.0022	−0.0127	−0.0275	−0.0398	−0.0508	−0.0473
$^1/_6$			−0.0003	−0.0019	−0.0112	−0.0247	−0.0366	−0.0483	−0.0462
$^2/_6$			−0.0002	−0.0016	−0.0098	−0.0223	−0.0337	−0.0458	−0.0451
$^3/_6$			−0.0002	−0.0014	−0.0087	−0.0201	−0.0310	−0.0435	−0.0440
$^4/_6$			−0.0002	−0.0012	−0.0076	−0.0181	−0.0285	−0.0412	−0.0429
$^5/_6$			−0.0001	−0.0011	−0.0068	−0.0164	−0.0263	−0.0390	−0.0418
5			−0.0001	−0.0009	−0.0061	−0.0149	−0.0242	−0.0370	−0.0407

表 I′　鉛直荷重による応力 τ_{xz} および水平荷重による応力 σ_z を決定するための影響線

$$\psi_1(\xi) = \frac{2}{\pi}\,\frac{z^2\xi}{(z^2+\xi^2)^2}$$

ξ ＼ z	$\frac{1}{12}$	$\frac{1}{6}$	$\frac{1}{2}$	1	2	3	4	6	10
0	0	0	0	0	0	0	0	0	0
$^1/_6$	0.6112	0.9549	0.3439	0.1005	0.0206	0.0117	0.0066	0.0029	0.0011
$^2/_6$	0.1057	0.3056	0.4069	0.1720	0.0502	0.0230	0.0131	0.0059	0.0021
$^3/_6$	0.0335	0.1146	0.3183	0.2037	0.0705	0.0335	0.0193	0.0087	0.0032
$^4/_6$	0.0145	0.0529	0.2200	0.2034	0.0860	0.0428	0.0251	0.0115	0.0042
$^5/_6$	0.0075	0.0283	0.1487	0.1849	0.0963	0.0508	0.0305	0.0142	0.0052
1	0.0044	0.0167	0.1019	0.1592	0.1019	0.0573	0.0353	0.0167	0.0062
$^1/_6$	0.0028	0.0107	0.0716	0.1333	0.1034	0.0623	0.0394	0.0192	0.0072
$^2/_6$	0.0019	0.0072	0.0516	0.1100	0.1017	0.0658	0.0430	0.0214	0.0082
$^3/_6$	0.0013	0.0051	0.0382	0.0904	0.0978	0.0679	0.0459	0.0235	0.0091
$^4/_6$	0.0009	0.0037	0.0289	0.0743	0.0924	0.0686	0.0481	0.0254	0.0100
$^5/_6$	0.0007	0.0028	0.0224	0.0614	0.0862	0.0689	0.0498	0.0271	0.0109

418 付　録

（続　き）

ξ	z	$\dfrac{1}{12}$	$\dfrac{1}{6}$	$\dfrac{1}{2}$	1	2	3	4	6	10
2		0.0006	0.0022	0.0176	0.0509	0.0796	0.0678	0.0509	0.0286	0.0118
	1/6	0.0004	0.0017	0.0141	0.0426	0.0730	0.0662	0.0515	0.0299	0.0126
	2/6	0.0003	0.0014	0.0115	0.0358	0.0666	0.0641	0.0517	0.0311	0.0134
	3/6	0.0003	0.0011	0.0094	0.0303	0.0606	0.0616	0.0515	0.0321	0.0141
	4/6	0.0002	0.0009	0.0078	0.0258	0.0550	0.0589	0.0508	0.0329	0.0148
	5/6	0.0002	0.0008	0.0066	0.0221	0.0499	0.0560	0.0499	0.0335	0.0155
3		0.0002	0.0007	0.0056	0.0191	0.0452	0.0531	0.0489	0.0340	0.0161
	1/6	0.0001	0.0006	0.0048	0.0166	0.0410	0.0501	0.0476	0.0343	0.0167
	2/6	0.0001	0.0005	0.0041	0.0145	0.0372	0.0472	0.0462	0.0344	0.0172
	3/6	0.0001	0.0004	0.0036	0.0127	0.0338	0.0444	0.0447	0.0345	0.0177
	4/6	0.0001	0.0004	0.0031	0.0112	0.0308	0.0417	0.0431	0.0344	0.0181
	5/6	0.0001	0.0003	0.0027	0.0099	0.0279	0.0391	0.0414	0.0342	0.0186
4		0.0001	0.0003	0.0024	0.0088	0.0255	0.0367	0.0398	0.0339	0.0189
	1/6	0.0001	0.0002	0.0021	0.0079	0.0283	0.0344	0.0381	0.0335	0.0192
	2/6	0.0001	0.0002	0.0019	0.0071	0.0213	0.0322	0.0365	0.0331	0.0196
	3/6		0.0002	0.0017	0.0063	0.0195	0.0301	0.0349	0.0326	0.0196
	4/6		0.0002	0.0015	0.0057	0.0179	0.0282	0.0333	0.0320	0.0200
	5/6		0.0001	0.0014	0.0052	0.0164	0.0265	0.0318	0.0314	0.0202
5			0.0001	0.0012	0.0047	0.0151	0.0248	0.0303	0.0307	0.0204

付　録　*419*

表 II　鉛直荷重による応力 σ_x および水平荷重による応力 τ_{xz} を決定するための影響線

$$\psi_2(\xi) = -\frac{2}{\pi}\frac{z\xi^2}{(z^2+\xi^2)^2}$$

ξ		$\dfrac{1}{12}$	$\dfrac{1}{6}$	$\dfrac{1}{2}$	1	2	3	4	6	10
0		0	0	0	0	0	0	0	0	0
	1/6	−1.2231	−0.9549	−0.1146	−0.0167	−0.0022	−0.0007	−0.0003	−0.0001	
	2/6	−0.4229	−0.6112	−0.2712	−0.0573	−0.0084	−0.0026	−0.0011	−0.0003	−0.0001
	3/6	−0.2009	−0.3439	−0.3183	−0.1019	−0.0176	−0.0056	−0.0024	−0.0007	−0.0002
	4/6	−0.1157	−0.2116	−0.2934	−0.1356	−0.0287	−0.0096	−0.0042	−0.0013	−0.0003
	5/6	−0.0749	−0.1413	−0.2478	−0.1541	−0.0401	−0.0141	−0.0064	−0.0020	−0.0004
1		−0.0523	−0.1004	−0.2037	−0.1592	−0.0509	−0.0191	−0.0088	−0.0028	−0.0006
	1/6	−0.0386	−0.0749	−0.1670	−0.1555	−0.0603	−0.0242	−0.0115	−0.0037	−0.0008
	2/6	−0.0296	−0.0579	−0.1376	−0.1468	−0.0678	−0.0293	−0.0143	−0.0048	−0.0011
	3/6	−0.0234	−0.0460	−0.1146	−0.1357	−0.0733	−0.0340	−0.0172	−0.0059	−0.0014
	4/6	−0.0190	−0.0374	−0.0964	−0.1238	−0.0770	−0.0382	−0.0200	−0.0071	−0.0017
	5/6	−0.0157	−0.0311	−0.0821	−0.1126	−0.0790	−0.0421	−0.0228	−0.0083	−0.0020
2		−0.0132	−0.0262	−0.0705	−0.1019	−0.0796	−0.0452	−0.0255	−0.0095	−0.0024
	1/6	−0.0113	−0.0223	−0.0611	−0.0922	−0.0790	−0.0478	−0.0279	−0.0108	−0.0027
	2/6	−0.0097	−0.0193	−0.0534	−0.0835	−0.0778	−0.0499	−0.0302	−0.0121	−0.0031
	3/6	−0.0085	−0.0168	−0.0471	−0.0757	−0.0758	−0.0514	−0.0322	−0.0134	−0.0035
	4/6	−0.0075	−0.0148	−0.0418	−0.0688	−0.0734	−0.0523	−0.0339	−0.0146	−0.0039
	5/6	−0.0066	−0.0131	−0.0373	−0.0627	−0.0707	−0.0529	−0.0354	−0.0158	−0.0044
3		−0.0059	−0.0117	−0.0335	−0.0573	−0.0678	−0.0531	−0.0367	−0.0169	−0.0048
	1/6	−0.0053	−0.0105	−0.0303	−0.0525	−0.0649	−0.0529	−0.0377	−0.0181	−0.0053
	2/6	−0.0048	−0.0095	−0.0274	−0.0482	−0.0619	−0.0525	−0.0385	−0.0191	−0.0057
	3/6	−0.0043	−0.0086	−0.0250	−0.0444	−0.0591	−0.0518	−0.0391	−0.0201	−0.0062
	4/6	−0.0039	−0.0079	−0.0228	−0.0410	−0.0565	−0.0510	−0.0395	−0.0210	−0.0066
	5/6	−0.0036	−0.0072	−0.0209	−0.0380	−0.0535	−0.0500	−0.0397	−0.0219	−0.0071
4		−0.0033	−0.0066	−0.0193	−0.0353	−0.0509	−0.0489	−0.0398	−0.0226	−0.0076
	1/6	−0.0031	−0.0061	−0.0178	−0.0328	−0.0485	−0.0477	−0.0397	−0.0233	−0.0080
	2/6	−0.0028	−0.0056	−0.0165	−0.0306	−0.0462	−0.0465	−0.0396	−0.0239	−0.0085
	3/6	−0.0026	−0.0052	−0.0153	−0.0285	−0.0439	−0.0452	−0.0392	−0.0245	−0.0089
	4/6	−0.0024	−0.0048	−0.0143	−0.0268	−0.0417	−0.0439	−0.0389	−0.0249	−0.0093
	5/6	−0.0023	−0.0045	−0.0133	−0.0251	−0.0397	−0.0426	−0.0384	−0.0253	−0.0098
5		−0.0021	−0.0042	−0.0125	−0.0236	−0.0379	−0.0413	−0.0379	−0.0257	−0.0102

420 付　録

表 II′　水平荷重による応力 σ_x を決定するための影響線

$$\phi_3(\xi) = \frac{2}{\pi} \frac{\xi^3}{(z^2+\xi^2)^2}$$

ξ \ z	0	$\frac{1}{12}$	$\frac{1}{6}$	$\frac{1}{2}$	1	2	3	4	6	10
0	∞	0	0	0	0	0	0	0	0	0
$^1/_6$	3.8197	2.4446	0.9549	0.0382	0.0028	0.0002				
$^2/_6$	1.9099	1.6918	1.2224	0.1808	0.0191	0.0014	0.0003	0.0001		
$^3/_6$	1.2732	1.2053	1.0313	0.3183	0.0509	0.0044	0.0009	0.0003	0.0001	
$^4/_6$	0.9549	0.9258	0.8459	0.3911	0.0905	0.0095	0.0021	0.0007	0.0001	
$^5/_6$	0.7639	0.7497	0.7063	0.4130	0.1283	0.0167	0.0039	0.0013	0.0003	
1	0.6366	0.6279	0.6027	0.4074	0.1592	0.0255	0.0064	0.0022	0.0005	0.0001
$^1/_6$	0.5457	0.5401	0.5241	0.3895	0.1813	0.0352	0.0094	0.0034	0.0007	0.0001
$^2/_6$	0.4775	0.4738	0.4629	0.3670	0.1956	0.0452	0.0130	0.0048	0.0011	0.0001
$^3/_6$	0.4244	0.4218	0.4141	0.3438	0.2034	0.0550	0.0170	0.0065	0.0015	0.0002
$^4/_6$	0.3820	0.3801	0.3744	0.3215	0.2065	0.0642	0.0212	0.0084	0.0020	0.0003
$^5/_6$	0.3473	0.3458	0.3416	0.3008	0.2063	0.0724	0.0257	0.0105	0.0025	0.0004
2	0.3183	0.3172	0.3140	0.2820	0.2037	0.0796	0.0301	0.0127	0.0032	0.0005
$^1/_6$	0.2938	0.2930	0.2904	0.2649	0.1997	0.0857	0.0345	0.0151	0.0039	0.0006
$^2/_6$	0.2728	0.2721	0.2701	0.2494	0.1947	0.0907	0.0388	0.0176	0.0047	0.0007
$^3/_6$	0.2546	0.2541	0.2524	0.2354	0.1892	0.0947	0.0428	0.0201	0.0056	0.0009
$^4/_6$	0.2387	0.2383	0.2369	0.2228	0.1835	0.0978	0.0465	0.0226	0.0065	0.0011
$^5/_6$	0.2247	0.2243	0.2231	0.2113	0.1777	0.1000	0.0500	0.0251	0.0075	0.0012
3	0.2122	0.2119	0.2109	0.2009	0.1718	0.1018	0.0531	0.0275	0.0085	0.0014
$^1/_6$	0.2010	0.2008	0.1999	0.1914	0.1662	0.1027	0.0558	0.0296	0.0095	0.0017
$^2/_6$	0.1910	0.1908	0.1900	0.1827	0.1607	0.1033	0.0583	0.0321	0.0106	0.0019
$^3/_6$	0.1819	0.1817	0.1811	0.1747	0.1555	0.1034	0.0604	0.0342	0.0117	0.0022
$^4/_6$	0.1736	0.1734	0.1729	0.1673	0.1504	0.1031	0.0623	0.0362	0.0128	0.0024
$^5/_6$	0.1661	0.1659	0.1654	0.1606	0.1456	0.1026	0.0639	0.0381	0.0140	0.0027
4	0.1592	0.1590	0.1586	0.1543	0.1410	0.1019	0.0652	0.0398	0.0151	0.0030
$^1/_6$	0.1528	0.1527	0.1523	0.1485	0.1366	0.1009	0.0663	0.0414	0.0162	0.0033
$^2/_6$	0.1469	0.1468	0.1465	0.1431	0.1324	0.0998	0.0671	0.0428	0.0173	0.0037
$^3/_6$	0.1415	0.1414	0.1411	0.1380	0.1285	0.0986	0.0678	0.0441	0.0183	0.0040
$^4/_6$	0.1364	0.1363	0.1361	0.1333	0.1247	0.0974	0.0683	0.0453	0.0194	0.0044
$^5/_6$	0.1317	0.1316	0.1314	0.1292	0.1211	0.0960	0.0686	0.0464	0.0204	0.0047
5	0.1273	0.1273	0.1270	0.1248	0.1177	0.0946	0.0688	0.0473	0.0214	0.0051

付　録　*421*

表 Ⅲ　鉛直および水平等分布荷重による応力 σ_x/q_{ver} および τ_{xz}/q_{hor}

z/a ＼ x/a	0.0	0.1	0.2	0.3	0.5	0.7	1.0	1.5	2.0	3.0	4.0	5.0
0.0	1.000	1.000	1.000	1.000	1.000	1.000	1.000	0.000	0.000	0.000	0.000	0.000
0.1	0.972	0.872	0.871	0.864	0.835	0.774	0.468	0.123	0.042	0.015	0.009	0.006
0.2	0.754	0.750	0.742	0.736	0.685	0.593	0.437	0.190	0.079	0.030	0.016	0.016
0.3	0.643	0.643	0.618	0.615	0.564	0.482	0.405	0.238	0.117	0.047	0.027	0.015
0.5	0.450	0.448	0.440	0.462	0.399	0.356	0.348	0.286	0.171	0.074	0.041	0.026
0.7	0.314	0.309	0.305	0.301	0.286	0.276	0.291	0.284	0.200	0.096	0.054	0.034
1.0	0.134	0.186	0.191	0.199	0.178	0.195	0.225	0.224	0.211	0.122	0.074	0.049
1.5	0.080	0.081	0.081	0.087	0.097	0.114	0.143	0.180	0.185	0.145	0.097	0.068
2.0	0.042	0.042	0.043	0.045	0.055	0.067	0.089	0.123	0.145	0.135	0.103	0.077
3.0	0.015	0.013	0.013	0.017	0.021	0.028	0.040	0.063	0.084	0.102	0.097	0.083
4.0	0.006	0.006	0.006	0.007	0.010	0.013	0.021	0.033	0.049	0.071	0.078	0.075
5.0	0.000	0.000	0.000	0.000	0.002	0.004	0.011	0.020	0.030	0.048	0.062	0.053

表 Ⅳ　鉛直等分布荷重による応力 σ_z/q_{ver}

z/a ＼ x/a	0.0	0.1	0.2	0.3	0.5	0.7	1.0	1.5	2.0	3.0	4.0	5.0
0.0	1.000	1.000	1.000	1.000	1.000	1.000	1.000	0.000	0.000	0.000	0.000	0.000
0.1	1.000	1.000	1.000	1.000	1.000	1.000	0.500	0.002	0.000	0.000	0.000	0.000
0.2	0.998	0.996	0.996	0.996	0.989	0.961	0.499	0.010	0.005	0.000	0.000	0.000
0.3	0.993	0.998	0.987	0.985	0.966	0.910	0.498	0.030	0.005	0.001	0.000	0.000
0.5	0.960	0.960	0.954	0.942	0.907	0.808	0.496	0.090	0.019	0.002	0.001	0.000
0.7	0.906	0.905	0.900	0.887	0.830	0.732	0.489	0.148	0.042	0.005	0.004	0.001
1.0	0.822	0.820	0.815	0.807	0.728	0.651	0.479	0.218	0.084	0.017	0.005	0.003
1.5	0.670	0.666	0.661	0.647	0.607	0.552	0.449	0.262	0.145	0.050	0.015	0.007
2.0	0.540	0.540	0.543	0.535	0.511	0.475	0.409	0.288	0.185	0.071	0.029	0.013
3.0	0.397	0.395	0.395	0.389	0.379	0.354	0.334	0.273	0.211	0.114	0.059	0.032
4.0	0.306	0.305	0.304	0.303	0.292	0.291	0.275	0.243	0.205	0.134	0.083	0.051
5.0	0.242	0.242	0.242	0.241	0.239	0.237	0.231	0.215	0.188	0.140	0.094	0.065

422 付　録

表 V 鉛直および水平等分布荷重による応力 τ_{xz}/q_{ver} および σ_z/q_{hor}

z/a \ x/a	0.0	0.1	0.2	0.3	0.5	0.7	1.0
0.0	0.0	0.000	0.000	0.000	0.000	0.000	0.318
0.1	0.0	0.001	0.003	0.005	0.011	0.030	0.316
0.2	0.0	0.005	0.009	0.016	0.038	0.092	0.314
0.3	0.0	0.009	0.022	0.034	0.072	0.150	0.312
0.5	0.0	0.020	0.042	0.066	0.127	0.209	0.300
0.7	0.0	0.027	0.057	0.088	0.154	0.222	0.284
1.0	0.0	0.031	0.064	0.096	0.159	0.210	0.255
1.5	0.0	0.027	0.054	0.087	0.127	0.167	0.203
2.0	0.0	0.020	0.040	0.060	0.096	0.126	0.159
3.0	0.0	0.011	0.023	0.031	0.055	0.080	0.098
4.0	0.0	0.007	0.014	0.020	0.034	0.047	0.064
5.0	0.0	0.005	0.009	0.014	0.023	0.031	0.043

表 VI 鉛直等分布荷重を受ける帯の端から出る鉛直線上の種々の深さにおける σ_z/q および Θ/q の値

$m=z/2a$	σ_z/q	Θ/q	$m=z/2a$	σ_z/q	Θ/q
0.0	0.5000	1.0000	2.6	0.2235	0.2338
0.1	0.4998	0.9365	2.8	0.2100	0.2184
0.2	0.4984	0.8743	3.0	0.1979	0.2048
0.3	0.4948	0.8145	3.2	0.1870	0.1928
0.4	0.4886	0.7578	3.4	0.1772	0.1821
0.5	0.4797	0.7048	3.6	0.1683	0.1725
0.6	0.4684	0.6560	3.8	0.1603	0.1638
0.7	0.4551	0.6110	4.0	0.1529	0.1560
0.8	0.4405	0.5704	4.2	0.1461	0.1488
0.9	0.4250	0.5335	4.4	0.1399	0.1423
1.0	0.4092	0.5000	4.6	0.1342	0.1363
1.2	0.3777	0.4423	4.8	0.1289	0.1308
1.4	0.3480	0.3949	5.0	0.1240	0.1257
1.6	0.3209	0.3556	6.0	0.1042	0.1051
1.8	0.2965	0.3228	7.0	0.0897	0.0903
2.0	0.2749	0.2952	8.0	0.0788	0.0792
2.2	0.2557	0.2716	9.0	0.0702	0.0704
2.4	0.2387	0.2513	10.0	0.0632	0.0635

付　録　*423*

表 Ⅶ　鉛直三角形荷重による応力 σ_z/q

$z/2a$ ＼ $x/2a$	−1.5	−1.0	−0.5	0.0	0.25	0.50	0.75	1.0	1.5	2.0	2.5
0.00	0	0	0	0	0.25	0.50	0.75	1.00	0	0	0
0.25	—	—	0.001	0.075	0.256	0.480	0.643	0.424	0.015	0.003	—
0.50	0.002	0.003	0.023	0.127	0.263	0.410	0.477	0.353	0.056	0.017	0.003
0.75	0.006	0.016	0.042	0.153	0.248	0.335	0.361	0.293	0.108	0.024	0.009
1.0	0.014	0.025	0.061	0.159	0.223	0.275	0.279	0.241	0.129	0.045	0.013
1.5	0.020	0.048	0.096	0.145	0.178	0.200	0.202	0.185	0.124	0.062	0.041
2.0	0.033	0.061	0.092	0.127	0.146	0.155	0.163	0.153	0.108	0.069	0.050
3.0	0.050	0.064	0.080	0.096	0.103	0.104	0.108	0.104	0.090	0.071	0.050
4.0	0.051	0.060	0.067	0.075	0.078	0.085	0.082	0.075	0.073	0.060	0.049
5.0	0.047	0.052	0.057	0.059	0.062	0.063	0.063	0.065	0.061	0.051	0.047
6.0	0.041	0.041	0.050	0.051	0.052	0.053	0.053	0.053	0.050	0.050	0.045

表 Ⅷ　三角形荷重を受ける帯の端から出る鉛直線上の種々の深さに
おける σ_z/q および Θ/q の値

$m=z/2a$	σ_z/q	Θ/q	$m=z/2a$	σ_z/q	Θ/q
0.0	0.0000	0.0000	2.6	0.1067	0.1142
0.1	0.0315	0.1469	2.8	0.1008	0.1070
0.2	0.0612	0.2074	3.0	0.0955	0.1006
0.3	0.0876	0.2383	3.2	0.0906	0.0949
0.4	0.1088	0.2522	3.4	0.0862	0.0893
0.5	0.1273	0.2561	3.6	0.0871	0.0852
0.6	0.1404	0.2538	3.8	0.0783	0.0810
0.7	0.1495	0.2478	4.0	0.0709	0.0772
0.8	0.1553	0.2396	4.2	0.0717	0.0737
0.9	0.1583	0.2303	4.4	0.0688	0.0705
1.0	0.1592	0.2206	4.6	0.0661	0.0676
1.2	0.1565	0.2014	4.8	0.0636	0.0649
1.4	0.1506	0.1837	5.0	0.0619	0.0624
1.6	0.1431	0.1679	6.0	0.0516	0.0523
1.8	0.1351	0.1541	7.0	0.0996	0.0450
2.0	0.1293	0.1421	8.0	0.0392	0.0395
2.2	0.1199	0.1315	9.0	0.0349	0.0351
2.4	0.1130	0.1223	10.0	0.0315	0.0317

表 IX 水平等分布荷重による応力 σ_x/q_{hor}

z/a \ x/a	0.0	0.1	0.2	0.3	0.5	0.7	1.0	1.5	2.0	3.0	4.0	5.0
0.0	0.0	0.128	0.258	0.394	0.699	1.105	—	1.025	0.598	0.441	0.325	0.257
0.1	0.0	0.124	0.252	0.386	0.677	1.039	1.596	0.998	0.698	0.437	0.325	0.257
0.2	0.0	0.118	0.234	0.361	0.620	0.873	1.156	0.935	0.679	0.436	0.324	0.257
0.3	0.0	0.107	0.214	0.323	0.544	0.733	0.896	0.849	0.653	0.431	0.323	0.257
0.5	0.0	0.081	0.160	0.242	0.385	0.499	0.601	0.612	0.573	0.431	0.320	0.261
0.7	0.0	0.058	0.114	0.167	0.243	0.330	0.413	0.519	0.465	0.390	0.296	0.247
1.0	0.0	0.033	0.063	0.092	0.133	0.195	0.256	0.347	0.385	0.345	0.283	0.238
1.5	0.0	0.012	0.024	0.027	0.061	0.087	0.123	0.187	0.236	0.267	0.247	0.215
2.0	0.0	0.002	0.011	0.016	0.028	0.040	0.062	0.106	0.145	0.196	0.204	0.199
3.0	0.0	0.002	0.003	0.008	0.009	0.012	0.018	0.036	0.060	0.101	0.140	0.137
4.0	0.0	0.000	0.001	0.001	0.002	0.003	0.007	0.016	0.079	0.053	0.078	0.094
5.0	0.0	0.000	0.000	0.001	0.001	0.009	0.004	0.008	0.013	0.030	0.053	0.062

表 X 水平等分布荷重を受ける帯の端から出る鉛直線上の種々の深さにおける σ_z/q および Θ/q の値

$m=z/2a$	σ_z/q	Θ/q	$m=z/2a$	σ_z/q	Θ/q
0.0	0.3183	∞	2.6	0.0410	0.0439
0.1	0.3152	1.4690	2.8	0.0360	0.0382
0.2	0.3061	1.0371	3.0	0.0318	0.0335
0.3	0.2920	0.7939	3.2	0.0283	0.0297
0.4	0.2744	0.6306	3.4	0.0253	0.0264
0.5	0.2546	0.5123	3.6	0.0228	0.0237
0.6	0.2341	0.4231	3.8	0.0206	0.0213
0.7	0.2136	0.3540	4.0	0.0187	0.0193
0.8	0.1941	0.2995	4.2	0.0171	0.0176
0.9	0.1759	0.2559	4.4	0.0156	0.0160
1.0	0.1592	0.2206	4.6	0.0144	0.0147
1.2	0.1305	0.1679	4.8	0.0132	0.0135
1.4	0.1075	0.1312	5.0	0.0122	0.0125
1.6	0.0894	0.1050	6.0	0.0086	0.0087
1.8	0.0751	0.0856	7.0	0.0064	0.0064
2.0	0.0637	0.0710	8.0	0.0049	0.0049
2.2	0.0545	0.0598	9.0	0.0039	0.0039
2.4	0.0471	0.0510	10.0	0.0032	0.0032

付　録　*425*

表 XI　集中鉛直荷重の場合の $k=\dfrac{3}{2\pi}\ \dfrac{1}{\left[1+\left(\dfrac{r}{z}\right)^2\right]^{5/2}}$ の値

比 r/z	係数 k	比 r/z	係数 k	比 r/z	係数 k	比 r/z	係数 k
0.00	0.4775	0.50	0.2733	1.00	0.0844	1.50	0.0251
0.01	0.4773	0.51	0.2679	1.01	0.0823	1.51	0.0245
0.02	0.4770	0.52	0.2625	1.02	0.0803	1.52	0.0240
0.03	0.4764	0.53	0.2571	1.03	0.0783	1.53	0.0234
0.04	0.4756	0.54	0.2518	1.04	0.0764	1.54	0.0229
0.05	0.4745	0.55	0.2466	1.05	0.0744	1.55	0.0224
0.06	0.4732	0.56	0.2414	1.06	0.0727	1.56	0.0219
0.07	0.4717	0.57	0.2363	1.07	0.0709	1.57	0.0214
0.08	0.4699	0.58	0.2313	1.08	0.0691	1.58	0.0209
0.09	0.4679	0.59	0.2263	1.09	0.0674	1.59	0.0204
0.10	0.4657	0.60	0.2214	1.10	0.0658	1.60	0.0200
0.11	0.4633	0.61	0.2165	1.11	0.0641	1.61	0.0195
0.12	0.4607	0.62	0.2117	1.12	0.0626	1.62	0.0191
0.13	0.4579	0.63	0.2070	1.13	0.0610	1.63	0.0187
0.14	0.4548	0.64	0.2024	1.14	0.0595	1.64	0.0183
0.15	0.4516	0.65	0.1978	1.15	0.0581	1.65	0.0179
0.16	0.4482	0.66	0.1934	1.16	0.0567	1.66	0.0175
0.17	0.4446	0.67	0.1889	1.17	0.0553	1.67	0.0171
0.18	0.4409	0.68	0.1846	1.18	0.0539	1.68	0.0167
0.19	0.4370	0.69	0.1804	1.19	0.0526	1.69	0.0163
0.20	0.4329	0.70	0.1762	1.20	0.0513	1.70	0.0160
0.21	0.4286	0.71	0.1721	1.21	0.0501	1.72	0.0153
0.22	0.4242	0.72	0.1681	1.22	0.0489	1.74	0.0147
0.23	0.4197	0.73	0.1641	1.23	0.0477	1.76	0.0141
0.24	0.4151	0.74	0.1603	1.24	0.0466	1.78	0.0135
0.25	0.4103	0.75	0.1565	1.25	0.0454	1.80	0.0129
0.26	0.4054	0.76	0.1527	1.26	0.0443	1.82	0.0124
0.27	0.4004	0.77	0.1491	1.27	0.0433	1.84	0.0119
0.28	0.3954	0.78	0.1455	1.28	0.0422	1.86	0.0114
0.29	0.3902	0.79	0.1420	1.29	0.0412	1.88	0.0109
0.30	0.3849	0.80	0.1386	1.30	0.0402	1.90	0.0105
0.31	0.3796	0.81	0.1353	1.31	0.0393	1.92	0.0101
0.32	0.3742	0.82	0.1320	1.32	0.0384	1.94	0.0097
0.33	0.3687	0.83	0.1288	1.33	0.0374	1.96	0.0093
0.34	0.3632	0.84	0.1257	1.34	0.0365	1.98	0.0089
0.35	0.3577	0.85	0.1226	1.35	0.0357	2.00	0.0085
0.36	0.3521	0.86	0.1196	1.36	0.0348	2.10	0.0070
0.37	0.3465	0.87	0.1166	1.37	0.0340	2.20	0.0058
0.38	0.3408	0.88	0.1138	1.38	0.0332	2.30	0.0048
0.39	0.3351	0.89	0.1110	1.39	0.0324	2.40	0.0040
0.40	0.3294	0.90	0.1083	1.40	0.0317	2.50	0.0034
0.41	0.3238	0.91	0.1057	1.41	0.0309	2.60	0.0029
0.42	0.3181	0.92	0.1031	1.42	0.0302	2.70	0.0024
0.43	0.3124	0.93	0.1005	1.43	0.0295	2.80	0.0021
0.44	0.3068	0.94	0.0981	1.44	0.0288	2.90	0.0017
0.45	0.3011	0.95	0.0956	1.45	0.0282	3.00	0.0015
0.46	0.2955	0.96	0.0933	1.46	0.0275	3.50	0.0007
0.47	0.2899	0.97	0.0910	1.47	0.0269	4.00	0.0004
0.48	0.2843	0.98	0.0887	1.48	0.0263	4.50	0.0002
0.49	0.2788	0.99	0.0865	1.49	0.0257	5.00	0.0001

表XI 長方形面に等分布荷重が加えられる場合の端点を通る鉛直線上の種々の深さの点における σ_z/q の値

$m=z/2a$ \ $n=b/a$	0.2	0.4	0.6	0.8	1.0	1.2	1.4	1.6	1.8	2.0	3.0	4.0	6.0	8.0	10.0
0.0	0.2500	0.2500	0.2500	0.2500	0.2500	0.2500	0.2500	0.2500	0.2500	0.2500	0.2500	0.2500	0.2500	0.2500	0.2500
0.2	0.2044	0.2395	0.2461	0.2479	0.2486	0.2489	0.2490	0.2491	0.2491	0.2491	0.2492	0.2492	0.2492	0.2492	0.2492
0.4	0.1363	0.2024	0.2268	0.2361	0.2401	0.2420	0.2429	0.2434	0.2437	0.2439	0.2442	0.2443	0.2443	0.2443	0.2443
0.6	0.0959	0.1613	0.1965	0.2141	0.2229	0.2275	0.2300	0.2315	0.2324	0.2329	0.2339	0.2341	0.2342	0.2342	0.2342
0.8	0.0712	0.1274	0.1646	0.1869	0.1999	0.2075	0.2120	0.2147	0.2164	0.2176	0.2196	0.2200	0.2202	0.2202	0.2202
1.0	0.0547	0.1013	0.1360	0.1593	0.1752	0.1851	0.1911	0.1955	0.1981	0.1999	0.2034	0.2042	0.2045	0.2046	0.2046
1.2	0.0431	0.0815	0.1123	0.1353	0.1516	0.1626	0.1705	0.1758	0.1793	0.1818	0.1870	0.1882	0.1887	0.1888	0.1888
1.4	0.0347	0.0664	0.0932	0.1144	0.1305	0.1423	0.1508	0.1569	0.1613	0.1644	0.1712	0.1730	0.1738	0.1739	0.1740
1.6	0.0283	0.0548	0.0779	0.0971	0.1120	0.1241	0.1329	0.1396	0.1445	0.1482	0.1567	0.1590	0.1601	0.1603	0.1604
1.8	0.0235	0.0458	0.0657	0.0828	0.0969	0.1083	0.1172	0.1241	0.1294	0.1334	0.1434	0.1463	0.1478	0.1481	0.1483
2.0	0.0198	0.0387	0.0559	0.0711	0.0840	0.0947	0.1034	0.1103	0.1158	0.1202	0.1314	0.1350	0.1368	0.1372	0.1374
2.5	0.0135	0.0265	0.0388	0.0501	0.0602	0.0691	0.0767	0.0833	0.0888	0.0931	0.1063	0.1114	0.1144	0.1151	0.1153
3.0	0.0097	0.0192	0.0283	0.0368	0.0447	0.0519	0.0583	0.0640	0.0690	0.0732	0.0870	0.0931	0.0973	0.0983	0.0987
5.0	0.0037	0.0074	0.0110	0.0145	0.0179	0.0212	0.0243	0.0274	0.0302	0.0328	0.0435	0.0504	0.0573	0.0599	0.0610
7.0	0.0019	0.0038	0.0057	0.0076	0.0094	0.0112	0.0130	0.0147	0.0164	0.0180	0.0250	0.0306	0.0376	0.0411	0.0428
10.0	0.0009	0.0019	0.0028	0.0038	0.0047	0.0056	0.0065	0.0074	0.0083	0.0092	0.0132	0.0167	0.0222	0.0258	0.0280

表 XⅢ　長方形面に等分布荷重が加えられる場合の端点を通る鉛直線上の種々の深さの点における $\theta/(1+\mu)q$ の値

$m=z/2a$ \ $n=b/a$	0.2	0.4	0.6	0.8	1.0	1.2	1.4	1.6	1.8	2.0	3.0	4.0	6.0	8.0	10.0
0.0	0.5000	0.5000	0.5000	0.5000	0.5000	0.5000	0.5000	0.5000	0.5000	0.5000	0.5000	0.5000	0.5000	0.5000	0.5000
0.2	0.2439	0.3405	0.3804	0.4003	0.4114	0.4183	0.4230	0.4259	0.4281	0.4297	0.4337	0.4352	0.4363	0.4367	0.4369
0.4	0.1363	0.2280	0.2810	0.3119	0.3308	0.3430	0.3515	0.3570	0.3612	0.3643	0.3721	0.3750	0.3771	0.3779	0.3782
0.6	0.0874	0.1578	0.2074	0.2406	0.2630	0.2782	0.2890	0.2967	0.3024	0.3068	0.3179	0.3222	0.3254	0.3265	0.3270
0.8	0.0607	0.1136	0.1552	0.1812	0.2087	0.2251	0.2371	0.2458	0.2529	0.2582	0.2721	0.2776	0.2818	0.2833	0.2840
1.0	0.0443	0.0846	0.1185	0.1456	0.1667	0.1828	0.1952	0.2047	0.2121	0.2180	0.2341	0.2406	0.2457	0.2476	0.2436
1.2	0.0336	0.0649	0.0924	0.1156	0.1344	0.1495	0.1616	0.1711	0.1788	0.1850	0.2026	0.2101	0.2162	0.2182	0.2193
1.4	0.0262	0.0510	0.0735	0.0931	0.1097	0.1235	0.1348	0.1441	0.1518	0.1580	0.1766	0.1848	0.1915	0.1940	0.1952
1.6	0.0209	0.0410	0.0596	0.0762	0.0906	0.1030	0.1135	0.1223	0.1296	0.1358	0.1549	0.1638	0.1711	0.1739	0.1753
1.8	0.0171	0.0336	0.0491	0.0632	0.0758	0.0868	0.0964	0.1046	0.1116	0.1177	0.1368	0.1460	0.1540	0.1571	0.1588
2.0	0.0142	0.0280	0.0410	0.0531	0.0641	0.0739	0.0826	0.0900	0.0967	0.1024	0.1214	0.1310	0.1395	0.1428	0.1445
2.5	0.0094	0.0187	0.0276	0.0361	0.0440	0.0514	0.0581	0.0642	0.0696	0.0745	0.0921	0.1020	0.1114	0.1153	0.1173
3.0	0.0067	0.0133	0.0198	0.0260	0.0319	0.0375	0.0427	0.0475	0.0520	0.0561	0.0718	0.0814	0.0913	0.0957	0.0980
5.0	0.0025	0.0050	0.0074	0.0099	0.0122	0.0146	0.0168	0.0190	0.0212	0.0232	0.0322	0.0391	0.0481	0.0532	0.0561
7.0	0.0013	0.0026	0.0038	0.0051	0.0064	0.0076	0.0088	0.0100	0.0111	0.0124	0.0177	0.0224	0.0293	0.0339	0.0370
10.0	0.0006	0.0013	0.0019	0.0025	0.0032	0.0038	0.0044	0.0047	0.0056	0.0067	0.0091	0.0118	0.0163	0.0198	0.0224

表 XIV　長方形面に三角形状の荷重が加えられる場合の端点を通る鉛直線上の種々の深さの点における σ_z/q の値

$m=z/2a$ ＼ $n=b/a$	0.2	0.4	0.6	0.8	1.0	1.2	1.4	1.6	1.8	2.0	3.0	4.0	6.0	8.0	10.0
0.0	0.0000	0.0000	0.0000	0.0000	0.0000	0.0000	0.0000	0.0000	0.0000	0.0000	0.0000	0.0000	0.0000	0.0000	0.0000
0.2	0.0223	0.0280	0.0296	0.0301	0.0304	0.0305	0.0305	0.0306	0.0306	0.0306	0.0306	0.0306	0.0306	0.0306	0.0306
0.4	0.0269	0.0420	0.0487	0.0517	0.0531	0.0539	0.0543	0.0545	0.0545	0.0547	0.0548	0.0549	0.0549	0.0549	0.0549
0.6	0.0259	0.0448	0.0560	0.0621	0.0654	0.0673	0.0684	0.0690	0.0694	0.0696	0.0701	0.0702	0.0702	0.0702	0.0702
0.8	0.0232	0.0421	0.0553	0.0637	0.0688	0.0720	0.0739	0.0751	0.0759	0.0764	0.0773	0.0776	0.0776	0.0776	0.0776
1.0	0.0201	0.0375	0.0508	0.0602	0.0666	0.0708	0.0735	0.0753	0.0766	0.0774	0.0790	0.0794	0.0795	0.0796	0.0796
1.2	0.0171	0.0324	0.0450	0.0546	0.0615	0.0664	0.0698	0.0721	0.0738	0.0749	0.0774	0.0779	0.0782	0.0783	0.0783
1.4	0.0145	0.0278	0.0392	0.0483	0.0551	0.0606	0.0644	0.0672	0.0692	0.0707	0.0739	0.0748	0.0752	0.0752	0.0753
1.6	0.0123	0.0238	0.0339	0.0424	0.0492	0.0545	0.0586	0.0616	0.0639	0.0656	0.0697	0.0708	0.0714	0.0715	0.0715
1.8	0.0105	0.0204	0.0294	0.0371	0.0435	0.0487	0.0528	0.0560	0.0585	0.0604	0.0652	0.0666	0.0673	0.0675	0.0675
2.0	0.0090	0.0176	0.0255	0.0324	0.0384	0.0434	0.0474	0.0507	0.0533	0.0553	0.0604	0.0607	0.0624	0.0636	0.0636
2.5	0.0063	0.0125	0.0183	0.0236	0.0284	0.0326	0.0362	0.0393	0.0419	0.0440	0.0504	0.0529	0.0543	0.0547	0.0548
3.0	0.0046	0.0092	0.0135	0.0176	0.0214	0.0249	0.0280	0.0307	0.0331	0.0352	0.0419	0.0449	0.0469	0.0474	0.0476
5.0	0.0018	0.0036	0.0054	0.0071	0.0088	0.0104	0.0120	0.0135	0.0148	0.0161	0.0214	0.0248	0.0283	0.0296	0.0301
7.0	0.0009	0.0019	0.0028	0.0038	0.0047	0.0056	0.0064	0.0073	0.0081	0.0089	0.0124	0.0152	0.0186	0.0204	0.0212
10.0	0.0005	0.0009	0.0014	0.0019	0.0023	0.0028	0.0033	0.0037	0.0041	0.0046	0.0066	0.0084	0.0111	0.0128	0.0139

表XV 長方形面に三角形状の鉛直荷重が加えられる場合の端点を通る鉛直線上の種々の深さの点における θ/(1+μ)q の値

$m=z/2a$ ＼ $n=b/a$	0.2	0.4	0.6	0.8	1.0	1.2	1.4	1.6	1.8	2.0	3.0	4.0	6.0	8.0	10.0
0.0	0.0000	0.0000	0.0000	0.0000	0.0000	0.0000	0.0000	0.0000	0.0000	0.0000	0.0000	0.0000	0.0000	0.0000	0.0000
0.2	0.0437	0.0675	0.0802	0.0875	0.0920	0.0949	0.0969	0.0963	0.0993	0.1001	0.1020	0.1027	0.1033	0.1035	0.1036
0.4	0.0378	0.0660	0.0844	0.0963	0.1041	0.1093	0.1130	0.1156	0.1175	0.1190	0.1228	0.1242	0.1252	0.1256	0.1258
0.6	0.0299	0.0551	0.0740	0.0874	0.0968	0.1035	0.1083	0.1119	0.1146	0.1166	0.1220	0.1241	0.1256	0.1262	0.1264
0.8	0.0234	0.0442	0.0612	0.0742	0.0840	0.0913	0.0968	0.1009	0.1041	0.1066	0.1133	0.1160	0.1181	0.1188	0.1192
1.0	0.0184	0.0353	0.0498	0.0616	0.0710	0.0783	0.0839	0.0884	0.0919	0.0947	0.1024	0.1057	0.1082	0.1091	0.1095
1.2	0.0146	0.0283	0.0405	0.0508	0.0594	0.0664	0.0720	0.0765	0.0801	0.0830	0.0916	0.0952	0.0982	0.0993	0.0998
1.4	0.0118	0.0230	0.0332	0.0421	0.0498	0.0562	0.0615	0.0659	0.0695	0.0725	0.0815	0.0856	0.0889	0.0902	0.0908
1.6	0.0096	0.0189	0.0274	0.0351	0.0419	0.0477	0.0527	0.0569	0.0604	0.0634	0.0726	0.0770	0.0806	0.0821	0.0827
1.8	0.0080	0.0157	0.0229	0.0296	0.0355	0.0408	0.0453	0.0492	0.0526	0.0555	0.0648	0.0694	0.0734	0.0749	0.0757
2.0	0.0067	0.0132	0.0194	0.0251	0.0304	0.0351	0.0392	0.0429	0.0460	0.0488	0.0580	0.0628	0.0670	0.0687	0.0695
2.5	0.0045	0.0090	0.0133	0.0174	0.0212	0.0248	0.0280	0.0310	0.0337	0.0361	0.0447	0.0495	0.0542	0.0562	0.0572
3.0	0.0033	0.0065	0.0096	0.0126	0.0155	0.0183	0.0208	0.0232	0.0254	0.0274	0.0351	0.0399	0.0448	0.0469	0.0481
5.0	0.0012	0.0025	0.0037	0.0049	0.0061	0.0072	0.0083	0.0094	0.0105	0.0115	0.0159	0.0194	0.0239	0.0264	0.0279
7.0	0.0006	0.0013	0.0019	0.0025	0.0032	0.0038	0.0044	0.0050	0.0056	0.0062	0.0088	0.0111	0.0146	0.0169	0.0184
10.0	0.0003	0.0006	0.0010	0.0013	0.0016	0.0019	0.0022	0.0025	0.0028	0.0031	0.0045	0.0059	0.0081	0.0099	0.0112

表 XVI 長方形面に加えられる等分布水平荷重の場合の端点を通る鉛直線上の種々の深さにおける σ_z/q の値

$m=z/2a$ \ $n=b/a$	0.2	0.4	0.6	0.8	1.0	1.2	1.4	1.6	1.8	2.0	3.0	4.0	6.0	8.0	10.0
0.0	0.1592	0.1592	0.1592	0.1592	0.1592	0.1592	0.1592	0.1592	0.1592	0.1592	0.1592	0.1592	0.1592	0.1592	0.1592
0.2	0.1114	0.1401	0.1479	0.1506	0.1518	0.1523	0.1526	0.1528	0.1529	0.1529	0.1530	0.1530	0.1530	0.1530	0.1530
0.4	0.0672	0.1049	0.1211	0.1293	0.1328	0.1347	0.1356	0.1362	0.1365	0.1361	0.1371	0.1372	0.1372	0.1372	0.1372
0.6	0.0432	0.0746	0.0933	0.1035	0.1091	0.1121	0.1139	0.1150	0.1156	0.1160	0.1168	0.1169	0.1170	0.1170	0.1170
0.8	0.0290	0.0527	0.0691	0.0796	0.0861	0.0900	0.0924	0.0939	0.0948	0.0955	0.0967	0.0969	0.0970	0.0970	0.0970
1.0	0.0201	0.0375	0.0508	0.0602	0.0666	0.0708	0.0735	0.0753	0.0766	0.0774	0.0790	0.0794	0.0795	0.0796	0.0796
1.2	0.0142	0.0270	0.0375	0.0455	0.0512	0.0553	0.0582	0.0601	0.0615	0.0624	0.0645	0.0650	0.0652	0.0652	0.0652
1.4	0.0103	0.0199	0.0280	0.0345	0.0395	0.0433	0.0460	0.0480	0.0494	0.0505	0.0528	0.0534	0.0537	0.0537	0.0538
1.6	0.0077	0.0149	0.0212	0.0265	0.0308	0.0341	0.0366	0.0385	0.0400	0.0410	0.0436	0.0443	0.0446	0.0447	0.0447
1.8	0.0058	0.0113	0.0163	0.0206	0.0242	0.0270	0.0293	0.0311	0.0325	0.0336	0.0362	0.0370	0.0374	0.0375	0.0375
2.0	0.0045	0.0088	0.0127	0.0162	0.0192	0.0217	0.0237	0.0253	0.0266	0.0277	0.0303	0.0312	0.0317	0.0318	0.0318
2.5	0.0025	0.0050	0.0073	0.0094	0.0113	0.0130	0.0145	0.0157	0.0167	0.0176	0.0202	0.0211	0.0217	0.0219	0.0219
3.0	0.0015	0.0031	0.0045	0.0059	0.0071	0.0083	0.0093	0.0102	0.0110	0.0117	0.0140	0.0150	0.0156	0.0158	0.0159
5.0	0.0004	0.0007	0.0011	0.0014	0.0018	0.0021	0.0024	0.0027	0.0030	0.0032	0.0043	0.0050	0.0057	0.0059	0.0060
7.0	0.0001	0.0003	0.0004	0.0005	0.0007	0.0008	0.0009	0.0010	0.0012	0.0013	0.0018	0.0022	0.0027	0.0029	0.0030
10.0	0.00005	0.0001	0.0001	0.0002	0.0002	0.0003	0.0003	0.0004	0.0004	0.0005	0.0007	0.0008	0.0011	0.0013	0.0014

表 XVII 長方形面に加えられる等分布水平荷重の場合の端点を通る鉛直線上の種々の深さの点における Θ/(1+μ)q の値

$m=z/2a$ ＼ $n=b/a$	0.2	0.4	0.6	0.8	1.0	1.2	1.4	1.6	1.8	2.0	3.0	4.0	6.0	8.0	10.0
0.0	∞	∞	∞	∞	∞	∞	∞	∞	∞	∞	∞	∞	∞	∞	∞
0.2	0.2185	0.03377	0.4010	0.4374	0.4599	0.4745	0.4845	0.4915	0.4966	0.5004	0.5101	0.5137	0.5164	0.5173	0.5177
0.4	0.0944	0.1649	0.2111	0.2407	0.2602	0.2733	0.2825	0.2890	0.2939	0.2975	0.3069	0.3105	0.3131	0.3141	0.3145
0.6	0.0499	0.0918	0.1233	0.1456	0.1613	0.1725	0.1805	0.1865	0.1909	0.1943	0.2033	0.2068	0.2094	0.2103	0.2107
0.8	0.0293	0.0553	0.0765	0.0928	0.1050	0.1142	0.1210	0.1262	0.1302	0.1333	0.1417	0.1450	0.1476	0.1485	0.1490
1.0	0.0184	0.0353	0.0498	0.0616	0.0710	0.0783	0.0839	0.0884	0.0919	0.0947	0.1024	0.1057	0.1082	0.1091	0.1095
1.2	0.0122	0.0236	0.0337	0.0424	0.0495	0.0553	0.0600	0.0637	0.0667	0.0692	0.0763	0.0794	0.0819	0.0827	0.0831
1.4	0.0084	0.0164	0.0237	0.0301	0.0355	0.0401	0.0439	0.0471	0.0497	0.0518	0.0582	0.0611	0.0635	0.0644	0.0643
1.6	0.0060	0.0118	0.0171	0.0220	0.0262	0.0298	0.0329	0.0355	0.0377	0.0396	0.0454	0.0481	0.0504	0.0513	0.0517
1.8	0.0044	0.0087	0.0127	0.0164	0.0197	0.0226	0.0252	0.0274	0.0292	0.0308	0.0360	0.0386	0.0408	0.0416	0.0420
2.0	0.0033	0.0066	0.0097	0.0126	0.0152	0.0175	0.0196	0.0214	0.0230	0.0244	0.0290	0.0314	0.0335	0.0343	0.0347
2.5	0.0018	0.0036	0.0053	0.0070	0.0085	0.0099	0.0112	0.0124	0.0135	0.0144	0.0179	0.0198	0.0217	0.0225	0.0229
3.0	0.0011	0.0022	0.0032	0.0042	0.0052	0.0061	0.0069	0.0077	0.0095	0.0091	0.0117	0.0133	0.0149	0.0156	0.0160
5.0	0.0002	0.0005	0.0007	0.0010	0.0012	0.0014	0.0017	0.0019	0.0021	0.0023	0.0032	0.0039	0.0048	0.0053	0.0056
7.0	0.0001	0.0002	0.0003	0.0004	0.0005	0.0005	0.0006	0.0007	0.0008	0.0009	0.0013	0.0016	0.0021	0.0024	0.0026
10.0	0.00005	0.0001	0.0001	0.0001	0.0002	0.0002	0.0002	0.0003	0.0003	0.0003	0.0005	0.0006	0.0008	0.0010	0.0011

表 XVIII　地盤内部の点 (O, O, c) に加えられる鉛直集中力 P による $\sigma_z \dfrac{c^2}{P}$ の値

z＼r	0	0.2	0.4	0.6	0.8	1.0
0	0	0	0	0	0	0
0.2	−0.0960	−0.0719	−0.0289	−0.0020	+0.0065	+0.0066
0.4	−0.3709	−0.2582	−0.0880	−0.0024	+0.0206	+0.0202
0.6	−1.1057	−0.5906	−0.1170	+0.0184	+0.0400	+0.0344
0.8	−4.9217	−0.8510	−0.0152	+0.0590	+0.0568	+0.0440
1.0	∓∞	+0.1081	+0.0917	+0.0775	+0.0619	+0.0473
1.2	+5.1378	+1.0639	+0.2012	+0.0968	+0.0666	+0.0495
1.4	+1.3360	+0.8108	+0.2518	+0.1391	+0.0813	+0.0555
1.6	+0.6234	+0.4966	+0.2901	+0.1600	+0.0959	+0.0635
1.8	+0.3689	+0.3251	+0.2344	+0.1548	+0.1014	+0.0692
2.0	+0.2480	+0.2291	+0.1847	+0.1368	+0.0982	+0.0708

表 XIX　地盤内部の点 (O, O, c) に加えられる鉛直集中力 P による主応力和 Θ を決定するための $\Theta \dfrac{c^2}{P}$ の値

z＼r	0	0.2	0.4	0.6	0.8	1.0
0	+0.7602	+0.6809	+0.4990	+0.3138	+0.1777	+0.0935
0.2	+0.3080	+0.2928	+0.2497	+0.1914	+0.1332	+0.0871
0.4	−0.0833	−0.0343	+0.0454	+0.0860	+0.0886	+0.0742
0.6	−0.7683	−0.4608	−0.1365	+0.0166	+0.0623	+0.0724
0.8	−3.9369	−1.2714	−0.1956	+0.0214	+0.0684	+0.0722
1.0	∓∞	+0.1452	+0.1357	+0.1217	+0.1053	+0.0887
1.2	+4.2486	+1.5827	+0.4779	+0.2453	+0.1468	+0.1072
1.4	+1.1267	+0.8313	+0.3949	+0.2482	+0.1663	+0.1178
1.6	+0.5358	+0.4677	+0.3368	+0.2307	+0.1619	+0.1189
1.8	+0.3221	+0.2989	+0.2449	+0.1906	+0.1451	+0.1121
2.0	+0.2192	+0.2092	+0.1841	+0.1537	+0.1250	+0.1013

表 XX　地盤内部の点 (O, O, c) に加えられる鉛直集中力 P による鉛直変位 w を決定するための $w \dfrac{cG}{P}$ の値

z＼r	0	0.2	0.4	0.6	0.8	1.0
0	+0.1830	+0.1765	+0.1597	+0.1389	+0.1187	+0.1013
0.2	+0.1998	+0.1913	+0.1703	+0.1455	+0.1225	+0.1034
0.4	+0.2244	+0.2102	+0.1799	+0.1493	+0.1240	+0.1042
0.6	+0.2815	+0.2451	+0.1895	+0.1500	+0.1229	+0.1033
0.8	+0.4722	+0.3002	+0.1926	+0.1464	+0.1196	+0.1011
1.0	+∞	+0.3109	+0.1858	+0.1410	+0.1158	+0.0985
1.2	+0.4587	+0.2885	+0.1813	+0.1373	+0.1128	+0.0962
1.4	+0.2544	+0.2192	+0.1577	+0.1319	+0.1095	+0.0940
1.6	+0.1836	+0.1745	+0.1466	+0.1231	+0.1049	+0.0911
1.8	+0.1464	+0.1410	+0.1280	+0.1127	+0.0990	+0.0875
2.0	+0.1231	+0.1202	+0.1125	+0.1025	+0.0924	+0.0832

付　　録　*433*

表 XXI　クルイロフ関数値

αx	$Y_1(\alpha x)$	$Y_2(\alpha x)$	$Y_3(\alpha x)$	$Y_4(\alpha x)$
0	1.0000	0	0	0
0.010	1.0000	0.0100	0.00005	0.0000
0.020	1.0000	0.0200	0.00020	0.0000
0.030	1.0000	0.0300	0.00045	0.0000
0.040	1.0000	0.0400	0.00080	0.0000
0.050	1.0000	0.0500	0.00125	0.0000
0.060	1.0000	0.0600	0.00180	0.0000
0.070	1.0000	0.0700	0.00245	0.0001
0.080	1.0000	0.0800	0.00320	0.0001
0.090	1.0000	0.0900	0.00405	0.0001
0.10	1.0000	0.1000	0.00500	0.0001
0.20	0.9997	0.2000	0.02000	0.0013
0.30	0.9987	0.2987	0.04500	0.0045
0.40	0.9957	0.3997	0.08000	0.0107
0.50	0.9895	0.4989	0.1249	0.0208
0.60	0.9785	0.5975	0.1798	0.0360
0.70	0.9600	0.6944	0.2444	0.0571
0.80	0.9318	0.7891	0.3186	0.0851
0.90	0.8908	0.8804	0.4020	0.1211
1.00	0.8337	0.9667	0.4944	0.1659
1.10	0.7568	1.0464	0.5951	0.2203
1.20	0.6561	1.1173	0.7035	0.2851
1.30	0.5272	1.1767	0.8183	0.3612
1.40	0.3656	1.2217	0.9383	0.4489
1.50	0.1664	1.2486	1.0619	0.5489
1.60	− 0.0753	1.2535	1.1873	0.6619
1.70	− 0.3644	1.2319	1.3118	0.7864
1.80	− 0.7060	1.1789	1.4326	0.9237
1.90	− 1.1049	1.0888	1.5464	1.0852
2.00	− 1.5656	0.9558	1.6489	1.2326
2.10	− 2.0923	0.7735	1.7359	1.4020
2.20	− 2.6882	0.5350	1.8018	1.5790
2.30	− 3.3562	0.2335	1.8408	1.7614
2.40	− 4.0977	− 0.1386	1.8461	1.9461
2.50	− 4.9128	− 0.5885	1.81045	2.1290
2.60	− 5.8003	− 1.1236	1.7256	2.3065
2.70	− 6.7566	− 1.7509	1.5827	2.4724
2.80	− 7.7759	− 2.4770	1.3721	2.6208
2.90	− 8.8499	− 3.3079	1.0838	2.7440
3.00	− 9.9669	− 4.2485	0.7069	2.8346
3.10	−11.1119	− 5.3022	0.2303	2.8823
3.20	−12.2657	− 6.4711	− 0.3570	2.8769
3.30	−13.4048	− 7.7549	− 1.0785	2.8017
3.40	−14.ʳ008	− 9.1506	− 1.9121	2.6590
3.50	−15.5197	−10.6525	− 2.9014	2.4220
3.60	−15.4222	−12.2507	− 4.0458	2.0735
3.70	−17.1622	−13.9315	− 5.3544	1.6048
3.80	−17.6874	−15.6760	− 6.8343	0.9969
3.90	−17.9388	−17.4549	− 8.4909	0.2321
4.00	−17.8499	−19.2524	−10.3265	− 0.7073
4.10	−17.3473	−21.0160	−12.3404	− 1.8391
4.20	−16.3505	−22.7054	−14.5273	− 3.1811
4.30	−14.7721	−24.2668	−16.8772	− 4.7500
4.40	−12.5182	−25.6373	−19.3743	− 6.5615
4.50	− 9.4888	−26.7446	−21.9959	− 8.6291
4.60	− 5.5793	−27.5057	−24.7116	−10.9638
4.70	− 0.6811	−27.8275	−27.4824	−13.5732
4.80	5.3164	−27.6053	−30.2590	−16.4105
4.90	12.5240	−26.7238	−32.9815	−19.6232
5.00	21.0506	−25.0566	−35.8271	−23.0526

（続き）

αx	$Y_1(\alpha x)$	$Y_2(\alpha x)$	$Y_3(\alpha x)$	$Y_4(\alpha x)$
5.10	30.9995	−22.4663	−37.9620	−26.7317
5.20	42.4658	−18.8060	−40.0352	−30.6346
5.30	55.5322	−13.9188	−41.6824	−34.7292
5.40	70.2640	−7.6441	−42.7729	−38.9526
5.50	86.7043	0.18990	−43.1593	−43.2557
5.60	104.8682	9.75420	−42.6772	−47.5555
5.70	124.7356	21.2205	−41.1450	−51.7562
5.80	146.2447	34.7561	−38.3641	−55.7479
5.90	169.2835	50.5205	−34.1195	−59.3802
6.00	193.6814	68.6583	−28.1809	−62.5104
6.10	219.2000	89.2942	−20.3046	−64.9518
6.20	245.5236	112.7520	−10.2335	−66.4981
6.30	272.2484	138.4124	2.2891	−66.9171
6.40	298.8725	166.9717	17.5361	−65.9496
6.50	324.7853	198.1633	35.7713	−63.3102
6.60	349.2563	231.8808	57.2530	−58.6871
6.70	371.4257	267.9380	82.2255	−51.2432
6.80	390.2936	306.0560	110.9095	−42.1183
6.90	404.7121	345.8486	143.4927	−29.4313
7.00	413.3774	386.8119	180.1181	−13.2849
7.10	414.8243	428.2836	220.8715	4.7299
7.20	407.4225	469.4769	265.7657	31.0275
7.30	389.3764	509.4135	314.7251	60.0187
7.40	358.7284	546.9324	367.5680	94.1021
7.50	313.3658	580.6689	423.9858	133.6516
7.60	251.0333	609.0399	483.5231	179.0034
7.70	169.3515	630.2306	545.5047	230.4396
7.80	65.8419	642.1827	609.2616	288.1704
7.90	−62.0404	642.5866	673.6066	352.3155
8.00	−216.8648	628.8766	737.3088	422.8704

表XXⅡ 無限長さのはりに対する η 関数表

$$\eta_1 = e^{-\alpha x}(\cos \alpha x + \sin \alpha x), \quad \eta_2 = e^{-\alpha x} \sin \alpha x$$
$$\eta_3 = e^{-\alpha x}(\cos \alpha x - \sin \alpha x), \quad \eta_4 = e^{-\alpha x} \cos \alpha x$$

αx	η_4	η_2	η_1	η_3	αx	η_4	η_2	η_1	η_3
0.0	1.0000	0.0000	1.0000	1.0000	2.2	−0.0652	0.0896	0.0244	−0.1548
0.1	0.9004	0.0903	0.9907	0.8100	2.3	−0.0668	0.0748	0.0080	−0.1416
0.2	0.8024	0.1627	0.9651	0.6398	2.4	−0.0669	0.0613	−0.0056	−0.1282
0.3	0.7078	0.2189	0.9267	0.4888	2.5	−0.0658	0.0491	−0.0166	−0.1149
0.4	0.6174	0.2610	0.8784	0.3564	2.6	−0.0636	0.0383	−0.0254	−0.1019
0.5	0.5323	0.2908	0.8231	0.2415	2.7	−0.0608	0.0287	−0.0320	−0.0895
0.6	0.4530	0.3099	0.7628	0.1431	2.8	−0.0573	0.0204	−0.0369	−0.0777
0.7	0.3798	0.3199	0.6997	0.0599	2.9	−0.0535	0.01330	−0.0403	−0.0666
0.8	0.3130	0.3223	0.6354	0.0093	3.0	−0.0493	0.00703	−0.04226	−0.0563
0.9	0.2528	0.3185	0.5712	0.0657	3.1	−0.0450	0.00187	−0.04314	−0.0468
1.0	0.1988	0.3096	0.5083	0.1108	3.2	−0.0407	0.00238	−0.04307	−0.03831
1.1	0.1510	0.2967	0.4476	0.1457	3.3	−0.0364	0.00582	−0.04224	−0.03060
1.2	0.1092	0.2807	0.3899	0.1716	3.4	−0.0322	0.00853	−0.04079	−0.02374
1.3	0.0729	0.2626	0.3355	0.1897	3.5	−0.0283	0.01059	−0.03887	−0.01769
1.4	0.0419	0.2430	0.2849	0.2011	3.6	−0.0245	−0.01209	−0.03659	−0.01241
1.5	0.0158	0.2226	0.2384	0.2068	3.7	−0.0210	−0.01310	−0.03407	−0.00787
1.6	−0.0059	0.2018	0.1959	−0.2077	3.8	−0.0177	−0.01369	−0.03138	−0.00401
1.7	−0.0236	0.1812	0.1576	−0.2047	3.9	−0.0147	−0.01392	−0.02862	−0.00077
1.8	−0.0376	0.1610	0.1234	−0.1985	4.0	−0.01197	−0.01386	−0.02583	−0.00189
1.9	−0.0484	0.1415	0.0932	−0.1899	4.1	−0.00955	−0.01356	−0.02309	0.00403
2.0	−0.0564	0.1231	0.0667	−0.1794	4.2	−0.00735	−0.01307	−0.02042	0.00572
2.1	−0.0618	0.1057	0.0439	−0.1675	4.3	−0.00545	−0.01243	−0.01787	0.00699

付　　録　*435*

（続　き）

ax	η_4	η_2	η_1	η_3	ax	η_4	η_2	η_1	η_3
4.4	−0.00380	−0.01168	−0.01546	0.00791	5.8	0.0027	−0.00141	0.00127	0.00409
4.5	−0.00235	−0.01086	−0.01320	0.00852	5.9	0.00255	−0.00102	0.00152	0.00356
4.6	−0.00110	−0.00999	−0.01112	0.00886	6.0	0.0024	−0.00069	0.00169	0.00307
4.7	0.0002	−0.00909	−0.00921	0.00898	6.1	0.0022	−0.00041	0.00180	0.00261
4.8	0.0007	−0.00820	−0.00748	0.00892	6.2	0.0020	−0.00017	0.00185	0.00219
4.9	0.0009	−0.00732	−0.00593	0.00870	6.3	0.00185	0.00003	0.00187	0.00181
5.0	0.0020	−0.00646	−0.00455	0.00837	6.4	0.00165	0.00019	0.00184	0.00146
5.1	0.00235	−0.00564	−0.00334	0.00795	6.5	0.00150	0.00032	0.00179	0.00115
5.2	0.00260	−0.00487	−0.00229	0.00746	6.6	0.0013	0.00042	0.00172	0.00087
5.3	0.00275	−0.00415	−0.00139	0.00692	6.7	0.0012	0.00050	0.00162	0.00063
5.4	0.0029	−0.00349	−0.00063	0.00636	6.8	0.00095	0.00055	0.00152	0.00042
5.5	0.0029	−0.00288	0.00001	0.00578	6.9	0.0008	0.00058	0.00141	0.00024
5.6	0.0029	−0.00233	0.00053	0.00520	7.0	0.0007	0.00060	0.00129	0.00009
5.7	0.0028	−0.00184	0.00095	0.00464					

表 XXⅢ　短かいはりに対する ρ 関数表

ax	ρ_1	ρ_2	ρ_3	ρ_4	ρ_5	ρ_6	ax
0.50	24.18661	12.02662	4.00252	2.99592	0.99904	11.96809	0.50
0.55	18.23501	9.94857	3.63937	2.47461	0.90812	8.98051	0.55
0.60	14.11108	8.37071	3.33747	2.07779	0.83169	6.90614	0.60
0.65	11.16538	7.14487	3.08217	1.76880	0.76716	5.42049	0.65
0.70	9.00598	6.17362	2.86362	1.52305	0.71181	4.32827	0.70
0.75	7.38927	5.39210	2.67468	1.32459	0.66359	3.50750	0.75
0.80	6.15609	4.75460	2.50976	1.16204	0.62124	2.87856	0.80
0.85	5.19999	4.22923	2.36457	1.02690	0.58386	2.38806	0.85
0.90	4.44866	3.78823	2.23604	0.91347	0.55039	1.99792	0.90
0.95	3.85079	3.41811	2.12150	0.81713	0.52027	1.68890	0.95
1.00	3.36998	3.10415	2.01891	0.73467	0.49292	1.43642	1.00
1.05	2.97968	2.83579	1.92664	0.66339	0.46802	1.22912	1.05
1.10	2.66019	2.60502	1.84328	0.60134	0.44513	1.05733	1.10
1.15	2.39680	2.40558	1.76776	0.54696	0.42405	0.91364	1.15
1.20	2.17824	2.23238	1.69912	0.49898	0.40453	0.79253	1.20
1.25	1.99591	2.08139	1.63659	0.45636	0.38635	0.68961	1.25
1.30	1.84305	1.94930	1.57951	0.41831	0.36931	0.60156	1.30
1.35	1.71437	1.83340	1.59731	0.38416	0.35331	0.52576	1.35
1.40	1.60566	1.73146	1.47950	0.35337	0.33818	0.46009	1.40
1.45	1.51357	1.64163	1.43569	0.32547	0.32385	0.40287	1.45
1.50	1.43536	1.56233	1.39548	0.30008	0.31026	0.35281	1.50
1.55	1.36882	1.49225	1.35858	0.27690	0.29726	0.30879	1.55
1.60	1.31213	1.43028	1.32469	0.25564	0.28435	0.26991	1.60
1.65	1.26379	1.37544	1.29359	0.23609	0.27292	0.23544	1.65
1.70	1.22256	1.32692	1.26504	0.21805	0.26144	0.20477	1.70
1.75	1.18740	1.28401	1.23885	0.20135	0.25037	0.17734	1.75
1.80	1.15743	1.24607	1.21484	0.18586	0.23966	0.15294	1.80
1.85	1.13190	1.21257	1.19285	0.17145	0.22930	0.13099	1.85
1.90	1.11020	1.18302	1.17273	0.15803	0.21924	0.11127	1.90
1.95	1.09129	1.15648	1.15383	0.14542	0.20938	0.09348	1.95
2.00	1.07619	1.13414	1.13759	0.13376	0.19997	0.07753	2.00
2.05	1.06303	1.11410	1.12232	0.12278	0.19072	0.06313	2.05
2.10	1.05196	1.09658	1.10345	0.11250	0.18171	0.05013	2.10
2.15	1.04269	1.08131	1.09587	0.10284	0.17294	0.03844	2.15
2.20	1.03496	1.06805	1.08449	0.09378	0.16438	0.02785	2.20
2.25	1.02855	1.05658	1.07423	0.08528	0.15604	0.01834	2.25
2.30	1.02327	1.04669	1.06499	0.07728	0.14791	0.00980	2.30
2.35	1.01894	1.03823	1.05670	0.06978	0.13999	0.00214	2.35

436 付　録

（続　き）

ax	ρ_1	ρ_2	ρ_3	ρ_4	ρ_5	ρ_6	ax
2.40	1.01513	1.03101	1.04929	0.06274	0.13228	0.00471	2.40
2.45	1.01260	1.02490	1.04268	0.05614	0.12478	−0.01082	2.45
2.50	1.01035	1.01976	1.03681	0.04995	0.11749	−0.01624	2.50
2.55	1.00858	1.01547	1.03162	0.04415	0.11041	−0.02102	2.55
2.60	1.00721	1.01193	1.02703	0.03873	0.10354	−0.02522	2.60
2.65	1.00616	1.00903	1.02302	0.03367	0.09688	−0.02887	2.65
2.70	1.00537	1.00668	1.01951	0.02895	0.09045	−0.03203	2.70
2.75	1.00480	1.00481	1.01646	0.02456	0.08423	−0.03471	2.75

表 XXIV　$F_i(x)$ の関数表

$$F_i{}^{\mathrm{IV}}(x)=6\,\frac{T_i(x)}{\sqrt{1-x^2}}\quad (T_i\ \text{はチェブィシェフの多項式})$$

x	$F_0(x)$	$F_1(x)$	$F_2(x)$	$F_3(x)$	$F_4(x)$	$F_5(x)$	$F_6(x)$
0.0	0	0	0	0	0	0	0
0.1	0.03003	−0.00100	0.00997	0.00033	−0.00197	−0.00020	0.00083
0.2	0.12040	−0.00798	0.03960	0.00262	−0.00761	−0.00152	0.00305
0.3	0.27203	−0.02688	0.08800	0.00864	−0.01606	−0.00482	0.00589
0.4	0.48643	−0.06348	0.15370	0.01983	−0.02610	−0.01044	0.00842
0.5	0.76576	−0.12341	0.23477	0.03712	−0.03627	−0.01813	0.00983
0.6	1.11281	−0.21200	0.32881	0.06086	−0.04516	−0.02710	0.00981
0.7	1.53109	−0.33427	0.43306	0.09067	−0.05173	−0.03621	0.00869
0.8	2.02486	−0.49474	0.54460	0.12554	−0.05554	−0.04443	0.00731
0.9	2.59922	−0.69717	0.66048	0.16384	−0.05697	−0.05127	0.00644
1.0	3.26032	−0.94524	0.77810	0.20365	−0.05714	−0.05714	0.00635

表 XXV　$F_i{}'(x)$ の関数表

x	$F_0{}'(x)$	$F_1{}'(x)$	$F_2{}'(x)$	$F_3{}'(x)$	$F_4{}'(x)$	$F_5{}'(x)$	$F_6{}'(x)$
0.0	0	0	0	0	0	0	0
0.1	0.60100	−0.02998	0.19900	0.00992	−0.03901	−0.00588	0.01616
0.2	1.20802	−0.11960	0.39205	0.03881	−0.07224	−0.02206	0.02683
0.3	1.82712	−0.26796	0.57337	0.08402	−0.09480	−0.04450	0.02844
0.4	2.46453	−0.47349	0.73757	0.14132	−0.10347	−0.06749	0.02069
0.5	3.12665	−0.63396	0.87984	0.20514	−0.09743	−0.08498	0.00696
0.6	3.82023	−1.04630	0.99623	0.26893	−0.07864	−0.09235	−0.00674
0.7	4.55248	−1.40655	1.08395	0.32570	−0.05201	−0.08814	−0.01412
0.8	5.33135	−1.80951	1.14187	0.36890	−0.02488	−0.07545	−0.01209
0.9	6.16605	−2.24823	1.17132	0.39371	−0.00566	−0.06207	−0.00413
1.0	7.06858	−2.71239	1.17810	0.40000	0	−0.05714	0

付　録　*437*

表 XXVI　$\dfrac{1}{6}F_i''(x)$ の関数表

x	$\dfrac{1}{6}F_0''(x)$	$\dfrac{1}{6}F_1''(x)$	$\dfrac{1}{6}F_2''(x)$	$\dfrac{1}{6}F_3''(x)$	$\dfrac{1}{6}F_4''(x)$	$\dfrac{1}{6}F_5''(x)$	$\dfrac{1}{6}F_6''(x)$
0.0	1.00000	0	0.33333	0	-0.06667	0	0.02857
0.1	1.00500	-0.09983	0.32835	0.03283	-0.06173	-0.01918	0.02372
0.2	1.02007	-0.19866	0.31353	0.06271	-0.04766	-0.03361	0.01082
0.3	1.04535	-0.29544	0.28936	0.08681	-0.02662	-0.03959	-0.00556
0.4	1.08112	-0.38906	0.25662	0.10265	-0.00205	-0.03531	-0.01930
0.5	1.12783	-0.47831	0.21651	0.10825	0.02165	-0.02165	-0.02474
0.6	1.18610	-0.56175	0.17067	0.10240	0.03959	-0.00246	-0.01908
0.7	1.25692	-0.63765	0.12140	0.08498	0.04710	0.01564	-0.00455
0.8	1.34184	-0.70365	0.07200	0.05760	0.04090	0.02442	0.01038
0.9	1.44368	-0.75603	0.02761	0.02485	0.02131	0.01729	0.01310
1.0	1.57080	-0.78540	0	0	0	0	0

表 XXVII　$\dfrac{1}{6}F_i'''(x)$ の関数表

x	$\dfrac{1}{6}F_0'''(x)$	$\dfrac{1}{6}F_1'''(x)$	$\dfrac{1}{6}F_2'''(x)$	$\dfrac{1}{6}F_3'''(x)$	$\dfrac{1}{6}F_4'''(x)$	$\dfrac{1}{6}F_5'''(x)$	$\dfrac{1}{6}F_6'''(x)$
0.0	0	-1.00000	0	0.33333	0	-0.20000	
0.1	0.10017	-0.99499	-0.09950	0.31840	0.09751	-0.17544	-0.09425
0.2	0.20136	-0.97980	-0.19596	0.27434	0.18028	-0.10692	-0.15583
0.3	0.30470	-0.95394	-0.28618	0.20351	0.23467	-0.00946	-0.16118
0.4	0.41152	-0.91651	-0.36660	0.10998	0.24929	0.09356	-0.10382
0.5	0.52360	-0.86602	-0.43301	0	0.21651	0.17320	0
0.6	0.64350	-0.80000	-0.48000	-0.11733	0.13440	0.19942	0.10982
0.7	0.77540	-0.71414	-0.49990	-0.22852	0.01000	0.14831	0.16637
0.8	0.92730	-0.60000	-0.48000	-0.31200	-0.13440	0.01517	0.10982
0.9	1.11977	-0.43589	-0.39230	-0.32546	-0.24323	-0.15497	-0.07030
1.0	1.57080	0	0	0	0	0	0

（注）これらの表中の関数値の中間の値については，必要に応じてグラフを描いて内挿する方
　　法がよい（特に表 XXI の値について）.

索　引

あ

圧縮応力（縦方向）　64
圧縮応力（横方向）　64
圧縮係数　35, 36, 38
圧縮試験機　64
圧縮性　34, 38
圧縮抵抗　85
圧縮曲線　35, 36, 67, 69, 70, 74, 75
圧密時間　40
圧密試験機　34
圧力水頭　186
圧力図　57, 58
アブラモフ　324, 329, 331, 341
アベレフ　314
アルキメデスの原理　114, 115, 116, 253, 353
アルキメデスの反力　185
アンカーエプロン　378, 380
安全率　379

い

イオン　12, 13, 14
イシコフ　273
一軸圧縮試験機　66
一軸極限圧縮抵抗　86
一軸引張りの極限抵抗　86
1次元応力状態　67
位置水頭　186
一面せん断箱　41
異方性（自然土層の）　96
異方性（基礎地盤の）　176
イワノフ　26, 183

う

ウインクラー　208
薄膜水　12, 13, 14
裏込め　95

え

影響線　137
影響線法　135
鋭敏な粘土　46
液状化（砂の）　39, 40
液性限界　32
液性指数　33, 34

え

エゴロフ　170, 172, 313, 324, 335
エゴロフの解　173
円形載荷面の等分布荷重による応力　153
遠心モデル化法　108
円柱座標　140
鉛直鏡像　267
鉛直集中荷重　118, 136
鉛直集中荷重による応力（3次元）　140
鉛直集中荷重による応力図（2次元）　119
鉛直集中荷重による応力図（3次元）　142
鉛直たわみ　254
鉛直変位（鉛直集中荷重による）　119, 256
鉛直変位（基礎地盤表面の）　289
鉛直変位（等分布帯状荷重による）　125
エンデル　314
エントラップド・ガス　18

お

応用土質学　3
応力円　80
応力関数　89, 90, 118
応力の集中　169, 346
応力状態と間げき比の関係　68
応力楕円　200
応力図　337
応力の重ね合わせ　330
帯状荷重による応力（不均質地盤）　170
帯の剛性の変化　279
オホーチン　10
オホーチンの分類法　21

か

回復曲線　37
回復曲線の式　38
外部偏心荷重　178
外部力　366
海綿状構造　24
外毛管圧力　17
化学結合水　12
下限水頭こう配　59, 60, 61
重ね合わせの原理　255
重ね合わせの方法　223
荷重速度　52
ガスチェフ　324
仮想荷重　187, 188

索　引　*439*

仮想荷重によるモーメント　259
噛み合わせの効果　43
ガーリン　324
間げき比　28, 55, 67
間げき率　27
換算合応力　79, 80
換算合応力の最大傾斜角　197
含水比　30
含水量係数　31
関数の直交性　288, 291
慣性モーメント　210, 279
岩　石　10
完全剛性構造物　316
乾燥密度　29
岩盤力学　10
緩　和　24

き

気化現象　18
奇関数　138
基礎地盤内に作用する集中荷重　161
基礎地盤の沈下　210, 254, 255, 298
気体分離　56
逆対称荷重　138, 257, 280, 284
吸湿水　12, 13, 14
急速せん断　52
境界条件　91, 111, 214, 221
境界層　13
強粘着水　13, 14
極限応力状態　80, 194
極限応力状態の条件　78
極限応力状態領域　194, 196, 197, 198, 200,
　　　　202, 346, 347, 349, 353, 382
極限支持力　350
極限状態　1
極限せん断応力　41
極限せん断抵抗　41, 42, 44, 52
極限つり合い状態の条件　99
極限つり合いの式　94
極限つり合いの条件　78, 79, 80, 82, 98
極限つり合い理論　89, 95, 96
極限つり合いの理論の計算モデル　94
極座標　90
許容荷重　34
緊硬度指数　33
均等係数　21

く

偶関数　138

偶　力　340
偶力荷重の解（地盤係数法による）　218
くさび効果　15
くさび力　15
グズネッツォフ　209
掘削面外部荷重　117
組合わせ荷重による応力（2次元）　134
クリープ　24, 61, 97
クルイロフ　208, 213, 223
クルイロフ関数　213, 230
グルシコフ　142
クルビン　209, 273, 287, 312, 331
クレッチメル　240
クレブシの仮想荷重法　233
クーロン　78, 82

け

計算モデル　88, 89
ケーグラー　102
ケーグラー-シャイデッヒの測定　102
結合層　13, 14, 15
結合層水　12
結晶水　12
結合方程式　244
結晶結合　25
ゲルセバノフ　4, 7, 47, 65, 73, 77, 92, 93, 193
　　　　194, 208, 362
ゲルセバノフの仮定　68, 69
ゲルセバノフ-ブズイレフスキーの式　351
限界荷重　194, 195, 199, 202, 203, 351
限界線　81
限界レイノルズ数　59
減算図法　354
現場観測　7
現場試験　5

こ

剛性係数　262, 277
剛性結合　370
剛性の変化する帯　237
構　造　23
構造強さ　36, 75
構造破壊　42, 45
抱束圧縮試験機　34
膠着結合　25, 26, 36, 44, 52, 75, 364
膠着結合（の破壊）　45
鉱物粒子　19
固体成分　19
固体粒子　11, 14, 25, 38

440 索 引

固定条件（はりの） 225
コフマン 164
ゴールドシュタイン 56, 146, 159, 160
コルニェビッツ 314
ゴルブノフーポサドフ 161, 209, 277, 314
ゴルブノフーポサドフの解 165, 168
ゴルブノフーポサドフの研究 113
コロイド（粒子） 25, 43
コロトキン 144, 145, 146, 149, 151
ゴロビン 113, 137
コンクリートの透水係数 359
混合問題 98, 177, 204
混合問題のモデル化条件 100
コンシステンシー 32, 33

さ

再圧縮曲線 37
最小自乗法 310
最小主応力 82
最小積分 302, 310
最大傾斜角（換算合応力の） 80, 81, 202
最大主応力 82
最大せん断応力説 88
砂質ロームの透水係数 55
サドウスキー 324, 325
サバレンスキー 2, 10
サービン 176
作用力 354, 355
三角形状荷重による応力（2次元） 125
三角形状荷重による応力図（2次元） 126
三角形状配筋 386, 391, 392, 394
三軸圧縮試験機 66
3次元応力状態 67
3次元混合問題 100
3次元問題 90, 319, 334
残留変形 37, 39, 72

し

ジェモチキン 209
ジェリャーギン 13, 14, 15, 43, 53
視 角 124, 196
シタエルマン 324, 333, 334, 341, 343, 344
シタエルマンの計算モデル 343
室内実験 5
室内実験法 9
締固め性 33
シャイデッヒ 102
シャイデッヒの方法 177
弱粘着水 13, 14

終局状態 40
集中荷重が加えられる2層基礎地盤 172
集中荷重の解（地盤係数法による） 214
集中力および偶力荷重の解（地盤係数法に
　よる） 223
集中力による応力（不均質地盤） 169
自由気体 18
自由水 12, 13, 14, 16
重力水 12, 16
主応力 84, 196
主応力比 66
主応力間の極限関係 82
主応力の和 67, 68, 193, 155, 148
縮尺乗数 99
主働状態 84
主働土圧 85
受働状態 84
受働土圧 85
シュトローシュナイダーの実験 102
蒸 発 13
初期パラメーター法 292
初期パラメーター法（ブズイレフスキーの）
　　　　　　　　　　　　　　　　　223
処女圧縮曲線 36, 37, 47, 48
試料履歴 50
浸 透 53
浸透応力 186, 188, 189, 191
浸透速度 53, 54, 55, 59, 185
浸透理論 2, 3, 183
浸透流 14
浸透力 184, 186
シンプソンの公式 138

す

水 圧 185, 379
水圧図 57
垂直応力 110
水頭（の値） 54
水頭こう配 14, 59
水頭差 14, 16
水平荷重による応力図 132
水平集中荷重 136
水平集中荷重による応力（2次元） 131
水平集中荷重による応力（3次元） 160
水理地質学 2, 3
ステパーノフ 176
ストークス 20
砂の透水係数 55

索　引　*441*

せ

静的荷重　39, 43
静水圧　12
静力学的条件　227
積分方程式の核　256
施工断ぎ手　370, 371
接触条件　310
接触数（粒子の）　38, 43, 44, 45, 46, 51
絶対剛性構造物　207
接地圧　208
セルゲーフ　13, 19
線形弾性体　89, 327
線形弾性体の計算モデル　95
線形弾性地盤　254, 344, 396
線形弾性地盤法　208
線形弾性媒　93
先行圧縮　49, 50, 51, 52
全せん断抵抗　49, 52
せん断応力　110, 338, 252
せん断抵抗　41, 45, 46, 47, 49, 51, 53
せん断抵抗曲線　48
せん断に対する地盤係数　382
せん断力　210
せん断力図　278

そ

双極性分子　12
相似条件　99, 100, 101, 103, 104, 105
相対湿度　31
相対密度　33
層別和法　313
側圧係数　64, 65, 66
側圧係数とポアソン比の関係　73
側方上載荷重　332
側方に無限広がる等分布荷重　330
ソコリスク　160
塑性限界　320
塑性指数　32
損失水頭　58

た

第1種完全楕円積分　334
台形状荷重による応力（2次元）　127
台形状荷重による応力図（2次元）　128
台形状せん断荷重による応力（2次元）　134
台形状配筋　389
台形の切込み　112
対称荷重　138, 257, 280

対称荷重の地盤反力（線形弾性地盤）　267
体積浸透物　359
体積浸透力　184, 186
体積ひずみ　70, 71, 72, 74
第2種フレドホルム積分方程式　343
多孔質媒体　57
ダビジェンコフ　66
ダルシー　54, 57, 59
ダルシーの式　59
ダルシーの法則　58
たわみ　210
たわみ剛性　254
たわみ比較法　271
たわみ方程式（板の軸の）　210
たわみ方程式（はりの）　233
たわみ方程式の一般解　212
たわみ方程式の特解　212
単位重量（水の）　29
単位体積重量（土の）　29
単位体積重量（不飽和土の）　31
単位体積重量（浮力を受けている土の）　30
単位体積重量（飽和した土の）　30
弾性曲線　223
弾性係数　72, 396
弾性せん断係数　396
弾性変形　37, 39, 72
弾性方程式　89, 95
弾性論　92
弾性論の解　89, 93, 116, 256, 324, 336, 348, 352, 356, 358
断面平面の仮定　210, 250, 254

ち

チェビシェフの偶多項式　296
チェビシェフの多項式　287, 290, 298, 304
チェボタリオフ　160
地下水　3
力の作用の独立性　255
地盤改良　63
地盤係数　313, 315, 396
地盤係数の変化　320
地盤係数比　208
地盤係数法　210, 249, 317, 352, 358, 365, 397
地盤係数法の基本仮定　209, 250
地盤反力　207, 208, 210, 254
地盤反力図　272, 278, 300, 326
地盤反力による曲げモーメント　281
地盤反力の基本方程式（線形弾性地盤）
256, 260

442 索　引

チモシェンコ　208
中間主応力　82
中心鉛直力　340
直角座標　141
長方形載荷面の三角形状荷重による応力
　　　149
長方形載荷面の等分布荷重による応力　141
長方形分割法　124, 157
チンメルマン　208

つ

ツィトービッチ　7, 16, 52, 159
土　10
土の構造　23
土の骨格　24
土の骨格の単位体積重量　29
土の自重による応力状態　109
土の設計特性　27
土の特性　27
土の物理的特性　27
つり合い方程式　94, 99, 190, 256, 290, 325
つり合い方程式（3次元問題の）　91
つり合い方程式（平面問題の）　90
つり合い方程式（モデルの）　98

て

定常状態　40
定常浸透流　58, 187, 188
定量的特性（土の）　4
泥炭　29
適合条件（弾性領域）　99
適合条件（モデルの）　98
適合方程式　90, 190
デニソス　25, 26, 44, 45, 46, 47, 52
テルツァーギ　66, 69, 362
電気浸透　62
電気浸透係数　62
電気浸透現象　15
電気浸透速度　62
電気・流体力学相似法　130, 156, 360

と

土圧　379
透水係数　55, 57, 60
透水性　53
透水度　55
動的荷重　39, 40
動的作用　61
ドゥートフ　208

動粘性係数　55, 59
等分布水平荷重による応力（2次元）　132
等分布帯状荷重による応力（2次元）　120
等分布帯状荷重量による応力図（2次元）　121
等分布荷重による応力図（3次元）　146
等分布荷重による主応力　124
等分布水平荷重による応力（3次元）　161
等分布水平荷重による応力図（2次元）　133
等分布配筋　384, 391, 392, 394
等方圧縮応力　79
等ポテンシャル　184
トゥライコフ　273
特異点消去　273
特性方程式　212
ドクチャーエフ　11
閉じた塑性領域　351
土質学　2
土質工学　4
土質力学　2, 4, 5
土　壌　10, 11
土中の水の運動　183
土木地質学　2, 4

な

内部摩擦角　42, 49, 50, 51, 52, 53, 78, 80, 86,
　　　203
内部摩擦係数　42
内部力　366
内毛管圧力　17
なめらかな鉛直擁壁　84

に

2次元応力状態　67
2次的変位　343
2層構造　172
2層地盤の円形載荷面への等分布荷重　173
2層地盤の応力図　172
2層地盤への等分布帯状荷重　173
2層の基礎地盤への集中荷重　173
2層媒体　96
ニチポロビッチ　52
ニューマーク　160
任意の鉛直荷重による応力（2次元）　129
任意の鉛直荷重による応力（3次元）　154
任意の形の載荷面の任意の荷重による応力
　　　157

ね

粘着性に等価な圧縮応力　79

索　引　*443*

粘着性土　85
粘着水　13, 14
粘着力　48, 50, 51, 78, 79, 87
粘着力（土の）　25, 26
粘土粒子　20

は

パイピング　193
パイピング現象　57
パステルナーク　208, 240, 241
蜂の巣状構造　24
パブロフスキー　57, 59, 184
林桂一　208
はりの弾性曲線　215
反作用力　354
半無限媒体　117

ひ

微細構造　23
ひずみ（横方向）　67
引張り応力　329, 331, 336, 356
引張り抵抗　85
非定常応力状態　40
非定常浸透流　58
非粘着性の土　79
非粘着性土のモデル化条件　101, 103
比表面積　21
表面張力　16, 17
ビャゼムスキー　115
ヒンジ結合　370

ふ

ファーバー　346
不均質性　96
不均質性（基礎地盤の）　168, 169, 175
不均質地盤の応力図（2次元）　169
不均質地盤の応力図（3次元）　170
不均等度　21
ブーシネスク　140, 324, 325, 335
ブーシネスクの解　149, 154, 168, 170
ブズィレフスキー　7, 193, 194, 208, 223
ブズィレフスキー・ゲルセバノフの式　199
フックの法則　72, 92, 256
物体力　89, 109
プトコ　361
負の仮想の荷重　114
部分的な浮力　115
不飽和土　14
ブラーガー　208

プラスチックな粘土　47
プラスチックな飽和粘土　46
フラマン　118
フラマンの解　168, 176, 177
プリクロンスキー　26, 33
浮　力　115, 116, 185, 353, 354, 355, 357, 360, 361, 364
浮力図　360
ブルイチェフ　65
プレス　347
フレーリッヒ　183, 194
プロクトール　208
フローリン　208, 209, 324
分散層　13, 14, 15
分散層水　12
分子相互作用力　25
分布荷重の解（地盤係数法による）　219

へ

平均自乗偏差　302
平均変形係数　76, 77, 78, 313
平均法　310
並進運動　365
平面変形　89, 116
平面問題　89, 317, 324
べき級数展開（マクローリンの展開）　306
ベジアシブリ　324
ベセロフスキー　56
ベッセル関数（0階の）　387
ベッセル関数（1階の）　387
ベルトラミ・ミッチェルの適合方程式　91
ベルゼッキー　350
ベルゼッキーの式　350
変位の式　339
変形係数　72, 74, 75, 76, 313, 314
偏心圧縮　344
偏心圧縮公式　316, 336, 352, 354, 357
偏心距離　328, 329, 336, 355, 357

ほ

ポアソン比　73, 89, 146
膨張係数　38
放物線状荷重による応力（2次元）　128
飽和含水量　30
飽和単位重量　114
飽和土　14
飽和度　30
ポクロフスキー　65, 66
ボゴスロフスキー　314

444　索　引

ポテンシャル関数　89, 186, 187, 188, 189, 191
ポテンシャル図　57
ポポフ　3
ポリシン　29
ボルフ　176
ボルフの解　177
ボロビッカ　209

ま

曲げモーメント　210
曲げモーメント図　272
摩擦角（内部）　87
摩擦係数　48
摩擦力　52
マスロウ　46, 47, 52, 146
マチェリェート　208
マリウポリスキー　115
マクローリンの展開　298, 306
マルゲーレ　172, 173

み

乱さない試料　35
密実度　33
ミッチェル　120
ミッチェルの解　196
密な粒状構造　24
未定係数　226
ミニャーエフ　193
ミンドリン　161
ミンドリンの解　161, 168

む

無次元変数　264

め

メニスカス　16
メニスカスの揚力　17
メラン　161
メランの解　165, 168

も

毛管圧　17
毛管現象　26
毛管上昇　16
毛管上昇高　17
毛管水　16
毛管力　25
モデル化の条件　97, 106
モーメント図　278, 304

モーメント図の面積　262

や

野外調査法　9
ヤロポリスキー　193

ゆ

有限剛性構造物　207
有効径　21, 59
ゆるい粒状構造　24

よ

陽イオン密度　14
横方向ひずみ　64
4階線形非同次方程式　211

ら

ラッポルト　172, 173
ラブ　144
ラプラスの演算子　89
ラプラスの方程式　129, 187, 188

り

リャボシルィク　390, 396
粒径加積曲線　21
流線　183
粒度組成　19, 21
理論モデル　88
臨界高さ　95

る

ルガロフ　160
ルーニン　213

れ

レビンジェル　25
レフニツキー　176
レベジェフ　11, 14
レリトフ　14, 115
連続条件　96
連続条件（はりの）　227

ろ

ローザ　52, 61
ロミーゼ　324, 331
ロームの透水係数　55

わ

綿毛状構造　24

訳 編 者 紹 介

大 草 重 康
おお くさ しげ やす

昭和34年　京都大学理学部卒
現　　　在：東海大学海洋学部助教授，理学博士
専　　　攻：土木地質，土質力学
勤　務　先：清水市折戸1000
　　　　　　東海大学海洋学部海洋土木工学科

フローリンの土質力学　第 I 巻
　　　　　　　　　　——版権獲得——　1968

1969年9月20日　第1版発行

定　価　**2,000円**

監 修 者　　**赤 井 浩 一**

訳者承認の
上検印廃止

訳 編 者　　**大 草 重 康**

発 行 者　　**森 北 常 雄**

印 刷 者　　**茨 田 兼 一**

発 行 所　　**森 北 出 版 株 式 会 社**

日本書籍出版協会・　東京都千代田区神田小川町 3 —10
自然科学書協会・　　振替口座 東京　3 4 7 5 7
工学書協会　会員　　電話 東京 (03) 2 9 2—2 6 0 1 (代)

印刷：三秀美術印刷　　製本：司巧社

フローリンの土質力学 Ⅰ　新装版

2018年9月20日	発行
監 修 者	赤井　浩一
訳 編 者	大草　重康
発 行 者	森北　博巳
発　　行	森北出版株式会社 〒102-0071 東京都千代田区富士見1-4-11 TEL　03-3265-8341　　FAX　03-3264-8709 http://www.morikita.co.jp/
印刷・製本	ココデ印刷株式会社 〒173-0001 東京都板橋区本町34-5

ISBN978-4-627-46079-9　　　　　　　　Printed in Japan

JCOPY ＜（社）出版者著作権管理機構　委託出版物＞

2019.06.27